기사 · 산업기사 시험대비

대기환경 실기

손금두 저

일진사

머리말

    국가 경제 발전에 따라 산업이 발전되고 국민 생활이 향상되어 가고 있다. 이에 따라 고도화된 산업 발달에 뒤따르게 되는 공해 문제 또한 심각한 양상에 놓이게 되었다.

    문화가 발달된 나라일수록 대기오염에 대한 학문과 관심이 많은 것은 두말할 나위도 없다.

    우리나라도 이제는 선진국 대열에 선 입장에서 대기분야에서 측정망을 설치하고 그 지역의 대기오염 상태를 측정하여 다각적인 연구와 실험분석을 통해 대기오염에 대한 대책을 강구하고, 대기오염 물질을 제거 또는 감소시키기 위한 오염방지 시설을 설계, 시공, 운영하는 환경기술인이 절실하게 되었다.

    이에 부응하여 한국산업인력공단에서는 대기환경 기사·산업기사 시험을 실시하여 환경기술인을 배출하고 있는 실정이다.

    본 저자는 대기환경 기사·산업기사 실기 시험 과목을 정확히 분석하고 면밀히 검토하여 수험자 여러분에게 도움이 될 수 있도록 다음과 같은 내용으로 구성하였다.

❶ 한국산업인력공단 출제기준에 맞추어 각 단원별로 이론 정리와 과년도 출제문제를 분석하여 예상문제를 수록하였다.

❷ 예상문제 및 기출문제는 자세한 설명 및 간결한 해답을, 계산문제는 공식과 풀이과정을 최대한 쉽고 간단하게 풀이하여 이해가 쉽도록 하였다.

❸ 부록으로 최근에 시행된 기출문제를 수록함으로써 출제 경향을 알 수 있도록 하였으며, 자세한 해설로 문제의 이해를 도왔다.

    이 책은 대기환경 기사·산업기사 자격시험을 준비하는 수험생에게 더없이 좋은 교재가 되리라 확신하며, 부족한 부분은 계속적인 수정을 통해 최고, 최상의 합격 지침서가 되도록 노력할 것을 약속한다.

    끝으로 본 교재가 수험생 전원의 합격을 위한 길잡이가 되기를 기원하며, 이 책의 완성을 위해 도와주신 도서출판 **일진사** 직원 여러분께 깊은 감사를 드린다.

저자 손금두

대기환경 기사 출제기준 (실기)

직무분야	환경·에너지	중직무분야	환경	적용기간	2015.1.1 ~ 2019.12.31

■ 직무내용 : 대기분야에서 측정망을 설치하고 그 지역의 대기오염 상태를 측정하여 다각적인 연구와 실험분석을 통해 대기오염에 대한 대책을 강구하고, 대기오염 물질을 제거 또는 감소시키기 위한 오염방지시설을 설계, 시공, 운영하는 업무.

■ 수행준거 : 대기오염에 대한 전문적 지식을 토대로 하여
　1. 대기오염 현황을 정확히 측정 및 분석할 수 있다.
　2. 대기오염의 측정자료를 토대로 대기질을 평가 및 예측할 수 있다.
　3. 대기오염 대책을 수립하여 방지시설을 적절하게 설계, 시공, 관리할 수 있다.

실기검정방법	복합형	시험시간	필답형 2시간, 작업형 4시간 정도

실기과목명	주요항목	세부항목
대기오염 방지실무	1. 대기오염 방지기술	1. 오염물질 확산 및 예측하기
		2. 연소이론, 연소계산, 연소설비 이해하기
	2. 가스처리	1. 유체역학적 원리 이해하기
		2. 가스처리 및 반응 이해하기
		3. 처리장치설계 이해하기
		4. 환기 및 통풍장치 이해하기
	3. 입자처리	1. 입자의 기본이론 이해하기
		2. 집진원리 이해하기
		3. 집진기술 파악하기
		4. 집진장치 설계 이해하기
	4. 대기오염 측정 및 관리	1. 시료채취방법 이해하기
		2. 시료측정 및 분석하기
		3. 대기오염관리 실무 파악하기
		4. 기타 오염원 관리 이해하기

대기환경 산업기사 출제기준 (실기)

직무분야	환경·에너지	중직무분야	환경	적용기간	2015.1.1 ~ 2019.12.31

■직무내용 : 대기분야에서 측정망을 설치하고 그 지역의 대기오염 상태를 측정하여 다각적인 연구와 실험분석을 통해 대기오염에 대한 대책을 강구하고, 대기오염 물질을 제거 또는 감소시키기 위한 오염방지시설을 설계, 시공, 운영하는 업무.

■수행준거 : 대기오염에 대한 전문적 지식을 토대로 하여
  1. 대기오염 현황을 정확히 측정 및 분석할 수 있다.
  2. 대기오염의 측정자료를 토대로 대기질을 평가 및 예측할 수 있다.
  3. 대기오염 대책을 수립하여 방지시설을 적절하게 설계, 시공, 관리할 수 있다.

실기검정방법	복합형	시험시간	필답형 1시간 30분, 작업형 4시간 정도

실기과목명	주요항목	세부항목
대기오염 방지실무	1. 대기오염 방지기술	1. 오염물질 확산 이해하기
		2. 연소이론, 연소계산 이해하기
	2. 가스처리	1. 유체역학의 기본원리 이해하기
		2. 가스처리 및 반응 이해하기
		3. 처리장치설계 이해하기
		4. 환기 및 통풍장치 이해하기
	3. 입자처리	1. 입자의 기본이론 이해하기
		2. 집진원리 이해하기
		3. 집진기술 파악하기
		4. 집진장치 설계 이해하기
	4. 대기오염 측정 및 관리	1. 시료채취방법 이해하기
		2. 시료측정 및 분석하기
		3. 대기오염관리 실무 파악하기
		4. 기타 오염원 관리 이해하기

차 례

제**4**장 ● 대기오염 측정 및 관리

부 록

1 Part

대기오염방지기술

오염물질 확산

(1) 가우시안(Gaussian) 확산 방정식

한 개의 굴뚝에서 연속하여 토출되는 오염물질이라면 어느 정도 시간(약 10분 이상) 관측을 계속하여 평균하면 plume(연류)의 중심부는 농도가 높고, 주변 부분은 농도가 낮다.

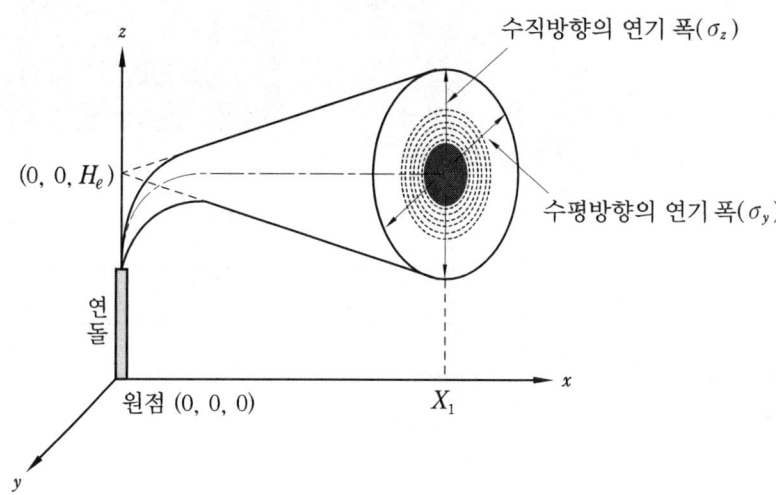

〈그림 1-1〉 시간 평균으로 잡은 연류의 모양과 풍하 X_1 지점에서의 연기 흐름의 단면 상태

평균 풍속에 수직인 단면에서의 오염물질의 농도 분포는 가우스 분포(=종모양분포 =정규분포)로 간주할 수 있다.

이때 풍하측 어떤 공간에서의 오염의 농도 q는 다음과 같다.

$$q(x, y, z ; H) = \frac{Q}{2\pi\sigma_y\sigma_z u}\exp\left[-\frac{1}{2}\left(\frac{y}{\sigma_y}\right)^2\right]\left\{\exp\left[-\frac{1}{2}\left(\frac{Z-H}{\sigma_z}\right)^2\right]\right.$$

$$+\exp\left[-\frac{1}{2}\left(\frac{Z+H}{\sigma_z}\right)^2\right]\right\}$$

여기서, q : 위치$(x,\ y,\ z\ ;H)$에 있어서 오염농도(ppm)

$\quad\quad\quad Q$: 단위시간당 오염물 배출량$(\mathrm{m}^3/\mathrm{s})\times$특정물질의 농도(ppm)

$\quad\quad\quad u$: 풍속(m/s)(x축 방향)

$\quad\quad\quad H_e$: 유효연돌고(m)

$\quad\quad\quad \sigma_y$: 수평방향의 연기 확산 폭

$\quad\quad\quad \sigma_z$: 수직방향의 연기 확산 폭

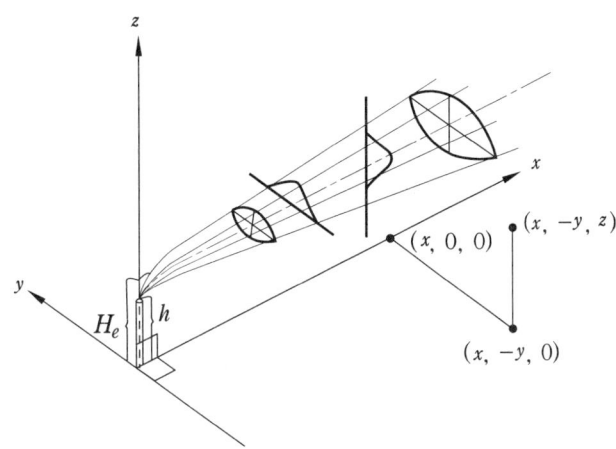

〈그림 1-2〉 가우시안 모델을 위한 공간좌표시스템

① 지상에서의 오염농도를 구하자면 $z=0$이므로

$$q(x,\ y,\ 0\ ;H)=\frac{Q}{\pi\sigma_y\sigma_z u}\ \cdot\ \exp\left[-\frac{1}{2}\left(\frac{y}{\sigma_y}\right)^2\right]\ \cdot\ \exp\left[-\frac{1}{2}\left(\frac{H}{\sigma_z}\right)^2\right]$$

② 풍하측으로 플룸의 중심축 직하의 지면에서의 오염농도는 $z=0,\ y=0$이므로

$$q(x,\ 0,\ 0\ ;H)=\frac{Q}{\pi\sigma_y\sigma_z u}\exp\left[-\frac{1}{2}\left(\frac{H}{\sigma_z}\right)^2\right]$$

③ 오염배출원이 지면$(H=0)$에 있을 때에는 다음 식이 된다.

$$q(x,\ 0,\ 0\ ;0)=\frac{Q}{\pi\sigma_y\sigma_z u}$$

(2) 굴뚝의 유효고

굴뚝의 높이는 ΔH 만큼 증가되는데, 이 경우 $H_s+\Delta H$를 굴뚝의 유효고(effective height)라 하고 오염물의 분산을 나타내는 공식으로 이용된다.

$$H_e = H_s + \Delta H$$

여기서, H_e : 굴뚝의 유효고
H_s : 실제 굴뚝의 높이
ΔH : 연기의 상승고

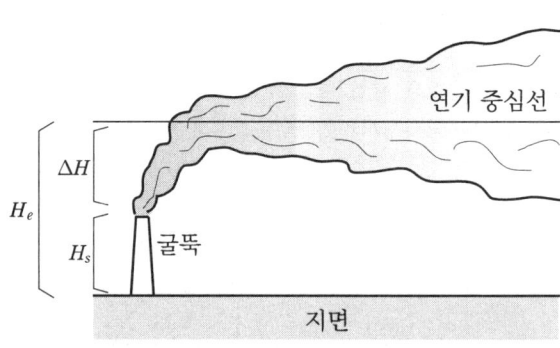

〈그림 1-3〉 굴뚝의 유효고

(3) 고도에 따른 유속(Deacon식)

$$U_2 = U_1 \left(\frac{Z_2}{Z_1} \right)^n$$

여기서, U_1 : 기준고도 Z_1에 있어서의 풍속
U_2 : 고도 Z_2에 있어서의 풍속
n : 정수(대기 불안정일 때 0.25, 안정일 때 0.5이다.)

(4) 최대착지농도($C_{\max}$)와 $X_{\max}$(Sutton식)

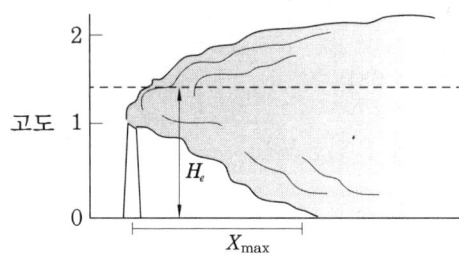

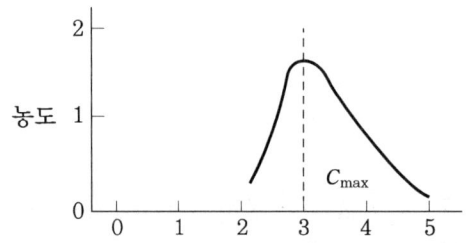

여기서, H_e : 유효 굴뚝 높이 (m)
$C_{\max}$: 최대 착지농도 (ppm)
$X_{\max}$: $C_{\max}$가 출현하는 풍하거리 (m)

〈그림 1-4〉 굴뚝의 풍하선상에 있어서의 배출가스농도 분포와 유효굴뚝높이의 관계

$$C_{\max} = \frac{2Q}{\pi e \, UH_e^{\,2}} \left(\frac{C_z}{C_y} \right)$$

$$X_{\max} = \left(\frac{H_e}{C_z} \right)^{\frac{2}{2-n}}$$

여기서, Q : 단위시간당 오염물질 배출량(m^3/s)×특정물질의 농도(ppm)

U : 풍속(x축 방향에 부는 것으로 한다.)(m/s)

H_e : 유효연돌고(m)

C_y, C_z : 수평 및 수직방향의 확산 폭(m)

n : Sutton의 매개변수(대기 불안정일 때 0.25, 안정일 때 0.5이다.)

최대착지농도($C_{\max}$)는

① 풍속이 클수록

② 유효연돌높이가 높을수록

③ 배출량이 적을수록 감소한다.

(5) 유효굴뚝높이 계산

① Rupp의 식

$$\Delta H = 1.5 \left(\frac{V_s}{U} \right) d = 1.5 Rd$$

여기서, ΔH : 굴뚝 연기 상승고(m), $R = \dfrac{V_s}{U}$

V_s : 굴뚝 연기 방출 속도(m/s), $U =$ 평균 풍속(m/s)

d : 굴뚝의 직경(m)

② Smith의 식

$$\Delta H = d \left(\frac{V_s}{U} \right)^{1.4}$$

③ Carson과 Moses의 식

$$\Delta H = -0.029 \frac{V_s \cdot d}{U} + 2.62 \frac{(Q_h)^{\frac{1}{2}}}{U}$$

여기서, ΔH : 굴뚝 연기 상승고(m)

V_s : 굴뚝 배기가스의 토출 속도(m/s)

d : 굴뚝의 출구 직경(m)

U : 굴뚝 출구에서의 풍속(m/s)

Q_h : 열배출률(kJ/s)

④ Holland의 식

$$\Delta H = \frac{V_s d}{U} \left[1.5 + 2.68 \times 10^{-3} Pd \left(\frac{T_s - T_a}{T_s} \right) \right]$$

여기서, P : 압력(mb)

d : 굴뚝의 직경(m)

T_s : 굴뚝 출구에서의 가스의 온도(K)

T_a : 굴뚝 높이에서의 대기의 온도(K)

⑤ Briggs의 식

$$\frac{\Delta h}{d} = 1.89\left(\frac{R}{1+3/R}\right)^{2/3}\left(\frac{x}{d}\right)^{1/3}$$ 여기서, x : 풍하 방향 거리(m)

⑥ Mosess와 Carson의 식

$$\Delta H = C\frac{F}{u^3}$$

여기서, C : 상수(보통 150)
F : 부력 매개 변수
$$F = gVs\left(\frac{d}{2}\right)^2\left(\frac{T_s - T_a}{T_a}\right)$$

(6) 리처드슨 수(Richardson's Number : Ri)

$$Ri = \frac{g}{T} \times \frac{\dfrac{\Delta\theta}{\Delta z}}{\left(\dfrac{\Delta u}{\Delta z}\right)^2}$$

여기서, g : 중력가속도(9.8m/s^2)
T : 평균절대온도(K)
$\Delta\theta$: 온도차(℃)
Δz : 고도차(m)
Δu : 풍속차(m/s)

〈표 1-1〉 Richardson 수와 안정도

Ri		−1.0	−0.1	−0.01	0	+0.01	+0.1	+1.0
대기운동	대류난류		대류난류 증가		기계적 난류		기계적 난류 감소	난류 없음
안정도	불안정				중립		안정	

(7) 분진의 가시도에 대한 영향

① 가시도의 정의 : 우리 눈에 감지될 수 있는 거리로서 분진을 포함한 각종 대기오염
의 중요한 영향의 하나는 빛의 흡수와 분산에 의한 가시도의 감소로써 스모그가 그
예의 하나이다. 가시도는 가시거리(visible range)라고도 한다.

② 상대습도 70%에서 분진농도 $G\,[\mu m/m^3]$를 사용하여 가시거리를 구하면,

$$L_v[\text{km}] = \frac{10^3 \times A}{G\,[\mu g/m^3]}$$

여기서, A : 계수(0.6~2.4, 보통 1.2)
G : 분진농도($\mu g/m^3$)
L_v : 가시거리(km)

③ 분진농도, 분진의 밀도, 분진의 반경 및 분산 면적비 K를 사용하여 가시거리를
구하면,

$$V[\text{m}] = \frac{5.2\rho r}{K \cdot C[\text{g/m}^3]}$$

여기서, ρ : 분진밀도(g/m^3), r : 분진의 반경(μm)
K : 분산 면적비(4.1), C : 분진농도(g/m^3)
V : 가시거리(m)

(8) 빛 전달률의 측정

대기질을 측정하기 위한 여과지 상에 축적된 분진을 통한 빛 전달률을 측정하는 방법이 있다.

여과 전후의 여과지의 빛 전달률을 비교하여 여과지를 통과하는 공기의 단위길이당 COH 단위로 환산한다.

COH(Coefficent of Haze)는 광학적 밀도(optical density)가 0.01이 되도록 하는 여과지상에 빛을 분산시켜준 고형물의 양을 뜻한다.

광화학적 밀도는 불투명도(opacity)의 log값으로서 불투명도는 빛 전달률의 역수이다.

① 불투명도 : 분진이 축적된 여과지를 통과한 빛 전달률 $\dfrac{I_t}{I_o}$ 의 역수

② 광학적 밀도(O · D) : 불투명도의 상용 log값

③ COH : 0.01로 나눈 광학적 밀도

즉 $COH = \dfrac{O \cdot D}{0.01} = \dfrac{\log(\text{불투명도})}{0.01} = 100 \times \log \dfrac{I_o}{I_t}$

$$m당\ COH = \dfrac{100 \times \log \dfrac{I_o}{I_t} \times 거리(m)}{속도(m/s) \times 시간(s)}$$

⟨표 1-2⟩ COH값과 대기오염의 정도

1000m당 COH	대기오염 정도
0~3	경미하다
3.3~6.5	보통이다
6.6~9.8	심하다
9.9~13.1	대단히 심하다
13.2~16.4	지극히 심하다

(9) 검은 연기의 강도 측정

1898년 Ringelmann 교수에 의하여 제의되었으며, 여러 가지의 카드를 사용하여 백색에서 흑색까지의 범위를 측정하였다.

이의 측정 방법은 연기의 흐름 방향의 수직에서 연기를 쳐다보면서 원거리의 배경에서 연기를 통과하여 들어오는 빛의 양과 차트의 색깔을 비교하여 상호대등할 때 그 흑색도를 강도로 결정한다.

예를 들면 Ringelmann 차트의 1도 카드는 20% 흑색을 위한 것이므로 $\dfrac{I_t}{I_o}$ 값은 80%가 된다.

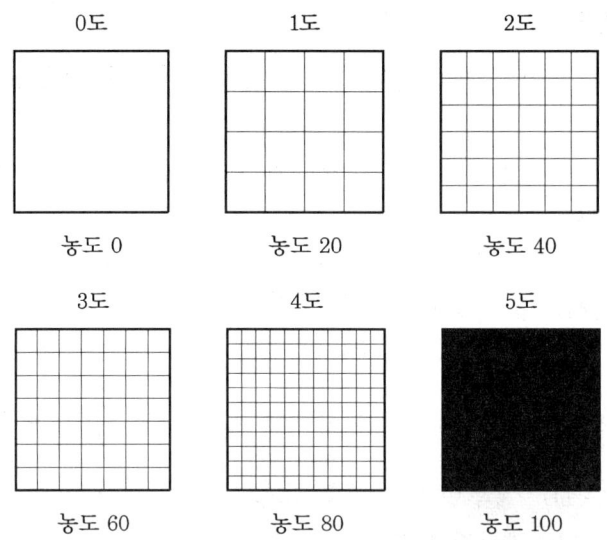

〈그림 1-5〉 Ringelmann 차트의 매연농도표

여기서 실험 횟수를 E_i, 차트의 도수를 F_i라 하면, 매연농도 C는 다음과 같다.

$$C[\%] = \sum \frac{F_i E_i}{E_i} \times 20$$

1. 배기가스 유량이 40000Sm³/h이고 유속이 5m/s, 유효굴뚝높이가 200m, $\dfrac{C_z}{C_y}=$ 1인 경우 SO₂ 농도가 1000ppm이라면 SO₂ 최대착지농도(C_{max}[ppm])를 구하시오. (소수점 셋째 자리까지) (4점) 2005.7.10, 2011.5.1 기사

【계산과정】

$$C_{max}=\frac{2Q}{\pi e u H_e^{\,2}}\left(\frac{C_z}{C_y}\right)=\frac{2\times40000\text{m}^3/3600\text{s}\times1000\text{ppm}}{3.14\times2.72\times5\text{m/s}\times200^2\text{m}^2}\times1$$

$$=0.0130\text{ppm}$$

【답】 0.013ppm

2. 어떤 화학공장에서 굴뚝의 유효높이가 150m, 풍속이 5m/s, 배출가스량이 1000m³/h, 배출가스의 황산화물농도가 400ppm이었다. 이 공장의 SOx 최대지표농도는 몇 ppb인가? (단, $\sigma_y=0.24$, $\sigma_z=0.24$, 안정도지수 $n=0.25$이다.) (4점) 2008.4.20, 2008.11.2 산업기사

【계산과정】

$$C_{max}=\frac{2Q}{\pi e u H_e^{\,2}}\times\left(\frac{\sigma_z}{\sigma_y}\right)$$

$$=\frac{2\times1000\,\text{m}^3/3600\text{s}\times400\times10^3\text{ppb}}{3.14\times2.72\times5\,\text{m/s}\times150^2\text{m}^2}\times\left(\frac{0.24}{0.24}\right)=0.231\,\text{ppb}$$

【답】 0.23ppb

3. 최대지표농도를 $\dfrac{1}{3}$로 감소시키려면 50m의 유효굴뚝높이를 얼마나 증가시켜야 하는지를 계산하시오. (단, $C_{max}=\dfrac{2Q}{\pi\cdot e\cdot u\cdot H_e^{\,2}}$이고, 연돌의 반지름 및 유속은 두 경우 일정하다.)

【계산과정】

$$C_{max1}=\frac{1}{H_{e1}^{\,2}}$$

$$C_{max2}=\frac{1}{H_{e2}^{\,2}}$$

처음 최대치표 C_{max1}을 1로 간주했을 때

$$\frac{1}{\frac{1}{3}}=\frac{\frac{1}{H_{e1}^{\,2}}}{\frac{1}{H_{e2}^{\,2}}}\qquad\therefore 3=\frac{H_{e2}^{\,2}}{H_{e1}^{\,2}}$$

$$H_{e2}^2 = 3 \times H_{e1}^2 = 3 \times 50^2$$

$$\therefore H_{e2} = \sqrt{3} \times 50 = 86.602\,\text{m}$$

증가시킬 유효굴뚝높이 : $86.602 - 50 = 36.602\,\text{m}$

답 36.60m

---

4. 유효굴뚝높이가 150m인 굴뚝으로부터 배출되는 이산화황(SO_2)이 지상최고농도를 나타내는 지점을 구하시오. (단, $C_z = 0.07$, 대기안정도계수 $n = 0.25$,

$$X_{\max} = \left(\frac{H_e}{C_z} \right)^{\frac{2}{2-n}} \text{이다.})$$

계산과정 $X_{\max} = \left(\dfrac{H_e}{C_z} \right)^{\frac{2}{2-n}} = \left(\dfrac{150}{0.07} \right)^{\frac{2}{2-0.25}} = 6409.872\,\text{m}$

답 6409.87m

---

5. 유효굴뚝높이 200m 정도에서 확산계수 $K_y = K_z = 0.07$이고, 풍속 $U = 5\text{m/s}$이다. 배출가스량 $10000\text{m}^3/\text{h}$에 황산화물이 4000ppm 함유되어 있다면 다음 물음에 답하시오. (단, 대기상태는 중립상태이며, 안정도계수(n) $= 0.25$이다.) (6점)

(1) 황산화물의 최대착지농도(ppm)　　　　2009.7.5, 2010.4.18 기사 / 2011.7.24 산업기사

(2) 최대착지거리(m)를 구하시오.

계산과정 (1) $C_{\max} = \dfrac{2Q}{\pi e u H_e^2} \times \left(\dfrac{C_z}{C_y} \right) = \dfrac{2 \times \dfrac{10000}{3600} \times 4000\,\text{ppm}}{3.14 \times 2.72 \times 5 \times 200^2} \times \left(\dfrac{0.07}{0.07} \right)$

$\qquad\qquad = 0.013\,\text{ppm}$

(2) $X_{\max} = \left(\dfrac{H_e}{C_z} \right)^{\frac{2}{2-n}} = \left(\dfrac{200}{0.07} \right)^{\frac{2}{2-0.25}} = 8905.053\,\text{m}$

답 (1) 0.01ppm　(2) 8905.05m

---

6. 유효굴뚝높이가 120m이고, SO_2의 배출량이 2g/s인 화력발전소가 있다. 굴뚝 배출구에서 대기풍속이 2m/s일 때에 최대착지거리(m)와 최대착지농도(ppb)는? (단, 계산 시 아래의 가우시안 연기 모델을 이용함) (6점)

2010.10.31 기사

$$\sigma_z = 0.707\,H_e$$

$$\sigma_z = 0.22X^{0.78}\,(X : 최대착지거리)$$

$$\sigma_y = 0.32X^{0.78}$$

$$C_{\max} = \frac{0.117Q}{U \cdot \sigma_y \cdot \sigma_z}$$

계산 과정 (1) $\sigma_z = 0.707\,H_e = 0.707 \times 120 = 84.84\,\text{m}$

$$\sigma_z = 0.22 \cdot X^{0.78} \qquad X = \left(\frac{\sigma_z}{0.22}\right)^{\frac{1}{0.78}}$$

$$\therefore\ 최대착지거리\ X = \left(\frac{84.84}{0.22}\right)^{\frac{1}{0.78}} = 2068.296\,\text{m}$$

(2) $C_{\max} = \dfrac{0.117Q}{U \cdot \sigma_y \cdot \sigma_z}$

$$= \frac{0.117 \times 2\,\text{g/s} \times 10^3\,\text{mg/g} \times \dfrac{22.4\,\text{mL}}{64\,\text{mg}} \times 10^3\,\mu\text{L/mL}}{2 \times 0.32 \times 2068.30^{0.78} \times 0.22 \times 2068.30^{0.78}\,\text{m}^3/\text{s}} = 3.911\,\text{ppb}$$

답 (1) 2068.30m (2) 3.91ppb

---

7. 하층 대기의 기상 관측 자료가 다음과 같았다. 리처드슨 수를 구하고 대기의 상태를 판별하시오. (6점) 2003.4.27, 2007.11.4, 2010.4.18 기사

고도	풍속	온도
3m	3.9m/s	14.7℃
2m	3.3m/s	15.4℃

계산 과정 평균온도 $= \dfrac{14.7 + 15.4}{2} = 15.05\,℃$

$$Ri = \frac{g}{T} \times \frac{\dfrac{\Delta t}{\Delta z}}{\left(\dfrac{\Delta u}{\Delta z}\right)^2} = \frac{9.8}{(273 + 15.05)} \times \frac{\dfrac{14.7 - 15.4}{3 - 2}}{\left[\dfrac{(3.9 - 3.3)}{(3 - 2)}\right]^2} = -0.066$$

답 $Ri = -0.07$

대기의 상태 : 불안정하며 대류가 지배적인 상태가 된다.

---

8. 어떤 달의 지표에서 온도가 15℃이고 1000m에서 온도는 10℃이다. 이 달의 최고
지표온도가 20℃라면 다음 물음에 답하시오.　　　　　　　　　2000.11.12 기사

(1) 대기의 안정도와 연돌의 연기 형태는?

(2) 최대혼합고를 구하시오.

**계산
과정** 지면 최고온도에 대한 γ_d를 그린다.

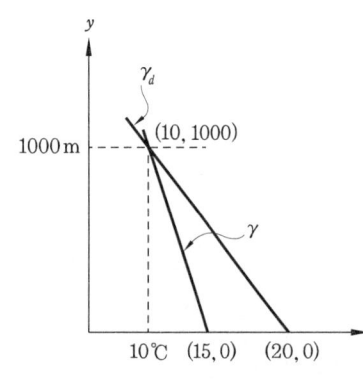

좌표(20, 0), (19, 100)

100m 고도로 가면 1℃ 낮아짐.

$y = ax + b$ 에서

　$0 = a \times 20 + b$ ·· ①

　$100 = a \times 19 + b$ ··· ②

①식에서 $b = -20a$

②식에 대입하면 $100 = a \times 19 - 20a$

∴ $a = -100$　　　a값을 ①식에 대입하면

$0 = -100 \times 20 + b$, $b = 2000$

∴ $y = -100x + 2000$

지표온도 15℃, 1000m에서의 온도 10℃에 대한 γ를 그린다.

좌표 (15, 0), (10, 1000)

$y = ax + b$ 에서

　$0 = a \times 15 + b$ ·· ③

　$1000 = a \times 10 + b$ ·· ④

③식에서 $b = -15a$, ④식에 대입하면

　$1000 = a \times 10 - 15a$　∴ $a = -200$

이 값을 ③식에 대입하면

　$b = 200 \times 15 = 3000$

　∴ $y = -200x + 3000$

위 결과식을 연립하면

　$-100x + 2000 = -200x + 3000$

　$100x = 1000$　　　　∴ $x = 10$

　∴ $y = -200 \times 10 + 3000 = 1000$

답 (1) 대기안정도 : 약 안정(=미단열), 연돌의 연기형태 : conning형(원추형)

　　(2) 최대혼합고 : 건조단열감률(γ_d)과 환경감률(γ)이 만나는 높이 : 1000m

---

9. 어떤 특정장소에서 측정한 월(month)의 최대지면온도가 32℃였다. 어느날 지면의 온도가 21℃, 고도 600m에서의 온도가 18℃였을 때, 최대혼합높이(maximum mixing depth, m)를 구하시오. (단, 건조단열체감률은 −0.98℃/100m이다.)

2012.4.22 기사

계산과정 건조단열감률에서 (32, 0), (31.02, 100)

$y = ax + b$에서

$0 = a \times 32 + b$ ··· ①

$100 = a \times 31.02 + b$ ··· ②

①식에서 $b = -32a$, ②식에서 $100 = 31.02a - 32a$

$$\therefore a = \frac{100}{(31.02 - 32)} = -102.0408$$

①식에서 $b = -(-102.0408) \times 32 = 3265.3056$

$\therefore y = -102.0408x + 3265.3056$ ····································· ⓐ

실제 감률에서 (21, 0), (18, 600)

$y = ax + b$에서

$0 = a \times 21 + b$ ·· ①′

$600 = a \times 18 + b$ ·· ②′

①′식에서 $b = 21a$

②′식에서 $600 = a \times 18 - 21a$

$$\therefore a = \frac{600}{(18 - 21)} = -200$$

①′식에서 $0 = -200 \times 21 + b$ $\therefore b = 200 \times 21 = 4200$

$\therefore y = 200x + 4200$ ··· ⓑ

ⓐ식 = ⓑ식이므로

$-102.0408x + 3265.3056 = -200x + 4200$

$$\therefore x = \frac{(4200 - 3265.3056)}{(200 - 102.0408)} = 9.5416$$

ⓐ식에서 $y = -102.0408 \times 9.546 + 3265.3056 = 2291.673\,\text{m}$

답 2291.67m

---

10. 굴뚝에서의 배출속도가 30m/s, 평균 유속이 2m/s이라면 유효고도를 60m 증가시키기 위한 굴뚝의 지름(m)을 계산하시오. (단, 배출되는 연기의 온도와 대기의 온도차는 28℃ 이하이다.)

계산과정 $\Delta h = 1.5\,RD$ 여기서, $R = \dfrac{V_s}{U}$

$$\Delta h = 1.5 \times \left(\frac{V_s}{U} \right) \times D$$

$$\therefore D = \frac{\Delta h}{1.5 \times \left(\frac{V_s}{U} \right)} = \frac{60\text{m}}{1.5 \times \frac{30}{2}} = 2.666\text{m}$$

답 2.67m

---

11. 굴뚝의 실제 높이가 20m, 굴뚝 반지름이 0.75m, 배출가스의 분출속도가 15m/s, 풍속이 3m/s일 때 유효굴뚝의 높이는? 2004.10, 2009.4.19 산업기사

계산 과정 $\Delta h = 1.5 \times \left(\frac{V_s}{U} \right) \times D = 1.5 \times \left(\frac{15}{3} \right) \times (2 \times 0.75) = 11.25\text{m}$

$H_e = H_s + \Delta h = 20 + 11.25 = 31.25\,\text{m}$

답 31.25m

---

12. 상부 연돌 지름이 5m이고 이 지점의 풍속이 8m/s이다. 배기가스온도 173℃, 외기온도 17℃, 배출가스속도를 10m/s로 할 때 플룸의 연기 상승 높이는?

(단, $F = g \cdot V_s \cdot \left(\frac{d}{2} \right)^2 \cdot \left(\frac{T_g - T_a}{273 + T_a} \right)$, $\Delta H = 150 \times \frac{F}{U^3}$)

|이해| T_g, T_a를 섭씨온도로 간주해야 한다.

계산 과정 $F = 9.8\,\text{m/s}^2 \times 10\text{m/s} \times \left(\frac{5}{2} \right)^2 \text{m}^2 \times \left(\frac{173 - 17}{273 + 17} \right) = 329.483\,\text{m}^4/\text{s}^3$

$\Delta H = 150 \times \frac{329.483\,\text{m}^4/\text{s}^3}{8^3\text{m}^3/\text{s}^3} = 96.528\,\text{m}$

답 96.53m

---

13. 대기 굴뚝높이에서 풍속 8m/s이며 굴뚝 지름은 5m이다. 배기가스온도 163℃, 외기온도 13℃에서 연기 상승 높이(ΔH)는? (단, 배출가스속도는 10m/s이며, $\Delta H = \frac{150 \times F}{U^3}$ 이다.)

계산 과정 $F = g \cdot V_s \cdot \left(\frac{d}{2} \right)^2 \cdot \left(\frac{T_g - T_a}{273 + T_a} \right)$

$= 9.8\,\text{m/s}^2 \times 10\text{m/s} \times \left(\frac{5}{2} \right)^2 \text{m}^2 \times \left(\frac{163 - 13}{273 + 13} \right)$

$$= 321.241 \, \mathrm{m^4/s^3}$$

$$\Delta H = \frac{150 \times F}{U^3} = \frac{150 \times 321.241 \, \mathrm{m^4/s^3}}{8^3 \, \mathrm{m^3/s^3}} = 94.113 \, \mathrm{m}$$

답 94.11m

---

14. 유효연돌높이를 구하는 데 사용되는 방정식으로 홀랜드식이 있다. 지금 풍속이 1m/s이고 높이 30m, 구경이 1.5m, 배출가스속도 13m/s, 배출가스온도 250℉인 굴뚝이 있다. 대기 중의 공기가 970mb, 20℃일 때 유효연돌높이는 얼마인가? (6점)

(단, $\Delta H = \dfrac{V_s d}{U}\left(1.5 + 2.68 \times 10^{-3} P \dfrac{T_s - T_a}{T_s} d\right)$이다.) 2007.11.4 기사

계산과정 250℉를 ℃로 환산하면

$$℃ = \frac{100}{180} \times (℉ - 32) = \frac{100}{180} \times (250 - 32) = 121.11 ℃$$

$$\Delta H = \frac{V_s \cdot d}{U} \times \left(1.5 + 2.68 \times 10^{-3} \times P \times \frac{T_s - T_a}{T_s} \times d\right)$$

$$= \frac{13 \times 1.5}{1} \times \left(1.5 + 2.68 \times 10^{-3} \times 970 \times \frac{(273 + 121.11) - (273 + 20)}{(273 + 121.11)} \times 1.5\right)$$

$$= 48.757 \, \mathrm{m}$$

$$H_e = H_s + \Delta H = 30 + 48.757 = 78.757 \mathrm{m}$$

답 78.76m

---

15. 굴뚝높이가 60m, 굴뚝의 반지름이 2m, 연기의 배출속도가 15m/s, 열발생률이 5000kJ/s, 유효굴뚝높이가 80m일 때 풍속(m/s)을 계산하시오.

(단, $\Delta H = \dfrac{V_s \cdot d}{U}\left(1.5 + 0.0096 \times \dfrac{Q_h}{V_s \cdot d}\right)$) 2011.11. 산업기사

계산과정 $\Delta H = \dfrac{V_s \cdot d}{U} \times \left(1.5 + 0.0096 \times \dfrac{Q_h}{V_s \cdot d}\right)$

여기서, $\Delta H = H_c - H_s = 80 - 60 = 20 \, \mathrm{m}$

$d = 2 \times 반지름 = 2 \times 2 = 4\mathrm{m}$

$Q_h(\mathrm{kJ/s}$로 대입)

$$U = \frac{V_s \times d \times \left(1.5 + 0.0096 \times \dfrac{Q_h}{V_s \cdot d}\right)}{\Delta H} = \frac{15 \times 4 \times \left(1.5 + 0.0096 \times \dfrac{5000}{15 \times 4}\right)}{20}$$

$$= 6.9 \, \mathrm{m/s}$$

답 6.9m/s

---

16. 높이 10m에서의 풍속은 4m/s였다. 50m에서의 풍속은 얼마인가? (단, 대기는 매우 안정한 상태이다.)

1999.5.30 기사

계산과정 $U_2 = U_1 \times \left(\dfrac{z_2}{z_1}\right)^n = 4 \times \left(\dfrac{50}{10}\right)^{0.5} = 8.944 \, \text{m/s}$

답 8.94m/s

---

17. 유효 높이(H)가 70m인 굴뚝으로부터 H_2S가 80g/s의 속도로 배출되고 있다. 굴뚝높이에서의 풍속은 6m/s이고 풍하거리 500m에서 대기안정 조건에 따라 편차 σ_y는 36m, σ_z는 18.5m이었다. 이 굴뚝으로부터 풍하거리 500m의 중심선상의 지표면 농도는 몇 $\mu g/m^3$이며 냄새를 감지할 수 있는지 여부를 판별하시오. (단, H_2S의 최소감지농도는 0.47ppb이며, 가우시안 확산방정식은 $C(x, y, z, H_e) =$ $\dfrac{Q}{2\pi u \sigma_y \sigma_z} \exp\left\{\dfrac{-1}{2}\left(\dfrac{y}{\sigma_y}\right)^2\right\} \left[\exp\left\{\dfrac{-1}{2}\left(\dfrac{Z-H}{\sigma_z}\right)^2\right\} + \exp\left\{\dfrac{-1}{2}\left(\dfrac{Z+H}{\sigma_z}\right)^2\right\}\right]$ 이다.)

(7점)

2008.4.20, 2009.7.5 기사

|이해| 중심선상($y = 0$), 지표면($z = 0$)

계산과정 $C(x, 0, 0, H_e) = \dfrac{Q}{\pi u \sigma_y \sigma_z} \times e^{\left(-\frac{He^2}{2\sigma_z^2}\right)}$

$\qquad = \dfrac{80 \, \text{g/s} \times 10^6 \mu g/g}{3.14 \times 6 \times 36 \times 18.5 \, \text{m}^3/\text{s}} \times e^{\left(-\frac{70^2}{2 \times 18.5^2}\right)}$

$\qquad = 4.961 \, \mu g/m^3$

냄새 감지 여부 : $4.96 \, \mu g/m^3 \times \dfrac{22.4 \mu L}{34 \mu g} = 3.26 \, \mu L/m^3 \text{(ppb)}$

답 $4.96 \, \mu g/m^3$, 냄새를 감지할 수 있다.

---

18. 유효굴뚝높이가 60m인 굴뚝에서 아황산가스가 50g/s의 율로 방출되고, 지상 5.5m에서 풍속이 5m/s이다. 500m의 하류에 위치하는 중심선상의 오염물의 지표농도($\mu g/s$)는 얼마인가? (단, Deacon식과 가우시안 모델을 기준으로 하며, 풍속지수 P는 0.25, 수평 및 수직 편차는 각각 37m, 18m이다.)

2006.7.9 기사

계산과정 $U_2 = U_1 \times \left(\dfrac{z_2}{z_1}\right)^P = 5 \times \left(\dfrac{60}{5.5}\right)^{0.25} = 9.0869 \, \text{m/s}$

연기 중심선상의 오염물질 지표농도

$$C(x, \ 0, \ 0, \ H_e) = \frac{Q}{\pi \, U \sigma_y \sigma_z} \times e^{\left[-\frac{1}{2} \times \left(\frac{H_e}{\sigma_z} \right)^2 \right]}$$

$$= \frac{50 \times 10^6 \mu g/s}{3.14 \times 9.0869 \, \text{m/s} \times 37\text{m} \times 18\text{m}} \times e^{\left[-\frac{1}{2} \times \left(\frac{60}{18} \right)^2 \right]}$$

$$= 10.166 \, \mu g/m^3$$

目 $10.17 \mu g/m^3$

---

19. 1시간에 10000대의 차량이 고속도로 위에서 평균시속 80km로 주행하며, 각 차량의 평균탄화수소 배출률은 0.02g/s이다. 바람이 고속도로와 측면 수직방향으로 5m/s로 불고 있다면 도로 지반과 같은 높이의 평탄한 지형의 풍하 500m 지점에서의 지상오염농도($\mu g/m^3$)는? (단, 대기는 중립상태이며, $\sigma_z = 15\text{m}$,

$$C(x, \ y, \ 0) = \frac{2q}{(2\pi)^{\frac{1}{2}} \sigma_z U} \exp\left[-\frac{1}{2} \left(\frac{H}{\sigma_z} \right)^2 \right] \text{이다.)} \qquad \text{2010.7.5 산업기사}$$

계산과정 q부터 구하면

$$q = \frac{0.02 \, \text{g/s} \cdot \text{대} \times 10000\text{대/h}}{80\text{km/h} \times 1000\text{m/km}} = 0.0025 \, \text{g/m·s} = 2500 \mu g/\text{m·s}$$

$$C(x, \ y, \ 0) = \frac{2q}{(2\pi)^{\frac{1}{2}} \times \sigma_z \times U} \times e^{\left[-\frac{1}{2} \times \left(\frac{H}{\sigma_z} \right)^2 \right]}$$

$$= \frac{2 \times 2500 \, \mu g/\text{m·s}}{(2 \times 3.14)^{\frac{1}{2}} \times 15\text{m} \times 5\text{m/s}} \times e^{\left[-\frac{1}{2} \times \left(\frac{0}{15} \right)^2 \right]} = 26.602 \, \mu g/m^3$$

目 $26.60 \mu g/m^3$

---

20. 구름이 많이 낀 오후에 고속도로에서 바람이 불어가는 쪽으로 300m 떨어진 점에서 탄화수소의 농도($\mu g/m^3$)를 구하시오. (단, 풍속은 4m/s의 속도로 도로에 수직으로 불며, 고속도로상의 교통밀도는 8000대/h, 차량의 평균속도는 64km/h이다. 또한 각 차량의 탄화수소 방출률은 $2 \times 10^{-2} \text{g/s}$, $\sigma_z = 12\text{m}$, $C = \dfrac{2q}{(2\pi)^{\frac{1}{2}} \times \sigma_z \times u}$

이다.) (5점) \qquad 2008.11.2 산업기사

계산과정 q를 구하면

$$q = \frac{2 \times 10^{-2}\,\text{g/s} \cdot \text{대} \times 8000\,\text{대/h}}{64 \times 10^{3}\,\text{m/h}} = 0.0025\,\text{g/s} \cdot \text{m}$$

$$\therefore C = \frac{2 \times 0.0025\,\text{g/s} \cdot \text{m}}{(2 \times 3.14)^{\frac{1}{2}} \times 12\,\text{m} \times 4\,\text{m/s}} = 4.1567 \times 10^{-5}\,\text{g/m}^3 = 41.567\,\mu\text{g/m}^3$$

답 $41.57\,\mu\text{g/m}^3$

---

21. 대기 중의 분진은 시야에 많은 영향을 미친다. 대기 중의 분진농도가 $20\,\mu\text{g/m}^3$ 이고, 상대습도가 70%이었다면 가시거리(visibility range)는 몇 km인지 계산하시오. (단, 상수(A)는 1.2로 본다.) (6점) 2003.10. 산업기사

계산과정 $L_v\,[\text{km}] = \dfrac{10^3 \times A}{G} = \dfrac{10^3 \times 1.2}{20} = 60\,\text{km}$

답 60km

---

22. 파장 5200 Å인 빛 속에서 밀도가 $1.2\,\text{g/cm}^3$이고, 지름 $0.2\,\mu\text{m}$인 분진의 분산면적비가 3일 때 분진농도가 $0.3 \times 10^{-3}\,\text{g/m}^3$ 이라면 가시거리(V)는 몇 m인가?

계산과정 $V\,[\text{m}] = \dfrac{5.2\,\rho\,\gamma}{KC} = \dfrac{5.2 \times 1.2 \times 0.1}{3 \times 0.3 \times 10^{-3}} = 693.333$

답 693.33m

---

23. 어떤 도시의 분진농도를 측정하기 위하여 공기를 여과지를 통해 0.4m/s의 속도로 3시간 여과시킨 결과 깨끗한 여과지에 비해 사용한 여과지의 빛 전달률이 80%였다. 이때 1000m당 COH 계수를 계산하고 대기오염 정도를 판별하시오. 1998.5.10 산업기사, 2003.4.27, 2007.4.22 기사

계산과정
$$1000\text{m당 COH} = \frac{100 \times \log\left(\dfrac{I_o}{I_t}\right) \times 거리\,(\text{m})}{속도\,(\text{m/s}) \times 시간\,(\text{s})}$$

$$= \frac{100 \times \log\left(\dfrac{1}{0.8}\right) \times 1000\,\text{m}}{0.4\,\text{m/s} \times 3\,\text{h} \times 3600\,\text{s/h}}$$

$$= 2.243$$

답 2.24, 경미하다.

[COH와 대기오염 정도]

COH/1000m	대기오염 정도
0~3	경미하다.
3.3~6.5	보통이다.
6.6~9.8	심하다.
9.9~13.1	대단히 심하다.
13.2~16.4	지극히 심하다.

24. 분진의 농도 측정을 위해 여과지를 통해 공기를 0.5m/s의 속도로 5시간 여과시킨 결과 깨끗한 여과지에 비해 사용된 여과지의 빛 전달률이 80%였다. 1000m당 COH 계수를 계산하고 대기오염도를 판정하시오.   2000.8.13 기사

계산과정

$$1000\text{m당 COH} = \frac{100 \times \log\left(\dfrac{I_o}{I_t}\right) \times 거리(\text{m})}{속도(\text{m/s}) \times 시간(\text{s})}$$

$$= \frac{100 \times \log\left(\dfrac{1}{0.8}\right) \times 1000\text{m}}{0.5\text{m/s} \times 5\text{h} \times 3600\text{s/h}}$$

$$= 1.076$$

[COH와 대기오염 정도]

COH/1000m	대기오염 정도
0~3	경미하다.
3.3~6.5	보통이다.
6.6~9.8	심하다.
9.9~13.1	대단히 심하다.
13.2~16.4	지극히 심하다.

답 1.08, 경미하다.

---

25. 깨끗한 여과지를 사용하여 먼지를 함유한 공기를 0.5m/s의 비율로 4시간 여과시킨 결과 여과지의 빛 통과율이 최초의 68%에 해당하였다. COH와 COH/1000m의 값을 계산하시오.

계산과정

① $\text{COH} = 100 \times \log\dfrac{I_o}{I_t} = 100 \times \log\dfrac{1}{0.68} = 16.749$

② $1000\text{m당 COH} = \dfrac{100 \times \log\dfrac{I_o}{I_t} \times 거리(\text{m})}{속도(\text{m/s}) \times 시간(\text{s})}$

$$= \frac{100 \times \log\dfrac{1}{0.68} \times 1000\text{m}}{0.5\text{m/s} \times 4\text{h} \times 3600\text{s/h}} = 2.326$$

답 ① 16.75 ② 2.33

---

26. 링겔만 스모크 차트법을 이용하여 250회 측정 결과 5도 6회, 4도 8회, 3도 30회, 2도 35회, 1도 55회, 0도 116회일 때 연기농도의 %는?   2002.7.7 산업기사

계산과정

$$C = \frac{6 \times 5 + 8 \times 4 + 30 \times 3 + 35 \times 2 + 55 \times 1 + 116 \times 0}{6 + 8 + 30 + 35 + 55 + 116} \times 20 = 22.16\%$$

답 22.16%

연소 계산

2-1 이론공기량

연료의 종류에 따라 가연성분이 달라지므로 이에 따르는 연소용 공기량도 달라지게 되는데 어떤 연료를 완전연소시키는 데 필요한 최소한의 공기량을 이론공기량이라 한다. 이론공기량(A_o)은 공기 중의 산소량이 일정하므로 이론산소량(O_o)로부터 구할 수 있다.

즉, 이론공기량(A_o)은 체적으로 구할 경우 $\dfrac{1}{0.21}O_o$, 중량으로 구할 경우 $\dfrac{1}{0.232}O_o$로 계산된다.

(1) 고체·액체 연료의 계산

① 이론산소량(O_o) 계산

어떤 연료를 완전연소시키는 데 필요한 최소한의 산소량을 말하며, 연료의 성분 중 가연성 원소인 탄소(C), 수소(H), 황(S)이 연소할 때 필요로 하는 산소량만의 합을 구하면 된다.

(개) 체적으로 계산할 때

$$O_o = \frac{22.4}{12}\text{C} + \frac{11.2}{2}\left(\text{H} - \frac{\text{O}}{8}\right) + \frac{22.4}{32}\text{S}\,[\text{Nm}^3/\text{kg}]$$

(내) 중량으로 계산할 때

$$O_o = \frac{32}{12}\text{C} + \frac{16}{2}\left(\text{H} - \frac{\text{O}}{8}\right) + \frac{32}{32}\text{S}\,[\text{kg/kg}]$$

② 이론공기량(A_o) 계산

어떤 연료를 완전연소시키기 위한 최소한의 공기량으로서 이론산소량(O_o)값을 실제 연료의 연소에 사용하는 산소의 농도(%)로 나눈 값을 말한다. 즉,

(개) 체적으로 계산할 때

$$A_o = \frac{1}{0.21} \times O_o = \frac{1}{0.21}\left\{\frac{22.4}{12}\text{C} + \frac{11.2}{2}\left(\text{H} - \frac{\text{O}}{8}\right) + \frac{22.4}{32}\text{S}\right\}[\text{Nm}^3/\text{kg}]$$

(내) 중량으로 계산할 때

$$A_o = \frac{1}{0.232} \times O_o = \frac{1}{0.232}\left\{\frac{32}{12}\text{C} + \frac{16}{2}\left(\text{H} - \frac{\text{O}}{8}\right) + \frac{32}{32}\text{S}\right\}[\text{kg/kg}]$$

제2장 연소 계산 | 29

(2) 기체 연료의 계산

기체 연료 1Nm^3에 대한 이론공기량(A_o)도 그의 가연성분에서 산출한다. 이때 주의해야 할 사항은 혼합기체인 경우 자체 성분 중 산소(O_2)가 있을 경우에는, 고체·액체 연료에서는 유효수소화하는 데 쓰이지만 기체 연료에서는 그 자체가 연소에 이용되므로 그 만큼의 산소(O_2), 즉 공기는 공급하지 않아도 된다.

① 이론산소량 $(O_o) = 0.5\text{CO} + 0.5\text{H}_2 + 2\text{CH}_4 + 3\text{C}_2\text{H}_4 + 5\text{C}_3\text{H}_8 - \text{O}_2\,[\text{Nm}^3/\text{Nm}^3]$

② 이론공기량 $(A_o) = \dfrac{1}{0.21} \times O_o$

$$= \dfrac{1}{0.21}\left\{0.5\text{CO} + 0.5\text{H}_2 + 2\text{CH}_4 + 3\text{C}_2\text{H}_4 + 5\text{C}_3\text{H}_8 - \text{O}_2\right\}[\text{Nm}^3/\text{Nm}^3]$$

(3) 공기비(과잉공기량 계수)

연료를 연소시킬 때는 이론공기량(A_o)으로만 완전연소시킨다는 것은 실제로 거의 불가능하므로 이론공기량보다 많은 공기량(과잉공기량)을 공급해 주는데 이들의 비를 공기비(m)라 하고, 이는 다음 식으로 정리된다.

$$m = \frac{A}{A_o} = \frac{A_o + (m-1)A_o}{A_o} = 1 + \frac{A - A_o}{A_o}$$

즉, 공기비$= 1 + \dfrac{\text{과잉공기량}}{\text{이론공기량}}$으로 구할 수 있다.

> **참고**
>
> 과잉공기량 $= A - A_o = mA_o - A_o = (m-1)A_o$
>
> 과잉공기율(%) $= (m-1) \times 100$

① 배기가스 분석 결과로서 공기비(m) 계산

㈎ 완전연소 시(배기가스 분석 결과 CO가 없을 때)

$$m = \frac{\text{실제공기량}(A)}{\text{이론공기량}(A_o)} = \frac{\text{실제공기량}}{\text{실제공기량} - \text{과잉공기량}}$$

여기서, 실제공기량 $= \dfrac{\text{N}_2}{0.79}$, 과잉공기량 $= \dfrac{\text{O}_2}{0.21}$

$$\therefore \text{공기비}(m) = \frac{\dfrac{\text{N}_2}{0.79}}{\dfrac{\text{N}_2}{0.79} - \dfrac{\text{O}_2}{0.21}} = \frac{\text{N}_2}{\text{N}_2 - 3.76\text{O}_2}$$

$$m = \frac{N_2}{N_2 - 3.76O_2}$$

㈏ 불완전연소 시(배기가스 분석 결과 CO가 있을 때) : 배기가스 분석 결과 산소량이 $(O_2)[Nm^3]$로 분석되었다면, 그 중 $(CO)[Nm^3]$을 연소시켜야 할 양이$(O_2{}')$ $[Nm^3]$ 들어 있다고 생각할 수 있다. 즉, 배기가스 분석 시 CO, O_2가 공존할 경우에 이 $(O_2)[Nm^3]$을 전부 과잉공기량 속의 $(O_2)[Nm^3]$이라고 할 수 없고, $CO + \frac{1}{2}O_2 \rightarrow CO_2$에서 CO $1Nm^3$ 연소 시 $0.5Nm^3$의 산소가 소비되므로 전체 $(O_2)[Nm^3]$에서 CO를 연소시키는 데 소비된 $(O_2{}') = 0.5CO\,[Nm^3]$을 뺀 값을 순수한 과잉공기량 속의 $(O_2)Nm^3$이라 할 수 있으므로 다음과 같이 정리된다.

$$m = \frac{N_2}{N_2 - 3.76(O_2 - 0.5CO)}$$

㈐ 배기가스 분석 결과 $O_2[\%]$만 알고서 공기비를 구할 때

$$m = \frac{실제공기량}{실제공기량 - 과잉공기량} = \frac{\dfrac{N_2}{0.79}}{\dfrac{N_2}{0.79} - \dfrac{O_2}{0.21}} \fallingdotseq \frac{21}{21 - O_2}$$

$$m = \frac{21}{21 - O_2}$$

㈑ CO_{2max}를 알고 있을 때

$$m = \frac{CO_{2max}[\%]}{CO_2[\%]}$$

(4) 실제공기량(A) : 연소에 소요되는 공기량

실제로 연료를 연소시킬 때에는 그 연료의 이론공기량만으로는 완전연소가 거의 불가능한데 이것은 연료의 가연성분과 공기 중의 산소와의 접촉이 원활하게 이루어지지 못하기 때문이다. 따라서 이론공기량보다 더 많은 공기를 보내어 가연성분과 산소와의

접촉이 원만하게 이루어지도록 해야 한다. 그리고 실제 사용한 공기량(A)과 이론공기량(A_o)의 비를 공기비(m)라 한다.

$$m = \frac{A}{A_o}, \ A = mA_o, \ m > 1$$

(5) 공기연료비(AFR)와 등가비(ϕ)

① 공기연료비(AFR : air fuel ratio) : 모든 산소가 연료와 반응하여 완전히 소모되는 경우를 말하며, 이 열화학반응 시 연료몰수에 대한 공기몰수의 비를 말한다.

$$AFR = \frac{공기몰(\text{mol})수}{연료몰(\text{mol})수}$$

② 등가비(ϕ, equivalence ratio) : 등가비는 연소과정에서 열평형을 이해하기 위해서 필요하다.

$$등가비(\phi) = \frac{\left(\dfrac{실제\ 연료량}{산화제}\right)의\ 비}{\left(\dfrac{완전\ 연소를\ 위한\ 이상적\ 연료량}{산화제}\right)의\ 비}$$

㈎ 등가비와 연소관계

㉮ $\phi = 1$의 경우 : 완전연소로서 연료와 산화제의 혼합이 이상적이다.

㉯ $\phi > 1$의 경우 : 연료가 과잉인 경우로서 불완전연소가 일어난다.

㉰ $\phi < 1$의 경우 : 연료가 이상적인 경우보다 적고 공기가 과잉인 경우로서 불완전연소가 일어난다.

2-2 연소가스 분석 및 농도 산출

(1) 연소가스량 및 성분 분석(연소생성물)

연소생성물은 연소배기가스, 즉 연소 시 생성되는 가스에는 습연소가스(G_w)와 건연소가스(G_d)가 있다.

습연소가스(G_w)란 건연소가스(G_d)에 연료 중의 수분과 연소에 의하여 생성되는 수증기를 포함한 가스를 말한다.

① 실제 건연소가스량(G_d) 계산

㈎ 고체, 액체 연료에서 Nm^3/kg으로 구할 때

$$G_d = G_{od} + (m-1)A_o \, [\mathrm{Nm^3/kg}]$$

$$G_{od} = \left\{ \frac{22.4}{12}\mathrm{C} + \frac{22.4}{32}\mathrm{S} + \frac{22.4}{28}\mathrm{N} \right\} + 0.79A_o \, [\mathrm{Nm^3/kg}]$$

$$A_o = \frac{1}{0.21} \times \left\{ \frac{22.4}{12}\mathrm{C} + \frac{11.2}{2}\left(\mathrm{H} - \frac{\mathrm{O}}{8}\right) + \frac{22.4}{32}\mathrm{S} \right\} [\mathrm{Nm^3/kg}]$$

여기서, G_{od} : 이론건연소가스량[$\mathrm{Nm^3/kg}$]

A_o : 이론공기량[$\mathrm{Nm^3/kg}$]

m : 공기비

C, H, O, S, N : 고체, 액체 연료 중의 각 성분 $\frac{\%}{100}$

(내) 고체, 액체 연료에서 kg/kg으로 구할 때

$$G_d = G_{od} + (m-1)A_o[\mathrm{kg/kg}]$$

$$G_{od} = \left\{ \frac{44}{12}\mathrm{C} + \frac{64}{32}\mathrm{S} + \frac{28}{28}\mathrm{N} \right\} + 0.768A_o \, [\mathrm{kg/kg}]$$

$$A_o = \frac{1}{0.232} \left\{ \frac{32}{12}\mathrm{C} + \frac{16}{2}\left(\mathrm{H} - \frac{\mathrm{O}}{8}\right) + \frac{32}{32}\mathrm{S} \right\} [\mathrm{kg/kg}]$$

(대) 기체 연료에서 $\mathrm{Nm^3/Nm^3}$으로 구할 때

※ 반드시 화학 반응식을 세워서 구해야 한다.

$$G_d = G_{od} + (m-1)A_o[\mathrm{Nm^3/Nm^3}]$$

$$G_{od} = \left\{ \mathrm{CO} + \mathrm{CH_4} + 2\mathrm{C_2H_4} + 3\mathrm{C_3H_8} \right\} + 0.79A_o[\mathrm{Nm^3/Nm^3}]$$

$$A_o = \frac{1}{0.21}\left\{ 0.5\mathrm{CO} + 0.5\mathrm{H_2} + 2\mathrm{CH_4} + 3\mathrm{C_2H_4} + 5\mathrm{C_3H_8} - \mathrm{O_2} \right\}[\mathrm{Nm^3/Nm^3}]$$

여기서, CO, $\mathrm{H_2}$, $\mathrm{CH_4}$, $\mathrm{C_2H_4}$, $\mathrm{C_3H_8}$, $\mathrm{O_2}$: 기체 연료 중의 각 성분 $\frac{\%}{100}$

② 실제 습연소가스량(G_w) 계산

(개) 고체, 액체 연료에서 $\mathrm{Nm^3/kg}$으로 구할 때

$$G_w = G_d + \frac{22.4}{18}(9\mathrm{H} + \mathrm{W})\,[\mathrm{Nm^3/kg}]$$

여기서, H, W : 고체, 액체 연료 중의 수소, 수분 $\frac{\%}{100}$

(내) 고체, 액체 연료에서 kg/kg으로 구할 때

$$G_w = G_d + (9\mathrm{H} + \mathrm{W})[\mathrm{kg/kg}]$$

(대) 기체 연료에서 $\mathrm{Nm^3/Nm^3}$으로 구할 때

※ 반드시 화학 반응식을 세워서 구해야 한다.

$$G_w = G_{ow} + (m-1)A_o \, [\text{Nm}^3/\text{Nm}^3]$$

$$G_{ow} = \{\text{CO} + \text{H}_2 + 3\text{CH}_4 + 4\text{C}_2\text{H}_4 + 7\text{C}_3\text{H}_8\} + 0.79 A_o \, [\text{Nm}^3/\text{Nm}^3]$$

$$A_o = \frac{1}{0.21}\{0.5\text{CO} + 0.5\text{H}_2 + 2\text{CH}_4 + 3\text{C}_2\text{H}_4 + 5\text{C}_3\text{H}_8 - \text{O}_2\} \, [\text{Nm}^3/\text{Nm}^3]$$

③ 최대 탄산가스량(CO_{2max}) 계산 : 연료의 주 성분은 탄소 및 그 화합물이지만, 이것이 연소하면 이산화탄소가 된다. 공기를 충분히 보내어 연소가 좋아지면 (CO_2)[%]는 상승하나, 주어지는 공기가 이론량을 넘으면 연소가스 중에 과잉공기가 들어가기 때문에 (CO_2)[%]는 희석되어 감소한다.

연료에 공급되는 공기량이 부족, 최적량, 과잉이 되는 것에 따라서 (CO_2)[%]를 도시하면 상승, 최대, 하강과 같이 산형 커브를 그린다. 그러므로 (CO_2)[%]를 그 산의 정상에 있도록 연소를 조절하면 가장 이상적이다. 이 정상의 (CO_2)[%]를 최대이산화탄소율 또는 탄산가스최고백분율이라고 부르며, (CO_2)$_{max}$[%]로 표기한다.

이 (CO_2)$_{max}$[%]의 이론치는 결국 이론연소하였을 경우의 건배기가스 중의 (CO_2)[%] 이외의 아무것도 아니므로 간단히 계산으로 구할 수 있다.

㈎ 배기가스 성분 중 (CO_2)[%]와 공기비를 알고 있을 때

$$CO_{2max} = CO_2 \times m \, [\%]$$

여기서, m : 공기비

㈏ 완전연소 시(배기가스 분석 결과 CO가 없을 때)

$$CO_{2max} = CO_2 \times \frac{21}{21 - O_2} \, [\%]$$

여기서, CO_2, O_2 : 배기가스 성분 중 %농도

㈐ 불완전연소 시(배기가스 분석 결과 CO가 있을 때)

$$CO_{2max} = \frac{(CO_2 + CO) \times 21}{21 - O_2 + 0.395\,CO} \, [\%]$$

㈑ 이론건배기가스량(Nm^3/kg)과 $CO_2[\text{Nm}^3/\text{kg}]$를 알고 있을 때

$$CO_{2max} = \frac{CO_2}{G_{od}} \times 100 \, [\%]$$

㈒ 연료의 원소 조성을 알고 있을 때

$$CO_{2max} = \frac{\dfrac{22.4}{12}\text{C} + \dfrac{22.4}{32}\text{S}}{G_{od}} \times 100 \, [\%]$$

④ 배기가스 조성에 관한 계산 : 배기가스 조성은 산소(O_2), 탄산가스(CO_2), 아황산가

스(SO_2), 질소(N_2) 및 수증기(H_2O)이므로 배기가스 조성(%)을 구한 값과 오르사트 가스 분석 시의 값은 항상 같아야 하므로 기준배기가스량은 건배기가스량을 이용하고 아황산가스는 오르사트 분석 시 수산화칼륨(KOH) 용액에 흡수되므로 탄산가스(CO_2)에 합산하여 계산하여야 하므로 다음과 같이 정리할 수 있다.

(가) $O_2[\%] = \dfrac{0.21(m-1)A_o}{G_d} \times 100$

(나) $CO_2[\%] = \dfrac{\dfrac{22.4}{12}C + \dfrac{22.4}{32}S}{G_d} \times 100$

(다) $N_2[\%] = \dfrac{0.79mA_o + \dfrac{22.4}{28}N}{G_d} \times 100$

또는 $N_2[\%] = 100 - (CO_2 + O_2 + CO)$

(2) 오염물질의 농도 계산

① $SO_2[\%] = \dfrac{\dfrac{22.4}{32}S}{G} \times 100$

② $SO_2[\text{ppm}] = \dfrac{\dfrac{22.4}{32}S}{G} \times 10^6$

③ 먼지$[\text{g/Sm}^3] = \dfrac{m_d}{G}$

④ $H_2O[\%] = \dfrac{\dfrac{22.4}{18}\text{Sm}^3/\text{kg}}{G[\text{Sm}^3/\text{kg}]} \times 100$

여기서, G : G_{od}, G_{ow}, G_d, G_w 중 선택
m_d : 먼지(dust)의 질량(g)

2-3 발열량과 연소온도

(1) 발열량의 정의와 종류

발열량이란 연료의 단위량(고체 및 액체 연료에서는 1kg, 기체 연료에서는 1Nm^3 또는 1kg)이 완전히 연소할 때에 발생한 열량(kcal)을 말하는데 일반적으로 열량계에서

측정하며 열량계에서 측정한 값이 고발열량(H_h)이다. 실제 연소장치에서는 수증기의 응축열은 이용되지 않으므로 저발열량을 사용한다.

(2) 발열량 계산

① 고체, 액체 연료의 발열량(calorific) 계산

㉮ 탄소(C)의 연소

　㉠ 탄소(C)가 완전연소할 때

$$\underset{\underset{12kg}{1kmol}}{C} + O_2 \rightarrow CO_2 + 97200kcal/kmol$$

　　∴ 탄소(C) 1kg이 완전연소할 때 발열량 $= \dfrac{97200}{12} = 8100kcal/kg-탄소$

　㉡ 탄소가 불완전연소할 때

$$\underset{\underset{12kg}{1kmol}}{C} + \frac{1}{2}O_2 \rightarrow CO + 29200kcal/kmol$$

　　∴ C 1kg이 불완전연소할 때 $\dfrac{29200}{12} = 2433.33kcal/kg-탄소$

㉯ 수소의 연소

$$H_2 + \frac{1}{2}O_2 = H_2O(증기) + 57200kcal/kmol$$

$$\underset{\underset{2kg}{1kmol}}{H_2} + \frac{1}{2}O_2 \rightarrow H_2O(물) + 68000kcal/kmol$$

　∴ H_2 1kg 연소 시 발열량은

　　증기 $\Rightarrow \dfrac{57200}{2} = 28600kcal/kg-수소$

　　물 $\Rightarrow \dfrac{68000}{2} = 34000kcal/kg-수소$

㉰ 황의 연소

$$\underset{\underset{32kg}{1kmol}}{S} + O_2 \rightarrow SO_2 + 80000kcal/kmol$$

　∴ S 1kg 연소 시 발열량 $= \dfrac{80000}{32} = 2500kcal/kg-황$

참고 ○─○

　위의 수소 발열량 34000kcal/kg과 28600kcal/kg이 서로 차이가 나는 것은 수소의 연소 시 발생되는 수증기의 증발 잠열차이다. 0℃ 때의 물의 증발 잠열은 600kcal이고 수소 1kg 연소 시 생성되는 H_2O의 양은 9kg이므로 다음과 같이 유도된다.
$600 \times 9 = 5400$kcal이므로 $34000 - 5400 = 28600$kcal/kg 수소가 된다.

(라) 고발열량(H_h)과 저발열량(H_l) 관계식

　(가) 고발열량(H_h)

　　열량의 단위는 kcal/kmol로서, 가연성분 1kg 분자량이 연소할 때의 발열량이므로 kcal/kg의 단위로 환산하여야 한다. 연료의 발열량은 열량계로 측정하지만, 이때는 0℃에서 측정하므로 연소 생성 수증기는 물로 응축되면서 증발 잠열을 방출하게 되는데 이 값까지를 계산한 발열량을 고발열량(H_h)이라 하고, 이 증발 잠열을 계산하지 않은 실제로 사용할 수 있는 발열량을 저발열량(H_l, 진발열량)이라고 한다.

$$H_h = 8100\text{C} + 34000\left(\text{H} - \frac{\text{O}}{8}\right) + 2500\text{S}(\text{kcal/kg}-연료)$$

참고 ○─○

유효수소값 : $\left(\text{H} - \dfrac{\text{O}}{8}\right)$

$\text{H}_2 + \dfrac{1}{2}\text{O}_2 \rightarrow \text{H}_2\text{O}$ 식에서 산소(O_2) 8kg은 수소(H_2) 1kg과 연소하게 되므로
2kg   16kg
연료 속에 함유되어 있는 산소에 의하여 먼저 수소와 결합하여 버린 수소는 연소 시 발열량 계산에서 제외하여야 하는데 전체 수소(H)에서 산소에 의해 산화한 수소 $\left(\dfrac{\text{O}}{8}\right)$를 제외한 수소 값 $\left(\text{H} - \dfrac{\text{O}}{8}\right)$을 유효수소값이라 하고, 발열량 계산과 공기량 계산식에서는 반드시 고려해야 한다.

　(나) 저발열량(진발열량 : H_l)

$$H_l = 8100\text{C} + 34000\left(\text{H} - \frac{\text{O}}{8}\right) + 2500\text{S} - 600(9\text{H} + \text{W})$$

여기서, 9H는 전체 수소에서 연료 속에 함유되어 있는 산소에 의해 못쓰게 된 수소 값으로 생성되는 물의 양이라 한다.

또, 저위발열량과 고위발열량의 차이는 물의 증발잠열 $600(9H+W)$의 차이므로

$$H_l = H_h - 600(9H+W)(kcal/kg-연료)$$

여기서, H : 수소(kg) W : 수분(kg)

② 기체 연료의 발열량(calorific) 계산 : 고체 및 액체 연료에 비하여 기체 연료는 일산화탄소(CO), 수소(H_2), 각종 탄화수소(C_mH_n) 및 황화수소(H_2S) 등으로 구성된다. 이러한 가연 성분에 대한 반응식을 이용하여 각종 계산을 할 수 있다.

(가) $H_2 + \frac{1}{2}O_2 \rightarrow H_2O(기체) + 3035 kcal/Nm^3 - 수소$

(나) $CO + \frac{1}{2}O_2 \rightarrow CO_2(기체) + 3050 kcal/Nm^3 - 일산화탄소$

(다) $CH_4 + 2O_2 \rightarrow CO_2 + 2H_2O(기체) + 9530 kcal/Nm^3 - 메탄$

(라) $C_2H_4 + 3O_2 \rightarrow 2CO_2 + 2H_2O(기체) + 15280 kcal/Nm^3 - 에틸렌$

(마) $2C_2H_6 + 7O_2 \rightarrow 4CO_2 + 6H_2O(기체) + 16810 kcal/Nm^3 - 에탄$

(바) $C_3H_8 + 5O_2 \rightarrow 3CO_2 + 4H_2O(기체) + 24370 kcal/Nm^3 - 프로판$

(사) $2C_4H_{10} + 13O_2 \rightarrow 8CO_2 + 10H_2O(기체) + 32010 kcal/Nm^3 - 부탄$

기체 연료의 경우 가연가스 함유량이 밝혀지면 각각의 발열량을 사용해서 다음과 같이 계산된다.

$$H_h = 3035H_2 + 3050CO + 9530CH_4 + 15280C_2H_4 + 16810C_2H_6 + 24370C_3H_8$$
$$+ 32010C_4H_{10}[kcal/Nm^3]$$

또는

$$H_l = H_h - 480(H_2 + 2CH_4 + 2C_2H_4 + 3C_2H_6 + 4C_3H_8 + 5C_4H_{10})[kcal/Nm^3]$$

CO, H_2, CH_4, C_2H_4, C_2H_6, C_3H_8, C_4H_{10}은 건조 연료가스 $1Nm^3$ 중에 함유된 각각의 체적(Nm^3)으로서 각각 분석에 의해서 구하여진다.

480은 $600 kcal/kg \times \frac{18kg}{22.4Nm^3} = 482 kcal/Nm^3$에서 나온 값이다.

(3) 연소실 열발생률 및 연소온도 계산 등

① 연소실 열발생률 : 버너 연소를 행하는 연소실은 연소실의 단위용적, 단위시간당 발생 열량으로 연소실 용량을 표시한다. 이 값을 연소실 열발생률 또는 연소실 열부하라고 하며 $kcal/m^3h$의 단위를 사용한다.

이 값은 연소 속도, 로의 크기, 로재의 내열도, 연료의 종류, 버너의 형식 등에 따라 달라진다.

$$\text{연소실 열발생률(kcal/m}^3 \cdot \text{h)} = \frac{G_f \times H_l}{V}$$

여기서, G_f : 매 시간당 연료소비량(kg/h)

H_l : 연료 1kg당 저위발열량(kcal/kg)

V : 연소실 용적(체적)(m^3)

② 연소온도(연소실 온도) : 연소온도란 연소가 개시되면 연소열이 발생하여 온도가 상승하지만 열손실도 많아지게 되어 발생열량과 발산열량이 평형을 유지하면서 연소가 계속되는데 이때의 온도를 말한다.

㈎ 연소온도에 영향을 미치는 요인

㉮ 공기비(m) : 공기비가 커지면 연소가스량이 많아지기 때문에 연소온도는 낮아진다.

㉯ 산소농도 : 연소용 공기 중의 산소농도가 높아지면 연소가스량이 적어지기 때문에 연소온도가 높아진다.

㉰ 연료의 저위발열량(H_l) : 발열량(H_l)이 커지면 따라서 연소가스량도 커지므로 연소온도에는 크게 영향을 미치지 아니한다.

㈏ 연소온도를 높이는 방법

㉮ 발열량이 높은 연료를 사용한다.

㉯ 완전연소를 시킨다.

㉰ 연소 속도를 크게 하기 위해 연료나 공기를 예열한다.

㉱ 복사의 열손실을 방지한다.

㉲ 공급 공기는 이론공기량에 가깝도록 한다.

③ 이론연소온도(t_o)(이론 연소실 온도) : 이론공기량으로서 연료를 완전연소하였을 때 생성되는 연소가스의 온도로서 다음 식으로 정리할 수 있다.

$$t_o = \frac{H_l}{G_o \times C_{po}} + t_a (\text{℃})$$

여기서, G_o : 이론연소가스량(Nm^3/kg)

C_{po} : 이론연소가스 비열(kcal/Nm^3℃)

H_l : 연료의 저위발열량(kcal/kg)

t_a : 기준온도(℃)(투입되는 공기 또는 연료의 온도)

(4) 반응속도

① 1차 반응(방사성 원소의 붕괴)

A ─────────────▶ B

$$C = C_o \cdot e^{-K \cdot t}$$

여기서, C_o : 초기 농도(ppm)

C : t시간 후의 농도(ppm)(반응 후 남은 농도)

K : 속도상수(/h)

t : 시간(h)

② 2차 반응

A + B ─────────────▶ 생성물

$$\frac{1}{C} - \frac{1}{C_o} = K \cdot t$$

1. 등유 W[L]를 사용할 때 황성분 S[%], 비중이 0.92이다. 이때 SO_2 발생량은 0.0064 SW[Sm^3]이다. 이것을 식으로 유도하시오.

답 $S + O_2 \rightarrow SO_2$

1kmol   1kmol

32kg   :   22.4 Sm^3

$W[L] \times 0.92\,kg/L \times \dfrac{S}{100}[\%] : x[Sm^3]$

$\therefore x = \dfrac{W \times 0.92 \times \dfrac{S}{100} \times 22.4}{32} = 0.0064\,SW[Sm^3]$

2. 중유의 황 함량이 1.5%인 중유를 시간당 4000kg을 연소시킬 때 생성되는 SO_2의 가스량(Nm^3/h)은 얼마인가?

계산과정 $S + O_2 \rightarrow SO_2$

1kmol   1kmol

32kg   :   22.4 Nm^3

$4000kg/h \times 0.015 : x[Nm^3/h]$

$\therefore x = \dfrac{4000 \times 0.015 \times 22.4}{32} = 42\,Nm^3/h$

답 $42\,Nm^3/h$

3. 중유 중의 황의 함량이 3%인 것을 1시간당 6000kg을 연소시킬 때 중유 중의 황이 모두 SO_2가 된다고 가정하면 5분 동안에 생성되는 황산화물은 몇 Nm^3가 생기는지 계산하여 답하시오.

계산과정 $S + O_2 \rightarrow SO_2$

32kg   :   22.4 Nm^3

$6000kg/h \times 0.03 \times 5min \times h/60min : x[m^3]$

$\therefore x = \dfrac{6000 \times 0.03 \times 5 \times \dfrac{1}{60} \times 22.4}{32} = 10.5\,Nm^3$

답 10.5Nm^3

---

4. 황 함유량이 4%인 석탄 10kg을 완전연소하였을 경우 발생하는 SO_2는 25℃, 680mmHg에서 몇 kg인지 산출하시오.

계산과정
$$S \quad + \quad O_2 \quad \rightarrow \quad SO_2$$
$$32\text{kg} \quad : \quad 64\text{kg}$$

$10\text{kg} \times 0.04 \ : \ x\,[\text{kg}] \qquad \therefore x = \dfrac{10 \times 0.04 \times 64}{32} = 0.8\text{kg}$

답 0.8kg

---

5. 황 함유 3%인 중유 사용량이 56kL/h일 때 아황산가스의 발생량(Sm^3/h)은? (황은 100% 연소, 중유의 비중은 0.96) (6점)　　　　　2003.4.27 산업기사

계산과정
$$S \quad + \quad O_2 \quad \rightarrow \quad SO_2$$
$$32\text{kg} \quad : \quad 22.4\text{Sm}^3$$
$$56 \times 10^3 \text{L/h} \times 0.96\text{kg/L} \times 0.03 : x\,[\text{Sm}^3/\text{h}]$$

$\therefore x = \dfrac{56 \times 10^3 \times 0.96 \times 0.03 \times 22.4}{32} = 1128.96\,\text{Sm}^3/\text{h}$

답 1128.96Sm^3/h

---

6. 비중이 0.9, S가 2.0 Wt %인 중유를 매시 1kL 연소할 때 생성되는 SO_2의 중량(kg/h)은 얼마인가?

계산과정
$$S \quad + \quad O_2 \quad \rightarrow \quad SO_2$$
$$32\text{kg} \quad : \quad 64\text{kg}$$
$$1000\text{L/h} \times 0.9\text{kg/L} \times 0.02 : x\,[\text{kg/h}]$$

$\therefore x = \dfrac{1000 \times 0.9 \times 0.02 \times 64}{32} = 36\text{kg/h}$

답 36kg/h

---

7. 중유의 비중이 0.95이고 유황 함유량이 2%인 중유 1kL/h를 연소할 때 생성되는 SO_2의 무게(kg)와 부피(Nm^3)를 구하시오.

계산과정 $S \;+\; O_2 \;\rightarrow\; SO_2$

32kg   :   64kg

$1000L/h \times 0.95kg/L \times 0.02 : x_1[kg]$ $\therefore x_1 = \dfrac{1000 \times 0.95 \times 0.02 \times 64}{32} = 38kg$

$S \;+\; O_2 \;\rightarrow\; SO_2$

32kg   : $22.4Nm^3$

$1000L/h \times 0.95kg/L \times 0.02 : x_2[Nm^3]$

$\therefore x_2 = \dfrac{1000 \times 0.95 \times 0.02 \times 22.4}{32} = 13.3Nm^3$

답 SO_2의 무게 : 38kg

SO_2의 부피 : $13.3Nm^3$

---

8. 비중이 0.9이고 황 함량이 2.5%인 B.C유를 시간당 2.0kL의 율로 소비하는 보일러가 방출하는 SO_2의 양(m^3/h)을 구하시오. (단, 배기가스 온도 : 600℃, S : 32, O : 16, C : 12)

2003.7.13 산업기사

계산과정 $S \;+\; O_2 \;\rightarrow\; SO_2$

32kg   : $22.4Nm^3$

$2000L/h \times 0.9 \times 0.025 : x[Nm^3/h]$

$\therefore x = \dfrac{2000 \times 0.9 \times 0.025 \times 22.4}{32} = 31.5 \; Nm^3/h$

온도를 보정하면

$\therefore 31.5Nm^3/h \times \dfrac{273+600}{273} = 100.730 m^3/h$

답 $100.73m^3/h$

---

9. 황 함유량이 5%인 석탄 1t을 완전연소할 경우 배기온도는 127℃, 압력은 1.2 기압이다. 발생하는 SO_2의 부피(m^3)를 계산하시오.

계산과정 $S \;+\; O_2 \;\rightarrow\; SO_2$

32kg   : $22.4Nm^3$

$1000kg \times 0.05 : x[Nm^3]$ $\therefore x = \dfrac{1000 \times 0.05 \times 22.4}{32} = 35Nm^3$

온도, 압력을 보정하면

$\therefore 35Nm^3 \times \dfrac{273+127}{273} \times \dfrac{1}{1.2} = 42.735 m^3$

답 42.74m^3

---

10. 탄소 86%, 수소 11%, S 3%의 조성을 갖는 중유 200kg을 연소하여 각각 CO_2, H_2O, SO_2로 완전연소되었을 때, 각 항을 계산하시오. (6점) 2009.4.19 기사

(1) 표준상태에서 각 성분의 kmol 수는?

(2) 1atm, 217℃에서 각 성분가스의 부피(m^3)는?

계산 과정 (1) $C + O_2 \rightarrow CO_2$

12kg   1kmol

$200\text{kg} \times 0.86 : x[\text{kmol}]$ $\therefore x = \dfrac{200 \times 0.86 \times 1}{12} = 14.333\,\text{kmol}$

$H_2 + \dfrac{1}{2}O_2 \rightarrow H_2O$

2kg   1kmol

$200\text{kg} \times 0.11 : x[\text{kmol}]$ $\therefore x = \dfrac{200 \times 0.11 \times 1}{2} = 11\text{kmol}$

$S + O_2 \rightarrow SO_2$

32kg   1kmol

$200\text{kg} \times 0.03 : x[\text{kmol}]$ $\therefore x = \dfrac{200 \times 0.03 \times 1}{32} = 0.187\,\text{kmol}$

(2) $CO_2 = 14.33\text{kmol} \times \dfrac{22.4\text{Sm}^3}{1\text{kmol}} \times \dfrac{273 + 217}{273} = 576.139\text{m}^3$

$H_2O = 11\text{kmol} \times \dfrac{22.4\text{Sm}^3}{1\text{kmol}} \times \dfrac{273 + 217}{273} = 442.256\text{m}^3$

$SO_2 = 0.19\text{kmol} \times \dfrac{22.4\text{Sm}^3}{1\text{kmol}} \times \dfrac{273 + 217}{273} = 7.638\text{m}^3$

답 (1) 14.33kmol, 11kmol, 0.19kmol

(2) 576.14m^3, 442.26m^3, 7.64m^3

---

11. 성분이 탄소 86%, 수소 11%, 황 3%인 중유를 시간당 200kg 연소시킨다. 배기 가스의 온도가 250℃, 압력이 760mmHg일 때 다음의 물음에 답하시오. (단, 배기 가스는 CO_2, H_2O, SO_2로 이루어져 있다.) 2000.8.13 기사

(1) CO_2, H_2O, SO_2의 몰(mol) 수를 구하시오.

(2) 배기가스량(m^3/h)을 구하시오.

(3) CO_2, H_2O, SO_2 가스의 부피를 각각 구하시오.

계산과정 (1) $C + O_2 \rightarrow CO_2$

1mol   1mol

12g   1mol

$200\text{kg/h} \times 10^3\text{g/kg} \times 0.86 : x[\text{mol/h}]$

$$\therefore x = \frac{200 \times 10^3 \times 0.86 \times 1}{12} = 14333.333\,\text{mol/h}$$

$H_2 + \frac{1}{2}O_2 \rightarrow H_2O$

1mol   1mol

2g   1mol

$200\text{kg/h} \times 10^3\text{g/kg} \times 0.11 : x[\text{mol/h}]$

$$\therefore x = \frac{200 \times 10^3 \times 0.11 \times 1}{2} = 11000\,\text{mol/h}$$

$S + O_2 \rightarrow SO_2$

1mol   1mol

32g   1mol

$200\text{kg/h} \times 10^3\text{g/kg} \times 0.03 : x[\text{mol/h}]$

$$\therefore x = \frac{200 \times 10^3 \times 0.03 \times 1}{32} = 187.5\,\text{mol/h}$$

답 14333.33mol/h, 11000mol/h, 187.5mol/h

(2) $(14333.33 + 11000 + 187.5)\text{mol/h} \times \dfrac{22.4\text{L}}{\text{mol}} \times \dfrac{1\text{Sm}^3}{1000l} \times \dfrac{273+250}{273} \times \dfrac{760}{760}$

$= 1095.170\text{m}^3/\text{h}$

답 1095.17m³/h

(3) $CO_2 = 14333.33\text{mol/h} \times \dfrac{22.4\text{L}}{\text{mol}} \times \dfrac{1\text{Sm}^3}{1000\text{L}} \times \dfrac{273+250}{273} = 615.083\,\text{m}^3/\text{h}$

$H_2O = 11000\text{mol/h} \times \dfrac{22.4\text{L}}{\text{mol}} \times \dfrac{1\text{Sm}^3}{1000\text{L}} \times \dfrac{273+250}{273} = 472.041\,\text{m}^3/\text{h}$

$SO_2 = 187.5\text{mol/h} \times \dfrac{22.4\text{L}}{\text{mol}} \times \dfrac{1\text{Sm}^3}{1000\text{L}} \times \dfrac{273+250}{273} = 8.046\,\text{m}^3/\text{h}$

답 615.08m³/h, 472.04m³/h, 8.05m³/h

---

12. 수분이 39%, 회분이 8%인 고체 연료에서 수분과 회분을 제거한 후 휘발분이 54%, 고정탄소가 46%가 되었다. 수분과 회분을 제거하기 전 고체 연료 속의 휘발분과 고정탄소(W%)를 구하시오. (3점)

2003.7.13 기사

계산과정 처음 고체 연료의 휘발분+고정탄소(%) $= 100 - (수분 + 회분)$

$= 100 - (39 + 8) = 53\%$

∴ 고정탄소= $53 \times 0.46 = 24.38\%$

∴ 휘발분= $53 \times 0.54 = 28.62\%$

🔑 고정탄소 : 24.38%, 휘발분 : 28.62%

---

13. 다음 물음에 답하시오.   2011.7.24 산업기사

(1) 어떤 석탄을 공업 분석한 결과 휘발분이 7%, 수분이 3%, 그리고 회분이 5%일 때 석탄의 연료비를 계산하시오.

(2) 다음 연료비에 해당하는 고체 연료를 고르시오.

> • 연료비 : 12 이상(①)
> • 연료비 : 1.8~4(②)
> 〈보기〉 흑갈탄, 저도역청탄, 고도역청탄, 반무연탄, 무연탄

계산과정 (1) 연료비= $\dfrac{\text{고정탄소}}{\text{휘발분}}$

고정탄소= $100 - (\text{수분} + \text{휘발분} + \text{회분}) = 100 - (3 + 7 + 5) = 85\%$

∴ 연료비= $\dfrac{85}{7} = 12.142$

🔑 12.14

(2) 🔑 ① 무연탄   ② 고도역청탄

[참고] 연료비

무연탄(12 이상), 반무연탄(7~12), 반역청탄(4~7), 고도역청탄(1.8~4), 저도역청탄 (1.0~1.8), 갈탄(1.0 이하)

---

14. 중유(황 함량 3%)를 시간당 3000L씩 연소하는 보일러에서 연소가스를 접촉 산화법으로 탈황하여 부산물로 85%의 황산을 회수한다. 탈황률을 95%라고 하면 회수되는 시간당 황산의 양(kg/h)을 계산하시오. (단, 중유의 비중은 0.973이다.)

계산과정 $S + O_2 \rightarrow SO_2$, $SO_2 + \dfrac{1}{2}O_2 \rightarrow SO_3$, $SO_3 + H_2O \rightarrow H_2SO_4$

1kmol   1kmol

32kg   98kg

$3000\text{L/h} \times 0.973\text{kg/L} \times 0.03 \times 0.95$: $x[\text{kg/h}] \times 0.85$

∴ $x = \dfrac{3000 \times 0.973 \times 0.03 \times 0.95 \times 98}{32 \times 0.85} = 299.734\,\text{kg/h}$

🔑 299.73kg/h

15. A공장의 벙커C유 사용량은 1000L/day이며 이 벙커C유의 비중은 0.92이고, S 함유량은 5%이며, S의 연소효율은 95%이다. 이 배기가스 중의 SO_2를 촉매 산화법 (Monsanto Catalytic Oxidation Process)으로 제거를 하고자 한다. 황산 생산량 (kg/day)은 얼마인가? (단, SO_3 산화물은 90%이며, SO_3의 흡수율은 99.5%이고, 이 외의 S수지는 없다.)

계산과정 $S + O_2 \rightarrow SO_2, \ SO_2 + \dfrac{1}{2}O_2 \rightarrow SO_3, \ SO_3 + H_2O \rightarrow H_2SO_4$

32kg   98kg

$1000L/day \times 0.92kg/L \times 0.05 \times 0.95 \times 0.9 \times 0.995$: $x\,[kg/day]$

$\therefore x = \dfrac{1000 \times 0.92 \times 0.03 \times 0.95 \times 0.9 \times 0.995 \times 98}{32} = 119.845\,kg/day$

답 119.85kg/day

---

16. 어느 중유 보일러의 배기가스를 분석한 결과 용량비로 CO_2 13%, O_2 7% 및 N_2 80%였다면 공기비는 얼마로 한 것인지 계산하시오. (단, 연료 중의 질소는 없다.)

계산과정 $m = \dfrac{N_2}{N_2 - 3.76O_2} = \dfrac{80}{80 - 3.76 \times 7} = 1.490$

답 1.49

---

17. 어느 석탄을 사용하여 연소한 후 배기가스를 분석한 결과 CO_2 14%, O_2 6%, 나머지는 질소였다. 이 경우 공기비는 얼마인가? (3점)   2002.10.27, 2006.7.9 산업기사

계산과정 $N_2 = 100 - (CO_2 + O_2 + CO)$

$= 100 - (14 + 6 + 0) = 80$

$\therefore m = \dfrac{N_2}{N_2 - 3.76O_2} = \dfrac{80}{80 - 3.76 \times 6} = 1.392$

답 1.39

---

18. 어떤 연료를 연소시킨 후 오르사트 분석기로 배기가스를 분석하였더니 CO_2 15%, CO 5%, O_2 10%, 나머지는 질소였다. 공기비와 과잉공기율을 구하시오. (6점)

2004.10, 2007.4.22 기사

계산 과정 $N_2 = 100 - (15 + 5 + 10) = 70$

$$m = \frac{N_2}{N_2 - 3.76(O_2 - 0.5CO)} = \frac{70}{70 - 3.76 \times (10 - 0.5 \times 5)} = 1.67464$$

답 1.67

계산 과정 과잉공기율 $= (m - 1) \times 100 = (1.67464 - 1) \times 100 = 67.464\%$

답 67.46%

---

19. 어느 공장의 연소가스를 분석한 결과 CO_2 함량이 10.2%였다. CO는 발생하지 않았다고 가정하고 CO_{2max}가 15.416%라면 O_2는 몇 %이겠는가? 2005.7.10 기사

계산 과정 $CO_{2max} = CO_2 \times \dfrac{21}{21 - O_2}$

$$15.416 = 10.2 \times \frac{21}{21 - x}$$

$$21 - x = \frac{10.2 \times 21}{15.416}$$

$$\therefore x = 21 - \frac{10.2 \times 21}{15.416} = 7.105\%$$

답 7.11%

---

20. 배기가스를 분석하였더니 $O_2 = 7\%$, $CO_2 = 11\%$이었다. 이때 CO_{2max}를 구하시오.

계산 과정 $CO_{2max} = CO_2 \times \dfrac{21}{21 - O_2} = 11 \times \dfrac{21}{21 - 7} = 16.5\%$

답 16.5%

---

21. 순수한 탄소 24kg을 이론적으로 완전연소시키는 데 필요한 공기량(Sm^3)을 산출하시오.

계산 과정 $C + O_2 \rightarrow CO_2$

$12kg : 22.4Sm^3$

$24kg : x[Sm^3]$ $\qquad \therefore x = \dfrac{24 \times 22.4}{12} = 44.8\ Sm^3$

공기량 $= \dfrac{\text{산소량}}{\text{산소의 순도}} = \dfrac{44.8}{0.21} = 213.333\,Sm^3$

답 213.33Sm^3

22. 1kg 중 탄소 85%가 포함된 등유를 $\dfrac{CO}{CO_2}$ 는 0.003 비율로 시간당 200g을 연소시킬 때 CO의 발생량(m^3/h)을 구하시오. (단, 공기는 과잉공기로서 CO_2 : 5%, CO : 0.015%이다.)

계산과정 C + O → CO_2

12kg   22.4m^3

200g/h×10^{-3}kg/g×0.86 : $x\,[m^3/h]$

$\therefore x = \dfrac{200 \times 10^{-3} \times 0.86 \times 22.4}{12} = 0.321\ m^3/h$

$\therefore$ CO 생성량 $= 0.321 \times 0.003 = 9.632 \times 10^{-4} m^3/h$

답 $9.63 \times 10^{-4} m^3/h$

23. 탄소 85%, 수소 2%, 산소 11%, 황 2% 조성의 석탄 연소에 필요한 이론산소량과 이론공기량(Sm^3/kg)을 구하시오.

(단, 이론공기량$(A_o) = \dfrac{1}{0.21}\left\{\dfrac{22.4}{12}C + \dfrac{11.2}{2}\left(H - \dfrac{O}{8}\right) + \dfrac{22.4}{32}S\right\}$)

계산과정 $O_o = \dfrac{22.4}{12}C + \dfrac{11.2}{2} \times \left(H - \dfrac{O}{8}\right) + \dfrac{22.4}{32}S$

$= \dfrac{22.4}{12} \times 0.85 + \dfrac{11.2}{2} \times \left(0.02 - \dfrac{0.11}{8}\right) + \dfrac{22.4}{32} \times 0.02 = 1.635\,Sm^3/kg$

$A_o = \dfrac{1}{0.21} \times \left\{\dfrac{22.4}{12}C + \dfrac{11.2}{2} \times \left(H - \dfrac{O}{8}\right) + \dfrac{22.4}{32}S\right\}$

$= \dfrac{1}{0.21} \times \left\{\dfrac{22.4}{12} \times 0.85 + \dfrac{11.2}{2} \times \left(0.02 - \dfrac{0.11}{8}\right) + \dfrac{22.4}{32} \times 0.02\right\}$

$= 7.788\,Sm^3/kg$

답 $1.64 Sm^3/kg$, $7.79 Sm^3/kg$

24. 탄소, 수소, 산소, 황의 중량%가 각각 86%, 4%, 8%, 2%인 중유의 연소에 필요한 이론산소량과 이론공기량(Sm^3/kg)을 각각 구하시오. 2004.7.4 기사

계산과정 $O_o = \dfrac{22.4}{12} \times 0.86 + \dfrac{11.2}{2}\left(0.04 - \dfrac{0.08}{8}\right) + \dfrac{22.4}{32} \times 0.02 = 1.787\,Sm^3/kg$

$A_o = \dfrac{1}{0.21} \times \left\{\dfrac{22.4}{12} \times 0.86 + \dfrac{11.2}{2}\left(0.04 - \dfrac{0.08}{8}\right) + \dfrac{22.4}{32} \times 0.02\right\} = 8.511 Sm^3/kg$

답 $1.79\,Sm^3/kg$, $8.51\,Sm^3/kg$

25. 탄소 50kg, 수소 20kg으로 이루어진 고체연료가 있다. 이 고체연료의 이론적 산소요구량은 몇 kg인가? 2002.10.27 산업기사

계산 과정

$$O_o[\text{kg}] = \frac{32}{12}\text{C} + \frac{16}{2}\left(\text{H} - \frac{\text{O}}{8}\right) + \frac{32}{32}\text{S}$$

$$= \frac{32}{12} \times 50 + \frac{16}{2} \times 20 = 293.333\text{kg}$$

답 293.33kg

---

26. 중유 2kg의 조성이 C=85%, S=5%, H=10%인 연료를 연소하고 있다. 연소에 소요된 공기량이 25m³가 들어가면 공기비는 얼마인가? 2008.7.6 기사

계산 과정

$$m = \frac{A}{A_o} = \frac{25}{\cfrac{1}{0.21} \times \left\{ \cfrac{22.4}{12} \times 0.85 + \cfrac{11.2}{2} \times 0.1 + \cfrac{22.4}{32} \times 0.05 \right\} \times 2} = 1.203$$

답 1.20

---

27. 연료 3L/day를 소비하는 자동차 100000대가 있을 때 이를 완전연소하기 위해 필요한 공기량(m³/day)은? (단, 연료의 비중은 0.75이고, 공기 비중은 1.2이다. 산소는 연료 1kg당 3kg이 소모된다.) 2005.7.10 기사

계산 과정

$$A = 3\text{L/day} \cdot \text{대} \times 100000\text{대} \times 0.75\text{kg/L} \times 3\text{kg/kg} \times \frac{1}{0.232} \times \frac{1\text{m}^3}{1.2\text{kg}}$$

$$= 2424568.966\,\text{m}^3/\text{day}$$

답 2424568.97m³/day

---

28. 탄소 85%, 수소 15%인 연료를 15 Sm³/kg, 공기로 연소시켰다. 과잉공기량은 몇 %인지 계산하시오.

|이해| 과잉공기량(%) = $(m-1) \times 100$

여기서 과잉공기량(%)을 구하기 위해서 m(공기비)를 알아야 한다.

계산 과정

$$m = \frac{A}{A_o} = \frac{A\,[\text{Sm}^3/\text{kg}]}{\cfrac{1}{0.21} \times \left\{ \cfrac{22.4}{12}\text{C} + \cfrac{11.2}{2} \times \left(\text{H} - \cfrac{\text{O}}{8}\right) + \cfrac{22.4}{32}\text{S} \right\}[\text{Sm}^3/\text{kg}]}$$

$$= \frac{15\,[\text{Sm}^3/\text{kg}]}{\cfrac{1}{0.21} \times \left\{ \cfrac{22.4}{12} \times 0.85 + \cfrac{11.2}{2} \times \left(0.15 - \cfrac{0}{8}\right) + 0 \right\}[\text{Sm}^3/\text{kg}]} = 1.29807$$

$$\therefore \text{과잉공기율(\%)} = (m-1) \times 100$$
$$= (1.29807 - 1) \times 100 = 29.807$$

답 29.81%

---

29. 연료 조성 C : 84%, H : 16%에서 이론공기량(Nm^3/kg)은? (단, 가스 조성은 N_2 : 84%, CO_2 : 12.5%, O_2 : 3.5%이다.)

|함정| 여기서 가스 조성이 주어졌으므로 공기비(m)를 구할 수 있는데 이론공기량을 구하기 때문에 공기비를 구할 필요가 없다.

계산과정
$$A_o = \frac{1}{0.21} \times \left\{ \frac{22.4}{12}C + \frac{11.2}{2}\left(H - \frac{O}{8}\right) + \frac{22.4}{32}S \right\}$$
$$= \frac{1}{0.21} \times \left\{ \frac{22.4}{12} \times 0.8 + \frac{11.2}{2}\left(0.16 - \frac{0}{8}\right) + \frac{22.4}{32} \times 0 \right\} = 11.733\,Nm^3/kg$$

답 $11.73 Nm^3/kg$

---

30. C=88%, H=12%인 고체연료가 완전연소하여 배출가스 중 산소농도가 6%일 때 실제 공급된 공기량(Sm^3/kg)은?　　　　　2005.7.10 산업기사

계산과정
$$m = \frac{21}{21 - O_2} = \frac{21}{21 - 6} = 1.4$$
$$A_o = \frac{1}{0.21} \times \left\{ \frac{22.4}{12} \times 0.88 + \frac{11.2}{2}\left(0.12 - \frac{0}{8}\right) + \frac{22.4}{32} \times 0 \right\} = 11.0222\,Sm^3/kg$$
$$\therefore A = mA_o = 1.4 \times 11.0222 = 15.431\,Sm^3/kg$$

답 $15.43 Sm^3/kg$

---

31. 어느 중유(조성 : C 86%, H 12%, O 2%) 보일러에서 중유를 공기비 1.2로 연소시키고 있다. 다음을 계산하시오. (6점)　　　　　2009.10.18 기사

(1) 이론공기량(Sm^3/kg)

(2) 습연소가스량(Sm^3/kg)

계산과정
$$(1)\ A_o = \frac{1}{0.21} \times \left\{ \frac{22.4}{12} \times 0.86 + \frac{11.2}{2} \times \left(0.12 - \frac{0.02}{8}\right) + \frac{22.4}{32} \times 0 \right\}$$
$$= 10.777\,Sm^3/kg$$

$$(2)\ G_w = G_d + \frac{22.4}{18}(9H + W)$$

$$G_{od} = \frac{22.4}{12} \times 0.86 + \frac{22.4}{32} \times 0 + \frac{22.4}{28} \times 0 + 0.79 \times 10.777 = 10.1191\,Sm^3/kg$$

$$G_d = G_{od} + (m-1)A_o = 10.1191 + (1.2-1) \times 10.777 = 12.2745 \, \text{Sm}^3/\text{kg}$$

$$\therefore \ G_w = 12.2745 + \frac{22.4}{18} \times (9 \times 0.12 + 0) = 13.618 \, \text{Sm}^3/\text{kg}$$

🔲 (1) $10.78 \, \text{Sm}^3/\text{kg}$ (2) $13.62 \, \text{Sm}^3/\text{kg}$

---

32. 탄소, 수소, 황의 중량비가 각각 85%, 12%, 3%의 중유를 공기비 1.2로 완전 연소시킬 때 습연소 가스 중의 SO_2의 용적비(%)를 구하시오. (단, 공기 중의 O_2는 용적비로 21%이고, 연소에 쓰이는 이론공기량(A_0[Nm³/kg] 연료) 및 습연소가스량 (G[Nm³/kg] 연료)은 다음과 같다.)

$$A_o = \frac{1}{0.21}(1.867C + 5.6H + 0.7S) \qquad G = mA_o + 5.6H + 0.7S$$

계산과정 $A_o = \dfrac{1}{0.21} \times (1.867 \times 0.85 + 5.6 \times 0.12 + 0.7 \times 0.03) = 10.8569 \, \text{Nm}^3/\text{kg}$

$$G = 1.2 \times 10.8569 + 5.6 \times 0.12 + 0.7 \times 0.03 = 13.7212 \, \text{Nm}^3/\text{kg}$$

$$\text{습연소가스 중의 } SO_2 \text{ 용적비(\%)} = \frac{SO_2[\text{Sm}^3/\text{kg}]}{G_w[\text{Sm}^3/\text{kg}]} \times 100 = \frac{\dfrac{22.4}{32} \times S[\text{Sm}^3/\text{kg}]}{G_w[\text{Sm}^3/\text{kg}]} \times 100$$

$$= \frac{\dfrac{22.4}{32} \times 0.03 \, \text{Sm}^3/\text{kg}}{13.7212 \, \text{Sm}^3/\text{kg}} \times 100 = 0.153\%$$

🔲 0.15%

---

33. 탄소와 수소의 중량비가 각각 85%, 15%인 액체 연료 100kg/h를 연소하였더니 배출가스 조성이 CO_2 12%, O_2 4%, N_2 84%였다. 이 액체 연료를 연소할 때 사용한 공기량(Sm^3/h)을 구하시오. (6점) 2005.5.1, 2006.7.9 기사/2012.7.8 산업기사

계산과정 공기비 $m = \dfrac{N_2}{N_2 - 3.76 \, O_2} = \dfrac{84}{84 - 3.76 \times 4} = 1.2180$

$$A' = mA_o \times G_f$$

$$= 1.2180 \times \frac{1}{0.21} \times \left\{ \frac{22.4}{12} \times 0.85 + \frac{11.2}{2}(0.15 - 0) + 0 \right\} \text{Sm}^3/\text{kg} \times 100 \, \text{kg/h}$$

$$= 1407.466 \, \text{Sm}^3/\text{h}$$

🔲 $1407.47 \, \text{Sm}^3/\text{h}$

34. 연도 배기가스 분석 결과 CO_2의 함량이 11.5%였다. 벙커C유 750L/h 연소 시에 필요한 공기량(Sm^3/min)은? (이론공기량 : 12.5Sm^3/kg, 벙커C유 밀도 : 0.93g/cm^3, CO_{2max}(%) 15.5%) (6점)

2007.4.22 산업기사

[계산과정] 공기비를 구하면

$$m = \frac{CO_{2max}}{CO_2} = \frac{15.5}{11.5} = 1.3478$$

$$A'[Sm^3/min] = mA_o \times G_f$$
$$= 1.3478 \times 12.5\,Sm^3/kg \times 750\,L/h \times 0.93\,kg/L \times h/60\,min$$
$$= 195.852\,Sm^3/min$$

[답] 195.85 Sm^3/min

---

35. 석탄의 분석 결과가 함수시료에 대해서 다음과 같을 때 이 석탄 1kg당 이론 연소가스량 G_{ow}, 이론 건연소가스량 G_{od} 및 CO_{2max}을 구하시오. (C=64.0%, H_2=5.3%, S=0.1%, O_2=8.8%, N_2=0.8%, 회분=12.0%, 수분=9.0%) 2006.11.5 기사

|이해| G_{od}부터 먼저 구하자!

[계산과정] $G_{od} = \left\{ \frac{22.4}{12}C + \frac{22.4}{32}S + \frac{22.4}{28}N \right\} + 0.79A_o$

$$A_o = \frac{1}{0.21} \times \left\{ \frac{22.4}{12} \times 0.64 + \frac{11.2}{2} \times \left(0.053 - \frac{0.088}{8} \right) + \frac{22.4}{32} \times 0.001 \right\}$$
$$= 6.8122\,Nm^3/kg$$

$$G_{od} = \left\{ \frac{22.4}{12} \times 0.64 + \frac{22.4}{32} \times 0.001 + \frac{22.4}{28} \times 0.008 \right\} + 0.79 \times 6.8122$$
$$= 6.5834\,Nm^3/kg$$

$$G_{ow} = G_{od} + \frac{22.4}{18} \times (9H + W)$$

$$= 6.5834 + \frac{22.4}{18} \times (9 \times 0.053 + 0.09) = 7.289\,Nm^3/kg$$

$$CO_{2max} = \frac{\frac{22.4}{12}C + \frac{22.4}{32}S}{G_{od}} \times 100 = \frac{\frac{22.4}{12} \times 0.64 + \frac{22.4}{32} \times 0.001}{6.5834} \times 100$$
$$= 18.157\%$$

[답] G_{ow} : 7.29Nm^3/kg

G_{od} : 6.58Nm^3/kg

CO_{2max} : 18.16%

36. 탄소 82%, 수소 10%, 산소 3%, 황 3%, 수분 2%의 이론적인 CO_{2max}는?(5점)

2006.4.23, 2006.7.9, 2009.4.19, 2010.10.31, 2011.5.1 기사

계산과정 $$CO_{2max} = \frac{\dfrac{22.4}{12}C + \dfrac{22.4}{32}S}{G_{od}} \times 100$$

$$A_o = \frac{1}{0.21} \times \left\{ \frac{22.4}{12} \times 0.82 + \frac{11.2}{2}\left(0.1 - \frac{0.03}{8}\right) + \frac{22.4}{32} \times 0.03 \right\} = 9.9555\,\mathrm{Sm^3/kg}$$

$$G_{od} = \frac{22.4}{12} \times 0.82 + \frac{22.4}{32} \times 0.03 + \frac{22.4}{28} \times 0 + 0.79 \times 9.9555 = 9.4165\,\mathrm{Sm^3/kg}$$

$$\therefore CO_{2max} = \frac{\dfrac{22.4}{12} \times 0.82 + \dfrac{22.4}{32} \times 0.03}{9.4165} \times 100 = 16.478\%$$

답 16.48%

---

37. 중유(조성비 : 탄소 86%, 수소 10%, 황 3%, 회분 1%) 1kg을 연소시킨 후 배기 가스의 성분을 분석하였더니 N_2 72%, O_2 5.6%, CO_2 22.4%였다. 공기비를 구하고, 건연소 가스량을 구하시오.

2002.10.27 기사

계산과정 $$m = \frac{N_2}{N_2 - 3.76 O_2} = \frac{72}{72 - 3.76 \times 5.6} = 1.413$$

$$A_o = \frac{1}{0.21} \times \left\{ \frac{22.4}{12} \times 0.86 + \frac{11.2}{2}\left(0.1 - \frac{0}{8}\right) + \frac{22.4}{32} \times 0.03 \right\} = 10.4111\,\mathrm{Sm^3/kg}$$

$$G_{od} = \frac{22.4}{12} \times 0.86 + \frac{22.4}{32} \times 0.03 + \frac{22.4}{28} \times 0 + 0.79 \times 10.4111 = 9.8511\,\mathrm{Sm^3/kg}$$

$$G_d = G_{od} + (m-1)A_o = 9.8511 + (1.413 - 1) \times 10.4111 = 14.150\,\mathrm{Sm^3/kg}$$

답 $m = 1.41$, $G_d = 14.15\,\mathrm{Sm^3/kg}$

---

38. C : 80%, H : 13%, O : 4%, S = 2%, N : 1%로 구성된 중유 1kg을 완전연소시킨 후 오르사트 분석 결과 연소 가스 중의 O_2 농도는 3.5%였다.

(1) 건조연소가스량($\mathrm{Nm^3/kg}$)과

(2) 습윤연소가스량($\mathrm{Nm^3/kg}$)을 계산하시오.

계산과정 (1) 과잉공기비 $m = \dfrac{21}{21 - O_2} = \dfrac{21}{21 - 3.5} = 1.2$

$$A_o = \frac{1}{0.21} \times \left\{ \frac{22.4}{12} \times 0.8 + \frac{11.2}{2} \times \left(0.13 - \frac{0.04}{8}\right) + \frac{22.4}{32} \times 0.02 \right\}$$

$$= 10.5111 \, \text{Nm}^3/\text{kg}$$

$$G_{od} = \left\{ \frac{22.4}{12} \times 0.8 + \frac{22.4}{32} \times 0.02 + \frac{22.4}{28} \times 0.01 \right\} + 0.79 \times 10.5111$$

$$= 9.8191 \, \text{Nm}^3/\text{kg}$$

$$G_d = G_{od} + (m-1)A_o = 9.8191 + (1.2-1) \times 10.5111 = 11.921 \, \text{Nm}^3/\text{kg}$$

(2) $G_w = G_d + \dfrac{22.4}{18} \times (9\text{H} + \text{W})$

$$= 11.921 + \frac{22.4}{18} \times (9 \times 0.13 + 0) = 13.377 \, \text{Nm}^3/\text{kg}$$

답 (1) $11.92 \text{Nm}^3/\text{kg}$ (2) $13.38 \text{Nm}^3/\text{kg}$

---

39. C : 75%, H : 18%, O : 4%, S : 2%, N : 1% 로 구성된 중유 1kg을 완전연소시킨 후 오르사트 분석 결과 연소가스 중 O_2 농도는 4.85%였다. 이 조건에서의 건조 연소가스량(Sm^3/kg)은? (6점)   2006.11.5 산업기사

계산과정 연소가스 중 O_2만 주어졌을 때

$$m = \frac{21}{21 - O_2} = \frac{21}{21 - 4.85} = 1.3$$

$$A_o = \frac{1}{0.21} \times \left\{ \frac{22.4}{12} \times 0.75 + \frac{11.2}{2} \left(0.18 - \frac{0.04}{8} \right) + \frac{22.4}{32} \times 0.02 \right\} = 11.4 \, \text{Sm}^3/\text{kg}$$

$$G_{od} = \frac{22.4}{12} \times 0.75 + \frac{22.4}{32} \times 0.02 + \frac{22.4}{28} \times 0.01 + 0.79 \times 11.4 = 10.428 \, \text{Sm}^3/\text{kg}$$

$$G_d = G_{od} + (m-1)A_o = 10.428 + (1.3-1) \times 11.4 = 13.848 \, \text{Sm}^3/\text{kg}$$

답 $13.85 \, \text{Sm}^3/\text{kg}$

---

40. 탄소 87%와 수소 13%로 구성된 경유를 완전연소한 후 배기가스를 분석한 결과 CO_2가 12%였다. 공급하는 공기의 양을 증가한 후 CO_2가 10%로 줄어들었다면 이 작업장의 연료 1kg당 가스량의 증가분은 얼마이었겠는가? (6점)   2005.5.1 기사

계산과정 $CO_2 (\%) = \dfrac{\dfrac{22.4}{12} \times \text{C}}{G_w} \times 100$

$$12 = \frac{\dfrac{22.4}{12} \times 0.87}{G_{w1}} \times 100, \quad G_{w1} = \frac{\dfrac{22.4}{12} \times 0.87}{12} \times 100 = 13.5333 \, \text{Sm}^3/\text{kg}$$

$$10 = \frac{\dfrac{22.4}{12} \times 0.87}{G_{w2}} \times 100, \quad G_{w2} = \frac{\dfrac{22.4}{12} \times 0.87}{10} \times 100 = 16.24 \, \text{Sm}^3/\text{kg}$$

∴ 증가분= $G_{w2} - G_{w1} = 16.24 - 13.5333 = 2.706 \, \text{Sm}^3/\text{kg}$

🔑 $2.71 \, \text{Sm}^3/\text{kg}$

---

41. 다음 표와 같은 조성의 석탄을 연소시킬 때 배출가스 중에 O_2가 6%이고, CO_2가 12.5%이었다. 현재의 연소상태가 완전연소인지 불완전연소인지를 판별하시오.

성분	C	H	S	O	N	수분	재
중량조성비(%)	65	5.2	0.2	8.8	0.8	9.5	10.5

2001.7.15 기사

계산과정 ① 배기가스 조성을 이용하여 완전연소라 가정하고 공기비(m)를 구하면

$N_2 = 100 - (CO_2 + O_2) = 100 - (12.5 + 6) = 81.5$

$$m = \frac{N_2}{N_2 - 3.76 O_2} = \frac{81.5}{81.5 - 3.76 \times 6} = 1.3827$$

② $CO_2(\%)$를 이용하여 G_d와 G_{od}의 관계식에서 m을 구하면

$$CO_2(\%) = \frac{\dfrac{22.4}{12} \times C}{G_d} \times 100$$

$$\therefore G_d = \frac{\dfrac{22.4}{12} \times C}{CO_2(\%)} \times 100 = \frac{\dfrac{22.4}{12} \times 0.65}{12.5} \times 100 = 9.7066 \, \text{Sm}^3/\text{kg}$$

$$A_o = \frac{1}{0.21} \times \left\{ \frac{22.4}{12} \times 0.65 + \frac{11.2}{2} \left(0.052 - \frac{0.088}{8} \right) + \frac{22.4}{32} \times 0.002 \right\}$$

$$= 6.877 \, \text{Sm}^3/\text{kg}$$

$$G_{od} = \frac{22.4}{12} \times 0.65 + \frac{22.4}{32} \times 0.002 + \frac{22.4}{28} \times 0.008 + 0.79 \times 6.8777$$

$$= 6.6545 \, \text{Sm}^3/\text{kg}$$

$G_d = G_{od} + (m-1)A_o$에서 $9.7066 = 6.6545 + (m-1) \times 6.8777$

$$\therefore m = \frac{9.7066 - 6.6545}{6.8777} + 1 = 1.443$$

①의 경우 $m <$ ②의 경우 m일 때는 불완전연소이다.

🔑 불완전연소

---

42. 탄소 84%, 수소 13%, 황 3%인 중유를 공기비 1.3으로 완전연소시켰을 때 건연소가스 중의 SO_2 함량(%)을 구하시오.

계산과정 $A_o = \dfrac{1}{0.21} \times \left\{ \dfrac{22.4}{12} \times 0.84 + \dfrac{11.2}{2} \times \left(0.13 - \dfrac{0}{8} \right) + \dfrac{22.4}{32} \times 0.03 \right\}$

$$= 11.0333 \, \mathrm{Nm^3/kg}$$

$$G_{od} = \left\{ \frac{22.4}{12} \times 0.84 + \frac{22.4}{32} \times 0.03 + \frac{22.4}{28} \times 0 \right\} + 0.79 \times 11.0333$$

$$= 10.3053 \, \mathrm{Nm^3/kg}$$

$$G_d = G_{od} + (m-1)A_o = 10.3053 + (1.3-1) \times 11.0333 = 13.6152 \, \mathrm{Nm^3/kg}$$

$$\therefore \mathrm{SO_2(\%)} = \frac{\dfrac{22.4}{32} \times \mathrm{S}}{G_d} \times 100 = \frac{\dfrac{22.4}{32} \times 0.03 \, \mathrm{Nm^3/kg}}{13.6152 \, \mathrm{Nm^3/kg}} \times 100 = 0.154\%$$

답 0.15%

---

43. 배기가스 중 O_2가 3%이다. 건배기가스 중 SO_2 농도(ppm)를 구하시오. (단, C : 85%, H : 5%, N : 4%, O : 4.9%, S : 1.1%)   2004.10. 기사

계산과정
$$m = \frac{21}{21 - O_2} = \frac{21}{21 - 3} = 1.1666$$

$$A_o = \frac{1}{0.21} \times \left\{ \frac{22.4}{12} \times 0.85 + \frac{11.2}{2} \times \left(0.05 - \frac{0.049}{8} \right) + \frac{22.4}{32} \times 0.011 \right\}$$

$$= 8.7622 \, \mathrm{Nm^3/kg}$$

$$G_{od} = \left\{ \frac{22.4}{12} \times 0.85 + \frac{22.4}{32} \times 0.011 + \frac{22.4}{28} \times 0.04 \right\} + 0.79 \times 8.7622$$

$$= 8.5485 \, \mathrm{Nm^3/kg}$$

$$G_d = G_{od} + (m-1)A_o = 8.5485 + (1.1666-1) \times 8.7622 = 10.0082 \, \mathrm{Nm^3/kg}$$

$$\therefore \mathrm{SO_2(ppm)} = \frac{\dfrac{22.4}{32} \times \mathrm{S}}{G_d} \times 10^6 = \frac{\dfrac{22.4}{32} \times 0.011}{10.0082} \times 10^6 = 769.369 \, \mathrm{ppm}$$

답 769.37ppm

---

44. 중유 1kg에는 탄소 85%, 수소 12%, 황 3%가 함유되어 있다. 이 중유를 공기비 1.2로 완전연소하고 그 연소배기가스를 배연 탈황장치를 통과시켜 SO_3 전부와 SO_2의 $\dfrac{1}{2}$를 제거한다면 탈황 후의 건식 연소 배기가스 중의 SO_2 농도(ppm)는 약 얼마인가? (단, 황분의 5%가 SO_3로 되고 나머지는 SO_2로 되며 표준상태로 가정할 것)   2002.10.27 산업기사

계산과정
$$A_o = \frac{1}{0.21} \times \left\{ \frac{22.4}{12} \times 0.85 + \frac{11.2}{2} \left(0.12 - \frac{0}{8} \right) + \frac{22.4}{32} \times 0.03 \right\} = 10.8555 \, \mathrm{Sm^3/kg}$$

$$G_{od} = \frac{22.4}{12} \times 0.85 + \frac{22.4}{32} \times 0.03 + \frac{22.4}{28} \times 0 + 0.79 \times 10.8555 = 10.1835 \, \mathrm{Sm^3/kg}$$

$$G_d = G_{od} + (m-1)A_o = 10.1835 + (1.2-1) \times 10.8555 = 12.3546 \, \mathrm{Sm^3/kg}$$

$$\therefore \mathrm{SO_2 \text{농도}} = \frac{\mathrm{SO_2}}{G_d} \times 10^6 = \frac{\dfrac{22.4}{32} \times 0.03 \times 0.95 \times 0.5}{12.3546} \times 10^6 = 807.391 \, \mathrm{ppm}$$

답 807.39ppm

---

45. C : 85%, H : 13%, S : 2%일 때 건연소가스 중의 SO₂ 농도(ppm)와 1일 소요되는 공기량(t/day)은? 단, 연료 사용량 1000kg/h이다.

계산 과정 ① 연료를 1kg이라 간주하고 건연소가스 중 SO₂ 농도(ppm)를 구하면

$$A_o = \frac{1}{0.21} \times \left\{ \frac{22.4}{12} \times 0.85 + \frac{11.2}{2} \times \left(0.13 - \frac{0}{8}\right) + \frac{22.4}{32} \times 0.02 \right\}$$

$$= 11.0888 \, \mathrm{Nm^3/kg}$$

$$G_{od} = \left\{ \frac{22.4}{12} \times 0.85 + \frac{22.4}{32} \times 0.02 + \frac{22.4}{28} \times 0 \right\} + 0.79 \times 11.0888$$

$$= 10.3608 \, \mathrm{Nm^3/kg}$$

$$G_{od} = G_d (\text{공기비가 1이므로})$$

$$\therefore \text{건연소가스 중의 SO}_2(\mathrm{ppm}) = \frac{\dfrac{22.4}{32} \times \mathrm{S}}{G_d} \times 10^6$$

$$= \frac{\dfrac{22.4}{32} \times 0.02}{10.3608} \times 10^6 = 1351.247 \, \mathrm{ppm}$$

② 소요되는 공기량 $A'[\mathrm{t/day}] = A \times G_f$

여기서, A : 1kg당 실제 공기량, G_f : 매시 연료 사용량

$$A' = A \times G_f = A_o \times G_f (m=1 \text{이므로})$$

$$= 11.0888 \, \mathrm{Nm^3/kg} \times 1000 \, \mathrm{kg/h} \times \frac{29\mathrm{kg}}{22.4\mathrm{Nm^3}} \times 10^{-3} \, \mathrm{t/kg} \times 24\mathrm{h/day}$$

$$= 344.544 \, \mathrm{t/day}$$

답 ① 1351.25ppm ② 344.54t/day

---

46. 연료 조성이 C : 84%, H : 13%, S : 2%, N : 1%인 중유가 있다. 이 중유를 15 (Nm³/kg중유)로 완전연소 시 습연소가스 중 SO₂(%) 농도는?

(단, $G = mA_o + 5.6\mathrm{H} + 0.7\mathrm{O} + 0.8\mathrm{N} + 1.244\mathrm{W}[\mathrm{Nm^3/kg}]$)

|이해| 여기서 실제 공기량 15Nm³/kg중유가 주어졌고 습연소가스 G를 구하는 공식이 주어졌으므

로 (mA_o=실제 공기량)

계산과정 습연소가스 중

$$SO_2(\%) = \cfrac{\cfrac{22.4}{32}S}{G} \times 100 = \cfrac{\cfrac{22.4}{32}S}{mA_o + 5.6H + 0.7O + 0.8N + 1.244W} \times 100$$

$$= \cfrac{\cfrac{22.4}{32} \times 0.02}{15 + 5.6 \times 0.13 + 0.8 \times 0.01} \times 100 = 0.08896\%$$

답 $8.90 \times 10^{-2}\%$

---

47. 보일러에서 황함량이 3%인 중유를 시간당 1kg 연소시킬 때 황성분이 전부 아황산가스로 된다면 배기가스 중 아황산가스농도는 몇 ppm이 되겠는가? (단, 굴뚝 배출가스량은 시간당 $18am^3$, 가스온도는 180℃, 1atm이다.) 2001.7.15 산업기사

계산과정
$$SO_2(ppm) = \cfrac{1kg/h \times 0.03 \times \cfrac{22.4Sm^3}{32kg}}{18\,am^3/h \times \cfrac{273}{273+180}} \times 10^6 = 1935.897\,ppm$$

답 1935.90ppm

---

48. 배기가스 $1m^3$ 중 아황산가스가 10g이 혼합되어 배출된다. 가스온도가 200℃일 때 배기가스 중 아황산가스 농도는 몇 ppm인가? 2000.8.13 기사

계산과정
$$SO_2(ppm) = \cfrac{SO_2}{G_w} \times 10^6 = \cfrac{10g \times 10^{-3}kg/g \times \cfrac{22.4Sm^3}{64kg} \times \cfrac{273+200}{273}}{1\,m^3} \times 10^6$$

$$= 6064.102\,ppm$$

답 6064.10ppm

---

49. C : 85%, H : 13%, S : 2%에서 $m=1.2$일 때 연소가스에 대한 SO_2 체적(%)은? 2004.10, 2011.11. 산업기사

|이해| G_d를 구하기 위해

계산과정
$$A_o = \cfrac{1}{0.21} \times \left\{ \cfrac{22.4}{12} \times 0.85 + \cfrac{11.2}{2} \times 0.13 + \cfrac{22.4}{32} \times 0.02 \right\} = 11.089\,Nm^3/kg$$

$$G_{od} = \cfrac{22.4}{12} \times 0.85 + \cfrac{22.4}{32} \times 0.02 + 0.97 \times 11.089 = 10.361\,Nm^3/kg$$

$$G_d = 10.361 + (1.2 - 1) \times 11.089 = 12.5788 \, \text{Nm}^3/\text{kg}$$

$$G_w = 12.5788 + \frac{22.4}{18} \times (9 \times 0.14 + 0) = 14.0348 \, \text{Nm}^3/\text{kg}$$

$$\therefore \text{연소가스 중 } SO_2(\%) = \frac{\dfrac{22.4}{32} \times S}{G_w} \times 100 = \frac{\dfrac{22.4}{32} \times 0.02}{14.0348} \times 100 = 0.09975\%$$

답 $9.98 \times 10^{-2}\%$

---

50. 탄소 86%, 수소 12%, 황 2%의 중유를 공기비 1.1로 연소할 때 배기가스 중의 SO_2(ppm)을 구하시오. (6점)　　　　2006.4.23, 2009.4.19, 2009.7.5 산업기사

계산과정

$$G_w = G_{ow} + (m - 1)A_o$$

$$G_{ow} = G_{od} + \frac{22.4}{18} \times (9H + W)$$

$$A_o = \frac{1}{0.21} \times \left\{ \frac{22.4}{12} \times 0.86 + \frac{11.2}{2}\left(0.12 - \frac{0}{8}\right) + \frac{22.4}{32} \times 0.02 \right\} = 10.9111 \, \text{Nm}^3/\text{kg}$$

$$G_{od} = \frac{22.4}{12} \times 0.86 + \frac{22.4}{32} \times 0.02 + \frac{22.4}{28} \times 0 + 0.79 \times 10.9111 = 10.2391 \, \text{Nm}^3/\text{kg}$$

$$G_{ow} = 10.2391 + \frac{22.4}{18} \times (9 \times 0.12 + 0) = 11.5831 \, \text{Nm}^3/\text{kg}$$

$$G_w = 11.5831 + (1.1 - 1) \times 10.9111 = 12.6742 \, \text{Nm}^3/\text{kg}$$

$$\therefore SO_2(\text{ppm}) = \frac{SO_2}{G_w} \times 10^6 = \frac{\dfrac{22.4}{32} \times 0.02}{12.6742} \times 10^6 = 1104.606 \, \text{ppm}$$

답 1104.61ppm

---

51. 탄소 85%, 수소 14%, 황 1%의 중유 5kg/h를 공기비 1.2로 연소할 때 배기가스 중의 SO_2ppm을 구하시오. (6점)　　　　2006.4.23, 2011.5.1 기사

계산과정 $SO_2(\text{ppm}) = \dfrac{SO_2}{G_w} \times 10^6$　　연료가 1kg이라 간주하고 풀어도 된다.

$$A_o = \frac{1}{0.21} \times \left\{ \frac{22.4}{12} \times 0.85 + \frac{11.2}{2}\left(0.14 - \frac{0}{8}\right) + \frac{22.4}{32} \times 0.01 \right\} = 11.3222 \text{Nm}^3/\text{kg}$$

$$G_{od} = \frac{22.4}{12} \times 0.85 + \frac{22.4}{32} \times 0.01 + \frac{22.4}{28} \times 0 + 0.79 \times 11.3222 = 10.5382 \, \text{Nm}^3/\text{kg}$$

$$G_d = G_{od} + (m - 1)A_o = 10.5382 + (1.2 - 1) \times 11.3222 = 12.8026 \, \text{Nm}^3/\text{kg}$$

$$G_w = G_d + \frac{22.4}{18} \times (9H + W) = 12.8026 + \frac{22.4}{18} \times (9 \times 0.14 + 0)$$

$$= 14.3706\,\mathrm{N\,m^3/kg}$$

$$\therefore \mathrm{SO_2(ppm)} = \frac{\dfrac{22.4}{32} \times 0.01}{14.3706} \times 10^6 = 487.105\,\mathrm{ppm}$$

🔑 487.11ppm

---

52. 탄소 86%, 수소 12%, 황 2%의 조성을 가진 중유를 연소하여 배기가스를 분석 하였더니 다음의 결과를 얻었다. 건조배기가스 중의 SO_2의 농도는 몇 %인가? (6점)

$CO_2 + SO_2 = 13\%$, $O_2 = 3\%$, $CO = 0\%$

2008.7.6, 2010.7.5 기사

계산 과정 m을 구하면 $\qquad N_2 = 100 - (13 + 3) = 84\%$

$$m = \frac{N_2}{N_2 - 3.76\,O_2} = \frac{84}{84 - 3.76 \times 3} = 1.1551$$

$$A_o[\mathrm{Sm^3/kg}] = \frac{1}{0.21} \times \left\{ \frac{22.4}{12} \times 0.86 + \frac{11.2}{2} \times \left(0.12 - \frac{0}{8}\right) + \frac{22.4}{32} \times 0.02 \right\}$$

$$= 10.9111\,\mathrm{Sm^3/kg}$$

$$G_{od}[\mathrm{Sm^3/kg}] = \frac{22.4}{12} \times 0.86 + \frac{22.4}{32} \times 0.02 + \frac{22.4}{28} \times 0 + 0.79 \times 10.9111$$

$$= 10.2391\,\mathrm{Sm^3/kg}$$

$$G_d[\mathrm{Sm^3/kg}] = G_{od} + (m-1)A_o = 10.2391 + (1.1551 - 1) \times 10.9111 = 11.9314$$

$$\therefore \mathrm{SO_2}[\%] = \frac{\dfrac{22.4}{32} \times S}{G_d} \times 100 = \frac{\dfrac{22.4}{32} \times 0.02}{11.9314} \times 100 = 0.117\%$$

🔑 0.12%

---

53. 화학성분에 대한 무게 백분율이 노표와 같은 식탄을 징량직으로 연소시킨다고 기정할 때 연소가스 중 SO_2의 습가스 기준농도(ppm)는 얼마인가? (단, $CHNSO + \dfrac{7}{4}$

$(O_2 + 3.78N_2) \rightarrow CO_2 + \dfrac{1}{2}H_2O + SO_2 + \left(\dfrac{7}{4} \times 3.78 + \dfrac{1}{2}\right)N_2$의 연소반응식을 이용하

고, 질소는 연소되지 않는다고 가정한다.) 1998.5.10 기사

원소	C	H	N	S	O	재
무게백분율(%)	77.2	5.2	1.2	2.6	5.9	7.9

|함정| 연소반응식을 이용하지 말고 풀어야 한다.

|계산과정| 완전연소이므로

$$A_o = \frac{1}{0.21} \times \left\{ \frac{22.4}{12} \times 0.772 + \frac{11.2}{2}\left(0.052 - \frac{0.059}{8}\right) + \frac{22.4}{32} \times 0.026 \right\}$$

$$= 8.1388 \, \text{Sm}^3/\text{kg}$$

$$G_{od} = \frac{22.4}{12} \times 0.772 + \frac{22.4}{32} \times 0.026 + \frac{22.4}{28} \times 0.012 + 0.79 \times 8.1388$$

$$= 7.8985 \, \text{Sm}^3/\text{kg}$$

$$G_{ow} = G_{od} + \frac{22.4}{18}(9H + W) = 7.8985 + \frac{22.4}{18} \times (9 \times 0.052 + 0) = 8.4809 \, \text{Sm}^3/\text{kg}$$

$$\therefore SO_2(\text{ppm}) = \frac{SO_2}{G_{ow}} \times 10^6 = \frac{\frac{22.4}{32} \times 0.026}{8.4809} \times 10^6 = 2145.998 \, \text{ppm}$$

|답| 2146.00ppm

---

54. 경유(탄소) 85%, 수소 15%를 과잉공기량 30%로 연소시킬 때 탄소의 1%가 검댕으로 된다고 하면 건배기가스 1Sm³ 중에 함유하는 검댕의 농도(g/Sm³)를 계산하시오.
2001.11.4, 2004.7.4 기사

|이해| 과잉공기량 30% → 과잉공기율 30% → $m = 1.3$

검댕의 농도는 (g검댕/Sm³배기가스)이므로 배기가스(Sm³/kg연료)를 구한 뒤 뒤집어서 계산하면 편리하다.

|계산과정| G_d를 구하기 위해 $A_o = \frac{1}{0.21} \times \left\{ \frac{22.4}{12} \times 0.85 + \frac{11.2}{2} \times 0.15 \right\} = 11.5556 \text{Sm}^3/\text{kg}$

$$G_{od} = \left\{ \frac{22.4}{12} \times 0.85 + \frac{22.4}{32} \times 0 + \frac{22.4}{28} \times 0 \right\} + 0.79 \times 11.5556 = 10.7156 \, \text{Sm}^3/\text{kg}$$

$$G_d = 10.7156 + (1.3 - 1) \times 11.5556 = 14.1823 \text{ Sm}^3 \text{배기가스/kg 연료}$$

뒤집자! 검댕의 농도 $= \dfrac{1\text{kg연료} \times 10^3\text{g/kg} \times 0.85\text{탄소/연료} \times 0.01\text{검댕/탄소}}{14.1823 \text{Sm}^3\text{배기가스}}$

$$= 0.599 \, \text{g/Sm}^3$$

|답| 0.60g/Sm³

---

55. 무게비로 C : 85.8%, H : 11%, S : 3%, 회분 : 0.2%로 구성된 B-C유 1kg을 공기비 1.3으로 완전연소했을 경우 건조배기가스 중에 함유된 먼지배출농도는 몇 mg/Sm³인가? (단, 회분 중 70%만 먼지로 배출된다.) (7점)
2005.5.1 산업기사 / 2008.4.20 기사

계산과정

$$G_d = G_{od} + (m-1)A_o$$

$$A_o = \frac{1}{0.21} \times \left\{ \frac{22.4}{12} \times 0.858 + \frac{11.2}{2}\left(0.11 - \frac{0}{8}\right) + \frac{22.4}{32} \times 0.03 \right\} = 10.66 \, \mathrm{Sm^3/kg}$$

$$G_{od} = \frac{22.4}{12} \times 0.858 + \frac{22.4}{32} \times 0.03 + \frac{22.4}{28} \times 0 + 0.79 \times 10.66 = 10.044 \, \mathrm{Sm^3/kg}$$

$$G_d = 10.044 + (1.3-1) \times 10.66 = 13.242 \, \mathrm{Sm^3/kg}$$

$$\text{먼지농도} = \frac{1\,\mathrm{kg} \times 0.002 \times 0.7 \times 10^6 \mathrm{mg/kg}}{13.242\,\mathrm{Sm^3}} = 105.724 \, \mathrm{mg/Sm^3}$$

답 $105.72\mathrm{mg/Sm^3}$

---

56. 건배출가스 중의 검댕 농도(g/Nm³)는? (단, C : 85%이며 C의 1%가 검댕으로 된다.)

이해 탄소만 있을 때 $A = G_d$, 그리고 공기비 m이 없으므로 $m = 1$로 둔다.

이때 $A = A_o = G_{od} = G_d$이다.

계산과정

$$A_o = \frac{1}{0.21} \times \frac{22.4}{12} \times 0.85 = 7.5556 \, \mathrm{Nm^3/kg}$$

$A_o = G_d$이므로 뒤집자!

$$\text{검댕농도(g/Nm^3)} = \frac{1\mathrm{kg}연료 \times 10^3 \mathrm{g/kg} \times 0.85탄소/연료 \times 0.01검댕/탄소}{7.5556\,\mathrm{Nm^3}배기가스}$$

$$= 1.124 \, \mathrm{g/Nm^3}$$

답 $1.12\mathrm{g/Nm^3}$

---

57. 다음 조성의 중유 1kg을 공기비 1.2로 완전연소시킬 때 연소가스 중의 먼지의 농도는 몇 mg/Sm³인가? (단, 회분은 전부 먼지로 배출된다.)

조성 : C : 87%, H : 10%, S : 2%, 회분 : 1%

1999.5.30 기사 / 2008.7.6 산업기사

계산과정 G_w를 구하면

$$A_0 = \frac{1}{0.21} \times \left\{ \frac{22.4}{12} \times 0.87 + \frac{11.2}{2} \times \left(0.1 - \frac{0}{8}\right) + \frac{22.4}{32} \times 0.02 \right\} = 10.4666 \, \mathrm{Sm^3/kg}$$

$$G_{od} = \frac{22.4}{12} \times 0.87 + \frac{22.4}{32} \times 0.02 + \frac{22.4}{28} \times 0 + 0.79 \times 10.4666 = 9.9066 \, \mathrm{Sm^3/kg}$$

$$G_d = G_{od} + (m-1)A_0 = 9.9066 + (1.2-1) \times 10.4666 = 11.9999 \, \mathrm{Sm^3/kg}$$

$$G_w = G_d + \frac{22.4}{18} \times (9H + W) = 11.9999 + \frac{22.4}{18} \times (9 \times 0.1 + 0) = 13.1199\,Sm^3/kg$$

뒤집자!

$$먼지농도 = \frac{1kg \times 10^6 mg/kg \times 0.01}{13.1199\,Sm^3} = 762.200\,mg/Sm^3$$

🖹 $762.20mg/Sm^3$

58. 다음 조성의 중유 1kg을 공기비 1.2로 완전연소시킬 때 건연소가스 중의 먼지 농도는 몇 mg/Nm³인가? (단, 회분은 전부 먼지로 배출된다.) (6점)

조성 : C : 86.9%, H : 11%, S : 2%, 회분 : 0.1%

2004.4.25, 2007.4.22 기사

계산과정 G_d를 구하면

$$A_o = \frac{1}{0.21} \times \left\{ \frac{22.4}{12} \times 0.869 + \frac{11.2}{2} \times \left(0.11 - \frac{0}{8}\right) + \frac{22.4}{32} \times 0.02 \right\}$$
$$= 10.7244\,Nm^3/kg$$

$$G_{od} = \frac{22.4}{12} \times 0.869 + \frac{22.4}{32} \times 0.02 + \frac{22.4}{28} \times 0 + 0.79 \times 10.7244$$
$$= 10.1084\,Nm^3/kg$$

$$G_d = G_{od} + (m-1)A_o = 10.1084 + (1.2-1) \times 10.7244 = 12.2532\,Nm^3/kg$$

$$먼지농도 = \frac{1kg \times 10^6 mg/kg \times 0.001}{12.2532\,Nm^3} = 81.611\,mg/Nm^3$$

🖹 $81.61mg/Nm^3$

59. 경유(조성: C 85%, H 15%)를 공기비 1.1로 연소할 때, 탄소분의 1%가 그을음 이 된다고 하면 건배기가스 1Nm³ 중의 그을음 농도(g/Nm³)는 얼마인가? (6점)
2006.11.5 기사 / 2011.11. 산업기사

계산과정 $A_o = \frac{1}{0.21} \times \left\{ \frac{22.4}{12} \times 0.85 + \frac{11.2}{2} \times \left(0.15 - \frac{0}{8}\right) + 0 \right\} = 11.5555\,Sm^3/kg$

$$G_{od} = \frac{22.4}{12} \times 0.85 + 0 + 0 + 0.79 \times 11.5555 = 10.7155\,Sm^3/kg$$

$$G_d = G_{od} + (m-1)A_o = 10.7155 + (1.1-1) \times 11.5555 = 11.8710\,Sm^3/kg$$

$$\therefore 그을음의\ 농도 = \frac{1kg \times 10^3 g/kg \times 0.85 \times 0.01}{11.8710\,Sm^3} = 0.716\,g/Sm^3$$

🖹 $0.72g/Nm^3$

60. 중량비로서 C : 85%, H : 10%, S : 3.0%, 회분 : 2.0%인 중유 1kg을 공기비 1.2로 완전연소시킬 경우 건배기가스에 함유된 분진의 농도(g/kg)를 구하시오. (단, 회분은 모두 분진으로 배출된다.)

|이해| g/kg이므로 배기가스를 [kg/kg]으로 구한 뒤 뒤집자!

|계산과정|
$$A_o = \frac{1}{0.232} \times \left\{ \frac{32}{12} \times 0.85 + \frac{16}{2} \times \left(0.1 - \frac{0}{8} \right) + \frac{32}{32} \times 0.03 \right\} = 13.3477 \, \text{kg/kg}$$

$$G_{od} = \frac{44}{12} \times 0.85 + \frac{64}{32} \times 0.03 + 0 + 0.768 \times 13.3477 = 13.427 \, \text{kg/kg}$$

$$G_d = 13.427 + (1.2 - 1) \times 13.3477 = 16.09724 \, \text{kg배기가스/kg중유}$$

뒤집자!

$$\text{분진농도} = \frac{1 \, \text{kg 중유} \times 10^3 \text{g/kg} \times 0.02 \, \text{회분/중유}}{16.09724 \, \text{kg 배기가스}} = 1.242 \, \text{g/kg}$$

|답| 1.24g/kg

61. 습연소가스 중의 먼지농도(g/Nm³)는? (단, 회분 0.1%, C : 85%, H : 12%, S : 2.9%)

|이해| 회분이 전부 먼지가 된다고 간주하면

|계산과정|
$$A_o = \frac{1}{0.21} \times \left\{ \frac{22.4}{12} \times 0.85 + \frac{11.2}{2} \times \left(0.12 - \frac{0}{8} \right) + \frac{22.4}{32} \times 0.029 \right\}$$
$$= 10.8522 \, \text{Nm}^3/\text{kg}$$

$$G_{od} = \left\{ \frac{22.4}{12} \times 0.85 + \frac{22.4}{32} \times 0.029 + \frac{22.4}{28} \times 0 \right\} + 0.79 \times 10.8522$$
$$= 10.1802 \, \text{Nm}^3/\text{kg}$$

$$G_{od} = G_d (m = 1 이므로)$$

$$G_w = 10.1802 + \frac{22.4}{18}(9 \times 0.12 + 0) = 11.5242 \, \text{Nm}^3/\text{kg}$$

뒤집자!

$$\therefore \text{먼지농도(g/Nm}^3) = \frac{1 \text{kg연료} \times 10^3 \text{g/kg} \times 0.001 \text{회분/연료}}{11.5242 \, \text{Nm}^3 \text{배기가스}} = 0.08677 \, \text{g/Nm}^3$$

|답| 8.68×10^{-2} g/Nm³

62. 어느 중유(조성 : C 86%, H 12%, S 1.5%, 회분 0.5%) 보일러에서 중유를 시간당 100kg을 연소시키고 있다. 이 보일러에서 하루에 1시간씩 중유를 완전연소시킬 경우 다음을 계산하시오. (단, 공기비는 1.1, 회분은 전부 먼지로 배출된다.)

(1) 실제공기량(Sm^3/day) 　　　　　　　　　2001.11.4, 2010.4.18 산업기사

(2) 건연소가스량(Sm^3/day), 습연소가스량(Sm^3/day)

(3) 먼지농도(g/Sm^3), SO_2농도(ppm)

계산과정 (1) $A = mA_o$

$$= 1.1 \times \frac{1}{0.21} \times \left\{ \frac{22.4}{12} \times 0.86 + \frac{11.2}{2}\left(0.12 - \frac{0}{8}\right) + \frac{22.4}{32} \times 0.015 \right\}$$

$$= 11.9838\,Sm^3/kg$$

$$A' = A \times G_f = 11.9838\,Sm^3/kg \times 100\,kg/h \times 1\,h/day = 1198.38\,Sm^3/day$$

답 $1198.38\,Sm^3$/day

(2) $G_d = G_{od} + (m-1)A_o$

$$= \frac{22.4}{12} \times 0.86 + \frac{22.4}{32} \times 0.015 + \frac{22.4}{28} \times 0 + 0.79 \times 10.8944 + (1.1-1) \times 10.8944$$

$$= 11.3118\,Sm^3/day$$

$$※ A_o = \frac{1}{0.21} \times \left\{ \frac{22.4}{12} \times 0.86 + \frac{11.2}{2}\left(0.12 - \frac{0}{8}\right) + \frac{22.4}{32} \times 0.015 \right\}$$

$$= 10.8944\,Sm^3/kg$$

$$G_w = G_d + \frac{22.4}{18} \times (9H + W) = 11.3118 + \frac{22.4}{18} \times (9 \times 0.12 + 0)$$

$$= 12.6558\,Sm^3/kg$$

$$G_d' = G_d \times G_f = 11.3118\,Sm^3/kg \times 100\,kg/h \times 1\,h/day = 1131.18\,Sm^3/day$$

$$G_w' = G_w \times G_f = 12.6558\,Sm^3/kg \times 100\,kg/h \times 1h/day = 1265.58\,Sm^3/day$$

답 G_d' : $1311.18\,Sm^3$/day,　G_w' : $1265.58\,Sm^3$/day

(3) 먼지농도(g/m^3)$= \dfrac{먼지}{G_w} = \dfrac{1kg \times 10^3 g/kg \times 0.005}{12.6558\,Sm^3} = 0.395\,g/Sm^3$

$$SO_2농도(ppm) = \frac{\dfrac{22.4}{32} \times S}{G_w} \times 10^6 = \frac{\dfrac{22.4}{32} \times 0.015\,Sm^3/kg}{12.6558\,Sm^3/kg} \times 10^6 = 829.659\,ppm$$

답 먼지농도 : $0.40g/Sm^3$, SO_2 농도$=829.66$ppm

---

63. C_3H_8 $1m^3$가 있다. 물음에 답하시오.

(1) 몇 g.mol인가?

(2) 1kg은 몇 L인가?

계산과정 (1) 22.4L : 1g.mol

$$1000\text{L}(1\text{m}^3) : x[\text{g.mol}] \quad \therefore x = \frac{1000 \times 1}{22.4} = 44.642\,\text{g.mol}$$

(2) 44g : 22.4L

$$1000\text{g}(1\text{kg}) : x[\text{L}] \qquad \therefore x = \frac{1000 \times 22.4}{44} = 509.090\,\text{L}$$

답 (1) 44.64g.mol, (2) 509.09L

---

64. 부피비로 CO가 35%, H_2가 65%인 기체 혼합물에서 CO중량비와 혼합물의 평균 분자량을 산출하시오.

계산과정 ① CO의 중량비를 구하기 위해서 각각의 중량을 구한 뒤 계산한다.

$$\text{CO의 중량} = \frac{28\text{중량}}{22.4\text{부피}} \times 0.35\text{부피} = 0.4375$$

$$H_2\text{의 중량} = \frac{2\text{중량}}{22.4\text{부피}} \times 0.65\text{부피} = 0.058$$

$$\therefore \text{CO의 중량비} = \frac{0.4375}{0.4375 + 0.058} = 0.882$$

② 평균 분자량은 부피비(%)를 이용하여 C_m 공식에 대입한다.

$$C_m = \frac{Q_1 C_1 + Q_2 C_2}{Q_1 + Q_2} = \frac{35 \times 28 + 65 \times 2}{35 + 65} = 11.1$$

답 ① 0.88 ② 11.1

---

65. CH_4 1Sm^3가 완전연소할 때 이론공기량(m^3)은? 2005.7.10 산업기사

계산과정 $CH_4 + 2O_2 \rightarrow CO_2 + 2H_2O$

$$A_o = \frac{1}{0.21} \times 2\,CH_4 = \frac{1}{0.21} \times 2 \times 1 = 9.523\,\text{m}^3$$

답 $9.52\,\text{m}^3$

---

66. 부피비로 CH_4 94%, CO_2 1%, N_2 3%, O_2 2%인 기체연료 1Sm^3를 10Sm^3의 공기로 연소한다면 공기비는 얼마인가? (5점) 2010.4.18 기사

계산과정 $m = \dfrac{A}{A_o}$, $CH_4 + 2O_2 \rightarrow CO_2 + 2H_2O$

$$A_o = \frac{1}{0.21} \times \{2CH_4 - O_2\} = \frac{1}{0.21} \times \{2 \times 0.94 - 0.02\} = 8.8571\,\text{Sm}^3/\text{Sm}^3$$

$$\therefore m = \frac{10}{8.8571} = 1.129$$

🔲 1.13

---

67. 순수한 프로판 $1Sm^3$의 이론건연소가스량(Sm^3)을 구하시오. 2008.7.6 산업기사

계산
과정 $C_3H_8 + 5O_2 \rightarrow 3CO_2 + 4H_2O$

  1   5   3

$$G_{od} = 3 + 0.79 A_o = 3 + 0.79 \times \frac{1}{0.21} \times O_o = 3 + 0.79 \times \frac{1}{0.21} \times 5$$

$$= 21.809 \, Sm^3/Sm^3$$

🔲 $21.81 \, Sm^3/Sm^3$

---

68. 에탄을 300g/min의 속도로 연소시킬 때 생성되는 CO_2는 완전연소할 경우 1분에 몇 L가 발생하는가? 1998.8.30 기사

계산
과정 $C_2H_6 + 3.5O_2 \rightarrow 2CO_2 + 3H_2O$

  30g $2 \times 22.4L$

  300g/min : $x[L/min]$

$$\therefore x = \frac{300 \times 2 \times 22.4}{30} = 448L/min$$

🔲 $448L/min$

---

69. C_2H_6를 300g/min의 속도로 연소시킬 때 생성되는 CO_2는 완전연소할 경우 1분에 몇 L가 발생하는가? (단, 120℃, 1기압) 2002.7.7 기사

계산
과정 $C_2H_6 + 3.5O_2 \rightarrow 2CO_2 + 3H_2O$

  1mol   :   2mol

  30g   : $2 \times 22.4L$ $\therefore x = \frac{300 \times 2 \times 22.4}{30} = 448L/min(0℃, 1atm)$

  300g/min : $x[L/min]$

$$\therefore V' = V \times \frac{T'}{T} = 448L/min \times \frac{273+120}{273} = 644.923 \, L/min$$

🔲 $644.92L/min$

70. 에틸렌(C_2H_4) 1kg이 완전히 연소되는 경우 필요한 이론공기량(Sm^3)은? (3점)

2003.7.13 산업기사

계산과정
$$C_2H_4 + 3O_2 \rightarrow 2CO_2 + 2H_2O$$
$$28kg : 3 \times 22.4 Sm^3$$
$$1kg : x[Sm^3]$$
$$\therefore A_o = \frac{1}{0.21} \times O_o = \frac{1}{0.21} \times \frac{1 \times 3 \times 22.4}{28} = 11.428\, Sm^3/kg$$

답 $11.43\, Sm^3/kg$

71. 프로판과 부탄이 $3:1$로 혼합된 연료 $1Sm^3$이 완전연소한다면 발생하는 CO_2량 (Sm^3)은? (6점)

2006.4.23 기사 / 2007.4.22 산업기사

계산과정
$$\underset{1}{C_3H_8} + 5O_2 \rightarrow \underset{3}{3CO_2} + 4H_2O, \qquad \underset{1}{C_4H_{10}} + 6.5O_2 \rightarrow \underset{4}{4CO_2} + 5H_2O$$
$$CO_2량 = 3C_3H_8 + 4C_4H_{10}$$
$$= 3 \times \frac{3}{4} + 4 \times \frac{1}{4} = 3.25\, Sm^3$$

답 $3.25 Sm^3$

72. 80%의 프로판, 10%의 산소, 10%의 질소로 이루어진 기체연료 $1Sm^3$를 연소할 때 필요한 이론공기량(Sm^3/Sm^3)을 구하시오.

2004.4.25 산업기사

계산과정
$$C_3H_8 + 5O_2 \rightarrow 3CO_2 + 4H_2O$$
$$A_o = \frac{1}{0.21} \times \{5 \times 0.8 - 0.1\} = 18.571\, Sm^3/Sm^3$$

답 $18.57\, Sm^3/Sm^3$

73. C_3H_8 60%와 C_3H_6 40%로 구성된 연료를 완전연소하는 데 필요한 이론공기량은?

2005.7.10 기사 / 2007.7.8 산업기사

계산과정
$$C_3H_8 + 5O_2 \rightarrow 3CO_2 + 4H_2O, \qquad C_3H_6 + 4.5O_2 \rightarrow 3CO_2 + 3H_2O$$
$$A_o = \frac{1}{0.21} \times (5\,C_3H_8 + 4.5\,C_3H_6) = \frac{1}{0.21} \times \{5 \times 0.6 + 4.5 \times 0.4\}$$
$$= 22.857\, Sm^3/Sm^3$$

답 $22.86\, Sm^3/Sm^3$

74. 프로판(C_3H_8) $1m^3$을 완전연소시켰을 때 건연소 배출가스 중의 CO_{2max}(%)를 구하시오. (6점)　　　　2003.10, 2007.4.22 기사 / 1999.5.30, 2006.11.5 산업기사

계산과정 $C_3H_8 + 5O_2 \rightarrow 3CO_2 + 4H_2O$
　　　　1　　　5　　　3

$CO_{2max} = \dfrac{CO_2}{G_{od}} \times 100$ 이므로

$G_{od}[Sm^3/Sm^3] = 3 + 0.79\,A_o = 3 + 0.79 \times \dfrac{1}{0.21} \times 5 = 21.8095\,Sm^3/Sm^3$

$\therefore CO_{2max} = \dfrac{3}{21.8095} \times 100 = 13.755\,\%$

답 13.76%

---

75. C_2H_6 30%, CO 10%, H_2 5%, CH_4 10%, C_3H_8 30%, N_2 5%, O_2 10%로 이루어진 기체 연료 $1Nm^3$를 연소할 때 필요한 이론공기량(Nm^3)을 구하시오.
　　　　2007.7.8 기사

계산과정 $C_2H_6 + 3.5O_2 \rightarrow 2CO_2 + 3H_2O$,　$CO + \dfrac{1}{2}O_2 \rightarrow CO_2$,　$H_2 + \dfrac{1}{2}O_2 \rightarrow H_2O$

　　1　　3.5　　　　　　　　1　　0.5　　　　1　　0.5
　　0.3　　x_1　　　　　　　0.1　　x_2　　　0.05　　x_3

$CH_4 + 2O_2 \rightarrow CO_2 + 2H_2O$,　$C_3H_8 + 5O_2 \rightarrow 3CO_2 + 4H_2O$

　　1　　2　　　　　　　　1　　5
　　0.1　　x_4　　　　　　0.3　　x_5

$A_o = \dfrac{1}{0.21} \times \{x_1 + x_2 + x_3 + x_4 + x_5 - O_2\}$

$= \dfrac{1}{0.21} \times \{3.5 \times 0.3 + 0.5 \times 0.1 + 0.5 \times 0.05 + 2 \times 0.1 + 5 \times 0.3 - 0.1\}$

$= 12.976\,Nm^3/Nm^3$

답 12.98 Nm^3/Nm^3

---

76. CO $0.02Sm^3$, CO_2 $0.05Sm^3$, O_2 $0.01Sm^3$, C_2H_6 $0.92Sm^3$로 혼합된 도시가스 $1Sm^3$을 연소할 때 필요한 이론공기량(Sm^3)은? (6점)　　　　2010.7.5 산업기사

계산과정 $CO + \dfrac{1}{2}O_2 \rightarrow CO_2$,　$C_2H_6 + 3.5O_2 \rightarrow 2CO_2 + 3H_2O$

　　1　　0.5　　　　　　1　　3.5

$$\overset{0.02}{} \quad \overset{x_1}{} \qquad \overset{0.92}{} \quad \overset{x_2}{}$$

$$A_o = \frac{1}{0.21} \times \{x_1 + x_2 - O_2\} \frac{1}{0.21} \times \{0.5 \times 0.02 + 3.5 \times 0.92 - 0.01\}$$

$$= 15.333 \, \text{Sm}^3/\text{Sm}^3$$

답 $15.33 \, \text{Sm}^3/\text{Sm}^3$

---

77. 탄화수소 C_xH_y의 연소에 필요한 이론공기량(Sm^3/Sm^3)을 구하고 과잉공기계수의 의미를 기술하시오. 2002.7.7, 2007.7.8 산업기사

계산과정 ① $C_xH_y + \left(x + \dfrac{y}{4}\right)O_2 \rightarrow x\,CO_2 + \dfrac{y}{2}H_2O$

$$\therefore A_o = \frac{1}{0.21} \times O_o = \frac{1}{0.21} \times \left(x + \frac{y}{4}\right) = 4.76x + 1.19y\,[\text{Sm}^3/\text{Sm}^3]$$

답 $4.76x + 1.19y\,[\text{Sm}^3/\text{Sm}^3]$

② 과잉공기계수 $m = \dfrac{A(실제공기량)}{A_o(이론공기량)}$

---

78. C_xH_y 1mol의 이론습윤연소가스량(mol)을 구하시오. (6점)

계산과정 $C_xH_y + \left(x + \dfrac{y}{4}\right)O_2 \rightarrow x\,CO_2 + \dfrac{y}{2}H_2O$

$$A_o = \frac{1}{0.21} \times \left(x + \frac{y}{4}\right) = 4.76x + 1.19y \,[\text{mol/mol}]$$

$$G_{ow} = x + \frac{y}{2} + 0.79 A_o$$

$$= x + \frac{y}{2} + 0.79 \times (4.76x + 1.19y)$$

$$= x + \frac{y}{2} + 0.79 \times 4.76x + 0.79 \times 1.19y$$

$$= (1 + 0.79 \times 4.76)x + \left(\frac{1}{2} + 0.79 \times 1.19\right)y$$

$$= 4.76x + 1.44y\,[\,\text{mol/mol}]$$

답 $4.76x + 1.44y\,[\,\text{mol/mol}]$

---

79. 부탄 1Sm^3을 연소하였을 때 배기가스 중 CO_2가 11%였다. 공기비를 구하시오. 2011.7.24 기사

계산과정 $C_4H_{10} + 6.5O_2 \rightarrow 4CO_2 + 5H_2O$

$\quad\quad\quad 1 \quad\quad 6.5 \quad\quad 4 \quad\quad 5$

$A_o = \dfrac{1}{0.21} \times 6.5 = 30.9523\,\mathrm{Sm^3/Sm^3}$

$G_{ow} = 4 + 5 + 0.79 \times 30.9523 = 33.4523\,\mathrm{Sm^3/Sm^3}$

$CO_2(\%) = \dfrac{CO_2}{G_w} \times 100 = \dfrac{CO_2}{G_{ow} + (m-1)A_o} \times 100$

$\quad\quad\quad = \dfrac{4}{33.4523 + (m-1) \times 30.9523} \times 100$

$\therefore 11 = \dfrac{4}{33.4523 + (m-1) \times 30.9523} \times 100$

$33.4523 + (m-1) \times 30.9523 = \dfrac{4 \times 100}{11}$

$m = \dfrac{\dfrac{4 \times 100}{11} - 33.4523}{30.9523} + 1 = 1.094$

답 1.09

---

80. 배기가스 분석 결과 CO_2 7%, CO 26.2%, CH_4 4%, H_2 12.8%, N_2 50%이고 가스 $1Sm^3$ 중에 30g의 수분이 있다. 이 배기가스 $1Sm^3$을 완전연소시키기 위한 공기량($\mathrm{Sm^3/Sm^3}$)을 구하시오.　　　　　1998.8.30 기사

계산과정 $CO + \dfrac{1}{2}O_2 \rightarrow CO_2, \quad CH_4 + 2O_2 \rightarrow CO_2 + 2H_2O, \quad H_2 + \dfrac{1}{2}O_2 \rightarrow H_2O$

$\quad\quad\quad 1 \quad 0.5 \quad\quad\quad\quad 1 \quad\quad 2 \quad\quad\quad\quad\quad\quad 1 \quad 0.5$

수분(%) $= \dfrac{30g \times \dfrac{22.4\,\mathrm{L}}{18\,\mathrm{g}}}{1\,\mathrm{Sm^3} \times 10^3\,\mathrm{L/Sm^3}} \times 100 = 3.7333\%$

$A_o = \dfrac{1}{0.21} \times \{0.5 \times 0.262 + 2 \times 0.04 + 0.5 \times 0.128\} \times (1 - 0.037333)$

$\quad\quad = 1.260\,\mathrm{Sm^3/Sm^3}$

답 $1.26\,\mathrm{Sm^3/Sm^3}$

---

81. 순수한 프로판 $1Sm^3$에 대하여 다음을 구하시오. (6점)　　　　2004.4.25 기사

(1) 이론공기량

(2) 이론건연소가스량

계산과정 $C_3H_8 + 5O_2 \rightarrow 3CO_2 + 4H_2O$

(1) $A_o = \dfrac{1}{0.21} \times 5 = 23.809 \, \mathrm{Sm^3/Sm^3}$

(2) $G_{od} = 3 + 0.79 \times \dfrac{1}{0.21} \times 5 = 21.809 \, \mathrm{Sm^3/Sm^3}$

답 (1) $23.81 \, \mathrm{Sm^3/Sm^3}$

(2) $21.81 \, \mathrm{Sm^3/Sm^3}$

---

82. C_3H_8 가스 $1\mathrm{Sm^3}$를 공기비 1.2로 완전연소시켰을 때 건조연소가스량($\mathrm{Sm^3}$)을 구하시오.

계산과정 $C_3H_8 + 5O_2 \rightarrow 3CO_2 + 4H_2O$

$A_o = \dfrac{1}{0.21} \times 5C_3H_8 = \dfrac{1}{0.21} \times 5 \times 1 = 23.8095 \, \mathrm{Sm^3/Sm^3}$

$G_{od} = 3 \times C_3H_8 + 0.79 A_o = 3 \times 1 + 0.79 \times 23.8095 = 21.8095 \, \mathrm{Sm^3/Sm^3}$

$G_d = G_{od} + (m-1)A_o = 21.8095 + (1.2 - 1) \times 23.8095 = 26.571 \, \mathrm{Sm^3/Sm^3}$

답 $26.57 \mathrm{Sm^3/Sm^3}$

---

83. 프로판 $10\mathrm{Sm^3}$의 이론건연소가스량($\mathrm{Sm^3}$)을 구하시오. (4점) 2006.7.9 기사

계산과정 $C_3H_8 + 5O_2 \rightarrow 3CO_2 + 4H_2O$

$G_{od}{}' = G_{od} \times G_f$

$\qquad = (3 + 0.79 A_o) \times G_f$

$\qquad = \left(3 + 0.79 \times \dfrac{1}{0.21} \times 5\right) \mathrm{Sm^3/Sm^3} \times 10 \, \mathrm{Sm^3} = 218.095 \, \mathrm{Sm^3}$

답 $218.10 \, \mathrm{Sm^3}$

---

84. 황화수소(H_2S) $2\mathrm{Sm^3}$을 연소할 경우 이론연소공기량($\mathrm{Sm^3}$)을 계산하시오.

2000.8.13 산업기사

계산과정 $H_2S + 1.5O_2 \rightarrow SO_2 + H_2O$

$\quad 1 \qquad 1.5$

$\quad 2 \qquad x_1$

$A_o = \dfrac{1}{0.21} \times x_1 = \dfrac{1}{0.21} \times 1.5 \times 2 = 14.285 \, \mathrm{Sm^3}$

답 $14.29 \, \mathrm{Sm^3}$

85. 프로판 1Sm³을 과잉공기 20%로 연소할 때 다음을 구하시오. (6점) 2010.10.31 기사

(1) 습연소가스량(Sm^3/Sm^3)

(2) 건연소가스량(Sm^3/Sm^3)

(3) 습연소가스량과 건연소가스량의 비(습연소가스량/건연소가스량)

계산과정 $C_3H_8 + 5O_2 \rightarrow 3CO_2 + 4H_2O$

        1   5   3   4

(1) $G_{ow} = 3 + 4 + 0.79 \times \dfrac{1}{0.21} \times 5 = 25.8095 \ Sm^3/Sm^3$

$G_w = G_{ow} + (m-1)A_o$

$\qquad = 25.8095 + (1.2-1) \times \dfrac{1}{0.21} \times 5 = 30.571 \ Sm^3/Sm^3$

(2) $G_{od} = 3 + 0.79 \times \dfrac{1}{0.21} \times 5 = 21.8095 \ Sm^3/Sm^3$

$G_d = G_{od} + (m-1)A_o = 21.8095 + (1.2-1) \times \dfrac{1}{0.21} \times 5 = 26.571 \ Sm^3/Sm^3$

(3) $\dfrac{G_w}{G_d} = \dfrac{30.571}{26.571} = 1.150$

답 (1) $30.57 Sm^3/Sm^3$

(2) $26.57 Sm^3/Sm^3$

(3) 1.15

86. 프로판과 부탄의 부피를 1 : 1로 혼합한 연료를 완전연소한 결과 건조연소가스 내의 CO_2 농도가 10%라면, 이 연료 5Sm³을 완전연소할 때 생성되는 건조연소가스량(Sm^3)을 계산하시오.

    2011.5. 산업기사

계산과정 $C_3H_8 + 5O_2 \rightarrow 3CO_2 + 4H_2O, \ C_4H_{10} + 6.5O_2 \rightarrow 4CO_2 + 5H_2O$

     1   3   1   4

   0.5 x_1 0.5 x_2

$\therefore CO_2(\%) = \dfrac{CO_2}{G_d} \times 100 = \dfrac{x_1 + x_2}{G_d}$

$\therefore G_d = \dfrac{x_1 + x_2}{CO_2(\%)} \times 100 = \dfrac{3 \times 0.5 + 4 \times 0.5}{10} \times 100 = 35 \ Sm^3/Sm^3$

$\therefore G_d{'} = G_d \times G_f = 35 Sm^3/Sm^3 \times 5 Sm^3 = 175 Sm^3$

답 $175 \ Sm^3$

87. 메탄과 프로판의 부피를 $1:1$, $2:1$, $1:2$로 혼합하여 연소할 때 발생하는 이론 습연소가스량의 처리비용은 29원/m^3-fuel이다. 이 중 처리비용이 가장 적게 소요되는 메탄과 프로판의 부피비를 고르시오. 2004.7.4 기사

계산과정

$$CH_4 \ + \ 2O_2 \ \rightarrow \ CO_2 + 2H_2O, \qquad C_3H_8 \ + \ 5O_2 \rightarrow 3CO_2 \ + \ 4H_2O$$

1	2	1	2	1	5	3	4

①의 경우 $0.5 \quad 2\times0.5 \quad 0.5 \quad 2\times0.5 \quad 0.5 \quad 5\times0.5 \quad 3\times0.5 \quad 4\times0.5$

②의 경우 $\dfrac{2}{3} \quad 2\times\dfrac{2}{3} \quad \dfrac{2}{3} \quad 2\times\dfrac{2}{3} \quad \dfrac{1}{3} \quad 5\times\dfrac{1}{3} \quad 3\times\dfrac{1}{3} \quad 4\times\dfrac{1}{3}$

③의 경우 $\dfrac{1}{3} \quad 2\times\dfrac{1}{3} \quad \dfrac{1}{3} \quad 2\times\dfrac{1}{3} \quad \dfrac{2}{3} \quad 5\times\dfrac{2}{3} \quad 3\times\dfrac{2}{3} \quad 4\times\dfrac{2}{3}$

①의 경우

$$G_{ow} = 0.5 + 2 \times 0.5 + 3 \times 0.5 + 4 \times 0.5 + 0.79 \times \frac{1}{0.21} \times (2 \times 0.5 + 5 \times 0.5)$$

$$= 18.166 \ Sm^3/Sm^3$$

$$\therefore 18.166 Sm^3/Sm^3 \times 29원/m^3 = 526.814원$$

②의 경우 $G_{ow} = \dfrac{2}{3} + 2 \times \dfrac{2}{3} + 3 \times \dfrac{1}{3} + 4 \times \dfrac{1}{3} + 0.79 \times \dfrac{1}{0.21} \times \left(2 \times \dfrac{2}{3} + 5 \times \dfrac{1}{3}\right)$

$$= 15.619 \ Sm^3/Sm^3$$

$$\therefore 15.619 Sm^3/Sm^3 \times 29원/m^3 = 452.951원$$

③의 경우 $G_{ow} = \dfrac{1}{3} + 2 \times \dfrac{1}{3} + 3 \times \dfrac{2}{3} + 4 \times \dfrac{2}{3} + 0.79 \times \dfrac{1}{0.21} \times \left(2 \times \dfrac{1}{3} + 5 \times \dfrac{2}{3}\right)$

$$= 20.714 \ Sm^3/Sm^3$$

$$\therefore 20.714 Sm^3/Sm^3 \times 29원/m^3 = 600.706원$$

답 $2:1$

88. H_2S 5%을 함유하는 메탄 가스를 공기비 1.05로 연소시킬 때 건연소가스 중의 SO_2 농도(ppm)를 구하시오. (단, 유화수소 중의 황은 연소하면 전부 SO_2로 된다고 한다.) 2008.11.2 산업기사

|이해| 건연소가스량을 구하기 위해

$$H_2S \ + \ 1.5O_2 \ \rightarrow \ SO_2 \ + \ H_2O, \quad CH_4 \ + \ 2O_2 \ \rightarrow \ CO_2 \ + \ 2H_2O$$

1	1.5	1	1	2	1
0.05	x_1	x_2	0.95	x_3	x_4

계산과정

$$A_o = \frac{1}{0.21} \times \{x_1 + x_3\} = \frac{1}{0.21} \times \{1.5 \times 0.05 + 2 \times 0.95\} = 9.40476 \ Nm^3/Nm^3$$

$$G_{od} = \{x_2 + x_4\} + 0.79 A_o = \{0.05 + 0.95\} + 0.79 \times 9.40476 = 8.42976 \ Nm^3/Nm^3$$

$$G_d = G_{od} + (m-1)A_o = 8.42976 + (1.05-1) \times 9.40476 = 8.899998 \text{ Nm}^3/\text{Nm}^3$$

$$\therefore \text{건연소가스 중의 } SO_2(\text{ppm}) = \frac{SO_2}{G_d} \times 10^6 = \frac{0.05}{8.899998} \times 10^6 = 5617.978 \text{ ppm}$$

답 5617.98ppm

---

89. H_2S가 0.3% 포함된 메탄을 공기비 1.05로 연소했을 때 배기가스 중의 SO_2 농도(ppm)는? (H_2S는 모두 SO_2로 변환된다.)　　　2011.7.24 기사

계산과정

$$CH_4 + 2O_2 \rightarrow \underline{CO_2 + 2H_2O}, \quad H_2S + 1.5O_2 \rightarrow \underline{H_2O + SO_2}$$

$$\begin{array}{cccccc} 1 & 2 & 3 & 1 & 1.5 & 2 \\ 0.997 & x_1 & x_2 & 0.003 & x_3 & x_4 \end{array}$$

$$G_{ow} = x_2 + x_4 + 0.79A_o$$

$$= x_2 + x_4 + 0.79 \times \frac{1}{0.21} \times (x_1 + x_3)$$

$$= 3 \times 0.997 + 2 \times 0.003 + 0.79 \times \frac{1}{0.21} \times (2 \times 0.997 + 1.5 \times 0.003)$$

$$= 10.5151 \text{ Sm}^3/\text{Sm}^3$$

$$G_w = G_{ow} + (m-1) \times A_o = G_{od} + (m-1) \times \frac{1}{0.21} \times (x_1 + x_3)$$

$$= 10.5151 + (1.05-1) \times \frac{1}{0.21} \times (2 \times 0.997 + 1.5 \times 0.003)$$

$$= 10.9909 \text{ Sm}^3/\text{Sm}^3$$

$$SO_2(\text{ppm}) = \frac{SO_2}{G_w} \times 10^6 = \frac{0.003}{10.9909} \times 10^6 = 272.953 \text{ ppm}$$

답 272.95ppm

---

90. 프로판과 부탄이 3 : 2로 혼합된 LPG를 공기비 1.25로 연소하고 있는 로가 있다. 완전연소했을 경우 연료 1Sm³당 건조연소가스량(Sm³)을 구하시오.　　　2001.4.22 산업기사

계산과정

$$C_3H_8 + 5O_2 \rightarrow 3CO_2 + 4H_2O, \quad C_4H_{10} + 6.5O_2 \rightarrow 4CO_2 + 5H_2O$$

$$\begin{array}{cccccc} 1 & 5 & 3 & 1 & 6.5 & 4 \\ \frac{3}{5} & x_1 & x_2 & \frac{2}{5} & x_3 & x_4 \end{array}$$

$$A_o = \frac{1}{0.21} \times \{x_1 + x_3\} = \frac{1}{0.21} \times \left\{5 \times \frac{3}{5} + 6.5 \times \frac{2}{5}\right\} = 26.6666 \text{ Sm}^3/\text{Sm}^3$$

$$G_{od} = x_2 + x_4 + 0.79A_0 = 3 \times \frac{3}{5} + 4 \times \frac{2}{5} + 0.79 \times 26.6666 = 24.4666 \text{ Sm}^3/\text{Sm}^3$$

$$G_d = G_{od} + (m-1)A_o = 24.4666 + (1.25-1) \times 26.6666 = 31.133 \, \text{Sm}^3/\text{Sm}^3$$

🔑 $31.13 \, \text{Sm}^3/\text{Sm}^3$

---

91. C_3H_8 80%, H_2 20%로 이루어진 기체 연료 1Sm^3을 연소시킬 때 CO_{2max}를 구하시오.

2000.8.13 기사

계산과정 $C_3H_8 + 5O_2 \rightarrow 3CO_2 + 4H_2O, \quad H_2 + \dfrac{1}{2}O_2 \rightarrow H_2O$

$$A_o = \frac{1}{0.21} \times \{5 \times 0.8 + 0.5 \times 0.2\} = 19.5238 \, \text{Sm}^3/\text{Sm}^3$$

$$CO_{2max} = \frac{CO_2}{G_{od}} \times 100 = \frac{3 \times 0.8}{3 \times 0.8 + 0.79 \times 19.5238} \times 100 = 13.465\%$$

🔑 13.47%

---

92. CO를 공기비 1.1로 완전연소할 때 배기가스 중의 CO_2는 몇 %인가?

2000.8.13 산업기사

계산과정 $CO + \dfrac{1}{2}O_2 \rightarrow CO_2$

$\quad\quad 1 \quad\quad 0.5 \quad\quad\quad 1$

$$A_o = \frac{1}{0.21} \times 0.5 = 2.3809 \, \text{Sm}^3/\text{Sm}^3$$

$$G_w = G_{ow} + (m-1)A_o$$
$$= 1 + 0.79 \times 2.3809 + (1.1-1) \times 2.3809 = 3.1190 \, \text{Sm}^3/\text{Sm}^3$$

$$\therefore CO_2(\%) = \frac{CO_2}{G_w} \times 100 = \frac{1}{3.1190} \times 100 = 32.061\%$$

🔑 32.06%

---

93. 순수한 수소를 공기비 1.3으로 완전연소시킬 경우 공기연료비(AFR)를 계산하시오.

2002.7.7 산업기사

|이해| 체적비로 구하면 $H_2 + \dfrac{1}{2}O_2 \rightarrow H_2O$

계산과정 $AFR = \dfrac{\text{실제공기량}}{\text{연료}} = \dfrac{mA_o}{\text{연료}} = \dfrac{1.3 \times \dfrac{1}{0.21} \times \dfrac{1}{2}}{1} = 3.095$

🔑 3.10

94. 공기가 1mol의 산소와 3.76mol의 질소로 구성되었다고 가정하고 프로판 1mol
을 완전연소할 때 다음을 구하시오. (6점)   2006.7.9 기사

(1) 프로판의 실제적 완전연소식을 쓰시오. (질소 포함)

(2) 공연비를 부피기준으로 구하시오.

(3) 공연비를 질량기준으로 구하시오. (단, 공기분자량은 28.95라 가정)

|이해| 공기가 1mol의 산소와 3.76mol의 질소로 구성되었다는 말은 산소와 질소의 체적비가 21%,
79%로 구성되었다는 의미이다.

|계산과정|
(1) $C_3H_8 + 5O_2 + 5 \times 3.76N_2 \rightarrow 3CO_2 + 4H_2O + 5 \times 3.76N_2$

(2) AFR 부피 $= \dfrac{공기(mol)}{연료(mol)} = \dfrac{(5 + 5 \times 3.76)mol}{1mol} = 23.8$

(3) AFR 질량 $= \dfrac{공기(kg)}{연료(kg)} = \dfrac{(5 + 5 \times 3.76)kmol \times \dfrac{28.95\,kg}{1kmol}}{44\,kg} = 15.659$

|답| (2) 23.8 (3) 15.66

---

95. 프로판의 이론공연비(AFR)를 중량단위의 측면에서 계산하시오. 2004.4.25 산업기사

|계산과정| $C_3H_8 + 5O_2 \rightarrow 3CO_2 + 4H_2O$

$$\therefore AFR = \dfrac{\dfrac{5 \times 32}{0.232}}{44} = 15.673$$

|답| 15.67

---

96. 프로판(C_3H_8)을 공기비 1.2로 완전연소시킬 때 연소기로 유입되는 연소용 공기
중 질량분율(%)을 계산하시오.   2011.11. 산업기사

|계산과정| $C_3H_8 + 5O_2 \rightarrow 3CO_2 + 4H_2O$

C_3H_8 질량분율 $= \dfrac{C_3H_8\ 질량}{연소용\ 공기질량 + C_3H_8\ 질량} \times 100$

$$= \dfrac{44}{827.5861 + 44} = 5.048\%$$

여기서, $A_o = \dfrac{1}{0.232} \times 5 \times 32 = 689.6551\,kg$

$A = m\,A_o = 1.2 \times 689.6551 = 827.5861\,kg$

|답| 5.05%

97. 옥탄(C_8H_{18})을 화학양론적으로 완전연소할 경우의 반응식을 세우고, 이론적인 공기연료비(AFR)를 용량 단위의 측면에서 계산하시오. (단, 모든 조건은 표준상태를 가정한다.) (6점)
2003.10.산업기사

계산과정 연소반응식 : $C_8H_{18} + 12.5O_2 \rightarrow 8CO_2 + 9H_2O$

공연비 $AFR = \dfrac{\dfrac{1}{0.21} \times 12.5}{1} = 59.523$

답 59.52

98. 옥탄(C_8H_{18})을 화학양론적으로 완전연소할 경우의 반응식을 세우고, 이론적인 공연비(AFR)를 중량 단위의 측면에서 계산하시오. (4점) 2004.7.4, 2006.4.23 산업기사

답 반응식 : $C_8H_{18} + 12.5O_2 \rightarrow 8CO_2 + 9H_2O$

계산과정 $AFR = \dfrac{공기(kg)}{연료(kg)} = \dfrac{\dfrac{산소(kg)}{0.232}}{연료(kg)} = \dfrac{\dfrac{12.5 \times 32kg}{0.232}}{114kg} = 15.124$

답 15.12

99. 옥탄 $C_8H_{18}(M_w = 114)$의 무게비(AFR_m)를 구하고, AFR_m을 14로 할 경우 연소상태를 설명하시오. (단, m은 질량기준이며, 공기의 M_w는 29로 가정한다.) (6점)
2003.10. 기사

계산과정 무게비 $AFR = \dfrac{\dfrac{1}{0.21} \times 12.5 \times 29}{114} = 15.142$

연소상태 : 이론공연비가 15.142이므로 실제공연비가 14이면 불완전연소가 된다.

답 15.14, 불완전연소

100. $C_8H_{17.5}$(가솔린)의 이론공연비를 무게기준과 부피기준으로 구하시오. (6점)
2003.4.27, 2010.4.18 기사

계산과정 $C_8H_{17.5} + 12.375O_2 \rightarrow 8CO_2 + 8.75H_2O$

(1) 무게기준 $AFR = \dfrac{공기(kg)}{연료(kg)} = \dfrac{\dfrac{12.375 \times 32}{0.232}}{12 \times 8 + 1 \times 17.5} = 15.038$

(2) 부피기준 AFR= $\dfrac{\text{공기}\,(\text{Sm}^3)}{\text{연료}\,(\text{Sm}^3)}=\dfrac{\dfrac{12.375}{0.21}\,\text{Sm}^3}{1\,\text{Sm}^3}=58.928$

답 (1) 15.04
(2) 58.93

---

101. 가솔린에 미량으로 함유된 방향족화합물인 벤젠에 대하여 이론 반응식을 쓰고 AFR_m을 구하시오. (6점) 2004.4.25 기사

(1) 이론반응식
(2) AFR_m을 구하시오.

 (2) $AFR_m=\dfrac{\text{공기}\,(\text{kg})}{\text{연료}\,(\text{kg})}=\dfrac{\dfrac{7.5\times32}{0.232}}{78\text{kg}}=13.262$

답 (1) $C_6H_6\ +\ 7.5O_2\ \rightarrow\ 6CO_2\ +\ 3H_2O$
(2) 13.26

---

102. CH_4, C_3H_8 가스 조성 부피가 1 : 1일 때 물음에 답하시오. (단, 공기비 $m=$ 1.3이다.)

(1) 공연비(AFR)는?
(2) 건연소가스량(Nm^3/Nm^3)은?

 (1) 1 : 1이므로 전체 연료가스를 1로 보면 각각 0.5씩 있다.

$CH_4\ +\ 2O_2\ \rightarrow\ CO_2\ +\ 2H_2O,\ \ C_3H_8\ +\ 5O_2\ \rightarrow\ 3CO_2\ +\ 4H_2O$

$A_o=\dfrac{1}{0.21}\times\{2\,CH_4+5C_3H_8\}=\dfrac{1}{0.21}\times\{2\times0.5+5\times0.5\}=16.667\,\text{Nm}^3/\text{Nm}^3$

$AFR=\dfrac{\text{실제공기량}}{\text{연료}}=\dfrac{mA_o}{\text{연료}}=\dfrac{1.3\times16.667}{1}=21.667$

(2) $G_d=G_{od}+(m-1)A_o$
$=\{1\times CH_4+3\times C_3H_8\}+0.79\,A_o+(m-1)A_o$
$=\{1\times0.3+3\times0.5\}+0.79\times16.667+(1.3-1)\times16.667$
$=20.167\,\text{Nm}^3/\text{Nm}^3$

답 (1) 21.67
(2) 20.17 Nm^3/Nm^3

103. 프로판과 부탄이 1 : 1로 혼합된 기체 연료 $1Sm^3$을 연소시킬 때 다음을 구하시오. (6점) 2009.10.18 기사

(1) 이론공기량(Sm^3)
(2) CO_2 발생량(Sm^3)

계산과정

$C_3H_8 + 5O_2 \rightarrow 3CO_2 + 4H_2O, \quad C_4H_{10} + 6.5O_2 \rightarrow 4CO_2 + 5H_2O$

1	5	3	1	6.5	4
0.5	x_1	x_2	0.5	x_3	x_4

(1) $A_o = \dfrac{1}{0.21} \times (x_1 + x_3) = \dfrac{1}{0.21} \times (5 \times 0.5 + 6.5 \times 0.5) = 27.380\,Sm^3/Sm^3$

(2) CO_2량 $= x_2 + x_4 = 3 \times 0.5 + 4 \times 0.5 = 3.5\,Sm^3/Sm^3$

답 (1) $27.38Sm^3/Sm^3$ (2) $3.5Sm^3/Sm^3$

104. 프로판과 부탄이 3 : 2로 혼합된 기체 연료 $1Sm^3$을 공기비 1.25로 연소시킬 때 건연소가스량(Sm^3)은 얼마인가? (6점) 2005.5.1 산업기사

계산과정

$C_3H_8 + 5O_2 \rightarrow 3CO_2 + 4H_2O, \quad C_4H_{10} + 6.5O_2 \rightarrow 4CO_2 + 5H_2O$

$G_d = G_{od} + (m-1)A_o$

$\quad = 3C_3H_8 + 4C_4H_{10} + 0.79A_o + (m-1)A_o$

$\quad = 3C_3H_8 + 4C_4H_{10} + 0.79 \times \dfrac{1}{0.21} \times \{5C_3H_8 + 6.5C_4H_{10}\} + (m-1)$

$\quad \times \dfrac{1}{0.21} \times \{5C_3H_8 + 6.5 \times C_4H_{10}\}$

$\quad = 3 \times \dfrac{3}{5} + 4 \times \dfrac{2}{5} + 0.79 \times \dfrac{1}{0.21} \times \left\{5 \times \dfrac{3}{5} + 6.5 \times \dfrac{2}{5}\right\} + (1.25 - 1) \times \dfrac{1}{0.21} \times$

$\quad \left\{5 \times \dfrac{3}{5} + 6.5 \times \dfrac{2}{5}\right\} = 31.133\,Sm^3/Sm^3$

답 $31.13\,Sm^3/Sm^3$

105. 프로판 1kg이 공기비 1.3일 때, 연소반응식과 건연소가스량(Nm^3)을 구하시오. 2008.11.2 기사

(1) 연소반응식
(2) 건연소가스량(Nm^3)

계산과정 (2) $44kg : 5 \times 22.4Nm^3 : 3 \times 22.4Nm^3$

$$1\text{kg} \ : \ x_1[\text{Nm}^3] \ \ : \ \ x_2[\text{Nm}^3]$$

$$A_o = \frac{1}{0.21} \times x_1 = \frac{1}{0.21} \times \frac{1 \times 5 \times 22.4}{44} = 12.1212\,\text{Nm}^3/\text{kg}$$

$$G_{od} = x_2 + 0.79A_o = \frac{1 \times 3 \times 22.4}{44} + 0.79 \times 12.1212 = 11.1030\,\text{Nm}^3/\text{kg}$$

$$G_d = G_{od} + (m-1)A_o = 11.1030 + (1.3-1) \times 12.1212 = 14.739\,\text{Nm}^3/\text{kg}$$

답 (1) $C_3H_8 + 5O_2 \rightarrow 3CO_2 + 4H_2O$

   (2) $14.74\text{Nm}^3/\text{kg}$

---

106. C_3H_8과 C_4H_{10}이 부피비로 3 : 2로 구성되어 있는 혼합 연료에서 공기비가 1.3 일 때 공연비(AFR)는? 2003.7.13, 2008.4.20 기사

|이해| 3 : 2로 구성되어 있으므로 전체 가스를 1로 보면 C_3H_8이 $\dfrac{3}{5}$, C_4H_{10}이 $\dfrac{2}{5}$가 된다.

$$C_3H_8 + 5O_2 \rightarrow 3CO_2 + 4H_2O, \ C_4H_{10} + 6.5O_2 \rightarrow 4CO_2 + 5H_2O$$

계산 과정
$$A_o = \frac{1}{0.21} \times \left\{ 5C_3H_8 + 6.5C_4H_{10} \right\}$$

$$= \frac{1}{0.21} \times \left\{ 5 \times \frac{3}{5} + 6.5 \times \frac{2}{5} \right\} = 26.666\,\text{Sm}^3/\text{Sm}^3$$

$$\therefore \text{AFR} = \frac{\text{실제공기량}}{\text{연료}} = \frac{mA_o}{1} = \frac{1.3 \times 26.666}{1} = 34.665$$

답 34.67

---

107. C_3H_8과 C_4H_{10}이 1 : 1로 혼합된 연료 1Sm^3를 연소시킬 때의 이론공기량 (Sm^3)은 얼마인가? 1998.8.30 기사

계산 과정
$$C_3H_8 + 5O_2 \rightarrow 3CO_2 + 4H_2O, \ C_4H_{10} + 6.5O_2 \rightarrow 4CO_2 + 5H_2O$$

$$\begin{array}{cccc} 1 & 5 & 1 & 6.5 \\ 0.5 & x_1 & 0.5 & x_2 \end{array}$$

$$A_o = \frac{1}{0.21} \times \left\{ x_1 + x_2 \right\} = \frac{1}{0.21} \times \left\{ 5 \times 0.5 + 6.5 \times 0.5 \right\} = 27.380\,\text{Sm}^3/\text{Sm}^3$$

답 $27.38\,\text{Sm}^3/\text{Sm}^3$

---

108. 프로판(C_3H_8)을 완전연소하였더니 건연소가스 중의 CO_2가 11%이었다. 과잉 공기계수(m)는 얼마인가? (6점) 2005.5.1 산업기사

계산 과정 $C_3H_8 \ + \ 5O_2 \ \rightarrow \ 3CO_2 \ + \ 4H_2O$

$\qquad\qquad 1 \qquad 5 \qquad\quad 3$

$$CO_{2(\%)} = \frac{CO_2}{G_d} \times 100 = \frac{CO_2}{G_{od} + (m-1)A_o} \times 100$$

$$11 = \frac{3}{3 + 0.79 \times \dfrac{1}{0.21} \times 5 + (m-1) \times \dfrac{1}{0.21} \times 5} \times 100$$

$$3 + 0.79 \times \frac{1}{0.21} \times 5 + (m-1) \times \frac{1}{0.21} \times 5 = \frac{3}{0.11}$$

$$(m-1) \times \frac{1}{0.21} \times 5 = \frac{3}{0.11} - 3 - 0.79 \times \frac{1}{0.21} \times 5$$

$$m = \frac{\dfrac{2}{0.11} - 3 - 0.79 \times \dfrac{1}{0.21} \times 5}{\dfrac{1}{0.21} \times 5} + 1 = 1.229$$

답 1.23

---

109. 공기를 사용하여 부탄을 완전연소할 때 부탄의 CO_{2max}를 구하시오. (5점)

2004.7.4 산업기사

계산 과정 $C_4H_{10} \ + \ 6.5O_2 \ \rightarrow \ 4CO_2 \ + \ 5H_2O$

$\qquad\qquad 1 \qquad\quad 6.5 \qquad\quad 4$

$$G_{od} = 4 + 0.79 \times \frac{1}{0.21} \times 6.5 = 28.4523 \, Sm^3/Sm^3$$

$$CO_{2max} = \frac{CO_2}{G_{od}} \times 100 = \frac{4}{28.4523} \times 100 = 14.058\%$$

답 14.06%

---

110. octane의 화학양론적 공연비(AFR)를 구하고, AFR을 14로 하여 연소시킬 경우, CO와 NOx의 농도변화는 어떻게 되겠는지 설명하시오.

2002.10.27 기사

계산 과정 $C_8H_{18} \ + \ 12.5O_2 \ \rightarrow \ 8CO_2 \ + \ 9H_2O$

$$\text{몰 기준 AFR} = \frac{\dfrac{1}{0.21} \times 12.5}{1} = 59.52$$

$$\text{무게 기준 AFR} = \frac{\dfrac{1}{0.232} \times 12.5 \times 32}{12 \times 8 + 1 \times 18} = 15.12$$

∴ 무게 기준 AFR이 15.12인데 현재 공연비(AFR)가 14이므로 공기가 부족한 상태이다. 그

러므로 CO는 증가하고 NOx는 감소한다.

답 CO는 증가하고 NOx는 감소한다.

---

111. propane과 ethane의 혼합가스 $1Nm^2$을 완전연소시킨 결과 배기가스 중 CO_2 생성량은 $2.6Nm^3$이었다. 이 혼합가스 중 ethane : propane의 몰비(mole ratio)를 계산하시오. 　　　　　　　　　　　　　　　　　　　　2011.11.12. 산업기사

계산과정 $C_3H_8 + 5O_2 \rightarrow 3CO_2 + 4H_2O$, 　$C_2H_6 + 3.5O_2 \rightarrow 2CO_2 + 3H_2O$

　　　　　1　　　　　　3　　　　　　1　　　　　　2

　　　　　x　　　　　y　　　　$(1-x)$　　　　z

　　　CO_2량$= y + z = 2.6Nm^3/Nm^3$

　　　　　　　$= 3x + 2 \times (1-x) = 2.6$

　　　　　　　$= 3x + 2 - 2x = 2.6$

　　　$\therefore x = 2.6 - 2 = 0.6\,Sm^3$(프로판)　　　　　　$1 - x = 1 - 0.6 = 0.4\,Sm^3$(에탄)

답 에탄과 프로판 $= 2 : 3$

---

112. 벤젠(C_6H_6)을 20%의 과잉공기를 이용하여 연소하고 있다. 연소가스 중 CO_2, O_2, H_2O, N_2의 조성을 무게(Wt)%와 부피(Vol)%로 각각 구하시오. (단, 완전연소로 가정하고 반응식은 다음과 같다. $C_6H_6 + \dfrac{15}{2}O_2 \rightarrow 6CO_2 + 3H_2O$) 　　　　　　　　　　　　　　　　2000.4.23, 2005.5.1 기사

계산과정 ① 무게(Wt)% 　$C_6H_6 + \dfrac{15}{2}O_2 \rightarrow 6CO_2 + 3H_2O$

　　　　　　　　78kg : 7.5×32kg : 6×44kg : 3×18kg

　　　　　　　　1kg : 　x_1[kg]　 : 　x_2[kg] : 　x_3[kg]

　　$x_1 = \dfrac{1 \times 7.5 \times 32}{78} = 3.0769\,\text{kg}$, 　$x_2 = \dfrac{1 \times 6 \times 44}{78} = 3.3846\,\text{kg}$,

　　$x_3 = \dfrac{1 \times 3 \times 18}{78} = 0.6923\,\text{kg/kg}$

　　$G_{ow} = x_2 + x_3 + 0.768 \times \dfrac{1}{0.232} \times x_1$

　　　　　$= 3.3846 + 0.6923 + 0.768 \times \dfrac{1}{0.232} \times 3.0769$

　　　　　$= 14.2625\,\text{kg/kg}$

　　$G_w = G_{ow} + (m-1)A_o$

　　　　　$= 14.2625 + (1.2 - 1) \times \dfrac{1}{0.232} \times 3.0769 = 16.915\,\text{kg/kg}$

　　$\therefore CO_2(\%) = \dfrac{3.3846}{16.915} \times 100 = 20.009\%$

$$\therefore \mathrm{O_2}(\%) = \frac{0.232 \times (m-1)A_o}{G_w} \times 100$$

$$= \frac{0.232 \times (1.2-1) \times \dfrac{1}{0.232} \times 3.0769}{16.915} \times 100 = 3.638\%$$

$$\therefore \mathrm{H_2O}(\%) = \frac{0.6923}{16.915} \times 100 = 4.092\%$$

$$\therefore \mathrm{N_2}(\%) = 100 - (20.009 + 3.638 + 4.092) = 72.261\%$$

目 20.01%, 3.64%, 4.09%, 72.26%

② 부피(Vol)%

$$\mathrm{C_6H_6} \ + \ \frac{15}{2}\mathrm{O_2} \ \rightarrow \ 6\mathrm{CO_2} \ + \ 3\mathrm{H_2O}$$

$$1 \qquad\quad 7.5 \qquad\quad 6 \qquad\quad 3$$

$$1\mathrm{Sm^3} \quad x_1[\mathrm{Sm^3}] \quad x_2[\mathrm{Sm^3}] \quad x_3[\mathrm{Sm^3}]$$

$$x_1 = 7.5\mathrm{Sm^3}, \ x_2 = 6\mathrm{Sm^3}, \ x_3 = 3\mathrm{Sm^3}$$

$$A_o = \frac{1}{0.21} \times x_1 = \frac{1}{0.21} \times 7.5 = 35.7142\mathrm{Sm^3/Sm^3}$$

$$G_{ow} = x_2 + x_3 + 0.79A_o = 6 + 3 + 0.79 \times 35.7142 = 37.2142\mathrm{Sm^3/Sm^3}$$

$$G_w = G_{ow} + (m-1)A_o = 37.2142 + (1.2-1) \times 35.7142 = 44.3570\mathrm{Sm^3/Sm^3}$$

$$\therefore \mathrm{CO_2} = \frac{6}{44.3570} \times 100 = 13.526\%$$

$$\therefore \mathrm{O_2} = \frac{0.21 \times (m-1)A_o}{G_w} \times 100$$

$$= \frac{0.21 \times (1.2-1) \times 35.7142}{44.3570} \times 100 = 3.381\%$$

$$\therefore \mathrm{H_2O} = \frac{3}{44.3570} \times 100 = 6.763\%$$

$$\therefore \mathrm{N_2} = 100 - (\mathrm{CO_2} + \mathrm{O_2} + \mathrm{H_2O}) = 100 - (13.526 + 3.381 + 6.763) = 76.33\%$$

目 13.53%, 3.38%, 6.76%, 76.33%

---

113. 진발열량 $10000\mathrm{kcal/Nm^3}$이고 이론연소가스량 $10\mathrm{Nm^3/Nm^3}$, 연소 가스 정압비열이 $0.31\mathrm{kcal/Nm^3 \cdot {}^\circ\!C}$일 때 온도(℃)는?

|이해| 진발열량= 저위발열량(유입온도가 없으므로 0℃로 간주한다.)

가스는 더 이상의 온도를 높여도 가스이다. 그러므로 현열공식만 사용한다.

현열공식 : $Q = GC\Delta t$

 $10000\mathrm{kcal/Nm^3} = 10\mathrm{Nm^3/Nm^3} \times 0.31\mathrm{kcal/Nm^3\,{}^\circ\!C} \times \Delta t\,{}^\circ\!C$

$$\therefore \Delta t \,^\circ\!C = \frac{10000}{10 \times 0.31} = 3225.806 \,^\circ\!C$$

답 3225.81℃

---

114. 저발열량이 9500kcal/kg인 액체 연료의 이론연소온도는? (단, 비체적 15m³/kg, 연료연소가스의 평균정압비열은 0.4kcal/m³℃, 기준온도 20℃)

2000.11.12 기사

계산과정 $t_o = \dfrac{H_l}{G\,C_p} + t_a = \dfrac{9500\,\text{kcal/kg}}{15\,\text{m}^3/\text{kg} \times 0.4\,\text{kcal/m}^3\,^\circ\!C} + 20\,^\circ\!C = 1603.333\,^\circ\!C$

답 1603.33℃

---

115. 저발열량이 9500kcal/kg인 중유의 연소온도는 얼마인가? (공기비는 1.2이고 이론공기량 17.5Sm³/kg, 이론연소가스량 11.5Sm³/kg, 비열은 0.4kcal/Sm³℃, 중유 공기는 18℃이다.)

1998.8.30 기사

계산과정 $G_w = G_{ow} + (m-1)A_o = 11.5 + (1.2-1) \times 17.5 = 15\,\text{Sm}^3/\text{kg}$

$t_o = \dfrac{H_l}{G_w\,C_p} + t_a = \dfrac{9500\,\text{kcal/kg}}{15\,\text{Sm}^3/\text{kg} \times 0.4\,\text{kcal/Sm}^3\,^\circ\!C} + 18\,^\circ\!C = 1601.333\,^\circ\!C$

답 1601.33℃

---

116. 에탄의 이론연소온도는? (단, 에탄과 공기가 18℃에서 공급되는 것으로 하며 에탄 저위발열량 15380kcal/Sm³, CO_2, $H_2O(g)$, N_2의 정압 몰비열은 각각 13.1, 10.5, 8.0(kcal/kmol℃)으로 한다.)

2001.7.15 기사

계산과정 $C_2H_{16} + 3.5O_2 \rightarrow 2CO_2 + 3H_2O$, $A_o = \dfrac{1}{0.21} \times 3.5 = 16.6666\,\text{Sm}^3/\text{Sm}^3$

$G_{ow} = 2 + 3 + 0.79 \times 16.6666 = 18.1666\,\text{Sm}^3/\text{Sm}^3$

각 기체 성분(%)을 구하면

$CO_2 = \dfrac{CO_2}{G_w} \times 100 = \dfrac{2}{18.1666} \times 100 = 11.0092\%$

$H_2O = \dfrac{3}{18.1666} \times 100 = 16.5138\%$

$N_2 = 100 - (11.0092 + 16.5138) = 72.4777\%$

평균비열$= \dfrac{11.0092 \times 13.1 + 16.5138 \times 10.5 + 72.4777 \times 8.0}{11.0092 + 16.5138 + 72.4777}$

$$= 8.9743\,\text{kcal/kmol}\,℃$$

$$= 8.9743\,\text{kcal/kmol}\,℃ \times 1\,\text{kmol}/22.4\text{Sm}^3 = 0.4006\,\text{kcal/Sm}^3℃$$

$$t_o = \frac{H_l}{G_{ow}\,C_p} + t_a = \frac{15380\,\text{kcal/Sm}^3}{18.1666\,\text{Sm}^3/\text{Sm}^3 \times 0.4006\,\text{kcal/Sm}^3℃} + 18℃ = 2131.351℃$$

답 2131.35℃

---

117. 메탄의 이론연소온도는? (단, 메탄 공기가 18℃에서 공급되는 것으로 하며 메탄 저위발열량 8500kcal/Sm^3, CO_2, H_2O(g), N_2의 평균 정압 몰비열은 각각 13.6, 10.5, 8.0(kcal/kmol℃)으로 한다.) 2002.7.7 기사 / 2008.7.6 산업기사

|이해| 각 성분 %를 구하기 위해

|계산과정| $CH_4 + 2O_2 \rightarrow CO_2 + 2H_2O$

$G_w = G_{ow}$(공기비가 1이므로 : 주어지지 않은 경우)

$$G_{ow} = 1 + 2 + 0.79 \times \frac{1}{0.21} \times 2 = 10.5238\,\text{Sm}^3/\text{Sm}^3$$

$$CO_2(\%) = \frac{CO_2}{G_{ow}} \times 100 = \frac{1}{10.5238} \times 100 = 9.5022\%$$

$$H_2O(\%) = \frac{H_2O}{G_{ow}} \times 100 = \frac{2}{10.5238} \times 100 = 19.0045\%$$

$$N_2 = 100 - (CO_2 + H_2O) = 100 - (9.5022 + 19.0045) = 71.4933\%$$

$$\therefore 평균비열 = \frac{9.5022 \times 13.6 + 19.0045 \times 10.5 + 71.4933 \times 8.0}{9.5022 + 19.0045 + 71.4933}$$

$$= 9.0072\,\text{kcal/kmol}\,℃$$

이론연소온도 $t_o = \dfrac{H_l}{G\,C_p} + t_a = \dfrac{8500\,\text{kcal/Sm}^3}{10.5238\,\text{Sm}^3/\text{Sm}^3 \times 9.0072\,\text{kcal}/22.4\text{Sm}^3℃} + 18℃$

$$= 2026.651℃$$

답 2026.65℃

---

118. 저발열량이 6000kcal/kg인 액체 연료의 이론연소온도는? (5점) 2009.10.18 기사

> 이론가스량 : 12Sm^3/kg
> 이론공기량 : 9Sm^3/kg
> 공기비 : 1.2
> 가스의 정압비열 : 0.35kcal/Sm$^3 \cdot$ ℃
> 열손실 : 15%

계산과정 $t_o = \dfrac{H_l}{GC_p} + t_a \cdots$ ①

$G_w = G_{ow} + (m-1)A_o \cdots$ ②　　　 $G_w = 12 + (1.2-1) \times 9 = 13.8\,\mathrm{Sm^3/kg}$

$\therefore t_o = \dfrac{6000\,\mathrm{kcal/kg} \times 0.85}{13.8\,\mathrm{Sm^3/kg} \times 0.35\,\mathrm{kcal/Sm^3 \cdot ℃}} + 18℃ = 1073.900℃$

답 $1073.9℃$

---

119. 탄소 연소 시 30000kcal/kg, 수소 연소 시 34100kcal/kg의 열량이 발생한다. C_3H_8 연소 시 발생열량(kcal/kg)은?

계산과정 C_3H_8의 발열량

$= C$의 발열량 $\times \dfrac{C가\ 차지하는\ 질량}{C_3H_8의\ 분자량} + H$의 발열량 $\times \dfrac{H가\ 차지하는\ 질량}{C_3H_8의\ 분자량}$

$= 30000\,\mathrm{kcal/kg} \times \dfrac{12 \times 3\mathrm{kg}}{44\,\mathrm{kg}} + 34100\,\mathrm{kcal/kg} \times \dfrac{1 \times 8\mathrm{kg}}{44\mathrm{kg}}$

$= 30745.454\,\mathrm{kcal/kg}$

답 30745.45kcal/kg

---

120. 화석연료(석탄) 연소에서 배출되는 SO_2의 배출량을 규제하기 위해 연료 연소 시 발생하는 발열량당 SO_2의 중량을 2.5mg SO_2/kcal 이하로 규제한다고 하면, 단위중량당 발열량이 6000kcal/kg인 석탄의 황함량은 몇 % 이하로 유지하여야 하는가? (단, 황함량은 중량비이며 석탄 중 황은 모두 SO_2로 변환된다.)

2008.11, 2009.4.19 기사

계산과정 SO_2 2.5mg ： 1kcal

　　　　 $x[\mathrm{mg}]$ ： 6000kcal

$\therefore x = \dfrac{2.5 \times 6000}{1} = 15000\,\mathrm{mg} = 0.015\,\mathrm{kg}$

$\mathrm{S} + \mathrm{O_2} \rightarrow \quad \mathrm{SO_2}$

32kg　　　 ： 64kg

$1\mathrm{kg}석탄 \times \dfrac{\mathrm{S}(\%)}{100} : 0.015\mathrm{kg}$

$\mathrm{S}(\%) = \dfrac{32 \times 0.015}{1 \times \dfrac{1}{100} \times 64} = 0.75\%$

답 0.75%

121. 수소 12.0%, 수분 0.3%인 중유의 고발열량이 10600kcal/kg일 때, 이 중유의 저발열량 kcal/kg을 계산하시오.　　　　　　　　　　　　2003.10. 산업기사

 $H_l = H_h - 600(9H + W)$

　　　　$= 10600 \, \text{kcal/kg연료} - 600 \, \text{kcal/kg물} \times (9 \times 0.12 + 0.003) \, \text{kg물/kg연료}$

　　　　$= 9950.2 \, \text{kcal/kg}$

답 9950.2 kcal/kg

---

122. 기체 연료인 프로판(C_3H_8)을 연소시킬 때 완전연소일 경우 진발열량(kcal/kg)을 구하시오. (단, 프로판의 분자량은 44, 1cal = 4.2J)　　　　　　1999.5.30 기사

[조건] ΔH_f[MJ/kmol]	: 25℃ 1atm 기준
$C_3H_8(g)$	: −103.9
$CO_2(g)$	: −395
$H_2O(g)$	: −242.8
$O_2(g)$	: 0

계산과정 $C_3H_8 + 5O_2 \rightarrow 3CO_2 + 4H_2O + Q$

　　$-103.9 + 5 \times 0 = 3 \times (-395) + 4 \times (-242.8) + Q$

　　$\therefore Q = 3 \times 395 + 4 \times 242.8 - 103.9 = 2052.3 \, \text{MJ/kmol}$

　　$\therefore$ 단위환산 $H_l[\text{kcal/kg}] = 2052.3 \, \text{MJ/kmol} \times 10^3 \text{kJ/MJ} \times \dfrac{1\text{kcal}}{4.2\text{kJ}} \times \dfrac{\text{kmol}}{44\text{kg}}$

　　　　　　　　$= 11105.519 \, \text{kcal/kg}$

답 11105.52kcal/kg

---

123. 프로판(C_3H_8)의 저위발열량은 490kcal/mol이다. 고위발열량은 몇 kcal/m^{3}인가? (단, 물의 증발열은 0℃에서 600kcal/kg이다.)　　　　　　2000.4.23 기사

계산과정 $H_h = H_l + $ 잠열　　　　　　　$C_3H_8 + 5O_2 \rightarrow 3CO_2 + 4H_2O$

　　　$= 490 \, \text{kcal/mol} \times \text{mol/22.4L}$

　　　　　$\times 10^3 \text{L/m}^3{}_{C_3H_8} + 600 \, \text{kcal/kg}_{물} \times 4 \times 18 \text{kg}_{물}/22.4\text{m}^3{}_{C_3H_8}$

　　　$= 23803.571 \, \text{kcal/m}^3$

답 23803.57kcal/m^3

124. 각 물질의 표준 생성열이 다음과 같을 때 $CH_4(g)$와 $C_{12}H_{26}(L)$ 중에 연소 시 발생 열량당 CO_2의 발생량이 적은 것은 어떤 것인가? (단, 완전연소가 일어나며, 반응 생성물은 $H_2O(g)$와 $CO_2(g)$로 가정할 것)   1998.8.30 기사

[조건] ΔH_f[kcal/mol]	:	293K
CH_4[g]	:	-17.89
$C_{12}H_{26}$[L]	:	-83
CO_2[g]	:	-94.05
H_2O[g]	:	-57.80
O_2[g]	:	0

계산 과정 $CH_4 + 2O_2 \rightarrow CO_2 + 2H_2O + Q$

$-17.89 = -94.05 + (-2 \times 57.80) + Q$

$Q = 94.05 + 2 \times 57.80 - 17.89 = 191.76 \text{kcal/mol} = 191.76 \text{kcal/16g} = 11.985 \text{kcal/g}$

$C_{12}H_{26} + 18.5O_2 \rightarrow 12CO_2 + 13H_2O + Q$

$-83 = -12 \times 94.05 + (-13 \times 57.80) + Q$

$Q = 12 \times 94.05 + 13 \times 57.8 - 83 = 1797 \text{kcal/mol} = 1797 \text{kcal}/(12 \times 12 + 1 \times 26)\text{g}$

$= 10.57 \text{kcal/g}$

CH_4 11.985kcal/g 당 1mol의 CO_2가 발생하는 데 비해 $C_{12}H_{26}$는 10.57kcal/g당 12mol의 CO_2가 발생하므로, 즉 발생열량당 CO_2 발생량이 적은 것은 CH_4이다.

[참고] CH_4의 경우 $\dfrac{1\text{mol}}{11.985\text{kcal}} = 0.083 \text{mol/kcal}$

$C_{12}H_{26}$의 경우 $\dfrac{12\text{mol}}{10.57\text{kcal}} = 1.13 \text{mol/kcal}$

답 CH_4

125. 에탄의 연소에서 다음 표의 자료를 이용하여 완전연소 시 에탄의 단위 몰당 진 발열량(또는 저위발열량)을 구하시오. (단, 25℃ 기준이다.) (6점)   2004.10. 기사

화학물질	표준엔탈피(ΔH_{298})kcal/mol
에탄(g)	-20
이산화탄소(g)	-94
물(g)	-57

> **계산과정** $C_2H_6 + 3.5O_2 \rightarrow 2CO_2 + 3H_2O + Q$
>
> $-20 \qquad = 2 \times (-94) + 3 \times (-57) + Q$
>
> $\therefore Q = 2 \times 94 + 3 \times 57 - 20 = 339\text{kcal/mol}$
>
> **답** 339kcal/mol

---

126. $CH_3OH[L]$가 연소 후 $C_8H_{18}[L]$과 같은 크기의 열량을 발생하기 위해서는 $C_8H_{18}[L]$에 비해 부피가 몇 배가 되어야 하는가? (단, 완전연소로 가정하고 $CH_3OH[L]$의 비중은 0.792, $C_8H_{18}[L]$의 비중은 0.703이며 표준생성열은 다음과 같다.)

1999.5.30 기사

[조건] ΔH[kcal/mol]	
$CH_3OH[L]$	: -57.04
$C_8H_{18}[L]$	: -59.74
$CO_2[g]$	: -94.05
$H_2O[g]$	: -57.80
$O_3[g]$	: 0

> **계산과정** $CH_3OH + \dfrac{3}{2}O_2 \rightarrow CO_2 + 2H_2O + Q_1$
>
> $-57.04 \qquad = \qquad (-94.05) + 2 \times (-57.8) + Q_1$
>
> $C_8H_{18} + 12.5O_2 \rightarrow 8CO_2 + 9H_2O + Q_2$
>
> $-59.74 \qquad = \qquad 8 \times (-94.05) + (9 \times 57.80) + Q_2$
>
> $Q_1 = 94.05 + 2 \times 57.8 - 57.04 = 152.61\,\text{kcal/mol}$
>
> L당으로 구하면
>
> $152.61\text{kcal/mol} \times \text{mol}/32\text{g} \times 0.792\text{kg/L} \times 10^3\text{g/kg} = 3777.0975\,\text{kcal/L}$
>
> $Q_2 = 8 \times 94.05 + 9 \times 57.80 - 59.74 = 1212.86\,\text{kcal/mol}$
>
> L당으로 구하면
>
> $1212.86\,\text{kcal/mol} \times \text{mol}/114\text{g} \times 0.703\,\text{kg/L} \times 10^3\,\text{g/kg} = 7479.3033\,\text{kcal/L}$
>
> CH_3OH 열량 $= C_8H_{18}$ 열량
>
> $3777.0975\,\text{kcal/L} \times x[\text{L}] = 7479.3033\,\text{kcal/L} \times 1\text{L}$
>
> $\therefore x = \dfrac{7479.3033 \times 1}{3777.0975} = 1.980\text{L}$
>
> **답** 1.98배

---

127. $CH_3OH[L]$와 $C_8H_{18}[L]$이 3 : 2으로 혼합된 연료 1kg을 연소했을 때의 저위발열량(kcal/kg)을 구하시오.　　　　　　　　　　　　2001.7.15 기사

> [조건] ΔH[kcal/mol]
> | | |
> |---|---|
> | $CH_3OH[L]$ | : -57.04 |
> | $C_8H_{18}[L]$ | : -59.74 |
> | O_2 | : 0 |
> | $CO_2[g]$ | : -94.05 |
> | $H_2O[g]$ | : -57.80 |
> | $H_2O[L]$ | : -63.32 |

계산과정 $CH_3OH + 1.5O_2 \rightarrow CO_2 + 2H_2O + Q_1$, $C_8H_{18} + 12.5O_2 \rightarrow 8CO_2 + 9H_2O + Q_2$

$-57.04 + 0 = (-94.05) + 2 \times (-57.8) + Q_1$, $-59.74 + 0 = 8 \times (-94.05) + 9 \times (-57.8) + Q_2$

$Q_1 = 94.05 + 2 \times 57.8 - 57.04 = 152.61 \, kcal/mol$

$Q_2 = 8 \times 94.05 + 9 \times 57.8 - 59.74 = 1212.86 \, kcal/mol$

$\therefore H_{l1} = 152.61 \, kcal/mol \times \dfrac{1mol}{32g} \times \dfrac{1000g}{kg} = 4769.0625 \, kcal/kg$

$H_{l2} = 1212.86 \, kcal/mol \times \dfrac{1mol}{114g} \times \dfrac{1000g}{1kg} = 10639.1228 \, kcal/kg$

$\therefore$ 혼합연료 $H_l = 4769.0625 \times \dfrac{3}{5} + 10639.1228 \times \dfrac{2}{5} = 7117.086 \, kcal/kg$

답 7117.09kcal/kg

---

128. 저발열량이 5000kcal/kg인 폐기물을 500kg/h 연소하기 위하여 소각로를 설계하려고 한다. 화격자 연소율이 200kg/m²·h, 열발생률이 200000kcal/m³·h인 경우 소각로 화격자 면적(m²)과 연소실 체적(m³)을 구하시오.　　2000.4.23 산업기사

계산과정 화격자 연소율 $= \dfrac{G_f}{A}$

$\therefore A = \dfrac{G_f}{\text{화격자 연소율}} = \dfrac{500kg/h}{200kg/m^2 \cdot h} = 2.5m^2$

열발생률 $= \dfrac{G_f \times H_l}{V}$ 　　$\therefore V = \dfrac{G_f \times H_l}{\text{열발생률}} = \dfrac{500kg/h \times 5000kcal/kg}{200000kcal/m^3 \cdot h} = 12.5\,m^3$

답 $2.5m^2$, $12.5m^3$

129. 저발열량이 10000kcal/kg인 중유를 100kg/h로 연소하고 있다. 이때의 연소실 열발생률은 50×10^4kcal/m$^3 \cdot$h로 되어 있다. 이 장치에서 연료를 저발열량이 20000kcal/Nm^{3}인 가스 연료로 전환하여 연소실 열발생률을 30×10^4kcal/m$^3 \cdot$h로 하기 위한 가스연료량(Nm^3/h)을 구하시오.

|이해| 미지수 2개 $\begin{cases} ① \text{연소실 체적} \\ ② \text{나중에 전환시킨 가스 연료 사용량} \end{cases}$

중유의 조건으로 연소실 체적을 구하고 이 값을 이용하여 가스의 연료량을 구한다.

계산과정 연소실 열발생률(중유) $= \dfrac{G_f \times H_l}{V}$

여기서, G_f : 매시간당 연료사용량, H_l : 저위발열량

$\therefore V = \dfrac{G_f \times H_l}{\text{연소실 열발생률(중유)}} = \dfrac{100\text{kg/h} \times 10000\text{kcal/kg}}{50 \times 10^4 \text{kcal/m}^3\text{h}} = 2\text{m}^3$

$G_f = \dfrac{\text{연소실 열발생률(gas)} \times V}{H_l} = \dfrac{30 \times 10^4 \text{kcal/m}^3 \cdot \text{h} \times 2\text{m}^3}{20000\text{kcal/Nm}^3} = 30\text{Nm}^3/\text{h}$

답 30Nm^3/h

130. 화력발전소에서 열효율 50%로 발열량이 2200kcal/kg인 연료를 사용하여 100MW의 전력을 생산하는 공장에서 연료량의 10%가 회분된다. 회분량 (kg $\cdot$ year^{-1})을 산출하시오. (단, 1 W $= \dfrac{1}{4.2}$cal/s)

|이해| 회분량을 알기 위해서는 연료량을 알아야 한다. 연료량을 구하기 위해 효율공식을 이용한다.

계산과정 효율 $= \dfrac{\text{유효열}}{\text{입열}}$ $\eta = \dfrac{W \times \dfrac{1}{4.2}\text{cal/s}}{G_f \times H_l}$

※100MW$= 100 \times 10^6$W$= 10^8$W

$G_f = \dfrac{W \times \dfrac{1}{4.2}\text{cal/s}}{\eta \times H_l} = \dfrac{10^8 \times \dfrac{1}{4.2}\text{cal/s}}{0.5 \times 2200\text{kcal/kg} \times 10^3\text{cal/kcal}} = 21.645\,\text{kg/s}$

회분량 $=$ 연료 $\times \dfrac{\text{회분\%}}{100}$

$= 21.645\text{kg연료/s} \times 0.1\text{회분/연료} \times 86400\text{s/day} \times 365\text{day/year}$

$= 68259672\,\text{kg/year}$

답 68259672kg/year

---

131. 어느 화력발전소에서 50%의 열효율로 100MW의 전력을 생산한다. 이 발전소에서 발열량이 2200kcal/kg일 때 C : 84%, H : 4%, S : 2%, 매연 : 10%인 석탄을 연료로 사용한다면 연간 이 발전소에서는 얼마의 $SO_2[Nm^3]$가 방출되는지 계산하시오. (단, 완전연소로 가정하고 $1W = \dfrac{1}{4.2} cal/s$)

|이해| SO_2량을 알기 위해 연료량을 알아야 한다. 연료량을 구하기 위해 효율공식을 이용한다. 그 다음 반응식을 세워 SO_2값을 구한다.

계산과정
$$G_f = \frac{W \times \dfrac{1}{4.2} cal/s}{\eta \times H_l} = \frac{10^8 \times \dfrac{1}{4.2} cal/s}{0.5 \times 2200\, kcal/kg \times 10^3 cal/kcal} = 21.645\, kg/s$$

$$
\begin{array}{cccc}
S & + & O_2 & \rightarrow & SO_2 \\
1kmol & & & & 1kmol \\
32kg & & & & 22.4Nm^3
\end{array}
$$

21.645kg연료/s × 0.02황/연료 × 86400s/day × 365day/year : $x[Nm^3/year]$

$$\therefore x = \frac{21.645 \times 0.02 \times 86400 \times 365 \times 22.4}{32} = 9556354.08\, Nm^3/year$$

답 $9556354.08\, Nm^3/year$

---

132. 연료 배출가스 분석 결과 CO_2 : 13%, O_2 : 8%, N_2 : 79%이다. 수분량은 건조 배출가스 $1Nm^3$당 96g이었다면 이 습윤 배출가스의 단위체적당 질량은?

|이해| 습윤 배출가스 중 질량(비중량) $= \dfrac{\text{평균분자량}}{22.4}$ ∿모두 습가스 %로 고친 후 C_m 공식 사용

습가스 중 수분(%)을 구하면

계산과정 습가스 중 수분(%) $= \dfrac{\text{수증기}[Nm^3]}{G_w[Nm^3]} \times 100 = \dfrac{\text{수증기}}{G_d + \text{수증기}} \times 100$

$$= \frac{\dfrac{22.4L}{18g} \times 96g}{1000L + \dfrac{22.4L}{18g} \times 96g} \times 100 = 10.672\%$$

비중량 $= \dfrac{\{(44 \times 0.13 + 32 \times 0.08 + 28 \times 0.79) \times (1 - 0.10672) + 18 \times 0.10672\}}{22.4}$

$$= 1.298\, kg/Nm^3$$

답 $1.30kg/Nm^3$

---

133. 연료(탄소 87%, 수소 13%)를 연소시켜서 나오는 배기가스를 오르사트 분석기로 분석하였다. 배기가스 50cc를 채취하여 30% KOH 용액에 흡수시킨 결과 6.2cc가 흡수되었으며 이를 피로갈롤 용액에 흡수시킨 결과 체적이 41.5cc이었으며 염화제일동 용액에 흡수시킨 결과 체적 변화가 없었다. 이 배기가스의 표준상태에서의 비중량(kg/Nm^3)을 계산하시오. (단, 연료 중의 수분은 0.2%이고, 건연소 가스량은 13Nm^3/kg이다.)

|이해| 여기서는 오르사트를 이용하여 배기가스 성분을 구한 뒤 γ을 구하면

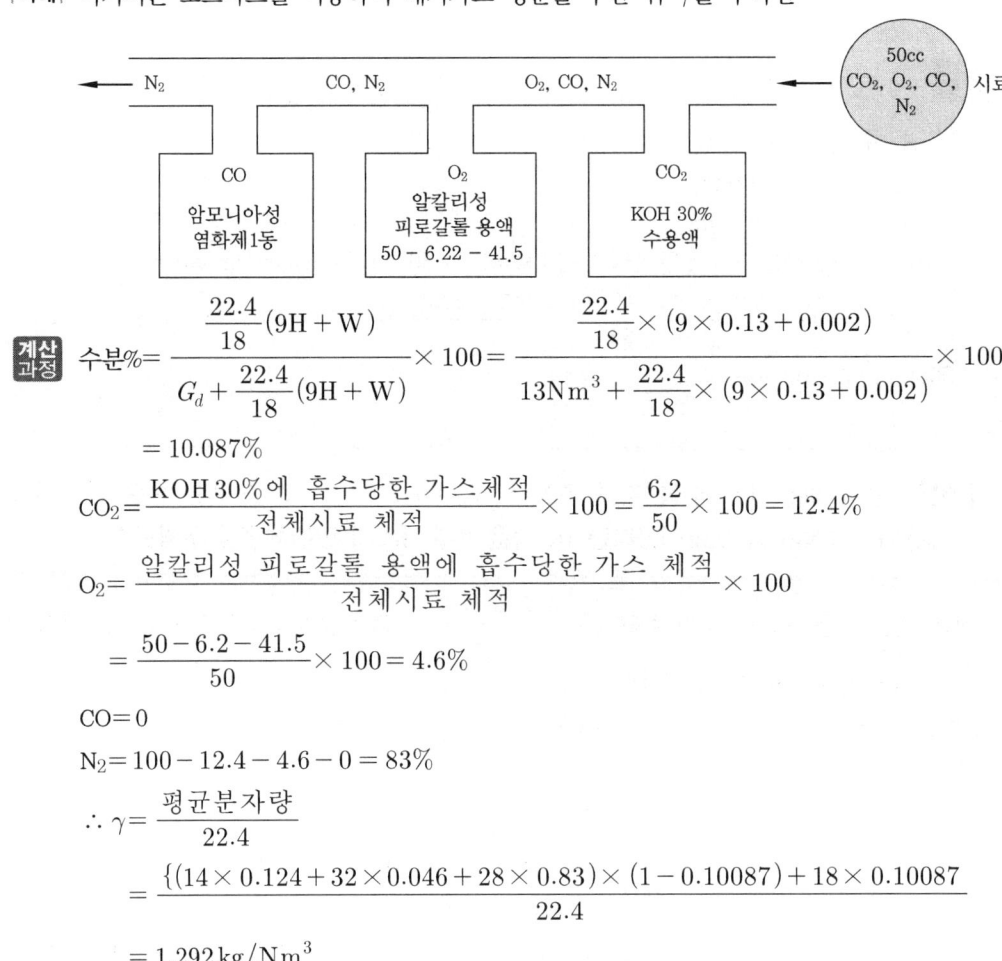

|계산 과정|

$$\text{수분}\% = \frac{\frac{22.4}{18}(9H+W)}{G_d + \frac{22.4}{18}(9H+W)} \times 100 = \frac{\frac{22.4}{18} \times (9 \times 0.13 + 0.002)}{13Nm^3 + \frac{22.4}{18} \times (9 \times 0.13 + 0.002)} \times 100$$

$$= 10.087\%$$

$$CO_2 = \frac{KOH\,30\%\text{에 흡수당한 가스체적}}{\text{전체시료 체적}} \times 100 = \frac{6.2}{50} \times 100 = 12.4\%$$

$$O_2 = \frac{\text{알칼리성 피로갈롤 용액에 흡수당한 가스 체적}}{\text{전체시료 체적}} \times 100$$

$$= \frac{50 - 6.2 - 41.5}{50} \times 100 = 4.6\%$$

$$CO = 0$$

$$N_2 = 100 - 12.4 - 4.6 - 0 = 83\%$$

$$\therefore \gamma = \frac{\text{평균분자량}}{22.4}$$

$$= \frac{\{(14 \times 0.124 + 32 \times 0.046 + 28 \times 0.83) \times (1 - 0.10087) + 18 \times 0.10087\}}{22.4}$$

$$= 1.292\,kg/Nm^3$$

답 1.29kg/Nm^3

134. 어느 공장의 배기가스 조성을 Orsat 가스분석기로 측정하였더니 $CO_2 : 13.2\%$, $O_2 : 6.4\%$, $CO : 0.5\%$(건가스 기준)였다. 이 배기가스의 수분량을 흡습관으로 측정한 결과 10.5%였다. 이때 배기가스의 온도는 $300°C$였으며 배출가스의 차압은 $-10mmH_2O$이었고 대기압은 $778mmHg$이었다. 이 습배기가스의 비중량은 몇 kg/m^3인가?

1999.5.30 기사

계산과정 $N_2 = 100 - (13.2 + 6.4 + 0.5) = 79.9\%$

비중량(kg/Sm^3)

$$= \frac{\{(44 \times 0.132 + 32 \times 0.064 + 28 \times 0.005 + 28 \times 0.799) \times (1 - 0.105) + 18 \times 0.105\}}{22.4Sm^3}$$

$$= 1.2977kg/Sm^3$$

$$\therefore 1.2977kg/Sm^3 \times \frac{1}{\frac{(273+300)}{273}} \times \frac{1}{\frac{760}{(778-10/13.6)}}$$

$$= 1.2977kg/Sm^3 \times \frac{273}{(273+300)} \times \frac{(778-10/13.6)}{760}$$

$$= 0.632kg/m^3$$

답 $0.63kg/m^3$

---

135. 1.8%를 포함하고 저위발열량이 $10000kcal/kg$인 액체 연료를 과잉공기계수 1.1로 연소시킬 때 습연소가스 중의 SO_2(ppm)는? (단, Rosin식을 적용하고 유황분 전량은 SO_2로 전환됨) (6점)

2006.11.5 산업기사

계산과정 Rosin식

$$A_o = 0.85 \times \frac{H_l}{1000} + 2 = 0.85 \times \frac{10000}{1000} + 2 = 10.5\,Sm^3/kg$$

$$G_{ow} = 1.11 \times \frac{H_l}{1000} = 1.11 \times \frac{10000}{1000} = 11.1\,Sm^3/kg$$

$$\therefore G_w = G_{ow} + (m-1)A_o = 11.1 + (1.1-1) \times 10.5 = 12.15\,Sm^3/kg$$

$$\therefore SO_2[ppm] = \frac{SO_2 량}{G_w} \times 10^6 = \frac{\frac{22.4}{32} \times 0.018}{12.15} \times 10^6 = 1037.037\,ppm$$

답 $1037.04ppm$

---

136. 1차 반응 시 어떤 물질 1mol이 0.1mol로 되는 데 180분이 소요되었다. 99% 처리되어 0.01mol이 될 때까지 소요되는 시간은? (4점) 2003.4.27 기사

계산과정 $C = C_o \times e^{-kt}$ 식에서

$0.1 = 1 \times e^{-k \cdot 180/60}$ ...①

$0.01 = 1 \times e^{-k \cdot t}$ ...②

①식에서 $\ln 0.1 = -k \times 180/60$ $\therefore k = \dfrac{-\ln 0.1}{180/60} = 0.7675$

②식에서 $\ln 0.01 = -0.7675 \times t$ $\therefore t = \dfrac{-\ln 0.01}{0.7675} = 6.000h$

답 6h

---

137. 코크스 공장에 CO가 1000ppm이 누출되어 송풍기로 환기시키고자 한다. 환기된 공기는 재도입하지 않는다고 할 때, 실내공기 오염농도를 10ppm까지 환기시키기 위해 소요되는 시간은 몇 분인가? (단, $k = 0.1$/min)

1999.5.30 기사 / 2011.5.1 산업기사

계산과정 1차 반응식

$C = C_o \times e^{-k \cdot t}$ $\dfrac{C}{C_o} = e^{-k \cdot t}$ $\ln\left(\dfrac{C}{C_o}\right) = -k \cdot t$

$\therefore t = \dfrac{-\ln\left(\dfrac{C}{C_o}\right)}{k} = \dfrac{-\ln\left(\dfrac{10}{1000}\right)}{0.1/\text{min}} = 46.051\,\text{min}$

답 46.05min

---

138. 1000초 동안 반응물의 $\dfrac{1}{2}$ 이 분해되었다면 반응물이 $\dfrac{1}{150}$ 이 남을 때까지는 얼마의 시간(s)이 필요한가? (단, 1차 반응 기준) 2009.7.5 산업기사 / 2010.7.5 기사

계산과정 $C = C_o \times e^{-k \cdot t}$ 에서

$0.5 = 1 \times e^{-k \times 1000}$ .... ①

①식에서 $\ln 0.5 = -k \times 1000$

$\therefore k = \dfrac{-\ln 0.5}{1000} = 6.931 \times 10^{-4}\,\text{s}^{-1}$

$\dfrac{1}{150} = 1 \times e^{-k \cdot t}$ .... ②

k값을 ②식에 대입하여 t를 구하면

$$\ln\left(\frac{1}{150}\right) = -6.931 \times 10^{-4} \times t \qquad \therefore t = \frac{-\ln\left(\dfrac{1}{150}\right)}{6.931 \times 10^{-4}} = 7229.310\,\text{s}$$

답 7229.31s

---

139. 연료 A가 연소되는 주 반응은 다음과 같이 표시된다.

> A → 연소생성물 반응상수 $K = 0.015\,s^{-1}$

A의 99.9%가 연소되기 위해서는 반응기에 몇 초 체류하여야 하는가? (단, 기초반응이다.)

2010.4.18 산업기사

계산과정 1차 반응식을 사용할 수 있다.

$$C = C_o \times e^{-k \cdot t}$$

$$0.001 = 1 \times e^{-0.015 \times t} \qquad \ln 0.001 = -0.015 \times t$$

$$\therefore t = \frac{-\ln 0.001}{0.015} = 460.517\,\text{s}$$

답 460.52s

---

140. 250m^3의 회의실에서 10명이 모여 회의를 하였는데 3명이 담배를 피우기 시작하였다. 얼마 지나지 않아 비흡연자들이 고통을 호소하여 실내공기의 오염도를 조사하니 포름알데히드 농도가 0.5ppm이었다. 회의참석자들은 공기청정기를 가동시켜 포름알데히드의 농도를 0.01ppm까지 감소시킨 후 회의를 재개하기로 하였다면 회의는 얼마 후에 재개될 수 있는가? (단, 공기청정기의 용량은 25m^3/min, 공기청정기는 유입된 공기 내의 포름알데히드를 100% 제거하며, 실내 공기는 공기청정기 가동 중 완전혼합되고, 흡연자 및 비흡연자의 체내로 흡수된 포름알데히드는 없으며, 회의 시작전 포름알데히드의 농도는 0이다.)

2008.11, 2012.4.22 기사

계산과정
$$C = C_o \times e^{-k \cdot t} \quad \cdots\cdots\cdots\cdots\cdots ①$$

$$K = \frac{Q}{V} \quad \cdots\cdots\cdots\cdots\cdots ②$$

②식에서 K를 구하면 $K = \dfrac{25\,\text{m}^3/\text{min}}{250\,\text{m}^3} = 0.1\,\text{min}^{-1}$

이 값을 ①식에 대입하면

$$0.01 = 0.5 \times e^{-0.1 \times t}$$

$$\frac{0.01}{0.5} = e^{-0.1 \times t} \qquad\qquad \text{여기서, 양변에 } \ln \text{을 취하면}$$

$$\ln\left(\frac{0.01}{0.5}\right) = -0.1 \times t$$

$$\therefore t = \frac{-\ln\left(\dfrac{0.01}{0.5}\right)}{0.1} = 39.120\text{min}$$

답 39.12min

---

141. 극히 미량 농도인 중간생성물 AB*가 생성되는 2단계 가역반응을 아래와 같이 가정할 때 A$_2$B의 생성속도식을 [A], [B], [A$_2$B]로 간략히 나타내시오.

$$A + B \underset{k_2}{\overset{k_1}{\rightleftharpoons}} AB^* \qquad\qquad AB^* \underset{k_4}{\overset{k_3}{\rightleftharpoons}} A_2B$$

1998.5.10 산업기사

계산과정 반응이 평형상태라 가정하면 정반응속도와 역반응속도는 같다.

$$V_1 = k_1[A] \cdot [B], \quad V_2 = k_2[AB^*], \quad V_3 = k_3[AB^*], \quad V_4 = k_4[A_2B]$$

$$\therefore V_1 = V_2 \text{이므로 } k_1[A] \cdot [B] = k_2[AB^*] \quad\cdots\cdots\cdots\cdots \text{①}$$

$$\therefore V_3 = V_4 \text{이므로 } k_3[AB^*] = k_4[A_2B] \quad\cdots\cdots\cdots\cdots\cdots \text{②}$$

①식에서 $[AB^*] = \dfrac{k_1[A] \cdot [B]}{k_2}$ $\quad\cdots\cdots\cdots\cdots\cdots\cdots$ ①′

①′을 ②식에 대입하여 정리하면

$$[A_2B] = \frac{k_3 \cdot [AB^*]}{k_4} = \frac{k_1 \cdot k_3[A] \cdot [B]}{k_2 \cdot k_4}$$

답 $[A_2B] = \dfrac{k_1 \cdot k_3}{k_2 \cdot k_4} \cdot [A] \cdot [B]$

가스 처리

유체 역학

Chapter 01

1-1   유체의 특성

(1) 유체의 흐름

유체란 흐르는 물체를 말한다.

① 압축성 유체 : 압축을 했을 때 유체의 체적이 변하는 물질 즉, 밀도가 변하는 유체(기체)를 말한다.

② 비압축성 유체 : 압축을 했을 때 유체의 체적이 변하지 않는 물질, 즉 밀도가 변하지 않는 유체(액체)를 말한다.

③ 이상 유체(완전 유체) : 위 두 가지 정의 외 다른 측면에서 정의하면 이상 유체란 점도가 없다고 가정한 가상적인 유체를 말한다. 이 유체는 점도가 없으므로 마찰 손실이 없다. 즉 에너지 보전의 법칙이 성립되는 유체이다.

④ 실제 유체 : 점성 유체라고도 하며 실제 마찰 손실을 고려한 유체를 말한다.

(2) 유체의 역학 방정식

① 층류와 난류

㉮ 층류 : 유체가 원통 또는 덕트 내에서 아주 느린 속도로 흐를 경우 소용돌이나, 선회운동을 하지 않고 규칙적으로 관로에 평행하게 직선적으로 흐르는 경우를 말한다.

㉯ 난류 : 유체의 속도가 빨라져 흐름이 특성이 변하여 소용돌이나 선회운동을 하면서 불규칙하게 흐르는 경우를 말한다.

② 레이놀즈 수($Re.No$) : 레이놀즈 수란 층류냐 난류냐를 알아내는 지수를 말한다. 이 값이 2100 이하이면 층류, 4000 이상이면 난류라 하며 2100~4000 사이는 천이영역이라 한다.

$$Re.No. = \frac{\rho_a \cdot v \cdot d}{\mu} = \frac{v \cdot d}{\dfrac{\mu}{\rho_a}} = \frac{v \cdot d}{\nu}(\text{무차원})$$

여기서, ρ_a : 유체(공기)의 밀도(kg/m^3), v : 유체의 유속(m/s)

d : 관의 내경(m), μ : 유체의 절대점도(kg/m·s), ν : 유체의 동점도(m^2/s)

📖 **참고 · ─○ 점도(끈적끈적한 정도)**

① 절대점도(μ: 뮤) : 유체를 정지시킨 상태에서 측정한 점도

단위 : kg/m·s, g/cm·s, poise, cp(센티푸아즈)

※ 1poise=1g/cm·s=0.1kg/m·s

1cp=0.01poise=0.01g/cm·s=0.001kg/m·s

② 동점도(ν: 뉴) : 유체가 움직이는 상태에서 측정한 점도

단위 : m^2/s, cm^2/s, stokes, cst(센티 스토크스)

※ 1stokes=1cm^2/s=1×$10^{-4}m^2/s$

1cst=0.01stokes=0.01cm^2/s=$10^{-6}m^2/s$

③ 절대점도와 동점도와의 관계

$$\nu = \frac{\mu}{\rho_a}, \ \mu = \nu \times \rho_a$$

④ 점도와 온도와의 관계

㉮ 액체의 점도는 온도와 반비례

㉯ 기체의 점도는 온도와 비례

③ 연속의 방정식 : 질량 불변의 법칙을 기초로 한 방정식

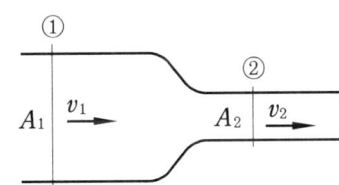

체적 유량 $Q_1 = Q_2$ ($Q = A \cdot v$이므로)

$$A_1 v_1 = A_2 v_2$$

$$\frac{\pi D_1^{\,2}}{4} \cdot v_1 = \frac{\pi D_2^{\,2}}{4} \cdot v_2$$

$$\therefore v_2 = v_1 \times \left(\frac{D_1}{D_2}\right)^2$$

④ 베르누이 방정식 : 베르누이의 가정은 다음과 같다.

㉮ 정상류라 가정한다.

㉯ 유선을 따라 흐른다고 가정한다.

㉰ 점성이 없는 유체라 가정한다.

㉱ 비압축성 유체라 가정한다.

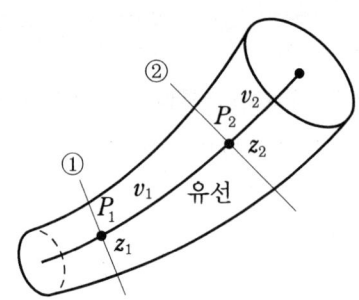

$$\frac{P_1}{\gamma} + \frac{v_1^{\ 2}}{2g} + Z_1 = \frac{P_2}{\gamma} + \frac{v_2^{\ 2}}{2g} + Z_2 = H$$

여기서, P: 정압(kg/m^2), γ: 비중량(kg/m^3)

$\dfrac{P}{\gamma}$: 압력수두(m), g : 중력가속도$(9.8m/s^2)$

v : 유체의 유속(m/s^2), $\dfrac{v^2}{2g}$: 속도(동압)수두(m)

Z : 위치수두(m), H : 전압수두(m)

유체가 기체라면 위치수두는 무시할 수 있으므로 $Z_1 = Z_2$

$$\frac{P_1}{\gamma} + \frac{v_1^{\ 2}}{2g} = \frac{P_2}{\gamma} + \frac{v_2^{\ 2}}{2g} = H$$

양변에 비중량(γ)을 곱하면

$$P_1 + \frac{v_1^{\ 2}}{2g} \cdot \gamma = P_2 + \frac{v_2^{\ 2}}{2g} \cdot \gamma = H \cdot \gamma$$

여기서, P : 정압$(kg/m^2 = mmH_2O)$

$\dfrac{v_1}{2g} \cdot \gamma$: 동압$(kg/m^2 = mmH_2O)$,

$H \cdot \gamma$: 전압$(kg/m^2 = mmH_2O)$

즉, 베르누이 방정식에서 ①지점에서나 ②지점에서의 전압은 항상 같다(마찰손실이 없으므로).

1-2   입자 동역학

(1) 입자에 작용하는 힘

① 중력(gravity force)

$$F_G = \frac{\pi d_p^3}{6} \cdot \rho_p \cdot g$$

여기서, F_G : 중력(kgf), d_p : 입자의 지름(m)
ρ_p : 입자의 밀도(kg/m^3), g : 중력가속도(m/s^2)

② 부력(buoyance force)

$$F_B = \frac{\pi d_p^2}{6} \cdot \rho_a \cdot g$$

여기서, F_B : 부력(kgf), ρ_a : 공기의 밀도(kg/m^3)

③ 항력(drag force)

$$F_D = 3\pi \mu d_p U_g$$

여기서, F_D : 항력(kgf), μ : 유체의 절대점도(kg/m·s)
d_p : 입자의 지름(m), U_g : 입자의 침강속도(m/s)

(2) 입자의 종말침강속도 산정 등

입자에 작용하는 모든 힘이 균형상태에 있을 때 입자의 속도를 종말속도(terminal velocity)라고 한다.

$F_G - F_B - F_D = 0$

$F_G - F_B = F_D$

$\dfrac{\pi d_p^3}{6} \cdot (\rho_p - \rho_a) \cdot g = 3\pi \mu d_p U_g \qquad \therefore U_g = \dfrac{g(\rho_p - \rho_a)d_p^2}{18\mu} \; [\text{m/s}]$

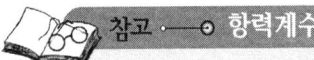 참고 ──○ 항력계수

$$C_D = \frac{24}{Re}$$ 여기서, C_D : 항력계수, Re : 레이놀즈 수

참고 ─○ 커닝험 수정인자(Cunninghum correction factor) = 커닝험 보정계수

가스의 점성저항을 보정해주는 인자이다.
① 이 계수는 먼지의 입경, 가스의 분자경, 가스 압력이 작을수록 항력이 감소하여 커진다. 그리고 가스의 온도는 높을수록 커진다.
② 커닝험 보정계수에 적용되는 평균자유거리(λ)는 온도 25℃, 1기압에서 $0.067\mu m$ 이다.
③ $d_p > 3\mu m$인 경우 커닝험 보정계수(C_f)가 1이다.

(3) 방지기술에 따른 기초 개념

① 온도(temperature)
   ㈎ 섭씨온도(℃) : 표준 대기압하에서 물의 빙점(어는점)을 0℃, 비점(끓는점, 비등점)을 100℃로 정하고 그 사이를 100등분하여 1등분을 1℃로 한 온도
   ㈏ 화씨온도(℉) : 표준 대기압하에서 물의 빙점(어는점)을 32℉, 비점(끓는점, 비등점)을 212℉로 정하고 그 사이를 180등분하여 1등분을 1℉로 한 온도
   ㈐ 섭씨 절대온도(K : 켈빈도) : 물, 수증기, 얼음의 평형 온도(물의 3중점)인 273.15K를 기준으로 하여 나타낸 열역학적 절대온도
   ㈑ 각 온도에 대한 공식
      ㉮ $℃ = \dfrac{5}{9}(t\,℉ - 32)$
      ㉯ $℉ = \dfrac{9}{5} \cdot t\,℃ + 32$
      ㉰ $K = 273 + t\,℃$

② 압력(pressure)
   ㈎ 대기압 : 지구 주위의 공기 무게에 상당하는 압력(고도에 따라 다르다)[atm]
   ㈏ 게이지압력 : 어떤 기준압력으로부터($0kg/cm^2g$) 게이지상에 나타난 압력[atg]
   ㈐ 진공압력 : 대기압보다 낮은 압력[atv]
   ㈑ 절대압력 : 절대진공(완전진공)으로부터 계산된 압력

절대압력 = 대기압 + 게이지압력
절대압력 = 대기압 − 진공압력

※ 표준대기압 = 1기압 = 1atm = 760mmHg = 76cmHg = 29.92inHg
   = $1.0332kg/cm^2$ = $10332kg/m^2$ = $10332mmH_2O(mmAq)$
   = $1033.2cmH_2O$ = $10.332mH_2O$ = $101325N/m^2$

$$=101325\text{Pa}=1.013\text{Bar}=1013\text{mbar}$$
$$=14.7\text{Lb/in}^2=14.7\text{Psi}$$

③ 몰의 개념

 단위 원자, 분자 또는 화학식의 질량을 그램(g)으로 나타낸 원자량, 분자량 또는 화학식량에 해당하는 값을 몰(mol)이라 한다.

$$1\text{mol} \begin{cases} \text{질량 : 원자량, 분자량, 화학식량에 g을 붙인 것} \\ \text{체적 : 0℃, 1atm에서 22.4L를 차지함(기체일 때)} \\ \text{개수 : 원자, 분자, 이온이 각각 } 6.02\times10^{23}\text{개가 존재(아보가드로 수)} \end{cases}$$

> ※ 몰과 체적과 분자수의 관계
> 몰수비=체적비=분자수의 비

④ 보일·샤를의 법칙

 ㈎ 보일의 법칙(Boyle, 1660년) : 일정한 온도에서 일정량의 기체의 부피는 압력에 반비례한다.

$$PV=K(\text{일정}) \qquad \begin{cases} P,\ P' :\ \text{압력} \\ V,\ V' :\ \text{체적} \end{cases}$$

$$PV=P'V'$$

 ㈏ 샤를의 법칙(Charles, 1787년) : 압력이 일정할 때 일정량의 기체의 부피는 온도 1℃ 상승함에 따라 0℃ 때의 부피가 $\dfrac{1}{273}$만큼씩 증가한다. 즉, 일정한 압력에서 기체의 부피는 절대온도에 비례한다.

$$\frac{V}{T}=K(\text{일정}) \qquad \begin{cases} V,\ V' :\ \text{체적} \\ T,\ T' :\ \text{절대온도} \end{cases}$$

$$\frac{V}{T}=\frac{V'}{T'}$$

 ㈐ 보일·샤를의 법칙 : 보일 법칙과 샤를의 법칙을 조합한 것으로 일정량의 기체의 부피는 압력에 반비례하고 절대온도에 비례한다.

$$\frac{PV}{T}=K(\text{일정})$$

$$\frac{PV}{T}=\frac{P'V'}{T'}$$

⑤ 밀도(density)와 비중(specific gravity)

 ㈎ 액체의 밀도 : 단위체적당 액체의 질량을 말한다.

$$\text{액체의 밀도} = \frac{\text{질량}}{\text{체적}} \, (g/cm^3 = g/mL = g/cc = kg/L = t/m^3)$$

(나) 액체의 비중 : 4℃ 물의 밀도를 기준으로 하여 밀도의 대소를 표시한 것이다.

$$\text{액체의 비중} = \frac{\text{물질의 밀도}}{4\text{℃의 순수한 물의 밀도}} \, (\text{무차원})$$

$$= \frac{\text{물체의 무게}}{\text{물체와 체적이 같은 4℃ 물의 무게}}$$

(다) 표준상태의 기체의 밀도

$$\rho = \frac{W}{V} = \frac{\text{분자량}}{22.4} \, (g/L = kg/m^3)$$

(라) 비표준상태의 기체의 밀도

$$\rho = \frac{P \cdot M}{R \cdot T} \, (g/L = kg/m^3)$$

(마) 표준상태의 기체의 비중

$$S = \frac{\text{표준상태의 기체의 밀도}}{\text{표준상태의 공기의 밀도}}$$

$$= \frac{\text{표준상태의 기체의 분자량}}{\text{표준상태에서의 기체와 체적이 같은 공기의 분자량}}$$

$$S = \frac{\text{분자량}}{28.84} \, (\text{무차원})$$

(바) 비표준상태의 기체의 비중

$$S = \frac{\text{비표준상태의 기체의 밀도}}{\text{표준상태의 공기의 밀도}}$$

$$S = \frac{\dfrac{PM}{RT}}{\dfrac{28.84}{22.4}} \, (\text{무차원})$$

1. 직경 10cm인 원형관에 밀도 0.85g/cm³인 기체가 10cm/s의 속도로 흐른다면, 이 기체가 층류인지 난류인지 흐름상태를 판별하시오. (단, 기체의 점도는 5cp이며 판단근거를 설명할 것)   2001.7.15, 2003.7.13, 2007.11.4 산업기사

계산과정

$$Re = \frac{\rho \cdot v \cdot d}{\mu} = \frac{850\,\mathrm{kg/m^3} \times 0.1\,\mathrm{m/s} \times 0.1\mathrm{m}}{5 \times 10^{-3}\mathrm{kg/m \cdot s}} = 1700$$

판단근거 : 레이놀즈 수가 2100 이하이면 층류이다.

답 층류이다.

2. 내경이 100mm인 원통 내를 20℃ 1기압의 공기가 24m³/h로 흐른다. 표준상태의 공기의 비중량은 1.3kg/Sm³, 20℃ 공기의 점도가 5cp라면 레이놀즈 수를 계산하고 상태를 판별하시오.   2011.11. 산업기사

계산과정

$$v = \frac{Q}{A} = \frac{24\mathrm{m^3}/3600\mathrm{s}}{\dfrac{3.14 \times 0.1^2}{4}\mathrm{m^2}} = 0.8492\,\mathrm{m/s}$$

$$Re = \frac{\rho \cdot v \cdot d}{\mu} = \frac{1.3 \times \dfrac{273}{273+20} \times 0.8492\,\mathrm{m/s} \times 0.1\,\mathrm{m}}{5 \times 10^{-3}\mathrm{kg/m \cdot s}} = 20.572$$

답 20.57, 상태 : 층류이다.

3. 중력식 집진기의 높이와 폭이 3m이고 가스유속이 1m/s일 때 레이놀즈 수를 구하시오. (20℃, 1atm 점성계수 $\mu = 1.18 \times 10^{-5}\mathrm{kg/m \cdot s}$)   2011.7.24 기사

계산과정

$$Re = \frac{\rho \cdot v \cdot D_o}{\mu} = \frac{1.2112\,\mathrm{kg/m^3} \times 1\mathrm{m/s} \times 3\mathrm{m}}{1.18 \times 10^{-5}\mathrm{kg/m \cdot s}} = 307932.203$$

여기서 $\rho = 1.3\dfrac{\mathrm{kg}}{\mathrm{Nm^3}} \times \dfrac{1}{\dfrac{(273+20)}{273}} = 1.2112\,\mathrm{kg/m^3}$

※ $D_o = \dfrac{2a \times b}{a+b} = \dfrac{2 \times 3 \times 3}{3+3} = 3$

답 307932.20

4. 레이놀즈 수 $Re = 30000$, 연도 내의 정압 760mmHg, 배기가스 온도 20℃, 배기 가스 동점성계수 $1.5 \times 10^{-5}(m^2/s,\ 20℃)$일 때 연도 내 배기가스 유속은? (단, 연도 내경 50mm)

계산 과정 $Re = \dfrac{v \cdot d}{\nu}, \quad v = \dfrac{Re \times \nu}{d} = \dfrac{30000 \times 1.5 \times 10^{-5}}{0.05} = 9\,m/s$

답 9m/s

---

5. 직경 $D = 1ft$, $\nu = 2m/s$, $\rho = 1.3kg/m^3$, $\mu = 20cp$일 때 다음에 답하시오.

(1) 레이놀즈 수는 얼마인가?   2001.4.22, 2003.7.13, 2007.7.8 기사

(2) 동점도를 stokes 단위로 구하시오.

계산 과정 1ft = 0.3048m

1cp = 0.01g/cm · s = 0.001kg/m · s

(1) $Re = \dfrac{\rho \cdot v \cdot d}{\mu} = \dfrac{1.3\,kg/m^3 \times 2\,m/s \times 0.3048\,m}{20 \times 10^{-3}\,kg/m \cdot s} = 39.624$

(2) $\nu = \dfrac{\mu}{\rho} = \dfrac{20 \times 10^{-3}\,kg/m \cdot s}{1.3\,kg/m^3} = 0.0153846\,m^2/s = 153.846\,cm^2/s$

답 (1) 39.62 (2) 153.85 stokes

---

6. 유량이 $0.3m^2/s$이고, 면적이 $2m^2$이라면 유속(m/s)은 얼마인가?

계산 과정 $Q = Av$ $\qquad\qquad v = \dfrac{Q}{A} = \dfrac{0.3\,m^3/s}{2\,m^2} = 0.15\,m/s$

답 0.15m/s

---

7. 노즐공의 단면적이 $70cm^2$인 파이프에서 프로판을 한 시간에 22kg씩 확산연소시 킬 때 노즐공의 분출속도(cm/s)를 계산하시오.

계산 과정 C_3H_8 22kg/h를 체적으로 구하면

44kg : 22.4 m^3

22kg/h : $x[m^3/h]$

$x = 11.2m^3/h$

$Q = Av$

$$v = \frac{Q}{A} = \frac{11.2\mathrm{m^3/h} \times 10^6 \mathrm{cm^3/m^3} \times \mathrm{h}/3600\mathrm{s}}{70\,\mathrm{cm^2}} = 44.444\,\mathrm{cm/s}$$

🔲 44.44cm/s

---

8. 내경 350mm의 강철관의 직관이 있다. $80\mathrm{m^3/min}$의 표준공기를 직관을 이용하여 송풍할 때 관 내 평균 풍속(m/s)을 구하시오.

계산과정 $Q = A \cdot v$에서 $v = \frac{Q}{A} = \frac{80\mathrm{m^3/min} \times \mathrm{min}/60\,\mathrm{s}}{\frac{3.14 \times 0.35^2}{4}\mathrm{m^2}} = 13.865\,\mathrm{m/s}$

🔲 13.87 m/s

---

9. 배기가스 유량이 매시 $2000\mathrm{Nm^3}$이고 온도가 250℃, 유속이 5m/s일 때 굴뚝의 최소단면적은 몇 $\mathrm{m^2}$인가?

계산과정 $Q = Av$에서

$$A = \frac{Q_N[\mathrm{Nm^3/h}] \times \frac{T'}{T} \times \frac{P}{P'}}{v[\mathrm{m/s}] \times 3600\,\mathrm{s/h}} = \frac{\left\{2000\mathrm{Nm^3/h} \times \frac{273+250}{273}\right\}[\mathrm{m^3/h}]}{5\mathrm{m/s} \times 3600\,\mathrm{s/h}}$$

$$= 0.212\,\mathrm{m^2}$$

🔲 0.21m²

---

10. 760mmH₂O인 압력을 다음의 압력단위로 나타내시오.

(1) atm
(2) mmHg
(3) kg/cm²
(4) psi

계산과정 (1) $1\,\mathrm{atm} : 10332\,\mathrm{mmH_2O}$

$x[\mathrm{atm}] : 760\,\mathrm{mmH_2O}$ $\therefore x = \frac{1 \times 760}{10332} = 0.073\,\mathrm{atm}$

(2) $10332\,\mathrm{mmH_2O} : 760\,\mathrm{mmHg}$

$760\,\mathrm{mmH_2O} \quad : x[\mathrm{mmHg}]$ $\therefore x = \frac{760 \times 760}{10332} = 55.903\,\mathrm{mmHg}$

(3) $10332\,\mathrm{mmH_2O} : 1.0332\,\mathrm{kg/cm^2}$

$$760 \, \text{mmH}_2\text{O} \quad : x \, [\text{kg/cm}^2] \qquad \therefore \; x = \frac{1.0332 \times 760}{10332} = 0.076 \, \text{kg/cm}^2$$

(4) $10332 \, \text{mmH}_2\text{O} : 14.7 \text{psi}$

$$760 \, \text{mmH}_2\text{O} \quad : x \, [\text{psi}] \qquad \therefore \; x = \frac{760 \times 14.7}{10332} = 1.081 \text{psi}$$

🔲 (1) 0.07atm   (2) 55.90mmHg   (3) 0.08kg/cm^2 (4) 1.08psi

---

11. 0.5kg/cm^{2}을 atm, mmH$_2$O, mmHg, psi 단위로 환산하시오. (6점)

2006.11.5 기사

계산과정 ① $1.0332 \text{kg/cm}^2 : 1\text{atm}$

$$0.5 \text{kg/cm}^2 \quad : x \, [\text{atm}] \qquad \therefore \; x = \frac{0.5 \times 1}{1.0332} = 0.483 \, \text{atm}$$

② $1.0332 \text{kg/cm}^2 : 10332 \text{mmH}_2\text{O}$

$$0.5 \text{kg/cm}^2 \quad : x \, [\text{mmH}_2\text{O}] \qquad \therefore \; x = \frac{0.5 \times 10332}{1.0332} = 5000 \, \text{mmH}_2\text{O}$$

③ $1.0332 \text{kg/cm}^2 : 760 \text{mmHg}$

$$0.5 \text{kg/cm}^2 \quad : x \, [\text{mmHg}] \qquad \therefore \; x = \frac{0.5 \times 760}{1.0332} = 367.789 \, \text{mmHg}$$

④ $1.0332 \text{kg/cm}^2 : 14.7 \text{psi}$

$$0.5 \text{kg/cm}^2 \quad : x \, [\text{psi}] \qquad \therefore \; x = \frac{0.5 \times 14.7}{1.0332} = 7.113 \, \text{psi}$$

🔲 ① 0.48atm   ② 5000mmH$_2$O   ③ 367.79mmHg   ④ 7.11psi

---

12. 속도압이 3.2mmHg였다. 이를 mmH$_2$O 단위로 환산하시오. (5점)

2005.5.1 산업기사

계산과정 $760 \text{mmHg} : 10332 \text{mmH}_2\text{O}$

$$3.2 \text{mmHg} : x \, [\text{mmH}_2\text{O}] \qquad \therefore \; x = \frac{3.2 \times 10332}{760} = 43.503 \, \text{mmH}_2\text{O}$$

🔲 43.50mmH$_2$O

---

13. 25℃, 760mmHg에서 Hg 1kg을 기화시키면 몇 m^{3}의 수은증기가 되는지 계산하시오. (단, 수은의 원자량은 200.59이다.)

계산과정 $PV = \dfrac{W}{M} RT$

$$V = \frac{WRT}{P \cdot M} = \frac{1\,\text{kg} \times 0.082\,\text{atm} \cdot \text{m}^3/\text{kmol·K} \times (273+25)\text{K}}{\dfrac{760}{760}\text{atm} \times 200.59\,\text{kg/kmol}} = 0.121\,\text{m}^3$$

〈다른 방법〉

$$V = 1\,\text{kg} \times \frac{22.4\,\text{Sm}^3 \times \dfrac{(273+25)}{273}}{200.59\,\text{kg}} = 0.121\,\text{m}^3$$

답 $0.12\,\text{m}^3$

---

14. 상온 745mmHg에서 200mL 가스는 760mmHg에서는 몇 mL인가?

 $P_1 V_1 = P_2 V_2$ 745mmHg × 200mL = 760mmHg × x [mL]

$$\therefore x = \frac{745 \times 200}{760} = 196.052\,\text{mL}$$

답 196.05mL

---

15. 온도가 38℃, 압력이 700mmHg로 그 부피가 1.4m³인 어떤 기체의 60℃, 1.76kg/cm²에서의 부피(m³)를 계산하시오.

계산 과정 $\dfrac{P_1 V_1}{T_1} = \dfrac{P_2 V_2}{T_2}$

압력 단위를 통일시키면

760mmHg : 1.0332kg/cm²

700mmHg : x [kg/cm²]

$$\therefore x = \frac{700 \times 1.0332}{760} = 0.9516\,\text{kg/cm}^2$$

$$\frac{0.9516\,\text{kg/cm}^2 \times 1.4\,\text{m}^3}{(273+38)\text{K}} = \frac{1.76\,\text{kg/cm}^2 \times x\,[\text{m}^3]}{(273+60)\text{K}}$$

$$\therefore x = \frac{0.9516 \times 1.4 \times (273+60)}{(273+38) \times 1.76} = 0.810\,\text{m}^3$$

답 $0.81\,\text{m}^3$

---

16. 다음 가스상 물질의 밀도(kg/Sm³)를 계산하시오. (단, 표준상태 기준)

(1) 일산화탄소   2001.4.22 산업기사

(2) 포름알데히드

(3) 염소

(4) 암모니아

(5) 황화수소

계산 과정 (1) $CO = \dfrac{28}{22.4} = 1.25 \, kg/Sm^3$

(2) $HCHO = \dfrac{30}{22.4} = 1.339 \, kg/Sm^3$

(3) $Cl_2 = \dfrac{71}{22.4} = 3.169 \, kg/Sm^3$

(4) $NH_3 = \dfrac{17}{22.4} = 0.758 \, kg/Sm^3$

(5) $H_2S = \dfrac{34}{22.4} = 1.517 \, kg/Sm^3$

답 (1) $1.25 kg/Sm^3$ (2) $1.34 kg/Sm^3$ (3) $3.17 kg/Sm^3$ (4) $0.76 kg/Sm^3$ (5) $1.52 kg/Sm^3$

---

17. 이산화탄소(Mw = 44) 100 lb_m을 다음의 각 단위로 계산하시오. (단, 1 lb_m는 454g)

2001.7.15 기사

(1) lb · mol CO_2

(2) g · mol CO_2

(3) g · mol C

(4) g · mol O

(5) CO_2 분자수

계산 과정 (1) $100 \, lb_m \times \dfrac{1 \, lbmol}{44 \, lb_m} = 2.272 \, lb \cdot mol \; CO_2$

(2) $100 \, lb_m \times \dfrac{454g}{1 \, lb_m} \times \dfrac{1 \, g \cdot mol}{44g} = 1031.818 \, g \cdot mol \; CO_2$

(3) $100 \, lb_m \times \dfrac{454 \, g \, CO_2}{1 \, lb_m} \times \dfrac{12 \, g \, C}{44 \, g \, CO_2} \times \dfrac{1 \, g \cdot mol \, C}{12 \, g \, C} = 1031.818 \, g \cdot mol \; C$

(4) $100 \, lb_m \times \dfrac{454 \, g \, CO_2}{1 \, lb_m} \times \dfrac{32 \, g \, O}{44 \, g \, CO_2} \times \dfrac{1 \, g \cdot mol \, O}{16 \, g \, O} = 2063.636 \, g \cdot mol \; O$

(5) $100 \, lb_m \times \dfrac{454 \, g \, CO_2}{1 \, lb_m} \times \dfrac{6.02 \times 10^{23} \, 개 \, CO_2}{44 \, g \, CO_2} = 6.211 \times 10^{26}$ 개

답 (1) $2.27 \, lb \cdot mol \; CO_2$ (2) $1031.82 \, g \cdot mol \; CO_2$ (3) $1031.82 \, g \cdot mol \; C$

(4) $2063.64 g \cdot mol \; O$ (5) 6.21×10^{26}개

18. 페놀(C_6H_5OH) $0.1\mu g$에 포함하는 분자수는 총 몇 개인가? (4점)

2006.11.5 산업기사

계산과정 C_6H_5OH 분자량 $= 12 \times 6 + 1 \times 5 + 16 + 1 = 94$

$94g \ : \ 6.02 \times 10^{23}$개

$0.1 \times 10^{-6}g \ : \ x$개 $\qquad \therefore x = \dfrac{0.1 \times 10^{-6} \times 6.02 \times 10^{23}}{94} = 6.404 \times 10^{14}$ 개

답 6.40×10^{14}개

19. 직경 $50\mu m$ 표면에 수분이 존재할 경우 입자간 렌즈상 부착한 액에 의해 표면장력 $T[\text{dyn/cm}]$가 작용할 때 결합력은? (단, 결합력 $F = \pi \cdot d_p \cdot T$, 표면장력은 72.8dyn/cm임. 유효숫자 셋째자리까지 구하되 답은 N으로 구하시오.) (5점)

2011.5.1 기사

계산과정 결합력 $F = \pi \cdot d_p \cdot T$

$\qquad = 3.14 \times 50 \times 10^{-4}\text{cm} \times 72.8\,\text{dyn/cm}$

$\qquad = 1.1429\,\text{dyn}$

$\qquad = 1.1429 \times 10^{-5}\text{N}$

답 $1.143 \times 10^{-5}\text{N}$

가스 처리 및 반응

Chapter **02**

(1) 유해가스의 특성

유해가스의 특성은 다음 세 가지로 나눌 수 있다.

① 물에 잘 녹는 특성 : 수용성

② 물에 녹지 않는 특성 : 비수용성

③ 연소 가능한 특성 : 가연성

(2) 유해가스의 처리 이론(흡수, 흡착 등)

유해가스의 처리법은 크게 세 가지로 나눌 수 있다.

• 흡수법 : 물에 잘 녹는 특성을 가진 유해가스를 처리하는 법이다.

• 흡착법 : 물에 잘 녹지 않고, 연소성이 없는 유해가스를 처리하는 법이다.

• 연소법 : 연소성이 있는 특성을 가진 유해가스를 처리하는 법이다.

① 흡수법

    ㈎ 헨리의 법칙

$$P = H \cdot C$$

        여기서, P : 기체 중의 특정성분의 분압(atm)

              C : 액상 중의 특정성분의 농도($kmol/m^3$)

              H : 헨리의 정수(용해도가 작은 기체일수록 H의 값이 크다.) ($atm \cdot m^3/kmol$)

    헨리의 정수 H값은 온도에 따라 변하며 온도가 높을수록 H값이 커진다.

    그리고 헨리의 법칙에 잘 적용되는 가스는 물에 잘 녹지 않는 N_2, H_2, O_2, CO, NO 등의 가스이고 또한 헨리의 정수 H값이 크다.

    헨리의 법칙에 잘 적용되지 못하는 가스는 물에 잘 녹는 HCl, HF, Cl_2, SiF_4, CH_3COOH, HCHO, SO_2 등의 가스이고 또한 헨리의 정수 H값이 작다.

    ㈏ 물질전달의 경막계수

    기체 성분이 기체 경막을 통하여 표면에 도달하는 속도는 그 때의 기력과 접촉 면적에 비례한다. 이때 기력이란 그 성분의 가스 중에 있어서의 분압과 경계면에 있어서의 분압의 차이이다.

$$N = k_G \cdot A \cdot (P_G - P_i)$$

여기서, N : 경막 중의 성분의 전달속도

A : 접촉면적

P_G : 가스 성분 자체의 분압

P_i : 가스 성분 경계면에 있어서의 분압

k_G : 가스 경막계수

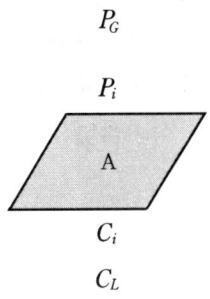

〈그림 2-1〉 가스 흡수에서의 액막

액경막에서도 전달 속도는 액 농도 차이에 비례한다.

$$N = k_L \cdot A \cdot (C_i - C_L)$$

여기서, k_L : 액 경막계수

C_i : 경계면에서 성분의 농도

C_L : 액 자체에 있어서의 성분의 농도

(3) 황산화물 발생 및 처리

① 황산화물 발생

㈎ 연료 중의 황이 산화하여 이산화황이 발열반응을 하면서 생성한다.

$$S + O_2 \rightarrow SO_2$$

㈏ 이산화황은 대기 중에서 다른 오염물과 촉매 반응을 일으켜 SO_3, H_2SO_4 및 여러 가지 황산염을 생성한다. 이때 촉매역할은 주로 금속산화물이다.

$$SO_2 + \frac{1}{2}O_2 \xrightarrow{\text{촉매}} SO_3$$

㈐ 어떤 금속산화물은 SO_2를 직접 황산염으로 산화시킨다.

$$4MgO + 4SO_2 \rightarrow 3MgSO_4 + MgS$$

㈑ SO_2 및 SO_3는 대기 중에서 수분이 많으면 이것과 반응하여 H_2SO_3 및 H_2SO_4를 각각 생성한다.

$$SO_2 + H_2O \rightarrow H_2SO_3$$

$$SO_3 + H_2O \rightarrow H_2SO_4$$

② 배연 탈황(배기가스로부터 SO_2 제거)

공업적으로 탈황방법은 흡착법(건식), 흡수법(건식 및 습식), 산화법(건식)의 세 가지가 있으며 습식 탈황법(습식법)은 배기가스에 물 또는 수용액을 접촉시켜 습윤상태로 하여 탈황시키는 방법이고, 건식 탈황법(건식법)은 배기가스에 고체의 흡착제 등과 접촉시켜 건조한 상태로 탈황하는 방법이다.

⑺ 습식 탈황장치

  ㉮ 석회법 : 석회석 혹은 석회유가 SO_2와 반응하여 석고($CaSO_4$)가 되는 원리를 이용하여 SO_2를 처리하는 석회 회수 방법이다.

   ㉠ 석회석법

$$CaCO_3 + SO_2 + \frac{1}{2}O_2 \rightarrow CaSO_4 + CO_2$$

   ㉡ 석회수법 : 건식의 석회석법이 아황산가스의 제거나 흡수제의 활용에 비능률적인 점을 보완한 것으로 습식법이다.

  ㉯ 암모니아법 : 아황산가스를 암모니아 수용액과 반응시켜 황산암모늄이나 아황산암모늄, 아황산수소암모늄 등으로 만들어 처리하는 방법이다.

$$SO_2 + 2NH_4OH \rightarrow (NH_4)_2SO_3 + H_2O$$
$$(NH_4)_2SO_3 + SO_2 + H_2O \rightarrow 2NH_4HSO_3$$
$$NH_4HSO_3 + NH_3 \rightarrow (NH_4)_2SO_3$$

  ㉰ 소다법 : 아황산가스를 탄산소다, 가성소다, 아황산소다, 혹은 알루미늄 소다 등과 반응시키는 것이다.

$$SO_2 + H_2O_2 \rightarrow H_2SO_4, \quad H_2SO_4 + 2NaOH \rightarrow Na_2SO_4 + 2H_2O$$
$$SO_2 + 2NaOH \rightarrow Na_2SO_3 + H_2O$$

  ㉱ 웰만법 : 재생식 공정으로 가장 적절하다.

  ㉲ 마그네시아법

  ㉳ 디메틸아닐린법

⑻ 건식 탈황장치

  ㉮ 흡착법(활성탄법) : 활성탄이나 기타 흡착제에 아황산가스를 흡착시켜 회수하는 방법이다. 아황산가스는 흡착제의 표면이 촉매작용을 하여 SO_3로 산화되고 이것은 다시 배기 중의 습기와 반응하여 황산이 되어 흡착제의 기공에 머무르게 된다.

  ㉯ 특수제에 의한 흡수법(건식흡수법) : 활성산화망간법, 알카라이즈드 알루미나법

  ㉰ 환원법 : 배연 중의 SOx에 H_2S 또는 CS_2를 반응시켜 황을 생성하는 방법이다.

$$SO_2 + 2H_2S \rightarrow 3S + 2H_2O$$
$$3H_2S + H_2SO_4 \rightarrow 4S + 4H_2O$$

⑼ 산화법(접촉산화법, 촉매산화법) : 이 방법은 V_2O_5, K_2SO_4 등의 촉매를 사용하여 SO_2를 산화하여 H_2SO_4로 회수하는 방법이다.

배연을 510℃에서 보일러로부터 배출시키고 집진기에서 먼지를 포집하면서 블로어(blower)에 의하여 온도가 480℃로 떨어지면 이 온도에서 촉매층을 통과하게

된다. 여기에서 SO_2 가스는 90%가 무수황산으로 전환된 후 economizer에서 340℃로 온도가 떨어지고, 공기예열기에서 230℃로 냉각되어 흡수탑으로 들어가 황산으로 회수된다. 흡수탑 출구 온도는 약 110℃ 정도로 가스는 mist separator를 거쳐 방출된다. 여기서 나오는 황산의 농도는 80% 정도이다.

③ 중유 탈황
 ㈎ 접촉 수소화 탈황(반응온도 : 350~420℃)
 ㈏ 금속산화물에 의한 흡착 탈황
 ㈐ 미생물에 의한 탈황
 ㈑ 방사성 화학에 의한 탈황

(4) 질소산화물 발생 및 처리

① 질소산화물 발생
 ㈎ 질소산화물은 주로 연소과정에서 연료 및 공기 중의 질소가 산화되어 발생한다.
  ㉮ thermal NOx(열적 NOx) : 고열에 의해서 공기 중의 질소와 산소가 결합하여 생성
  ㉯ fuel NOx(연료 NOx) : 연료 중의 질소가 산화하여 생성
  ㉰ prompt NOx(화염 NOx) : 화염의 면에서 전기적인 이온교환에 의해 생성
 ㈏ 주 배출원은 자동차 배기가스, 질산제조업 등이다.
 ㈐ NOx 배출을 줄이는 방안은 첫째 NOx의 생성과정에서 발생을 억제하는 것이고, 둘째 생성된 후에 이를 배기로부터 제거하는 것이다. 그러나 후자의 방법은 NOx에 관한 화학반응이 제한되어 있고 대량의 배기가스를 다루어야 하기 때문에 기술적으로나 경제적으로 어려운 점이 많다.

② 연소 조절에 의한 NOx 발생의 억제
 ㈎ 저 과잉 공기 연소법(저산소연소) : 연소용 공기의 과잉공급량을 약 10% 이내(공기비 1.05~1.10)로 줄임으로써 질소와 산소가 반응할 기회를 적게 하여 질소산화물의 생성을 억제할 수 있다. 그러나 산소의 공급량이 적어지면 일산화탄소의 생성 및 그을음이 증가할 수 있으므로 주의하여야 한다.
 ㈏ 저 온도로 연소(공기 온도 조절) : 연소실 온도가 높아지면 NOx 발생은 급증할 수 있다. 그러므로 예열하는 공기의 온도를 조절하여 NOx의 방출을 줄일 수 있다.
 ㈐ 배기가스 재순환 연소 : 배기가스를 재순환시키는 것은 NOx의 발생을 줄일 수 있는 가장 실제적인 방법이다. 일부 냉각된 배기가스를 섞어 연소실로 보내면 재순환된 배기가스가 불꽃을 냉각시키는 효과가 있다. 또 산소의 농도가 낮아지기 때문에 불꽃의 최고 온도가 낮아져 NOx의 생성을 줄일 수 있다. 일반적으로 재

순환시키는 배기가스의 양은 소요공기량의 10~15% 정도이다.

(라) 2단 연소 : 버너에서 방출하는 연소용 공기를 이론 공기량보다 약간 적게 (85~95%) 공급하여 불완전 연소시키고 버너 윗부분에서 부족분의 공기 (10~15%)를 공급하여 완전연소시키면 NOx의 생성을 줄일 수 있다.

(마) 질소 성분이 적은 연료를 우선 연소 : 연소과정에서 NOx의 발생은 보통 석탄 · 석유 · 가스의 순으로 적어진다.

(바) 버너 및 연소실의 구조 개량(연소기기 변형법) : 버너의 형식이나 연소실의 구조를 개량하여 NOx의 방출을 줄일 수 있다.

③ 배기 중의 NOx 처리

(가) 습식법

㉮ 수세법 : 질소산화물을 물로 세정하는 방법이다.

㉯ 알칼리 및 황산에 흡수시키는 법

(나) 건식법

㉮ 흡착법 : NO를 함유하는 배기가스를 실리카 겔로 NO_2로 산화하여 흡착 제거한다. 흡착 후 실리카 겔을 가열하여 NO_2를 회수할 수도 있다.

㉯ 촉매환원법 : 촉매를 사용하여 CH_4, H_2, CO 등을 배합하여 NO를 N_2로 환원시키는 방법으로 선택적인 환원과 비선택적인 환원법이 있다. 선택적인 환원반응에서는 첨가된 반응물이 NOx만 환원시키고, 비선택적인 환원반응에서는 과잉의 O_2가 먼저 소모된다.

㉠ 선택적인 환원제 H_2, CO, NH_3, H_2S에 의한 촉매환원법

· $NO + CO \rightarrow \dfrac{1}{2}N_2 + CO_2$

· $6NO + 4NH_3 \rightarrow 5N_2 + 6H_2O$

$6NO_2 + 8NH_3 \rightarrow 7N_2 + 12H_2O$

$4NO + 4NH_3 + O_2 \rightarrow 4N_2 + 6H_2O$(산소가 공존할 때의 반응)

[조건] 온도 205~316℃의 범위에서 행하여져야 하며 온도가 더 높을 경우에는 NH_3가 NO로 산화된다.

· $NO + H_2S \rightarrow \dfrac{1}{2}N_2 + S + H_2O$

㉡ 비선택적인 환원제 H_2, CH_4에 의한 촉매 환원법

· $NO + H_2 \rightarrow \dfrac{1}{2}N_2 + H_2O$

· $2NO_2 + CH_4 \rightarrow N_2 + CO_2 + 2H_2O$

(다) 무촉매 환원법 : NOx 제거율이 낮다.

(5) 기타 소각로에서 발생하는 유해가스 발생 및 처리

① 염화수소(HCl)의 처리

(가) 수세법 : 염화수소는 물에 잘 녹으므로 물로 흡수하는 방법이 좋다. 장치는 스크러버, 충전탑 등이고 반응물질은 물이다. 염화수소는 물에 녹아 염산이 된다.

(나) 염화수소(HCl)를 소석회(Ca(OH)$_2$)로 처리하는 반응식

$$2HCl + Ca(OH)_2 \rightarrow CaCl_2 + 2H_2O$$

(다) 염화수소(HCl)를 가성소다(NaOH)로 처리하는 반응식

$$HCl + NaOH \rightarrow NaCl + H_2O$$

② 염소가스(Cl$_2$)의 처리

(가) 수세법 : 스크러버, 충전탑

$$Cl_2 + H_2O \rightarrow HOCl + H^+ + Cl^-$$

(나) 알칼리 흡수법(수산화나트륨(가성소다), 수산화칼륨(소석회)으로 처리)

$$Cl_2 + 2NaOH \rightarrow NaCl + NaOCl + H_2O$$
$$2Cl_2 + 2Ca(OH)_2 \rightarrow CaCl_2 + Ca(OCl)_2 + 2H_2O$$

(다) 염소가스(Cl$_2$)를 황산제일철(FeSO$_4$)로 처리하는 반응식

$$Cl_2 + 2FeSO_4 \rightarrow 2Fe(Cl)SO_4$$

③ 불화수소(HF)의 처리

(가) 가성소다 석회법 : 가성소다(NaOH)와 소석회(Ca(OH)$_2$)에 의해 화학적 흡수로 제거하는 방법이다.

$$HF + NaOH \rightarrow NaF + H_2O$$
$$2NaF + Ca(OH)_2 \rightarrow CaF_2 + 2NaOH$$

(나) 불화수소(HF)를 소석회(석회유 : Ca(OH)$_2$)로 처리하는 반응식

$$2HF + Ca(OH)_2 \rightarrow CaF_2 + 2H_2O$$

④ 불화규소(SiF$_4$)의 처리

(가) 수세법

$$3SiF_4 + 2H_2O \rightarrow SiO_2 + 2H_2SiF_6$$

(나) 불화수소(HF)가 공존할 때 반응식

$$2HF + SiF_4 \rightarrow H_2SiF_6$$

(다) 세정탑의 형식은 벤투리 스크러버, 제트 스크러버, 스프레이탑 등이 바람직하다. 여기서 충전탑을 사용하지 못하는 이유는 충전물의 공극을 메우기 때문이다.

⑤ 불소(F$_2$)의 처리

(가) 불소는 가성소다와 반응시켜 제거한다. 부산물로 CaF$_2$가 생긴다.

$$F_2 + 2NaOH + 2H_2O \rightarrow 2NaF + 3H_2O + \frac{1}{2}O_2$$

$$2NaF + Ca(OH)_2 \rightarrow CaF_2 + 2NaOH$$

(나) 세정탑은 스프레이(spray)탑, 충전탑, 벤투리 스크러버 등을 사용한다.

(다) 불소가스가 다량 포함될 때는 폭발할 수 있으므로 물에 의한 흡수는 피한다.

(라) 폐수는 알칼리성이므로 다시 세정탑의 흡수에 사용하거나 pH 조정 후 방류한다.

⑥ 황화수소(H_2S)의 처리

(가) 건식법 : 황화수소를 포함한 배기가스를 흡착탑을 이용하여 산화철(Fe_2O_3)과 접촉시켜 황화철을 만든다.

(나) 습식법(알칼리 흡수법 : 중화법 및 산화법) : 반응물질로는 K_2CO_3, NH_3수, 탄산소다 등이 있다.

⑦ 벤젠(C_6H_6)의 처리 : 촉매 연소법을 이용한다.

⑧ 일산화탄소(CO)의 처리 : 촉매 연소법(촉매산화법)을 이용한다.

⑨ 암모니아(NH_3)의 처리 : 수세법을 이용한다.

⑩ 포름알데히드(HCHO)의 처리 : 수세법 또는 연소법을 이용한다.

⑪ 시안화수소(HCN)의 처리 : 수세법 또는 연소법을 이용한다.

1. 어떤 유해가스와 물이 일정온도에서 평형상태에 있다. 기상의 유해가스 분압이 45.6mmHg일 때 수중 유해가스의 농도가 2kmol/m³이다. 이때 헨리정수[atm·m³/kmol]를 구하시오. (4점) (단, 전압은 atm으로 한다.)

2001.4.22, 2007.11.4, 2012.7.8 산업기사

계산과정 $P = H \cdot C$

$$H = \frac{P}{C} = \frac{\dfrac{45.6}{760}\,\text{atm}}{2\,\text{kmol/m}^3} = 0.03\,\text{atm}\cdot\text{m}^3/\text{kmol}$$

답 $0.03\,\text{atm}\cdot\text{m}^3/\text{kmol}$

2. 유해가스 처리장치에서 어떤 유해가스와 물이 평형상태에 있다고 한다. 기상 유해가스의 분압이 45.6mmHg, 헨리상수는 0.03 atm·m³/kg·mol일 때 수중의 유해가스 농도를 구하시오. (단, 전압은 1기압이다.)

2003.10. 산업기사

계산과정 $P = H \cdot C$

$$\therefore C = \frac{P}{H} = \frac{\dfrac{45.6}{760}\,\text{atm}}{0.03\,\text{atm}\cdot\text{m}^3/\text{kg}\cdot\text{mol}} = 2\,\text{kg}\cdot\text{mol/m}^3$$

답 $2\,\text{kg}\cdot\text{mol/m}^3$

3. 아황산가스의 물에 대한 헨리상수가 38atm/mol/L(20℃)이라 한다. 기액 접촉을 통한 액체상의 아황산가스 용해도가 0.0001mol/L라 한다면 평형관계에 있는 기체상의 아황산가스의 몰분율을 계산하시오. (단, 기체의 전압은 745mmHg)

2001.7.15 산업기사

계산과정 $몰분율 = \dfrac{분압}{전압} = \dfrac{38\,\text{atm/mol/L} \times 0.0001\,\text{mol/L} \times \dfrac{760\text{mmHg}}{1\,\text{atm}}}{745\,\text{mmHg}}$

$$= 3.876 \times 10^{-3}$$

답 3.88×10^{-3}

4. CO, CO_2 및 CH_4의 혼합 기체를 기체 크로마토그래프로 분석하여 다음 그림과 같은 형태의 결과를 기록지에 얻었다. 곡선 아래부분의 면적은 시료 중에 함유된 각 성분의 몰수와 비례한다. 이 자료로써 혼합 기체 속의 CO, CO_2, CH_4의 몰분율을 구하시오.   2001.4.22 산업기사

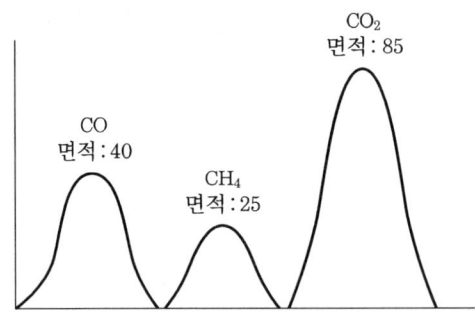

계산과정 몰분율 = $\dfrac{각 \ 기체의 \ 면적}{전체 \ 면적}$

CO의 몰분율 = $\dfrac{40}{40+25+85}$ = 0.266

CO_2의 몰분율 = $\dfrac{85}{40+25+85}$ = 0.566

CH_4의 몰분율 = $\dfrac{25}{40+25+85}$ = 0.166

답 0.27, 0.57, 0.17

5. 유해가스의 용액 흡수법에서 가스경막물질 이동계수가 $0.15 kg-mol/m^2 \cdot atm \cdot h$, 기액접촉 면적이 $1.3 m^2$, 계면유해가스 분압이 510mmHg, 기체 본체의 유해가스 분압이 1기압일 때 이 유해가스가 경막을 통해 기액계면에 도달하는 속도 (kg-mol/h)를 구하시오.   1999.5.30 산업기사

계산과정 몰 속도$(N) = K_G \cdot A \cdot (P_G - P_i)$

$= 0.15 \, kg \cdot mol/m^2 \cdot atm \cdot h \times 1.3 m^2 \times \left(1 - \dfrac{510}{760}\right) atm$

$= 0.064 \, kgmol/h$

답 $0.06 kg \cdot mol/h$

6. 20℃에서 산소의 헨리상수 $4.01 \times 10^4 atm/mol$ fraction이다. 20℃, 1기압에서 물에 용해되는 산소의 양(mg/L)은 얼마인가?   2000.11.13 기사

|이해| mol fraction= 몰분율(mol/mol)

대기압이 1atm이면 산소분압은 0.21atm이다.

|계산과정| $P = H \cdot C$

$\therefore C = \dfrac{P}{H} = \dfrac{0.21\,atm}{4.01 \times 10^4\,atm/mol\,fraction} = 5.236 \times 10^{-6}\,mol분율\ (산소/물)$

$\therefore 5.236 \times 10^{-6}\,mol산소/mol물 \times \dfrac{32000mg산소}{1mol산소} \times \dfrac{1mol물}{18g물} \times \dfrac{1g물}{10^{-3}L물}$

$= 9.308mg/L$

|답| 9.31mg/L

---

7. 황함유량이 1.6%인 중유를 15t/h로 연소하는 보일러의 배기가스를 NaOH 수용액으로 처리하여 황 성분을 Na_2SO_3로 회수하고자 할 때 필요한 NaOH의 이론적인 양(kg/h)은?　　　　2011.5.1 기사

|계산과정| $S + O_2 \rightarrow SO_2$, $SO_2 + 2NaOH \rightarrow Na_2SO_3 + H_2O$

1kmol　　　　　:　　　　2kmol

32kg　　　　　:　　　　2×40kg

15000kg중유/h × 0.016황/중유 : x[kg/h]

$\therefore x = \dfrac{15000kg/h \times 0.016 \times 2 \times 40\,kg}{32kg} = 600kg/h$

|답| 600kg/h

---

8. 매시 5t의 중유를 연소시키는 보일러의 배기가스를 NaOH 수용액으로 세정 탈황하여 Na_2SO_3로 회수하였다. 중유의 황분을 2.56%, 탈황률이 90%라고 할 때 필요한 NaOH의 이론량(kg/h)을 구하시오. (단, 원자량은 Na=23, S=32, H=1으로 계산한다.)

|계산과정| $S + O_2 \rightarrow SO_2$, $SO_2 + 2NaOH \rightarrow Na_2SO_3 + H_2O$

1kmol　　　　　2kmol

32kg　　　　:　　　2×40kg

5000kg중유/h × 0.0256황/중유 × 0.9 : x[kg/h]

$\therefore x = \dfrac{5000 \times 0.0256 \times 0.9 \times 2 \times 40}{32} = 288\,kg/h$

|답| 288kg/h

9. 황분 2.5%의 중유를 4t/h로 연소하는 보일러의 배출가스를 NaOH 용액으로 세정 탈황하여 Na_2SO_3를 부산물로 회수하고자 한다. 탈황률 90%일 때 NaOH의 이론 소요량(kg/h)을 구하시오.   1999.5.30 산업기사

계산과정
S   :   2NaOH

32kg : 2×40kg

4000kg/h×0.025×0.9 : x[kg/h]

$$\therefore x = \frac{4000 \times 0.025 \times 0.9 \times 2 \times 40}{32} = 225\,\mathrm{kg/h}$$

답 225kg/h

10. 10t/h의 중유를 연소시켜 발생하는 SO_2 가스를 NaOH 용액으로 세정하여 부산물로 Na_2SO_3을 회수하는 경우, 이 SO_2 가스 처리에 소요되는 NaOH의 양(kg/day)을 계산하시오. (단, 중유 중의 황성분은 2.5%, 탈황효율은 85%이며, 24시간 연속 가동 기준)   2009.4.1, 2012.3.4 기사

계산과정
S   :   2NaOH

32kg : 2×40kg

10000kg/h×0.025×0.85×24h/day : x[kg/day]

$$\therefore x = \frac{10000 \times 0.025 \times 0.85 \times 24 \times 2 \times 40}{32} = 12750\,\mathrm{kg/day}$$

답 12750kg/day

11. 황함량이 4%인 중유를 1시간에 10t 연소하는 공장에서 SO_2를 $CaSO_4$로 회수하고자 한다. 탈황률이 90%일 때 $CaSO_4$의 이론 생성량(t/h)은?   2008.4, 2011.7.24 산업기사

계산과정
S   : $CaSO_4$

32kg   :   136kg

10t/h×0.04×0.9 : x[t/h]

$$\therefore x = \frac{10 \times 0.04 \times 0.9 \times 136}{32} = 1.53\,\mathrm{t/h}$$

답 1.53t/h

12. 황분이 2.5%인 석탄 1t을 연소시킬 때 발생되는 배기가스 중의 SO_2를 건식 석회석 주입법으로 처리하여 석고를 생산하고자 할 때, 생산되는 석고의 양(kg)은 얼마인가?
1998.8.30, 2002.10.27 기사

[계산과정] S   : $CaSO_4$(석고)

32kg   :   136kg

1000kg×0.025   : x[kg]

$$\therefore x = \frac{1000 \times 0.025 \times 136}{32} = 106.25 \, kg$$

[답] 106.25kg

---

13. 황분 2.5%의 중유를 매시 10t/h로 연소하는 보일러의 배기가스를 Na_2SO_3 용액으로 탈황하고 황을 $CaSO_4 \cdot 2H_2O$로 회수하고자 할 경우 탈황률 100%로 하면 이론적으로 회수되는 $CaSO_4 \cdot 2H_2O$의 양(t/h)을 구하시오. (단, Ca의 원자량을 40으로 계산하시오.)

[이해] $S + O_2 \rightarrow SO_2$, $SO_2 + Na_2SO_3 + H_2O \rightarrow 2NaHSO_3$

$2NaHSO_3 + Ca(OH)_2 \rightarrow Na_2SO_3 + CaSO_3 \cdot \frac{1}{2}H_2O + \frac{3}{2}H_2O$

$CaSO_3 \cdot \frac{1}{2}H_2O + \frac{3}{2}H_2O + \frac{1}{2}O_2 \rightarrow CaSO_4 \cdot 2H_2O$ (석고이수염)

[계산과정] S   : $CaSO_4 \cdot 2H_2O$

1kmol   1kmol

32kg   :   172kg

10t중유/h×0.025황/중유 : x[t/h]

$$\therefore x = \frac{10 \times 0.025 \times 172}{32} = 1.343 t/h$$

[답] 1.34t/h

---

14. 황분 2.6%의 중유를 매시 10t 연소하는 보일러의 배기가스를 아황산나트륨 용액으로 탈황하여 이 황화합물을 석고2수염으로 회수할 때 석고2수염을 1.3975t/h를 얻었다. 이때 처리한 90% 아황산나트륨의 양(kg/h)을 구하시오. (단, 탈황률은 100%이고, Na : 23, S : 32, O : 16으로 한다.)

[계산과정] S   : Na_2SO_3 : $CaSO_4 \cdot 2H_2O$

1kmol   1kmol   1kmol

$$32kg \quad : \quad 126kg \quad : \quad 172kg$$

$$10t중유/h \times 10^3 kg/t \times 0.026황/중유 : x[kg/h] \times 0.9 : 1.3975t/h \times 10^3 kg/t$$

$$\therefore x = \frac{10 \times 10^3 \times 0.026 \times 126}{32 \times 0.9} = 1137.5 \ kg/h$$

※ 검산(확인) $\quad x = \dfrac{126 \times 1.3975 \times 10^3}{0.9 \times 172} = 1137.5 kg/h$

답 1137.5kg/h

---

15. 황분이 2% 함유된 중유를 매시 250kg 연소할 때 발생되는 배기가스 중의 SO_2를 석회석으로 흡수시켜 $CaSO_4 \cdot 2H_2O$를 회수하고자 할 때, 회수할 수 있는 $CaSO_4 \cdot 2H_2O$의 양은 몇 kg인가? (단, 탈황률은 95%이다.) (6점) 2006.11.5 기사

계산
과정 $\quad$ S $\qquad\qquad : \qquad CaSO_4 \cdot 2H_2O \qquad$ 분자량 : $40 + 32 + 16 \times 4 + 2 \times 18 = 172$

$\qquad$ 32kg $\qquad\qquad : \qquad$ 172kg

$\qquad$ 250kg/h × 0.02 × 0.95 $\quad : \quad x[kg/h]$

$\qquad \therefore x = \dfrac{250 \times 0.02 \times 0.95 \times 172}{32} = 25.531 kg/h$

답 25.53kg/h

---

16. 황분이 3% 함유된 석탄 1t을 연소할 때 발생되는 배기가스 중의 SO_2를 석회석으로 흡수시켜 석고를 회수하고자 할 때, 회수할 수 있는 석고2수염의 양은 몇 kg인가? 2002.10.27 산업기사

계산
과정 $\quad$ S $\qquad : \qquad CaSO_4 \cdot 2H_2O$

$\qquad$ 32kg $\qquad : \qquad$ 172kg

$\qquad$ 1000kg × 0.03 $\quad : \quad x[kg]$

$\qquad \therefore x = \dfrac{1000 \times 0.03 \times 172}{32} = 161.25 kg$

답 161.25kg

---

17. 황분이 1.5%인 중유를 한 시간에 10t씩 연소하는 열공급시설이 있다. 배출가스를 탄산칼슘으로 완전탈황할 때 필요한 탄산칼슘의 양(t/h)은 얼마인가? (5점) 2004.7.4, 2008.11.2 산업기사

계산
과정 $\quad$ S $\qquad : \qquad CaCO_3$

32kg   100kg $\therefore x = \dfrac{10 \times 0.015 \times 100}{32} = 0.468\,t/h$

$10t/h \times 0.015 \,:\, x\,[t/h]$

답 $0.47t/h$

---

18. 황성분이 1%인 중유를 20t/h로 연소할 때 배출되는 가스를 $CaCO_3$로 탈황하고 황을 석고($CaSO_4$)로 회수하고자 한다. 이때 필요한 $CaCO_3$의 양(t/h)을 계산하시오. (단, 탈황률은 100%, Ca : 40이다.)   2011.11. 산업기사

계산과정   S : $CaCO_3$

32kg : 100kg

$20t/h \times 0.01 \,:\, x\,[t/h]$

$\therefore x = \dfrac{20 \times 0.01 \times 100}{32} = 0.625\,t/h$

답 $0.63t/h$

---

19. 황분이 1.4% 함유된 석탄을 시간당 200t 연소하는 사업장에서, 이때 발생되는 배기가스 중의 황산화물을 90% 처리하기 위해 석회석 흡수법을 사용하려 한다. 황산화물 처리를 위해 사용해야 할 석회석의 양은 하루에 몇 t인가?   2007.7.8 기사

계산과정   S : $CaCO_3$

32kg : 100kg

$200t/h \times 0.014 \times 0.9 \times 24h/day \,:\, x\,[t/day]$

$\therefore x = \dfrac{200t/h \times 0.014 \times 0.9 \times 24h/day \times 100kg}{32kg} = 189\,t/day$

답 $189t/day$

---

20. 배기가스 $10Sm^3/s$에는 SO_2가 1000ppm 함유되어 있다. 이 SO_2를 흡수처리하기 위한 NaOH의 시간당 소요량(kg)은 얼마인가?   2002.10.27 기사

계산과정 $SO_2 + 2NaOH \rightarrow Na_2SO_3 + H_2O$

$22.4Sm^3 : 2 \times 40kg$

$10Sm^3/s \times 1000 \times 10^{-6} \times 3600s/h \,:\, x\,[kg/h]$

$\therefore x = \dfrac{10 \times 1000 \times 10^{-6} \times 3600 \times 2 \times 40}{22.4} = 128.571\,kg/h$

답 $128.57kg/h$

21. 처리가스량 $10^4 m^3/h$, 온도 : 147℃, 압력 : 740mmHg에서 알칼리법으로 처리 시 필요로 하는 NaOH량은? (단, SO_2 : 1500ppm)

|이해| 현재 처리가스량(배기가스량)이 비표준상태이므로 표준상태로 환산하여야 한다.

계산과정
$$\frac{P_1 V_1}{V_1} = \frac{P_2 V_2}{T_2}$$

$$V_2 = V_1 \times \frac{T_2}{T_1} \times \frac{P_1}{P_2} = 10^4 \times \frac{273}{273+147} \times \frac{740}{760} = 6328.9473\,Nm^3/h$$

$SO_2 + 2NaOH \rightarrow Na_2SO_3 + H_2O$

1kmol   2kmol

$22.4Nm^3$: $2 \times 40kg$

$6328.9473Nm^3/h \times 1500 \times 10^{-6}$: $x\,[kg/h]$

$$\therefore x = \frac{6328.9473 \times 1500 \times 10^{-6} \times 2 \times 40}{22.4} = 33.905\,kg/h$$

답 33.91kg/h

22. SO_2가 1800ppm인 배기가스가 시간당 $500Nm^3$으로 배출되는 연소시설이 있다. 이 배기가스 중 SO_2를 건식 석회석 주입법으로 제거하고자 하면 생성되는 황산칼슘의 양(kg/day)을 구하시오. (단, SO_2와 반응하는 석회석은 모두 황산칼슘으로 변하며 SO_2 제거효율은 95%이다.) (6점)   2003.07.13, 2006.7.9 산업기사

계산과정
SO_2 : $CaSO_4$(석고=황산칼슘)

$22.4Nm^3$: 136kg

$500Nm^3/h \times 1800 \times 10^{-6} \times 0.95 \times 24h/day$: $x\,[kg/day]$

$$\therefore x = \frac{500 \times 1800 \times 10^{-6} \times 0.95 \times 24 \times 136}{22.4} = 124.585\,kg/day$$

답 124.59kg/day

23. 습식 배연탈황장치를 이용하여 배기가스 중 아황산가스를 24시간 동안 처리한 후 15.7t의 $CaSO_4 \cdot 2H_2O$를 회수하였다. 배기가스량이 $400000Nm^3/h$, 탈황률은 98%일 때 배기가스 중 아황산가스의 농도(ppm)를 구하시오. (6점)

2004.7.4, 2007.4.22 기사

계산과정
SO_2 : $CaSO_4 \cdot 2H_2O$

$22.4Nm^3$: 172kg

$$400000\text{Nm}^3/\text{h} \times x \times 10^{-6} \times 0.98 \times 24\text{h} : 15700\text{kg}$$

$$\therefore x = \frac{22.4 \times 15700}{400000 \times 10^{-6} \times 0.98 \times 24 \times 172} = 217.331\,\text{ppm}$$

답 217.33ppm

---

24. $200\text{Sm}^3/\text{h}$의 배기가스에는 SO_2가 1500ppm 함유되어 있다. 이 배기가스를 탄산칼슘으로 탈황하여 처리하려 할 때 소요되는 탄산칼슘의 양(kg/h)은? (5점)

2004.4.25, 2005.5.1, 2007.11.4, 2011.5.1, 2011.11. 산업기사

 $SO_2 + CaCO_3 \rightarrow CaSO_3 + CO_2$

1kmol : 1kmol

$22.4\text{Sm}^3 : 100\text{kg}$

$200\text{Sm}^3/\text{h} \times 1500 \times 10^{-6} : x[\text{kg/h}]$

$$\therefore x = \frac{200 \times 1500 \times 10^{-6} \times 100}{22.4} = 1.339\,\text{kg/h}$$

답 1.34kg/h

---

25. SO_2 농도가 400ppm인 배출가스 $50000\text{Sm}^3/\text{h}$를 석회석을 이용한 습식세정법으로 SO_2를 제거하고자 한다. 이 공정에서 SO_2를 이론적으로 완전제거하기 위해 필요한 탄산칼슘의 최소량(kg/h)을 구하시오. (단, 이 SO_2 제거공정에서는 석회석이 15%(질량기준) 포함되어 있는 탄산칼슘염의 슬러지를 이용한다.) 2012.3.4 기사

 $SO_2 \quad : \quad CaCO_3$

$22.4\text{Sm}^3 : 100\text{kg}$

$50000\text{Sm}^3/\text{h} \times 400 \times 10^{-6} : x[\text{kg/h}] \times 0.15$

$$\therefore x = \frac{50000 \times 400 \times 10^{-6} \times 100}{22.4 \times 0.15} = 595.238\,\text{kg/h}$$

답 595.24kg/h

---

26. 배출가스량 $10000\text{m}^3/\text{h}(25℃, 1\text{atm})$에는 SO_2가 1000ppm 함유되어 있다. 이 SO_2를 흡수처리하기 위한 석회석($CaCO_3$)의 시간당 소요량(kg)은 얼마인가? (단, 처리 시 소용되는 Ca/S의 몰비는 4이다.) (6점) 2010.10.31 기사

$SO_2 \quad : \quad 4CaCO_3$

$22.4\text{Sm}^3 : 4 \times 100\text{kg}$

$$10000 \text{m}^3/\text{h} \times \frac{273}{273+25} \times 1000 \times 10^{-6} : x\,[\text{kg/h}]$$

$$\therefore \; x = \frac{10000 \times \dfrac{273}{273+25} \times 1000 \times 10^{-6} \times 4 \times 100}{22.4} = 163.590\,\text{kg/h}$$

답 163.59kg/h

---

27. SO_2 : 2200ppm, 처리가스량 Q : 1500Nm^3/h일 때 처리 시 필요로 하는 NH_4OH량(kg/h)은? (단, NH_4OH 순도는 15%로 간주한다.)

계산과정 $2SO_2 \; + \; 2NH_4OH \rightarrow 2(NH_4)HSO_3$ (반응식 암기)

2kmol　　2kmol

$2 \times 22.4 \text{Nm}^3 \; : \; 2 \times 35 \text{kg}$

$1500 \text{Nm}^3/\text{h} \times 2200 \times 10^{-6} : x\,[\text{kg/h}] \times 0.15$

$$\therefore \; x = \frac{1500 \times 2200 \times 10^{-6} \times 2 \times 35}{2 \times 22.4 \times 0.15} = 34.375\,\text{kg/h}$$

답 34.38kg/h

---

28. SO_2 농도 3%를 접촉산화법으로 처리 시 85% H_2SO_4의 발생량(kg/h)은? (단, 반응률 95%, 처리량 650m^3/h)

계산과정 $SO_2 \; + \; \dfrac{1}{2}O_2 \rightarrow SO_3, \; SO_3 \; + \; H_2O \rightarrow H_2SO_4$

1kmol　　　　　　　　　　1kmol

22.4Nm^3　　　　　　:　　　　98kg

680m^3/h$\times$0.03$\times$0.95　　:　　$x\,[\text{kg/h}] \times 0.85$

$$\therefore \; x = \frac{680 \times 0.03 \times 0.95 \times 98}{22.4 \times 0.85} = 99.75\,\text{kg/h}$$

답 99.75kg/h

---

29. 촉매산화법에 대하여 다음 물음에 답하시오.
배기가스가 680m^3/h일 때 이 중 3%가 SO_2이며, 이 SO_2의 90%가 SO_3로 산화되고, SO_3의 99.5%가 흡수되어 H_2SO_4로 제거한다면 시간당 농도 85%의 황산이 몇 kg이 생성되는지 구하시오.

계산과정 $SO_2 \; + \; \dfrac{1}{2}O_2 \rightarrow SO_3, \; SO_3 \; + \; H_2O \rightarrow H_2SO_4$

$$1\text{kmol} \qquad\qquad\qquad 1\text{kmol}$$
$$22.4\text{Nm}^3 \qquad\qquad : \qquad\qquad 98\text{kg}$$
$$680\text{m}^3/\text{h}\times0.03\times0.9\times0.995 \quad : \quad x[\text{kg/h}]\times0.85$$

$$\therefore x = \frac{680\times0.03\times0.9\times0.995\times98}{22.4\times0.85} = 94.027\,\text{kg/h}$$

답 94.03kg/h

---

30. 3W/V% 과산화수소수 50mL는 이산화황을 이론상 약 몇 g 흡수할 수 있는가?

2001.11.4 산업기사

계산과정

$$\%\text{농도} = \frac{\text{용 질}}{\text{용 액}}\times100$$

$$3\text{W/V}(\%) = \frac{x[\text{g}]}{5\text{mL}}\times100 \qquad \therefore x = \frac{3\times50}{100} = 1.5\,\text{g}$$

$$SO_2 + H_2O_2 \rightarrow H_2SO_4$$
$$64\text{g} : 34\text{g}$$
$$x[\text{g}] : 1.5\text{g} \qquad\qquad\qquad \therefore x = \frac{64\times1.5}{34} = 2.823\,\text{g}$$

답 2.82g

---

31. 어느 공장에서 1600ppm의 SO_2를 포함한 80000Nm³/h의 배기가스를 발생시키고 있다. 이 배기가스의 25%가 연간 같은 방향으로 흘러가 아파트단지에 피해를 주고 있다면, 이 아파트단지로 흘러들어가 피해를 주는 SO_2량은 연간 몇 t인가? (단, 이 공장은 연간 300일 가동함)

2004.7.4, 2008.11.2 기사

계산과정

$$SO_2\text{량} = 80000\text{Nm}^3/\text{h}\times1600\times10^{-6}\times0.25\times24\,\text{h/day}\times300\text{day/year}$$
$$\times\frac{64\,\text{kg}}{22.4\text{Nm}^3}\times10^{-3}\,\text{t/kg} = 658.285\,\text{t/year}$$

답 658.29t/year

---

32. 배기가스량이 시간당 4000Sm³ 배출되는 사업장에 이 배기가스 중 황산화물이 1800ppm 함유되어 있다면 매초 방출되는 황산화물의 양은 몇 m³인가? (6점)

2006.7.9 산업기사

계산과정

$$SO_2(\text{m}^3/\text{s}) = 4000\,\text{Sm}^3/\text{h}\times1800\times10^{-6}\times\text{h}/3600\,\text{s} = 0.002\,\text{m}^3/\text{s}$$

답 $2\times10^{-3}\text{m}^3/\text{s}$

33. 하루의 H_2SO_4(100%) 100t을 생산하는 어떤 공장에서 H_2SO_4 1t당 20kg의 SO_2를 발생시키고 있다. 발생된 SO_2의 80%가 SO_3로 변환되고, SO_3의 90%가 H_2SO_4로 변환된다. 하루에 배출되는 H_2SO_4의 양은 얼마인가?   2001.4.22 기사

계산과정 H_2SO_4의 양 : $100t\ H_2SO_4/day \times 20kg\ SO_2/t\ H_2SO_4 \times 0.8\ SO_3/SO_2 \times 0.9\ H_2SO_4/SO_3$
$$= 1440kg/day$$

답 1440kg/day

34. 아황산가스 32g을 과산화수소수 100mL에 완전히 흡수시킨 용액을 0.1N NaOH로서 중화시킬 경우 요구되는 NaOH량(L)를 계산하시오.

|이해| 요구되는 NaOH 질량부터 먼저 구하면

계산과정 $SO_2 + H_2O_2 \rightarrow H_2SO_4$, $H_2SO_4 + 2NaOH \rightarrow Na_2SO_4 + 2H_2O$

  1mol   2mol

  64g   : $2 \times 40g$

  32g   : $x[g]$

$$\therefore x = \frac{32 \times 2 \times 40}{64} = 40g$$

용량을 구하기 위해

N(농도) : G(용질) : C(용액)

  1   :   40g : 1000mL

 0.1 :   40g : $x[mL]$ $\therefore x = \frac{1 \times 40 \times 1000}{0.1 \times 40} = 10000mL = 10L$

답 10L

35. 중유를 연소하는 연소로에서 배기가스를 20L를 채취하여 과산화수소수에 흡수시켜 발생하는 황산화물을 중화시키기 위해 $\frac{1}{10}$N–NaOH 용액이 30mL 소비되었다. 이때 연료 중 S성분(%)은? (단, S는 완전히 산화되며 과산화수소수에 완전 흡수되고 연소배기가스는 12.5m^3/kg으로 한다.)

계산과정 NaOH 질량을 구하면

   N   G   C

   1   : 40g : 1000mL

 0.1 : $x[g]$:   30mL $\therefore x = \frac{0.1 \times 40 \times 30}{1 \times 1000} = 0.12gNaOH$

연료 중 S성분(%)을 구하기 위해 반응식을 세우고 연소 배기가스 $12.5m^3/kg = 12.5L/g$ 이므로 뒤집어 대입하면

$$S + O_2 \rightarrow SO_2, \quad SO_2 + H_2O_2 \rightarrow H_2SO_4, \quad H_2SO_4 + 2NaOH \rightarrow Na_2SO_4 + 2H_2O$$

1mol 2mol

32g : 2×40g

$$\frac{1}{12.5}g중유/L배기가스 \times 20L배기가스 \times \frac{S\%}{100} 황/중유 : 0.12g$$

$$\therefore x = \frac{32 \times 0.12}{\frac{1}{12.5} \times 20 \times \frac{1}{100} \times 2 \times 40} = 3\%$$

답 3%

---

36. 흡수탑에서 배출가스 중의 아황산가스를 물로 흡수하고자 한다. 배출가스의 유량이 $100Am^3/$분, 온도가 200℃이고 아황산가스 농도는 1000ppm이다. 액가스비를 $8L/Am^3$으로 처리하고 아황산가스 처리효율을 80%로 유지하려 할 때, 처리수 중 아황산가스 중량백분율은 얼마인가?

2000.11.13 기사

계산과정 $SO_2\%(W/W) = \dfrac{SO_2}{처리수} \times 100$

$$= \frac{100\,Am^3/min \times 1000 \times 10^{-6} \times \dfrac{273}{273+200} \times \dfrac{64kg}{22.4Sm^3} \times 0.8}{8L/Am^3 \times 100Am^3/min \times 1kg/L} \times 100$$

$$= 0.0164\%$$

답 0.02%

---

37. 어떤 공장에서 배출가스의 SO_2와 O_2 농도를 추정하였더니 SO_2 2000ppm과 O_2 6%였다. 이 배기가스를 30% NaOH로 처리하여 아황산나트륨을 얻는 배연탈황을 행하고자 한다면 한달간 필요한 NaOH 수용액량(t/month)을 구하시오. (단, 연료의 비중은 0.95, 연료의 조성은 C : 85%, H : 11%, S : 4%인 중유로서 1일 8시간 가동하며 시간당 중유를 0.5kL 소모시키고 있다.)

2001.4.22 산업기사

계산과정 G_w를 구하기 위해

$$SO_2(ppm) = \frac{SO_2}{G_w} \times 10^6$$

$$G_w = \frac{SO_2[Sm^3/kg]}{SO_2[ppm]} \times 10^6 \frac{= \dfrac{22.4}{32}S[Sm^3/kg]}{SO_2[ppm]} = \frac{\dfrac{22.4}{32} \times 0.04}{2000} \times 10^6$$

$$= 14\,\mathrm{Sm^3/kg}$$

$$G_w{}'\,[\mathrm{Sm^3/month}] = G_w \times G_f$$

$$= 14\,\mathrm{Sm^3/kg} \times 0.5\,\mathrm{kL/h} \times 10^3\,\mathrm{L/kL} \times 0.95\,\mathrm{kg/L} \times 8\,\mathrm{h/day} \times 30\,\mathrm{day/month}$$

$$= 1596000\,\mathrm{m^3/month}$$

$$\therefore\ SO_2 + 2NaOH \rightarrow Na_2SO_3 + H_2O$$

$$22.4\,\mathrm{Sm^3} \ :\ 2\times40\,\mathrm{kg}$$

$$1596000\,\mathrm{Sm^3/month} \times 2000 \times 10^{-6} \ :\ x\,[\mathrm{kg/month}] \times 0.3$$

$$\therefore\ x = \frac{1596000 \times 2000 \times 10^{-6} \times 2 \times 40}{22.4 \times 0.3} = 38000\,\mathrm{kg/month} = 38\,\mathrm{t/month}$$

답 38t/month

---

38. 2.0% 황을 함유하는 분쇄된 석탄을 사용하여 시간당 360×10^7kJ 에너지를 생산하는 발전소가 있다. 열효율이 40%이고 석탄의 열량은 28000kJ/kg이다. 석탄에 함유된 황분을 90% 제거하기 위해 습식 석회석 처리 공정을 이용할 때 소요되는 $CaCO_3$량(t/day)은? (단, 2.0% 황함유 석탄 4t을 습식 석회석 처리 공정을 이용하여 90% 황을 제거하는 데 $CaCO_3$ 1t 소요) 　2001.4.22 기사

계산과정 연료사용량(G_f)부터 구하면

열효율 $\eta = \dfrac{Q}{G_f \times H_l}$

$$\therefore\ G_f = \frac{Q}{\eta \times H_l} = \frac{360\times10^7\,\mathrm{kJ/h}}{0.4 \times 28000\,\mathrm{kJ/kg}} = 321428.5714\,\mathrm{kg/h}$$

석탄　　　$CaCO_3$

4t　　:　　1t

$321428.5714\,\mathrm{kg/h} \times 24\,\mathrm{h/day} \times 10^{-3}\,\mathrm{t/kg} : x\,[\mathrm{t/day}]$

$$\therefore\ x = \frac{321428.5714 \times 24 \times 10^{-3} \times 1}{4} = 1928.571\,\mathrm{t/day}$$

답 1928.57t/day

---

39. NO 7000ppm을 함유한 배기가스 150Sm³/h을 NH_3을 이용한 선택적 접촉환원법으로 처리할 경우 하루 8시간 동안 가동할 때 NO를 제거하기 위해 필요한 $NH_3[\mathrm{Sm^3/day}]$의 양은 얼마인가? (6점) 　2005.7.10, 2010.4.18 기사

계산과정 $6NO + 4NH_3 \rightarrow 5N_2 + 6H_2O$

$6\times22.4\,\mathrm{Sm^3} : 4\times22.4\,\mathrm{Sm^3}$

$150\mathrm{Sm^3/h} \times 7000 \times 10^{-6} \times 8\mathrm{h/day} : x\,[\mathrm{Sm^3/day}]$

$$\therefore x = \frac{150 \times 7000 \times 10^{-6} \times 8 \times 4 \times 22.4}{6 \times 22.4} = 5.6 \, \mathrm{Sm^3/day}$$

답 $5.6 \mathrm{Sm^3/day}$

---

40. NO 224ppm, NO_2 22.4ppm을 함유한 배기가스 $10000\mathrm{Nm^3/h}$을 이용한 선택적 접촉환원법으로 처리할 경우 NOx를 제거하기 위해 필요한 $NH_3[\mathrm{kg/h}]$의 양은 얼마인가? (6점)　　　　2001.11.4 산업기사 / 2004.4.25, 2008.7.6, 2008.11.2 기사

계산과정

$6NO + 4NH_3 \rightarrow 5N_2 + 6H_2O$,　　　$6NO_2 + 8NH_3 \rightarrow 7N_2 + 12H_2O$

$6 \times 22.4 \mathrm{Sm^3} : 4 \times 17 \mathrm{kg}$　　　　　　$6 \times 22.4 \mathrm{Sm^3} : 8 \times 17 \mathrm{kg}$

$10000\mathrm{Nm^3/h} \times 224 \times 10^{-6} : x_1[\mathrm{kg/h}]$　　$10000\mathrm{Nm^3/h} \times 22.4 \times 10^{-6} : x_2[\mathrm{kg/h}]$

$$x_1 = \frac{10000 \times 224 \times 10^{-6} \times 4 \times 17}{6 \times 22.4} = 1.1333 \, \mathrm{kg/h}$$

$$x_2 = \frac{10000 \times 22.4 \times 10^{-6} \times 8 \times 17}{6 \times 22.4} = 0.2266 \, \mathrm{kg/h}$$

$$\therefore NH_3 량 = x_1 + x_2 = 1.1333 + 0.2266 = 1.359 \, \mathrm{kg/h}$$

답 $1.36 \mathrm{kg/h}$

---

41. NO 1000ppm, NO_2 50ppm을 함유한 배기가스 $40000\mathrm{Sm^3/h}$를 NH_3를 이용한 선택적 접촉환원법으로 처리할 경우 NOx를 제거하기 위해 필요한 $NH_3(\mathrm{kg/h})$의 양은? (단, 암모니아수는 25(W/W)%이다.)　　　　2003.4.27 기사

계산과정

$6NO + 4NH_3 \rightarrow 5N_2 + 6H_2O$　　　　　$6NO_2 + 8NH_3 \rightarrow 7N_2 + 12H_2O$

$6 \times 22.4 \mathrm{Sm^3} : 4 \times 17 \mathrm{kg}$　　　　　　$6 \times 22.4 \mathrm{Sm^3} : 8 \times 17 \mathrm{kg}$

$40000\mathrm{Sm^3/h} \times 1000 \times 10^{-6} : x_1[\mathrm{kg/h}] \times 0.25$　　$40000\mathrm{Sm^3/h} \times 50 \times 10^{-6} : x_2[\mathrm{kg/h}] \times 0.25$

$$x_1 = \frac{40000 \times 1000 \times 10^{-6} \times 4 \times 17}{6 \times 22.4 \times 0.25} = 80.9523 \, \mathrm{kg/h}$$

$$x_2 = \frac{40000 \times 50 \times 10^{-6} \times 8 \times 17}{6 \times 22.4 \times 0.25} = 8.0952 \, \mathrm{kg/h}$$

$$\therefore NH_3 량 = x_1 + x_2 = 80.9523 + 8.0952 = 89.047 \, \mathrm{kg/h}$$

답 $89.05 \mathrm{kg/h}$

---

42. NO_2가 80ppm이고 배기가스 유량이 $1000\mathrm{Sm^3}$ 일 때 CO를 사용하여 NO_2를 비선택적으로 제거하고자 할 때 $CO(\mathrm{Sm^3})$의 양은?　　　　2002.4.21 산업기사

계산과정 $NO_2 + 2CO \rightarrow \dfrac{1}{2}N_2 + 2CO_2$

$22.4Sm^3 : 2 \times 22.4Sm^3$

$1000Sm^3 \times 80 \times 10^{-6} : x[Sm^3]$

$\therefore x = \dfrac{1000 \times 80 \times 10^{-6} \times 2 \times 22.4}{22.4} = 0.16\,Sm^3$

답 $0.16Sm^3$

---

43. NO_2를 측정하니 50ppm이고 배기가스량이 $500Sm^3$일 때 CO에 대한 비선택적인 환원방법으로 NO_2를 NO로 환원시키는데 필요한 CO의 양은 몇 Sm^3인가? (6점)

2006.4.23 산업기사

계산과정 $NO_2 + CO \rightarrow NO + CO_2$

$22.4Sm^3 : 22.4Sm^3$

$500Sm^3 \times 50 \times 10^{-6} : x[Sm^3]$

$\therefore x = \dfrac{500 \times 50 \times 10^{-6} \times 22.4}{22.4} = 0.025\,Sm^3$

답 $0.03Sm^3$

---

44. NO_2 350ppm을 함유하는 배출가스 $20000Sm^3/h$를 H_2O_2를 사용하여 질산으로 회수하고자 한다. 이 배출시설에서 10시간 배출한 가스 중 NO_2를 70% 제거한다면, 필요한 3% H_2O_2 소요량(kg)은 얼마이겠는가? (6점)

2005.5.1 기사

계산과정 $2NO_2 + H_2O_2 \rightarrow 2HNO_3$

$2 \times 22.4Nm^3 \quad : \quad 34kg$

$20000Sm^3/h \times 350 \times 10^{-6} \times 10h \times 0.7 \quad : \quad x[kg] \times 0.03$

$\therefore x = \dfrac{20000 \times 350 \times 10^{-6} \times 10 \times 0.7 \times 34}{2 \times 22.4 \times 0.03} = 1239.583\,kg$

답 $1239.58kg$

---

45. 어느 공장의 배기가스 유량은 $1000Sm^3/h$이며 SO_2와 NO의 농도는 각각 2000ppm, 1000ppm이다. H_2S를 이용하여 SO_2와 NO를 동시에 제거하고자 한다. H_2S 1시간당 소요되는 양은 몇 Sm^3이며, 이때 생기는 S의 양(kg)을 구하시오.

2004.10. 기사 / 2004.10. 산업기사

계산과정 $SO_2 + 2H_2S \rightarrow 3S + 2H_2O$ (반응식 암기)

1kmol 2kmol 3kmol

$22.4Sm^3 : 2 \times 22.4Sm^3 : 3 \times 32kg$

$1000Sm^3/h \times 2000 \times 10^{-6} : x_1[Sm^3/h] : x_2[kg/h]$

$NO + H_2S \rightarrow S + \frac{1}{2}N_2 + H_2O$ (반응식 암기)

1kmol 1kmol 1kmol

$22.4Sm^3 : 22.4Sm^3 : 32kg$

$1000Sm^3/h \times 1000 \times 10^{-6} : x_3[Sm^3/h] : x_4[kg/h]$

$$x_1 = \frac{1000 \times 2000 \times 10^{-6} \times 2 \times 22.4}{22.4} = 4\,Sm^3/h$$

$$x_2 = \frac{1000 \times 2000 \times 10^{-6} \times 3 \times 32}{22.4} = 8.5714\,kg/h$$

$$x_3 = \frac{1000 \times 1000 \times 10^{-6} \times 22.4}{22.4} = 1\,Sm^3/h$$

$$x_4 = \frac{1000 \times 1000 \times 10^{-6} \times 32}{22.4} = 1.4285\,kg/h$$

$\therefore$ H$_2$S량$= x_1 + x_3 = 4 + 1 = 5\,Sm^3/h$

$\therefore$ S량$= x_2 + x_4 = 8.5714 + 1.4285 = 9.999\,kg/h$

답 H$_2$S량$=5Sm^3/h$, S량$= 10kg/h$

---

46. NO$_2$ 150ppm인 배기가스가 시간당 10000m^{3}로 배출되는 경우, 이 NO$_2$를 처리하기 위해 필요한 NaOH의 양(kg/h)을 구하시오. (단, NaOH와의 반응률은 95%임) (6점)   2003.10. 기사 / 2006.4.23 산업기사

|이해| $2NO_2 + 2NaOH \rightarrow NaNO_2 + NaNO_3 + H_2O$ (반응식 암기)

계산과정 NO$_2$: NaOH

$22.4Nm^3 : 40kg$

$10000m^3/h \times 150 \times 10^{-6} \times 0.95 : x[kg/h]$

$$\therefore x = \frac{10000 \times 150 \times 10^{-6} \times 0.95 \times 40}{22.4} = 2.544\,kg/h$$

답 2.54kg/h

---

47. 처리가스량 5000Nm^3/h에 NO$_2$ 농도가 100ppm이 함유되어 있다. 이 가스를 NO로 환원시켜 CH$_4$으로 제거 시 필요한 CH$_4$량은?

계산과정 반응식

$$4NO_2 + CH_4 \rightarrow 4NO + CO_2 + 2H_2O$$
$$+ \underline{)\ 4NO + CH_4 \rightarrow 2N_2 + CO_2 + 2H_2O}$$
$$4NO_2 + 2CH_4 \rightarrow 2N_2 + 2CO_2 + 4H_2O \quad (반응식 \ 암기)$$

4kmol   2kmol

$$4 \times 22.4Nm^3 : 2 \times 22.4Nm^3$$
$$5000Nm^3/h \times 100 \times 10^{-6} : x[Nm^3/h]$$

$$\therefore x = \frac{5000 \times 100 \times 10^{-6} \times 2 \times 22.4}{4 \times 22.4} = 0.25 Nm^3/h$$

답 $0.25Nm^3/h$

---

48. 어느 초산 제조공정에서 발생하는 NO_2의 농도를 측정한 바 50ppm이었으며, 배기가스량은 $1000Nm^3$이었다. 이 시설에서 배출되는 NO_2를 CO에 의한 비선택적 환원방법으로 NO_2를 NO로 환원시킨 후 생성되는 NO를 $FeSO_4$를 이용한 착염 생성 흡수법으로 흡수제거하고자 한다. 이때 필요한 $FeSO_4$의 소요량(kg)은 얼마인가? (단, Fe의 원자량은 56) (6점)   2003.7.13 기사

계산과정

$$NO_2 + CO \rightarrow NO + CO_2$$
$$+ \underline{)\ NO + FeSO_4 \rightarrow Fe(NO)SO_4}$$
$$NO_2 + FeSO_4 + CO \rightarrow Fe(NO)SO_4 + CO_2 \quad (반응식 \ 암기)$$

$$22.4Nm^3 \quad : \quad 152kg$$
$$1000Nm^3 \times 50 \times 10^{-6} : x[kg] \qquad \therefore x = \frac{1000 \times 50 \times 10^{-6} \times 152}{22.4} = 0.339 kg$$

답 0.34kg

---

49. NO농도가 500ppm인 배출가스 $100000m^3/h$(120℃)의 소각로 배기가스가 있다. 배출되는 NO농도를 100ppm으로 감소시키기 위해서 SNCR 공정을 채택하였다. 이 공정에서 요소$[(NH_2)_2CO]$ 1몰당 2몰의 NO를 제거시킨다면 20Wt% 요소용액을 사용하는 경우 수입하여야 하는 요소용액의 양은 얼마인가?   2001.11.4, 2004.4.25 기사

이해 SNCR(선택적 무촉매 환원)의 NO와 요소와의 반응식

$$2NO + (NH_2)_2CO + 0.5O_2 \rightarrow 2N_2 + 2H_2O + CO_2 \quad (반응식 \ 암기)$$

계산과정 2NO   : $(NH_2)_2CO$

$$2 \times 22.4Sm^3 : 60kg$$

$$100000m^3/h \times \frac{273}{(273+120)} \times (500-100) \times 10^{-6} : x[kg/h] \times 0.2$$

$$\therefore x = \frac{100000 \times \frac{273}{(273+120)} \times (500-100) \times 10^{-6} \times 60}{2 \times 22.4 \times 0.2} = 186.068\,\text{kg/h}$$

🖹 186.07kg/h

---

50. 표준상태에서의 염화수소 0.1%, 배기가스 유량은 $10000\text{m}^3/\text{h}$이다. 염화수소를 수산화칼슘으로 제거하고자 할 때 수산화칼슘의 양(kg/h)은?

2002.4.21, 2006.4.23, 2006.11.5 산업기사

계산과정 $2\text{HCl} + \text{Ca(OH)}_2 \rightarrow \text{CaCl}_2 + 2\text{H}_2\text{O}$

$2 \times 22.4\text{Sm}^3$: 74kg

$10000\text{m}^3/\text{h} \times 0.001 : x\,[\text{kg/h}]$ $\qquad \therefore x = \dfrac{10000 \times 0.001 \times 74}{2 \times 22.4} = 16.517\,\text{kg/h}$

🖹 16.52kg/h

---

51. 염화수소 0.05%가 포함된 가스 $1000\text{m}^3/\text{h}$을 수산화칼슘으로 중화처리하고자 한다. 필요한 수산화칼슘 소요량(kg/h)은? (4점)

2011.7.24 기사

계산과정 2HCl : Ca(OH)_2

$2 \times 22.4\text{m}^3$: 74kg

$1000\text{m}^3/\text{h} \times 0.05 \times 10^{-2} : x\,[\text{kg/h}]$

$x = \dfrac{1000 \times 0.05 \times 10^{-2} \times 74}{2 \times 22.4} = 0.825\,\text{kg/h}$

🖹 0.83kg/h

---

52. 염화수소농도 450mL/m^3인 배출가스가 $1000\text{m}^3/\text{h}$로 배출되고 있다. 물을 사용하여 흡수율 100%인 세정탑으로 10시간 흡수한 후 Ca(OH)_2로 중화한다면 이때 필요한 Ca(OH)_2는 몇 kg인지 계산하시오. (단, Ca : 40, Cl : 35.5)

|이해| $450\text{mL/m}^3 = 450\text{ppm}$

계산과정 $2\text{HCl} + \text{Ca(OH)}_2 \rightarrow \text{CaCl}_2 + 2\text{H}_2\text{O}$

2kmol   1kmol

$2 \times 22.4\text{Sm}^3$: 74kg

$1000\text{m}^3/\text{h} \times 450 \times 10^{-6} \times 10\text{h} : x\,[\text{kg}]$

$\therefore x = \dfrac{1000 \times 450 \times 10^{-6} \times 10 \times 74}{2 \times 22.4} = 7.433\,\text{kg}$

답 7.43kg

---

53. 배출가스 중 염화수소 농도가 620ppm 함유된 어느 쓰레기장 소각로에서 1250 Sm^3/h씩의 가스가 배출되고 있다. 이 가스 중의 염화수소를 수산화칼슘 흡수탑에서 90% 이상 제거하려면 이론적으로 필요한 수산화칼슘 양(kg/h)을 구하시오. (단, Ca의 원자량은 40, Cl은 35.5이다.)

계산 과정
$2HCl + Ca(OH)_2 \rightarrow CaCl_2 + 2H_2O$
2kmol   1kmol
$2 \times 22.4 Nm^3 : 74kg$
$1250 Sm^3/h \times 620 \times 10^{-6} \times 0.9 : x\,[kg/h]$

$$\therefore x = \frac{1250 \times 620 \times 10^{-6} \times 0.9 \times 74}{2 \times 22.4} = 1.152\,kg/h$$

답 1.15kg/h

---

54. HCl이 함유된 폐가스 $2400Nm^3/h$를 $Ca(OH)_2$로 완전처리 시 중화 전 폐가스 (배출가스) 중 HCl 농도(ppm)는? (단, $Ca(OH)_2$ 사용량이 2.6kg/h이다.)

계산 과정
$2HCl + Ca(OH)_2 \rightarrow CaCl_2 + 2H_2O$
2kmol   1kmol
$2 \times 22.4 Nm^3 : 74kg$
$2400 Nm^3/h \times x\,[ppm] \times 10^{-6} : 2.6kg/h$

$$\therefore x = \frac{2 \times 22.4 \times 2.6}{2400 \times 10^{-6} \times 74} = 655.855\,ppm$$

답 655.86ppm

---

55. 230ppm의 HCl을 포함한 $400Nm^3/h$의 배기가스를 처리하기 위하여 $1L/Nm^3$의 수세탑을 사용한다. 이 수세탑의 배수를 중화하는데 1.5 N-NaOH 용액의 소요량은 몇 L/h인가 계산하시오. (단, HCl은 100% 흡수하는 것으로 하며, NaOH 분자량은 40이다.)
2008.7.6 기사

계산 과정 액체의 체적을 구하기 위해 질량부터 구하면
$HCl + NaOH \rightarrow NaCl + H_2O$
1kmol   1kmol
$22.4 Nm^3 : 40kg$
$400 Nm^3/h \times 230 \times 10^{-6} : x\,[kg/h]$

$$\therefore x = \frac{400 \times 230 \times 10^{-6} \times 40}{22.4} = 0.164\,\text{kg/h}$$

N　　G　　　C

1　:　40g　:　1000mL

1.5　: 164g/h : x[mL/h]　　　　$\therefore x = \dfrac{1 \times 164 \times 1000}{1.5 \times 40} = 2733\,\text{mL/h} = 2.73\,\text{L/h}$

답 2.73L/h

---

56. 염소농도 0.56%의 배기가스 5000Sm³/h를 수산화나트륨 수용액으로 세정하고 그 액을 회수하였다. 필요한 수산화나트륨의 이론량(kg/h)을 구하시오. (단, 흡수율을 100%, NaOH 분자량은 40으로 한다.)　　　　　2003.10. 산업기사

계산 과정

$Cl_2 + 2NaOH \rightarrow NaCl + NaOCl + H_2O$

1kmol　2kmol

$22.4\text{Sm}^3 : 2 \times 40\text{kg}$

$5000\text{Sm}^3/\text{h} \times 0.0056 : x\,[\text{kg/h}]$

$$\therefore x = \frac{5000 \times 0.0056 \times 2 \times 40}{22.4} = 100\,\text{kg/h}$$

답 100kg/h

---

57. Cl_2 농도 35.5ppm을 함유한 처리가스량 5000Nm³/h를 처리하여 출구농도 (Cl_2) 5ppm으로 하기 위한 NaOH량(kg/h)은?

계산 과정

$Cl_2 + 2NaOH \rightarrow NaCl + NaOCl + H_2O$

1kmol　2kmol

$22.4\text{Nm}^3 : 2 \times 40\text{kg}$

$5000\text{Nm}^3/\text{h} \times (35.5-5) \times 10^{-6} : x\,[\text{kg/h}]$

$$\therefore x = \frac{5000 \times (35.5-5) \times 10^{-6} \times 2 \times 40}{22.4} = 0.544\,\text{kg/h}$$

답 0.54kg/h

---

58. 어느 배출구의 염소의 농도는 35.5mg/Sm³이고 배출되는 배출가스의 량은 시간당 15000Sm³였다. 이 배출가스를 NaOH 용액으로 처리하여 5ppm으로 만들고자 한다면 이때 필요한 NaOH량은 몇 kg/h인가? (5점)　　　　　2009.7.5 기사

계산 과정 Cl_2　　　　: 2NaOH

$$22.4\mathrm{Sm}^3 : 2 \times 40\mathrm{kg}$$

$$15000\mathrm{Sm}^3/\mathrm{h} \times \left(35.5\mathrm{mg/Sm}^3 \times \frac{22.4\mathrm{mL}}{71\mathrm{mg}} - 5\right) \times 10^{-6} : x\,[\mathrm{kg/h}]$$

$$\therefore x = \frac{15000 \times \left(35.5 \times \dfrac{22.4}{71} - 5\right) \times 10^{-6} \times 2 \times 40}{22.4} = 0.332\mathrm{kg/h}$$

🖺 0.33kg/h

---

59. 배기가스 100000Sm^3/h에는 염소 200ppm이 함유되어 있다. 이 배기가스를 수산화나트륨 수용액으로 흡수 처리할 때 차아염소산나트륨(NaOCl)의 생성량($\mathrm{kg/h}$)을 구하시오. (단, 염소는 100% 반응한다.)

2001.7.15, 2008.7.6 산업기사 / 2003.4.27, 2007.11.4 기사

계산과정 $\mathrm{Cl}_2 + 2\mathrm{NaOH} \rightarrow \mathrm{NaCl} + \mathrm{NaOCl} + \mathrm{H}_2\mathrm{O}$

$$22.4\mathrm{Sm}^3 \quad : \quad 74.5\mathrm{kg}$$

$$100000\mathrm{Sm}^3/\mathrm{h} \times 200 \times 10^{-6} : x\,[\mathrm{kg/h}]$$

$$\therefore x = \frac{100000 \times 200 \times 10^{-6} \times 74.5}{22.4} = 66.517\mathrm{kg/h}$$

🖺 66.52kg/h

---

60. 염소농도가 0.4%인 배출가스 5000Sm^3/h를 수산화칼슘으로 제거하고자 할 때 필요한 수산화칼슘의 양은? ($\mathrm{kg/h}$) (6점) 2005.7.10, 2007.4.22 산업기사

계산과정 $\mathrm{Cl}_2 \quad : \quad \mathrm{Ca(OH)}_2$

$$22.4\mathrm{Sm}^3 \quad : \quad 74\mathrm{kg}$$

$$5000\mathrm{Sm}^3/\mathrm{h} \times 0.004 : x\,[\mathrm{kg/h}]$$

$$\therefore x = \frac{5000 \times 0.004 \times 74}{22.4} = 66.071\mathrm{kg/h}$$

🖺 66.07kg/h

---

61. 염소농도가 500ppm인 배출가스 5000Sm^3/h를 수산화칼슘으로 제거하고자 할 때 필요한 수산화칼슘의 양은? (6점) 2006.4.23 기사

계산과정 $\mathrm{Cl}_2 \quad : \quad \mathrm{Ca(OH)}_2$

$$22.4\mathrm{Sm}^3 : 74\mathrm{kg}$$

$$5,000\mathrm{Sm}^3/\mathrm{h} \times 500 \times 10^{-6} : x\,[\mathrm{kg/h}]$$

$$\therefore x = \frac{5000 \times 500 \times 10^{-6} \times 74}{22.4} = 8.258 \text{kg/h}$$

답 8.26kg/h

---

62. 염소농도가 400ppm인 배출가스 10000Sm³/h를 20kg/h의 수산화칼슘 현탁액을 가해 처리하고 있다. 이때 배연의 Cl_2 가스농도(ppm)를 구하시오. (단, 수산화칼슘 현탁액의 농도는 60%, 반응률은 100%이다.)

계산과정

Cl_2 : $Ca(OH)_2$

$22.4 \text{Sm}^3 : 74 \text{kg}$

$10000 \text{Sm}^3/\text{h} \times (400-x) \times 10^{-6} : 20 \text{kg/h} \times 0.6$

$10000 \times (400-x) \times 10^{-6} \times 74 = 22.4 \times 20 \times 0.6$

$400 - x = \dfrac{22.4 \times 20 \times 0.6}{10000 \times 10^{-6} \times 74}$

$\therefore x = 400 - \dfrac{22.4 \times 20 \times 0.6}{10000 \times 10^{-6} \times 74} = 36.756 \text{ppm}$

답 36.76ppm

---

63. NO : 1500ppm, Cl_2 : 3000ppm이 혼합되어 있는 폐가스 2000m³/h를 처리하기 위해 필요한 $FeSO_4$의 양은? (단, Fe : 56, S : 32, O : 16)

계산과정

$NO + FeSO_4 \rightarrow Fe(NO)SO_4$, $Cl_2 + 2FeSO_4 \rightarrow 2Fe(Cl)SO_4$ (반응식 암기)

1kmol   1kmol   1kmol   2kmol

$22.4 \text{Nm}^3 : 152 \text{kg}$ $22.4 \text{Nm}^3 : 2 \times 152 \text{kg}$

$2000 \text{m}^3/\text{h} \times 1500 \times 10^{-6} : x_1 [\text{kg/h}]$ $2000 \text{m}^3/\text{h} \times 3000 \times 10^{-6} : x_2 [\text{kg/h}]$

$x_1 = \dfrac{2000 \times 1500 \times 10^{-6} \times 152}{22.4} = 20.357 \text{kg/h}$

$x_2 = \dfrac{2000 \times 3000 \times 10^{-6} \times 2 \times 152}{22.4} = 81.428 \text{kg/h}$

$\therefore FeSO_4 = x_1 + x_2 = 101.785 \text{kg/h}$

답 101.79kg/h

---

64. 염소농도 35ppm이고, 유량이 10000Sm³/h인 배기가스를 40% 수산화나트륨 용액(비중 1.1)으로 처리하여 5ppm이 되도록 하고자 한다. 1시간당 필요한 수산화나트륨 용액량(L)을 구하시오.

계산
과정 $Cl_2 + 2NaOH \rightarrow NaCl + NaOCl + H_2O$

1kmol 2kmol

$22.4Sm^3 : 2 \times 40kg$

$10000Sm^3/h \times (35-5) \times 10^{-6} : x[kg/h]$

$x = \dfrac{10000 \times (35-3) \times 10^{-6} \times 2 \times 40}{22.4} = 1.071428571\,kg/h$

$M농도 = \dfrac{비중 \times 10 \times \%}{분자량} = \dfrac{1.1 \times 10 \times 40}{40} = 11M$이므로

$\quad$ M $\qquad$ G $\qquad$ C

$\quad$ 1 $\quad : \quad$ 40g $\quad : \quad$ 1000mL

$\quad$ 11 $\quad : \quad$ 1071.428571g/h $: x[mL/h]$

$\therefore x = \dfrac{1 \times 1071.428571 \times 1000}{11 \times 40} = 2435\,mL/h = 2.435\,L/h$

답 2.44L/h

---

65. 5000Sm^3/h로 배출되는 배기가스 중의 HF 농도가 30ml/Sm^{3}이다. 이 HF를 순환수로 세정 흡수시킨 후 Ca(OH)$_2$로 침전시켜 제거한다면 하루 10시간 운전할 때 6일간에 필요한 Ca(OH)$_2$의 필요량은 몇 kg인가? (단, HF 흡수율은 90%이고, Ca(OH)$_2$와의 반응률은 100%이다.) (5점)
2009.7.5 기사

계산
과정 2HF $\quad : \quad$ Ca(OH)$_2$

$2 \times 22.4Sm^3 : 74kg$

$5000Sm^3/h \times 30 \times 10^{-6} \times 10h/day \times 6day \times 0.9 : x[kg]$

$\therefore x = \dfrac{5000 \times 30 \times 10^{-6} \times 10 \times 6 \times 0.9 \times 74}{2 \times 22.4} = 13.379\,kg$

답 13.38kg

---

66. HF 500ppm인 배출가스 2000Nm^3/h를 수산화칼슘으로 제거하고자 할 때 필요한 수산화칼슘의 양(kg/day)은? (단, 수산화칼슘의 순도는 70%이며, 배출시설은 하루 8시간 가동함) (5점)
2007.11.4 기사

계산
과정 2HF $\quad : \quad$ Ca(OH)$_2$

$2 \times 22.4Nm^3 : 74kg$

$2000Nm^3/h \times 500 \times 10^{-6} \times 8h/day : x[kg/day] \times 0.7$

$\therefore x = \dfrac{2000 \times 500 \times 10^{-6} \times 8 \times 74}{2 \times 22.4 \times 0.7} = 18.877\,kg/day$

답 18.88kg/day

67. HF를 석회유로 제거하려고 한다. 처리가스량 180m³/min 속에 HF 농도 1200ppm일 때 요구되는 석회유량(kg/min)은?

|이해| 석회유＝소석회＝수산화칼슘($Ca(OH)_2$)

|계산과정| $2HF + Ca(OH)_2 \rightarrow CaF_2 + 2H_2O$

2kmol   1kmol

$2 \times 22.4 Nm^3 : 74kg$

$180m^3/min \times 1200 \times 10^{-6} : x[kg/min]$

$\therefore x = \dfrac{180 \times 1200 \times 10^{-6} \times 74}{2 \times 22.4} = 0.356 kg/min$

|답| 0.36kg/min

---

68. HF 3000ppm, SiF_4 1500ppm, 가스 22400Nm³/h를 물로 흡수하여 규불산으로 회수하려고 한다. 흡수율이 100%일 때 이론적으로 흡수할 수 있는 규불산의 양 (kg·mol/h)은?   2008.4.20 기사

|계산과정| $2HF + SiF_4 \rightarrow H_2SiF_6$

2kg·mol   1kg·mol

$2 \times 22.4 Nm^3 :$ 1kg·mol

$22400Nm^3/h \times 3000 \times 10^{-6} : x[kg·mol]$

$\therefore x = \dfrac{22400 \times 3000 \times 10^{-6} \times 1}{2 \times 22.4} = 1.5 kg·mol$

|답| 1.5kg·mol

---

69. 배출가스 중의 불화수소를 측정한 결과 85ppm이었고, 배출가스량은 100000 Nm³/h이었다. 불소 화합물의 배출 허용 기준이 불소의 양으로 10mg/Nm³이라면 다음 각 물음에 답하시오.

(1) 이 배출가스에서 줄여야 할 불소의 양은 시간당 몇 kg이 되겠는가?

(2) 또한 배출기준을 유지하기 위하여 $Ca(OH)_2$를 이용한 습식 흡수법을 적용하였을 경우 $Ca(OH)_2$는 몇 kg이 필요한가? (단, $Ca(OH)_2$의 용액순도는 70%, 반응률은 100%로 한다.)

|계산과정| (1) 줄여야 할 불소의 양＝$C_i Q_i - C_o Q_o$

$= \left(85\,mL/Nm^3 \times \dfrac{20mg}{22.4mL} \times \dfrac{19}{20} \times 100000 Nm^3/h - 10mg/Nm^3 \right.$

$$\times 100000 \mathrm{Nm^3/h} \bigg) \times 10^{-6} \mathrm{kg/mg} = 6.209 \mathrm{kg/h}$$

(2) (1)의 질량만 제거하면 배출기준을 유지할 수 있다.

$2HF + Ca(OH)_2 \rightarrow CaF_2 + 2H_2O$에서 불소만 계산하면

$2F^-$: $Ca(OH)_2$

2kmol   1kmol

$2 \times 19 \mathrm{kg}$: $74 \mathrm{kg}$

$6.21 \mathrm{kg}$: $x[\mathrm{kg}] \times 0.7$ $\therefore x = \dfrac{6.21 \times 74}{2 \times 19 \times 0.7} = 17.275 \mathrm{kg/h}$

🔒 (1) 6.21kg/h   (2) 17.28kg/h

---

70. CH_4을 염소화하여 CCl_4를 만들 때 필요한 HCl량(mol)은? (단, CH_4 : 1몰 기준)

계산과정 $CH_4 + 4HCl \rightarrow CCl_4 + 4H_2 \uparrow$ (반응식 암기)

1mol   4mol

🔒 4mol

---

71. 메탄(CH_4)을 염소화하여 사염화에틸렌(C_2Cl_4)을 제조할 때 메탄 1Sm^{3}당 부생하는 염화수소의 이론적 양(Sm^3)을 구하시오. (단, 염소화 반응은 100% 진행된다고 한다.)

계산과정 $2CH_4 + 6Cl_2 \rightarrow C_2Cl_4 + 8HCl$ (반응식 암기)

2kmol   8kmol

$2 \times 22.4 \mathrm{Sm^3}$: $8 \times 22.4 \mathrm{Sm^3}$

$1 \mathrm{Sm^3}$: $x[\mathrm{Sm^3}]$

$\therefore x = \dfrac{1 \times 8 \times 22.4}{2 \times 22.4} = 4 \mathrm{Sm^3}$

🔒 $4 \mathrm{Sm^3}$

Chapter 03

처리장치 설계

① 용해도가 클 경우 흡수장치 : 충전탑, 분무탑, 벤투리 스크러버, 사이클론 스크러버, 제트 스크러버

이유 : 용해도가 큰 기체는 가스 측 저항이 크기 때문에 액 분산형 흡수장치를 선택 해야 한다.

② 용해도가 작을 경우 흡수장치 : 다공판탑, 포종탑, 기포탑, 단탑

이유 : 용해도가 작은 기체는 액 측 저항이 크기 때문에 가스 분산형 흡수장치를 선 택해야 한다.

(1) 충전탑(Packed tower)

① 충전탑에서 흡수액의 구비조건

㈎ 용해도가 클 것

㈏ 부식성이 없을 것

㈐ 휘발성이 적을 것

㈑ 점성이 낮고 화학적으로 안정하며 독성이 없을 것

㈒ 가격이 저렴하고 화학적 성질이 비슷할 것

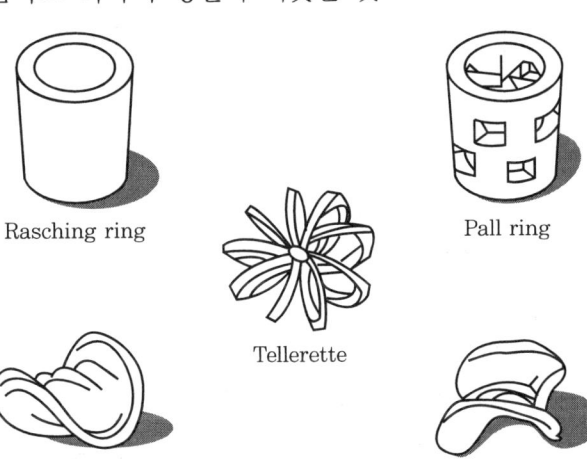

Rasching ring

Tellerette

Pall ring

Berl saddle

Intalox saddle

〈그림 2-2〉 여러 가지 충전물의 모양

② 충전탑에서 충전물의 구비조건

　㈎ 충전물의 공극률이 커야 한다.

　㈏ 충전물의 표면적이 커야 한다.

　㈐ 액의 홀드 업(hold up)이 적어야 한다.

　㈑ 액가스의 분포가 균일해야 한다.

　㈒ 충전물의 내식성이 커야 한다.

　㈓ 충전물의 충전밀도가 커야 한다.

　㈔ 압력손실이 적어야 한다.

③ 충전탑에서 생기는 현상

　㈎ 홀드 업(hold up) : 충전층 내의 액보유량을 말한다.

　㈏ 로딩(loading) : 어느 가스 속도의 이상이 되면 액의 홀드 업 증가가 급증해지는데 이러한 상태를 말한다.

　㈐ 플러딩(flooding) : 더욱 가스 유속을 증가시키면 홀드 업이 급격히 증가하여 가스가 액 중에 분산하여 상승하게 되는데 이러한 상태를 말한다. 이때에는 충전탑 조작이 불가능하므로 가스의 속도를 플러딩 속도의 40~70%의 범위로 해야 한다.

　㈑ 편류(편도) 현상 : 충전탑에서 충전물의 표면에 흡수액이 고르게 분배되지 않고 한 쪽으로 치우쳐 흐르는 현상을 말한다.

※ 편류현상의 최소화 방법

　㉮ 구조적으로 균일하고 동일한 충전재를 사용할 것

　㉯ 높은 공극률과 낮은 저항의 충전재를 사용할 것

④ 충전탑에서 탑의 높이(H)

　$H = \text{NOG} \times \text{HOG}$

　　여기서, H : 충전탑의 높이(m)

　　　　　 HOG : 이동단위 높이(m)

　　　　　 NOG : 이동단위 수(단수)

여기서 NOG는 다음과 같이 구할 수 있다.

$$\text{NOG} = \ln \frac{C_i}{C_o} = \ln \left(\frac{1}{1-E} \right)$$

　　여기서, C_i : 가스 중의 피흡수 물질의 유입농도

　　　　　 C_o : 가스 중의 피흡수 물질의 유출농도

　　　　　 E : 충전탑에서의 흡수효율 $\left(\dfrac{\%}{100} \right)$

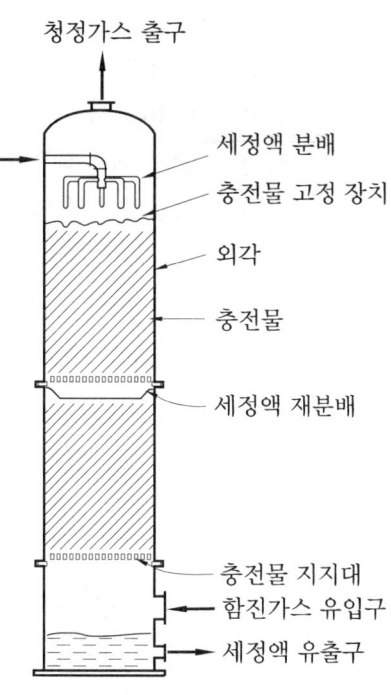

청정가스 출구

세정액 유입

세정액 분배

충전물 고정 장치

외각

충전물

세정액 재분배

충전물 지지대

함진가스 유입구

세정액 유출구

〈그림 2-3〉 충전탑

(2) 분무탑(spray tower)의 특징

① 가스 중에 액을 미세한 액적으로 만들어 분무하는 방식이다.

② 압력손실이 2~20mmH$_2$O 정도로 비교적 적다.

③ 분무에 소요되는 동력이 많이 든다.

④ 편류가 일어나기 쉽고 분무액과 가스를 균일하게 접촉시키는 것이 어렵다.

⑤ 10μm 이상의 굵은 입자와 침전물이 발생하는 함진가스 처리에 적당하다.

⑥ 구조가 간단하여 충전탑에 비하여 설비비 및 유지비가 적게 든다.

(3) 사이클론 스크러버의 특징

① 원통상의 탑 내를 선회 상승하는 가스와 탑 중심에서의 수직관에 있는 다수의 분무공에 의해 분무하는 액적과 접촉시키는 방법이다.

② 액적은 가스의 선회에 의해 원심력이 생기고 오염가스는 탑벽부에서 포집된다.

③ 수용성 가스의 흡수에 효과가 있고, 사이클론의 지름이 커지면 효율은 떨어진다.

④ 액을 분무하는 데 상당한 동력이 소비된다.

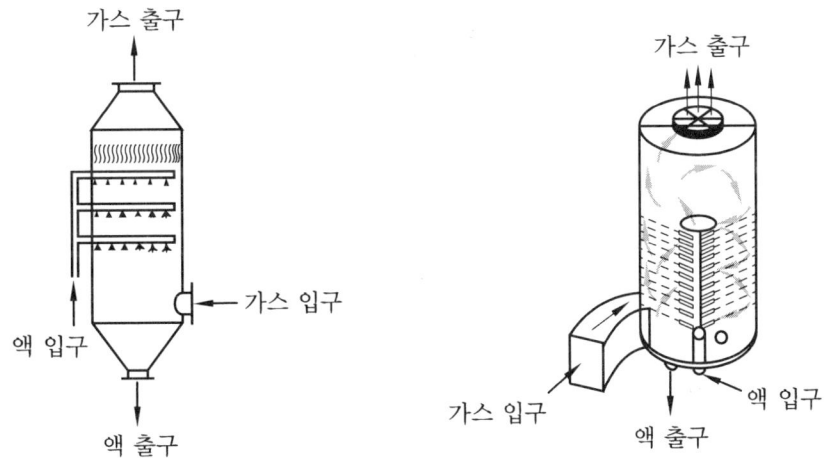

〈그림 2-4〉 스프레이탑   〈그림 2-5〉 사이클론 스크러버

(4) 단탑(plate tower)의 특징

① 단탑의 경우 머무름 현상(hold-up)이 크다.

② 처리해야 할 가스량이 같을 때는 충전탑보다 압력손실이 크다.

③ 포말성 흡수액일 경우 충전탑보다 불리하다.

④ 흡수액에 부유물이 포함되어 있는 경우에는 충전탑보다 단탑을 사용하는 것이 유리하다.

⑤ 종류에는 포종탑과 다공판탑이 있다.

⑥ 판의 간격은 40cm, 액가스비는 $0.3\sim5L/m^3$ 정도이다.

⑦ 침전물이 생기는 경우에는 부적합하다.

⑧ 단수가 증가하면 고농도 가스도 일시에 처리 가능하다.

(5) 벤투리 스크러버의 특징

① 슬롯부의 가스 유속은 $30\sim90m/s$이다.

② 액가스비는 $0.3\sim1.5L/m^3$로 작게 할 수 있다.

③ 압력손실은 $300\sim800mmH_2O$로 아주 크고, 동력 소비도 많다.

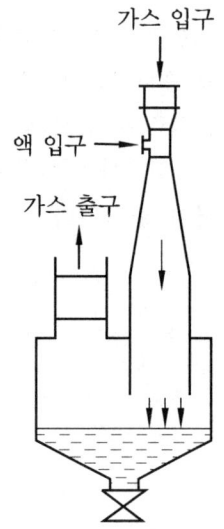

〈그림 2-6〉 벤투리 스크러버

3-2 흡착법

(1) 흡착법의 원리

공기나 다른 기체 중에 함유된 습기를 제거하는 것 외에도 산업공정에서 배출되는 악취나 오염물질들을 제거하는 데 유효하며 공기나 다른 기체로부터 유용한 용매의 증기를 회수할 수 있는 유해가스 처리 기술이다.

(2) 흡착법의 특징

① 기체상 오염물질이 비연소성이거나 태우기 어려운 경우 흡착법으로 제거한다.

② 오염물질의 회수 가치가 충분한 경우 흡착법으로 제거한다.

③ 배기 내 오염물질농도가 대단히 낮은 경우 흡착법이 유리하다.

(3) 흡착시설이 갖추어야 할 조건

① 기체 흐름에 대한 저항이 적어야 한다.

② 흡착제의 사용 기간이 길수록 좋다.

③ 가스와 흡착제의 접촉시간이 긴 것이 요구된다.

④ 흡착제의 재생 능력이 클수록 좋다.

⑤ 흡착제의 비표면적과 친화력이 크면 클수록 흡착효과는 커진다.

(4) 물리적 흡착과 화학적 흡착의 비교

① 물리적 흡착은 흡착과정이 가역적이므로 화학적 흡착보다 흡착제의 재생이나 오염가스 회수에 매우 편리하다.

② 물리적 흡착은 흡착과정에서의 발열량이 화학적 흡착보다 적다.

③ 일반적으로 물리적 흡착에서 흡착되는 양은 온도가 낮을수록 많다.

④ 물리적 흡착에서 가스의 분압이 높으면 흡착량은 증가한다.

⑤ 물리적 흡착은 기체와 흡착제의 분자 간의 인력에 의해 흡착되고, 화학적 흡착은 분자간의 결합력 때문에 흡착되므로 발열량은 화학적 흡착이 더 많다.

⑥ 화학적 흡착은 가끔 비가역적이며 이때 흡착제를 재생시킬 수 없다.

(5) 흡착제의 종류와 온도

① 활성탄 – 용제 회수, 가스 정제, 비극성류의 유기용제 제거, 악취 제거

② 실리카 겔 – 가스 건조, 황분 제거, NaOH 용액 중 불순물 제거

③ 활성 알루미나 – 습한 가스의 건조

④ 분자체 – 탄화수소로부터 오염물질 제거

⑤ 보크사이트 – 석유분류물 처리, 가스 건조

(6) 등온흡착식

① Freundlich의 흡착식

$$\frac{C_i - C_o}{M} = K C_o^{\frac{1}{n}}$$

여기서, C_i : 유입 피흡착물 농도(mg/L), C_o : 유출 피흡착물 농도(mg/L)

M : 활성탄(흡착제) 농도(mg/L), K : 실험적 상수(변할 수 있는 값)

n : 실험적 정수(일정한 값)

② Langmuir의 흡착식

$$\frac{X}{M} = \frac{ab C_o}{1 + b C_o}$$

여기서, X : 흡착된 피흡착물 농도$(C_i - C_o)(mg/L)$
  a, b : 실험적 상수

(7) 흡착과정

① 실제의 흡착은 흡착제과 용질이 평형상태에 있지 않은 비정상 상태에서 진행된다.
② 흡착 초기에는 흡착이 빠르게 진행되다가 어느 정도 흡착이 진행되면 천천히 흡착이 이루어진다.
③ 포화점(saturation point)에서는 주어진 온도와 압력조건에서 흡착제가 가장 많은 양의 흡착질을 흡착하는 점이다.
④ 흡착제층 전체가 포화되어 배출가스 중에 오염가스 일부가 남게 되는 점을 파괴점(break point)이라 하고, 이 점 이후부터는 오염가스의 농도가 급격히 증가한다. (돌파현상)
⑤ 파괴곡선의 형태는 흡착탑의 경우에 따라서 비교적 기울기가 큰 것이 바람직하다.

(8) 흡착장치의 종류

① 고정층 흡착장치 : 흡착기가 두 개 이상이고 흡착과 탈착 재생을 병용하여 가스를 처리하는 장치이다.
② 이동층 흡착장치 : 흡착제를 충전한 상태로 상부에서 하부로 이동시키고, 가스는 밑에서부터 향류로 접촉시키는 장치이다.
③ 유동층 흡착장치 : 고정층과 이동층 흡착장치의 결합형으로서 흡착제와 가스가 서로 접촉을 좋게 할 수 있는 이점을 가진 장치이다.

3-3 연소법

연소법의 특징은 다음과 같다.
① 오염된 가스 또는 악취를 태워서 제거하는 방법이다.
② 배기가스의 양이 비교적 많고 오염가스의 농도가 적을 때 주로 사용하는 방법이다.
③ 연소장치의 설계 및 조업을 적절히 함으로써 가연성 오염물질을 거의 완전히 제거할 수 있다.
④ 촉매연소법은 배기가스 중 가연성 오염물질을 연소로 내에서 파라듐, 코발트 등의 촉매를 사용하여 주로 연소한다.
⑤ 일반적으로 구리, 금, 은, 아연, 카드뮴 등은 촉매의 수명을 단축시킨다. 그리고 대부분의 촉매는 800~900℃ 이하에서 촉매역활을 활발하게 한다.

1. 충전탑에서 처리가스 양이 25000m^3/day이다. 흡수율을 95%로 할 때 충전탑 높이(H)는? (단, HOG=2m, 단면적은 0.117m^{2}이다.)

(1) 충전탑 높이는?

(2) 유속은?

(1) $H = \text{HOG} \times \text{NOG} = \text{HOG} \times \ln\left(\dfrac{1}{1-E}\right) = 2 \times \ln\left(\dfrac{1}{1-0.95}\right) = 5.991\,\text{m}$

여기서, H : 충전탑 높이(m)

　　　　HOG : 이동단위높이(m)

　　　　NOG : 이동단위수(무차원)

(2) $Q = A \cdot v$ 에서

$v = \dfrac{Q}{A} = \dfrac{25000\text{m}^3/\text{day} \times \text{day}/86400\text{s}}{0.117\text{m}^2} = 2.473\,\text{m/s}$

답 (1) 5.99m　(2) 2.47m/s

2. 불화수소를 충전탑을 이용한 처리방법으로 정화하려고 한다. 이 충전탑의 총괄이동단위수(NOG)는 8, 총괄이동단위높이(HOG)는 0.5m라고 한다면 충전탑의 높이(m)는 얼마인가?　　　　2000.8.13 산업기사

 $H = \text{NOG} \times \text{HOG} = 8 \times 0.5 = 4\text{m}$

답 4m

3. HOG가 1m이고, 제거율이 99%일 때 이 충전탑의 높이는 얼마인가?

2004.10. 산업기사 / 2008.7.6 기사

 $H = \text{HOG} \times \text{NOG} = \text{HOG} \times \ln\left(\dfrac{1}{1-E}\right) = 1\,\text{m} \times \ln\left(\dfrac{1}{1-0.99}\right) = 4.605\,\text{m}$

답 4.61m

4. 충전탑 설계를 위해 pitot plant를 건설하여 특수가스를 흡수 실험한 결과 다음과 같았다. 동일 조건 하에서 처리효율 98%의 충전탑 설계 시 충전탑의 높이는 얼마로 해야 하는가? (6점)　　　　　　　　　　　　　　　　　　2009.7.5 기사

[실험조건 및 결과]
액가스비 = 3L/m^3, $v = 1.2\text{m/s}$, 처리효율 = 75%, $H = 0.7\text{m}$

계산과정 $H = \text{NOG} \times \text{HOG}$ 이므로 $H \propto \text{NOG} = \ln\left(\dfrac{1}{1-E}\right)$

$$0.7\text{m} \; : \; \ln\left(\dfrac{1}{1-0.75}\right)$$

$$x[\text{m}] \; : \; \ln\left(\dfrac{1}{1-0.98}\right) \qquad \therefore x = \dfrac{0.7 \times \ln\left(\dfrac{1}{1-0.98}\right)}{\ln\left(\dfrac{1}{1-0.75}\right)} = 1.975\,\text{m}$$

답 1.98m

---

5. 배출가스중의 HF를 충전탑에서 수산화나트륨 수용액과 향류로 접촉시켜 흡수시킬 때 효율이 90%였다. 동일 조건에서 95%의 효율을 얻기 위해서는 이론적으로 충전탑의 높이를 몇 배로 증가하면 되겠는가?　　　2000.11.12 기사 / 2001.11.4 산업기사

계산과정 $H = \text{NOG} \times \text{HOG}$, $H \propto \text{NOG}$, $\text{NOG} = \ln\left(\dfrac{1}{1-E}\right)$, $H \propto \ln\left(\dfrac{1}{1-E}\right)$

$$\therefore \dfrac{H_{95}}{H_{90}} = \dfrac{\ln\left(\dfrac{1}{1-0.95}\right)}{\ln\left(\dfrac{1}{1-0.9}\right)} = 1.301$$

답 1.30배

---

6. 200ppm의 불화수소를 함유한 배기가스를 수산화나트륨 수용액으로 흡수 처리히는 탑이 있다. 탑 정상에서 배출되는 가스 중의 불화수소의 농도는 9mg/Nm³이었다. 이 흡수탑의 이동단위수를 구하시오.

계산과정 이동단위수 (NOG) $= \ln\left(\dfrac{C_i}{C_o}\right) = \ln\left(\dfrac{1}{1-E}\right)$ 에서 앞의 공식을 이용하면

　　　여기서, C_i : 유입농도, C_o : 유출농도

또 유입농도와 유출농도 단위가 맞지 않으므로 C_i의 단위 ppm을 mg/Nm³으로 환산하면

$$200 \text{mL/Nm}^3 \times \frac{20 \text{mg}}{22.4 \text{mL}} = 178.5714 \text{mg/Nm}^3 \text{이므로}$$

$$\therefore \text{NOG} = \ln \frac{C_i}{C_o} = \ln \frac{178.5714}{9} = 2.9877$$

目 3단

---

7. 도자기공장에서 HF를 처리하기 위해 충전탑을 설계하는데 입구농도가 112ppm이고 출구농도는 5mg/m³일 때, NOG(총괄이동단위수)를 구하시오.

2002.7.7, 2005.5.1 산업기사

계산과정 $\text{NOG} = \ln\left(\dfrac{C_i}{C_o}\right) = \ln\left(\dfrac{112 \, \text{mL/m}^3 \times \dfrac{20 \, \text{mg}}{22.4 \text{mL}}}{5 \, \text{mg/m}^3}\right) = 2.995$

目 3단

---

8. 충전탑에서 SO_2를 함유한 유해배출가스를 처리하고 있다. 높이 5m인 충전탑에서 흡수처리하기 전 SO_2 농도가 50ppm이었다면 흡수 처리한 후 유해가스 중의 SO_2 농도는 몇 ppm인가? (단, 기상총괄이동단위높이 HOG는 0.8m이다.)

2010.4.18 산업기사

계산과정 $H = \text{NOG} \times \text{HOG}$

$H = \ln\left(\dfrac{C_i}{C_o}\right) \times \text{HOG}$

$5 = \ln\left(\dfrac{50}{C_o}\right) \times 0.8$

$\dfrac{5}{0.8} = \ln\left(\dfrac{50}{C_o}\right)$

$e^{\frac{5}{0.8}} = \dfrac{50}{C_o}$

$\therefore C_o = \dfrac{50}{e^{\frac{5}{0.8}}} = 0.096 \, \text{ppm}$

目 0.10ppm

---

9. 오염된 공기를 흡수탑을 통하여 정화하려 할 때 유량이 15000m³/h이고, 유속이 3.4m/s이라면 흡수탑의 지름(m)을 구하시오.

계산과정

$$Q = A \cdot v = \frac{3.14 \times D^2}{4} \times v$$

$$\therefore D = \sqrt{\frac{Q \times 4}{3.14 \times v}} = \sqrt{\frac{15000/3600 \times 4}{3.14 \times 3.4}} = 1.249\text{m}$$

답 1.25m

---

10. 흡수법으로 HCl을 99% 제거하고 있다. 흡수탑의 혼합기체 유입유량은 1000m³/h이고, 유입되는 혼합기체 중 HCl 20%, Air 80%로 구성되어 있으며, 유입구 온도와 압력은 60℃, 750mmHg였다. 흡수처리된 HCl의 양(kg/h)을 구하시오. (4점)   2004.7.4 산업기사

계산과정 $1000\text{m}^3/\text{h} \times 0.2 \times 0.99 \times \dfrac{273}{273+60} \times \dfrac{750}{760} \times \dfrac{36.5\text{kg}}{22.4\text{Sm}^3} = 261.021\text{kg.h}$

답 261.02kg/h

---

11. 30℃ 1atm, 절대습도 0.03kgH₂O/kg건공기, 건공기의 공기 10m³ 중에 흡착제를 넣은 결과 절대습도가 0.005kgH₂O/kg건공기로 되었다. 이 경우 흡착제 중량의 증가량(kg)을 구하시오. (단, 습도변화에 따른 압력변화는 무시하고, 공기의 평균분자량은 28.9로 하시오.)   2000.4.23 기사

계산과정 중량 증가량 $= (0.03 - 0.005)\text{kgH}_2\text{O/kg건공기} \times 10^3\text{건공기} \times \dfrac{273}{(273+30)}\text{Sm}^3/\text{m}^3$

$$\times \frac{28.9\text{kg}}{22.4\text{Sm}^3}$$

$$= 0.290\text{kg}$$

답 0.29kg

---

12. CO₂ 20%, NH₃ 55%, 공기 25%로 혼합된 기체를 처리하여 CO₂ 40%, NH₃ + 공기 60%가 되도록 하려면 NH₃의 제거율은 몇 %가 되어야 하는가? (단, CO₂와 공기량에는 변화가 없다고 가정함) (6점)   2007.11.4 산업기사 / 2009.10.18 기사

계산과정 처음 투입량을 100m³으로 두면
CO₂ : 20m³, NH₃ : 55m³, 공기 : 25m³ 이다.
입구의 CO₂와 출구의 CO₂는 같은 양(변화가 없음)이므로
CO₂ 20m³ = 출구 전체 가스량 × 0.4

$$\therefore \text{출구 전체 가스량} = \frac{20}{0.4} = 50\,\text{m}^3$$

출구 전체 가스량 $50\,\text{m}^3$ 중 $CO_2 : 20\,\text{m}^3$, 공기 $25\,\text{m}^3$, 나머지가 $NH_3(5\,\text{m}^3)$이다.

$$\therefore \text{제거율}(\eta) = \frac{Q_i - Q_o}{Q_i} \times 100$$
$$= \frac{55 - 5}{55} \times 100$$
$$= 90.909\%$$

답 90.91%

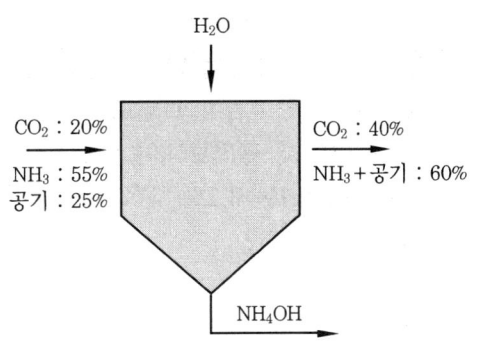

13. 공기 중에 2%(vol)의 NH_3를 함유하는 기체 $1200\,\text{kg/m}^2 \cdot \text{h}$을 충전 흡수탑으로 흡수 처리하여 0.04%(vol)로 배출하고자 한다. 흡수액으로 순수한 물 $2500\,\text{kg/m}^2 \cdot \text{h}$을 탑 상부에서 흘려 보낼 때 탑 하부로 흘러나오는 NH_3 농도를 mol%로 구하시오. (단, 분자량은 공기 29, 암모니아 17, 물 18)   1998.8.30 기사

계산과정 부피(%)를 무게(%)로 고치면(기체가 무게로 주어졌으므로)

• 입구 NH_3(%)

$$= \frac{\frac{17}{22.4} \times 0.02}{\frac{29}{22.4} \times 0.98 + \frac{17}{22.4} \times 0.02} \times 100$$
$$= 1.1821\%$$

• 출구 NH_3(%)

$$= \frac{\frac{17}{22.4} \times 0.0004}{\frac{29}{22.4} \times 0.9996 + \frac{17}{22.4} \times 0.0004} \times 100$$
$$= 0.0234\%$$

물에 용해되어 있는 NH_3량$= 1200\,\text{kg/m}^2 \cdot \text{h} \times (0.011821 - 0.000234) = 13.9044\,\text{kg/m}^2 \cdot \text{h}$

$$\therefore \text{용액 중의 } NH_3\ \text{mol\%} = \frac{NH_3(\text{mol})}{\text{용액량}(\text{mol})} \times 100$$

$$= \frac{13.9044\,\text{kg/m}^2 \cdot \text{h} \times \frac{1\,\text{kmol}}{17\,\text{kg}}}{2500\,\text{kg/m}^2 \cdot \text{h} \times \frac{1\,\text{kmol}}{18\,\text{kg}} + 13.9044\,\text{kg/m}^2 \cdot \text{h} \times \frac{1\,\text{kmol}}{17\,\text{kg}}} \times 100$$
$$= 0.585\%$$

답 0.59%

14. 암모니아로 혼합된 공기(25℃, 750mmHg)가 170m³/h의 속도로 흡수탑에 유입되고 있다. 이때 암모니아의 분압은 50mmHg였고, 물은 매시 5000kg을 탑 정상에서 흘려보내어 NH_3를 흡수시킨다. 탑 정상에서 배출되는 공기(16℃, 730mmHg)는 0.2%(체적) NH_3를 함유한다면 이때 매시간 흡수되는 NH_3의 kmol 수는 얼마인가? 1999.5.30 기사

계산과정 kmol수로 구하기 위해서는 STP로 고쳐야 한다.

유입 NH_3량 $= 170m^3/h \times \dfrac{50mmHg}{750mmHg} \times \dfrac{273}{273+25} \times \dfrac{750}{760}$

$= 10.2459 Sm^3/h$

유출 NH_3량 $= 170m^3/h \times 0.002 \times \dfrac{273}{273+16} \times \dfrac{730}{760} = 0.3084 Sm^3/h$

물에 흡수되는 NH_3량 $= C_i - C_o = (10.2459 - 0.3084) Sm^3/h \times \dfrac{1kmol}{22.4Sm^3}$

$= 0.443 kmol/h$

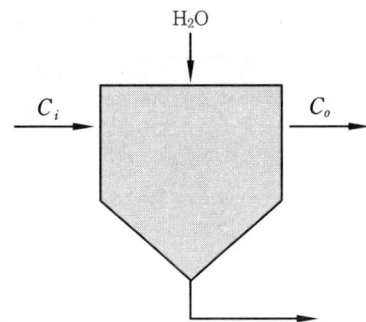

답 0.44kmol/h

15. 흡수법으로 HCl을 99% 제거하고 있다. 흡수탑의 혼합기체 유입유량은 1000m³/h이고, 유입되는 혼합기체 중 HCl 20%, Air 80%로 구성되어 있으며, 유입구 온도와 압력은 60℃, 750mmHg였다. 흡수처리된 HCl의 양(kg/h)을 구하시오. (4점) 2008.11.2 산업기사

계산과정 처리된 HCl $= 1000m^3/h \times 0.2 \times$

$\dfrac{273K}{(273+60)K} \times \dfrac{750}{760} \times 0.99 \times \dfrac{36.5kg}{22.4m^3}$

$= 261.021 kg/h$

답 261.02kg/h

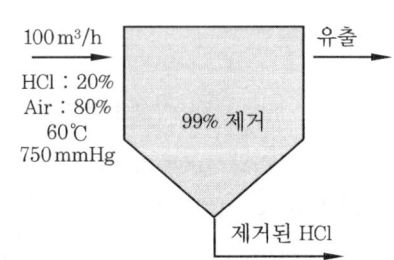

100 m³/h   유출

HCl : 20%
Air : 80%   99% 제거
60℃
750 mmHg

제거된 HCl

16. HCl 5mol과 공기 3mol이 혼합된 기체 200kmol/h의 유량을 흡수탑 하부에서 불어 넣고, 탑 상부에서는 16000kg/h의 순수한 물을 공급하여 오염공기 중 HCl을 흡수제거하고 있다. 탑 하부로 유출되는 용액의 조성은 물 8mol에 HCl 1mol의 비율로 함유되어 있다면 탑 상부로 배출되는 청정가스는 공기 1mol 당 HCl 몇 mol이 함유되어 있는가? (단, 탑내 물의 증발손실은 무시한다.) 2001.7.15 기사

계산과정

입구 HCl $= 200 \times \dfrac{5}{8} = 125\,\text{kmol/h}$

입구 공기 $= 200 \times \dfrac{3}{8} = 75\,\text{kmol/h}$

녹는 HCl

| 물 | : | HCl |

8mol : 1mol

$16000\text{kg/h} \times \dfrac{1\text{kmol}}{18\text{kg}}$: $x\,[\text{kmol}]$

$\therefore x = \dfrac{16000 \times \dfrac{1}{18} \times 1}{8} = 111.1111\,\text{kmol/h}$

$\therefore$ 유출 HCl kmol/h = 유입 HCl $-$ 녹는 HCl

$= 125 - 111.1111$

$= 13.8889\,\text{kmol/h}$

공기 : 유출 HCl

75kmol/h : 13.8889kmol/h

1mol : $x\,[\text{mol}]$

$\therefore x = \dfrac{1 \times 13.8889}{75} = 0.185\,\text{mol}$

답 0.19mol

물 1600 kg/h

배출
공기 1mol
HCl x [mol]

입구
200 kmol/h
HCl : 5
공기 : 3

물 : 8mol
HCl : 1mol

17. 충전탑으로 HCl의 80%를 제거하고 있다. 충전탑의 혼합기체 유입유량은 100m³이고, 유입되는 혼합기체 중 HCl 25%, 공기 75%로 구성되어 있으며, 유입구 온도와 압력은 50℃, 743mmHg, 유출구 온도와 압력은 30℃, 738mmHg이다. 다음 물음에 답하시오. 2001.7.15 기사

(1) 충전탑 유출구의 혼합기체의 양을 구하시오. (m³)
(2) 충전탑 유출구 혼합기체의 건조조성(Vol %)을 구하시오.
(3) 흡수된 HCl의 표준상태의 양을 구하시오. (kg)

계산과정 (1) HCl $= 100\text{m}^3 \times 0.25 \times (1-0.8) \times \dfrac{(273+30)}{(273+50)} \times \dfrac{743}{738} = 4.722\,\text{m}^3$

$$공기 = 100\text{m}^3 \times 0.75 \times \frac{(273+30)}{(273+50)} \times \frac{743}{738} = 70.832\text{m}^3$$

$$\therefore \ 혼합기체 = 4.722 + 70.832 = 75.554\text{m}^3$$

(2) $HCl(\%) = \dfrac{4.722}{75.554} \times 100$

$\qquad = 6.249\%$,

$\quad 공기(\%) = \dfrac{70.832}{75.554} \times 100$

$\qquad = 93.750\%$

(3) 흡수된 HCl(kg)

$\quad = 100\text{m}^3 \times 0.25 \times 0.8 \times$

$\qquad \dfrac{273}{273+50} \times \dfrac{743}{760} \times \dfrac{36.5\text{kg}}{22.4\text{m}^3}$

$\quad = 26.928\text{kg}$

답 (1) 75.55m^3 (2) 6.25%, 93.75% (3) 26.93kg

---

18. 용선로(cupoal)에서 배출되는 가스를 bag house로 처리한 후 배출시키려 한다. 그러나 용선로에서 나오는 가스의 온도는 1100℃로 너무 높아 이 가스에 냉각수를 분무하여 냉각시키도록 설계된 냉각실을 거쳐서 110℃로 냉각시킨 후 bag house에 주입하려고 한다. 이때 냉각실에 주입된 물은 100% 기화하여 수증기 형태로 배기가스에 함유되어 bag house로 주입된다고 한다면 다음 물음에 답하시오. (단, 용선로에서 배출되는 가스(1100℃)의 질량유속은 99kg/min이고 부피는 376m³/min이다. 그리고 주입되는 냉각수의 온도는 16℃이며, 이 시스템에 관련된 각 물질의 열역학적 자료는 아래와 같다.) 2000.8.13 기사

- 기체의 엔탈피 : 283kcal/kg(1100℃에서), 22kcal/kg(110℃에서)
- 물의 엔탈피 : 15.6kcal/kg(16℃에서), 642kcal/kg(110℃에서)

(1) 열손실이 전혀 없다고 가정할 때 1100℃에서 110℃로 가스를 냉각시키는 데 필요한 물의 양을 계산하시오. (kg/min)

(2) 냉각탑을 거친 후 배출되는 가스의 총부피(수증기 포함)를 계산하시오. (m³/min)

계산과정 (1) 방출열량 = 흡수열량

$\qquad 99\text{kg/min} \times (283-22)\text{kcal/kg} = x\,[\text{kg/min}] \times (642-15.6)\text{kcal/kg}$

$\therefore \ x = \dfrac{99 \times (283-22)}{(642-15.6)} = 41.25\text{kg/min}$

(2) 가스량 + 수증기량

$$= 376\text{m}^3/\text{min} \times \frac{273+110}{273+1100} + 41.25\text{kg/min} \times \frac{22.4\text{m}^3}{18\text{kg}} \times \frac{273+110}{273}$$

$$= 176.902\,\text{m}^3/\text{min}$$

🔁 (1) 41.25kg/min (2) $176.90\text{m}^3/\text{min}$

---

19. 암모니아 냄새를 제거하기 위하여 흡착제로 활성탄(A, C)을 사용하였는데, NH_3 농도가 56ppm인 배기가스에 A, C를 20ppm 주입시켰더니 NH_3 농도가 16ppm으로 되었고, 52ppm을 주입시켰더니 NH_3 농도가 4ppm으로 되었다. NH_3 농도를 10ppm으로 하기 위해서는 활성탄 농도(ppm)을 얼마로 해야 되는지 계산하시오.

(단, $\dfrac{X}{M} = K \cdot C^{\frac{1}{n}}$)

2005.7.10 기사

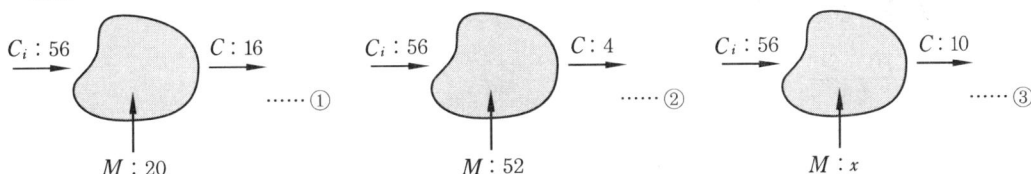

①식과 ②식에서 K와 n값을 구하면,

$$\frac{56-16}{20} = K \cdot 16^{\frac{1}{n}} \quad\cdots\cdots\cdots\cdots \text{①}$$

$$\frac{56-4}{52} = K \cdot 4^{\frac{1}{n}} \quad\cdots\cdots\cdots\cdots \text{②}$$

①÷② 하면 $\dfrac{2 = K \times 16^{\frac{1}{n}}}{1 = K \times 4^{\frac{1}{n}}}$, $\qquad 2 = \left(\dfrac{16}{4}\right)^{\frac{1}{n}}$

$2 = 4^{\frac{1}{n}}$ $\qquad\qquad \therefore n = 2$

이 n값을 다시 ①식에 대입하면

$2 = K \cdot 16^{\frac{1}{2}}$ $\qquad \therefore K = \dfrac{2}{16^{\frac{1}{2}}} = 0.5$

여기서 K값과 n값을 세 번째 조건에 대입하면

$$\frac{56-10}{M} = 0.5 \times 10^{\frac{1}{2}} \quad \therefore M = \frac{56-10}{0.5 \times 10^{\frac{1}{2}}} = 29.092\,\text{ppm}$$

🔁 29.09ppm

20. 암모니아 냄새를 제거하기 위하여 활성탄으로 흡착처리를 하였다. NH_3 농도가 70ppm인 배기가스에 활성탄을 25ppm 주입시켜 처리했더니 NH_3 농도는 20ppm 으로 되었고, 65ppm을 주입시켰더니 NH_3 농도가 5ppm으로 되었다. NH_3 농도를 9ppm으로 낮추기 위해서는 활성탄을 몇 ppm 주입시켜야 하는지를 산출하시오. (단, Freundrich 등온 흡착식은 $\dfrac{X}{M} = K \cdot C^{\frac{1}{n}}$ 이다.)

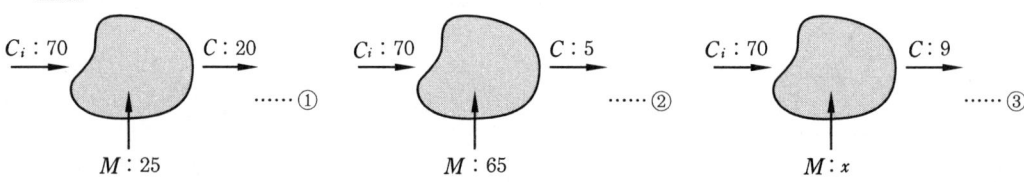

K와 n값을 구하면

$$\frac{70-20}{25} = K \cdot 20^{\frac{1}{n}} \quad \cdots\cdots\cdots\cdots ①$$

$$\frac{70-5}{65} = K \cdot 5^{\frac{1}{n}} \quad \cdots\cdots\cdots\cdots ②$$

$$\frac{2 = K \cdot 20^{\frac{1}{n}}}{1 = K \cdot 5^{\frac{1}{n}}} \qquad 2 = \left(\frac{20}{5}\right)^{\frac{1}{n}} \qquad \therefore x = 4^{\frac{1}{n}}, \ n = 2$$

이 n값을 다시 ①식에 대입하면

$$2 = K \cdot 20^{\frac{1}{2}} \qquad \therefore K = \frac{2}{20^{\frac{1}{2}}} = 0.4472$$

여기서 K값과 n값을 세 번째 조건에 대입하면

$$\therefore \frac{70-9}{M} = 0.442 \times 9^{\frac{1}{2}} \quad \therefore M = \frac{70-9}{0.4472 \times 9^{\frac{1}{2}}} = 45.468 \ \text{ppm}$$

📋 45.47ppm

21. NH_3 악취를 제거하기 위해 흡착제로 활성탄 (A, C)을 주입하였다. 악취물질인 NH_3 농도 63ppm에 활성탄 18ppm을 주입시켰더니 NH_3 농도는 23ppm이 되었고, 50ppm을 주입시켰더니 4ppm으로 되었다고 할 때 NH_3 출구 농도를 7ppm으로 하기 위해 주입해야 할 활성탄(A, C)량(ppm)은? $\left(\text{단, 등온 흡착식 } \dfrac{X}{M} = K \cdot C^{\frac{1}{n}}\right)$

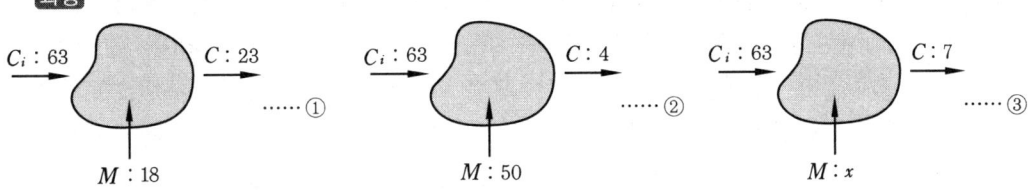

K와 n값을 구하면

$$\cfrac{\dfrac{63-23}{18}=K\cdot 23^{\frac{1}{n}} \quad \cdots \quad \text{①}}{\dfrac{63-4}{50}=K\cdot 4^{\frac{1}{n}} \quad \cdots \quad \text{②}}$$

$$1.883239=\left(\frac{23}{4}\right)^{\frac{1}{n}}$$

양변에 $\log$를 취하면

$$\log 1.883239 = \frac{1}{n}\times \log\left(\frac{23}{4}\right)$$

$$\therefore n = \frac{\log\left(\dfrac{23}{4}\right)}{\log 1.883239} = 2.7633787$$

이 n값을 다시 ①식에 대입하면

$$\frac{63-23}{18}=K\times 23^{\frac{1}{2.7633787}}$$

$$\therefore K = \frac{\dfrac{63-23}{18}}{23^{\frac{1}{2.7633787}}}$$

$$= 0.7145$$

여기서 K값과 n을 세 번째 조건에 대입하면

$$\frac{63-7}{M}=0.7145\times 7^{\frac{1}{2.7633787}}$$

$$\therefore M = \frac{63-7}{0.7145\times 7^{\frac{1}{2.7633787}}}$$

$$= 38.757\,\text{ppm}$$

답 38.76ppm

22. 오염된 공기를 활성탄 흡착층에 의해 처리하고자 한다. 오염공기는 25m³/min, 25℃, 1atm으로 흡착층에 유입되며 이 중 benzene(C_6H_6) 600ppm이 포함되어 있다. 흡착층의 깊이는 0.7m, 공탑속도는 0.5m/s, 활성탄의 겉보기 밀도는 320kg/m³, 활성탄 흡착층의 운전흡착용량(working adsorption capacity)은 Yaws의 식에 의해 나타난 흡착용량의 40%라 할 때, 활성탄 흡착층의 운전흡착용량(kg/kg)을 구하시오. (단, X : 흡착용량(오염물 g/탄소 g), C_e : 오염농도(ppm)) (6점)

2010.7.5 기사

Yaws의 식 : $\log_{10}X = -1.189 + 0.288 \cdot \log_{10}C_e - 0.0238[\log_{10}C_e]^2$

계산과정 $\log_{10}X = -1.189 + 0.288 \times \log_{10}C_e - 0.0238(\log_{10}C_e)^2$

$\qquad = -1.189 + 0.288 \times \log_{10}600 - 0.0238 \times (\log_{10}600)^2$

$\qquad = -0.5725$

$\therefore \log_{10}X = -0.5725$

$\therefore X = 10^{-0.5725} = 0.2676\,\text{kg/kg}$

$\therefore$ 운전흡착용량 = Yaws식의 흡착용량의 40%

$\qquad = 0.2676 \times 0.4 = 0.107\,\text{kg/kg}$

답 0.11kg/kg

환기 및 통풍장치

Chapter 04

제진장치, 즉 환기장치는 비산되는 오염물질을 회수하거나 제거하는 장치로 우수한 제진장치만으로 그 목적을 다하는 것이 아니라 포집장치(후드), 배관, 그리고 송풍기의 선정이 다함께 합리적으로 설계되어져야 한다.

(1) 후드(hood)

① 정의 : 먼지는 발생원 근처의 공간으로 비산되는 범위가 있기 때문에 이 범위 내의 먼지를 흡인할 수 있는 크기와 방향, 그리고 형식을 잘 선택해야 하는데 이러한 장치를 후드 또는 노즐이라 한다.

② 종류

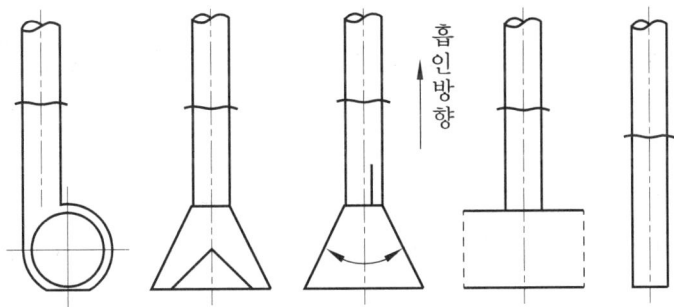

〈그림 2-7〉 각종 표준 후드

   (가) 포위형 hoods(enclosure type)

   (나) 외부형 hoods(exterior hoods)

   (다) 수형 hoods(receiving hoods)

(2) 송풍량

매연이나 오염 공기를 후드 내에 유도하기 위하여 필요한 흡입 공기 속도를 포촉 속도(capture velocity) 또는 제어속도(control velocity)라 하는데 가스, 먼지의 성상, 확산조건 또는 발생원 주변의 기류 등에 따라 크게 달라진다. 포촉속도에 영향을 미치는 원인은 실내의 공기이동, 후드 사용 기간 및 환기시설의 유무, 효율 등이 있다.

포촉속도는 보통 0.3~0.8m/s 전후의 속도를 가지며, 발생원의 먼지를 흡인 후드가 충분히 받아들이지 못하는 이유는 다음과 같다.

① 배풍기의 풍량 부족 또는 성능 저하

② 발생원으로부터 개구면까지의 거리가 멀다.

③ 외기의 영향으로 기류의 제어가 불충분하다.

④ 가스처리 시설 내의 압력손실로 인하여 규정된 풍량이 나오지 않는다.

⑤ 덕트 계통에서 다량의 공기가 유입될 때

이때에는 송풍기의 풍량, 풍압이 부족하므로 여기에 대처하기 위해 송풍기를 교환한다.

대기오염물은 발생점에서 상당한 속도를 가지고 주위의 대기로 방출되는데, 보통 질량이 대단히 적으므로 관성이 곧 줄어들고 후드에 의해서 쉽게 포획된다. 이때 입자의 속도가 대략 0으로 줄어드는 위치를 null point(무효점)라 한다.

① 후드의 흡인요령

  ㈎ 후드를 접근시킨다.

  ㈏ 국부적인 흡인방식으로 먼지의 주발
    생원을 대상으로 한다.

  ㈐ 후드의 개구면적을 좁게 하여 흡인속
    도를 크게 한다.

  ㈑ 에어 커튼(air curtain)을 이용한다.

  ㈒ 충분한 포촉속도를 유지한다.

  ㈓ 배풍기(blower)의 용량에 충분한 여
    유를 둔다(30%)

② 후드의 성능 저하 요인

  ㈎ 수평 덕트에 분진이 퇴적함으로써 압
    력손실의 증가

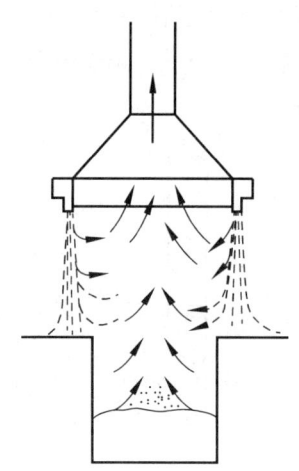

〈그림 2-8〉 에어 커튼을 이용한 후드의 예

  ㈏ 덕트의 부식, 마모에 의한 외기의 누설

  ㈐ 후드와 덕트의 접속부에 외기공기의 유입

  ㈑ 걸레조각, 종이에 의한 후드의 폐쇄 등이다.

③ 송풍량(흡인량)과 후드의 압력손실 계산

$$Q = A \times V$$

  여기서, Q : 흡인량(m^3/s)

    A : 후드의 단면적(m^2)

    V : 후드 입구에서의 유속(m/s)

단, 후드에서 X지점까지의 유속을 알고 있을 때 흡인량의 식은,

$$Q_h = V_x(10X^2 + A_h)$$

여기서, Q_h : 후드에 유입되는 배기가스량(m³/s)

V_x : X지점에서의 유속(m/s)

X : 후드에서 X지점까지의 거리(m)

A_h : 후드의 단면적(m²)

또 한 면이 경계질 때 공식은

$$Q_h = V_x(5X^2 + A_h)$$

후드의 압력손실

$$\Delta P = F \times V_P, \quad F = \frac{1 - C_e^2}{C_e^2}$$

또는 $\Delta P = F \times \dfrac{v^2}{2g} \times \gamma$

여기서, ΔP : 압력손실(kg/m² = mmH₂O)

F : 압력손실계수

V_P : 속도압(kg/m² = mmH₂O)

C_e : 유입계수

v : 가스유속(m/s)

γ : 가스밀도(kg/m² = mmH₂O)

g : 중력가속도(9.8m/s²)

(3) 송풍관(duct)

① 정의 : 송풍관(duct)은 함진공기를 후드에서 집진장치까지 또는 집진장치에서 최종 배출구까지 운반하는 도관으로 일반적으로 주관(main duct)과 분지관(branch duct)으로 구성된다.

후드에 직접 연결되는 송풍관이 분지관으로 1개 또는 그 이상이 연결하여 집진 장치로 함진공기를 운반해 준다. 집진장치에서 외부로 배출하는 송풍관을 주관이 라 한다.

② 덕트의 압력손실 : 후드에서 흡인된 함진공기를 집진장치를 통해 외부로 방출할 때 까지의 기류가 가지고 있는 기계적 에너지는 송풍관 내벽면의 마찰 또는 기류가 휘 어지거나 수축 또는 확대되어 손실된다.

마찰에 의한 손실은 기체의 속도, 송풍관 내면의 성질에 따른다. 곡관·수축·확 대 등으로 인한 손실은 그때 생기는 난류 속도의 증감에 기인되며, 이것들을 총칭

하여 압력손실이라 한다. 집진장치에서 다루는 송풍관 내의 기류는 일반적으로 난류로서 압력손실은 속도의 제곱에 비례한다. 즉, 속도압에 비례한다.

속도압은 다음과 같이 정의된다.

$$V_p = \frac{v^2}{2g} \times \gamma = \left(\frac{V}{242.2}\right)^2$$

여기서, V_p : 속도압(mmH₂O 또는 kg/m²)
    v : 가스유속(m/s)
    γ : 가스밀도(kg/m³)
    g : 중력가속도(9.8m/s²)
    V : 가스유속(m/min)

㈎ 원형 직선의 덕트인 경우의 압력손실

$$\Delta P = 4f \times \frac{l}{D} \times \frac{v^2}{2g} \times \gamma = \lambda \times \frac{l}{D} \times \frac{v^2}{2g} \times \gamma$$

여기서, f : Fanning계수
    l : 덕트 길이(m)
    D : 관의 직경(m)
    λ : 마찰손실계수

㈏ 장방형 덕트의 경우 압력손실

$$\Delta P = \lambda \times \frac{l}{D_o} \times \frac{v^2}{2g} \times \gamma$$

여기서, D_o : 환산직경(m)=상당직경(m)=등가직경(m)
    $D_o = 4R_h$ (R_h : 수력반경(m))

수력반지름$= \dfrac{단면적}{윤변} = \dfrac{a \times b}{2(a+b)}$

$$\therefore D_o = 4R_h = 4 \times \frac{a \times b}{2(a+b)} = \frac{2a \cdot b}{a+b}$$

$$\therefore \Delta P = \lambda \times \frac{l}{\dfrac{2a \cdot b}{a+b}} \times \frac{v^2}{2g} \times \gamma$$

(4) 송풍기(blower)

인공송풍에 사용되는 송풍기는 압력이 비교적 낮고 송풍력이 큰 것을 필요로 하며 특히 흡인 통풍에서는 고온가스를 취급하므로 마모, 부식, 내열성 등을 고려해야 한다.

종류에는 원심식과 축류식이 있다.

```
                       ┌─ • 다익형 송풍기      ┐
               ┌─ 원심식 ┤ • 플레이트형 송풍기  ├─ 흡인통풍방식에 사용
송풍기의 종류 ─┤        └─ • 터보형 송풍기     ┘── 압입통풍방식에 사용
               │
               └─ 축류식 ┬─ • 디스크형 송풍기
                        └─ • 프로펠러형 송풍기  ── 배기용 또는 환기용에 사용
```

① 송풍기의 소요동력(kW) 및 마력(PS) 계산 : 송풍기를 사용하여 인공통풍을 행할 때 소요되는 동력 및 마력의 계산은 다음과 같다.

㈎ 소요동력(kW)$= \dfrac{Q \times \Delta P}{102 \times \eta}$

㈏ 소요마력(PS)$= \dfrac{Q \times \Delta P}{75 \times \eta}$

(Hp)$= \dfrac{Q \times \Delta P}{76 \times \eta}$

여기서, η : 송풍기의 효율, Q : 풍량($\mathrm{m^3/s}$)
ΔP : 풍압($\mathrm{mmH_2O}$), $1\mathrm{kW} = 102\mathrm{kg \cdot m/s}$
$1\mathrm{PS} = 75\mathrm{kg \cdot m/s}$, $1\mathrm{HP} = 76\mathrm{kg \cdot m/s}$

㈐ 실제소요동력(kW)$= \dfrac{Q \times \Delta P}{102 \times \eta} \times \alpha$

여기서, α : 송풍기 여유율

② 송풍기의 성능 : 원심식 송풍기는 그 회전수가 증가함에 따라서 풍량($\mathrm{m^3/s}$), 풍압($\mathrm{mmH_2O}$), 동력이 다음과 같이 변화한다.

㈎ 송풍기의 풍량은 회전수에 비례한다.

㈏ 송풍기의 풍압은 회전수의 제곱에 비례한다.

㈐ 송풍기의 마력 및 동력은 회전수의 세제곱에 비례한다.

풍량$(Q_2) = Q_1 \times \dfrac{n_2}{n_1} \, [\mathrm{m^3/min}]$

풍압$(P_2) = P_1 \times \left(\dfrac{n_2}{n_1}\right)^2 [\mathrm{mmH_2O}]$

동력$(L_2) = L_1 \times \left(\dfrac{n_2}{n_1}\right)^3 [\mathrm{kW}]$

여기서, n_1 : 변화 전 송풍기의 회전수(rpm)
n_2 : 변화 후 송풍기의 회전수(rpm)

만약 송풍기 날개 크기와 비중량조차 변한다면

$$Q_2 = Q_1 \times \left(\frac{n_2}{n_1}\right) \times \left(\frac{D_2}{D_2}\right)^3$$

$$P_2 = P_1 \times \left(\frac{n_2}{n_1}\right)^2 \times \left(\frac{D_2}{D_2}\right)^2 \times \frac{\gamma_2}{\gamma_1}$$

$$L_2 = L_1 \times \left(\frac{n_2}{n_1}\right)^3 \times \left(\frac{D_2}{D_1}\right)^5 \times \frac{\gamma_2}{\gamma_1}$$

여기서, D : 송풍기 날개 크기(m)
γ : 유체의 비중량(밀도)(kg/m^3)

③ 송풍기의 유량 조절 방법

㉮ 회전수 조절

㉯ 안내 날개(익) 조절(vain control)

㉰ 댐퍼(damper) 설치

4-2 통풍장치

(1) 통풍의 종류

통풍방식에는 자연통풍(natural draft)과 인공통풍(artificial draft)의 두 종류가 있다.

① 자연통풍(natural draft) : 연돌만에 의한 통풍을 말하며 연돌 내의 연소가스와 외부 공기와의 밀도 차이에 의하여 생기는 대류현상으로 이루어지는 통풍을 말한다.
자연통풍의 특징은 다음과 같다.

㉮ 노내압은 부압이다.

㉯ 배기가스의 유속은 3~4m/s이고 통풍력은 15mmAq 정도이다.

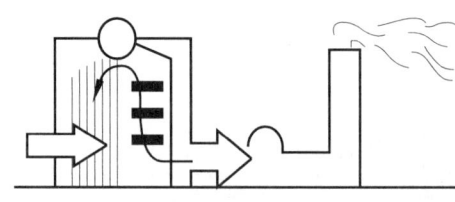

〈그림 2-9〉 자연통풍

② 인공통풍(artificial draft : 강제통풍) : 노의 조작법에 따라서 압입통풍, 흡인통풍, 평형통풍의 3종류로 구분된다.

㈎ 압입통풍(forced draft) : 가압통풍이라고도 하는데 노 앞에 설치된 송풍기에 의해 연소용 공기를 노 안에 압입하는 방식으로 노내의 압력이 대기압보다 높으므로 그 구조가 가스의 기밀을 유지해야 한다.

⑦ 노내 압력은 정압(+)이다.

⑭ 배기가스 유속은 5~8m/s 정도이다.

〈그림 2-10〉 압입통풍

㈏ 흡인통풍(induced draft) : 이 통풍방식은 제트(jet) 또는 흡인송풍기(배풍기)를 연도 내에 설치하여 국부적인 진공을 만들고, 연소가스를 흡인하여 통풍을 일으키는 방식이다.

⑦ 노내 압력은 부압(-)이다.

⑭ 배기가스 유속은 10m/s 정도이다.

⑭ 흡인 송풍기로는 플레이트팬이 사용된다.

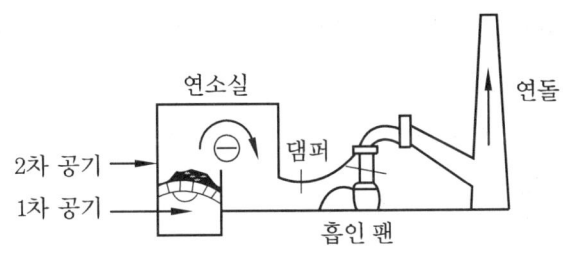

〈그림 2-11〉 흡인통풍

㈐ 평형통풍(balanced draft) : 압입통풍과 흡인통풍을 겸한 형식이며 노 앞과 연도에 송풍기를 각각 설치하여 대기압 이상의 공기를 압입송풍기로 노에 밀어 넣고, 흡인송풍기로 항상 대기압보다 약간 낮은 압력으로 유지시키는 통풍방식이다.

평형통풍의 특징은 다음과 같다.

㉮ 노내 압력을 임의로 조정할 수도 잇다.

㉯ 연소 조절이 쉽다.

㉰ 통풍 저항이 큰 연소장치도 강한 통풍력을 얻을 수 있다.

㉱ 배기가스 유속은 10m/s 이상이다.

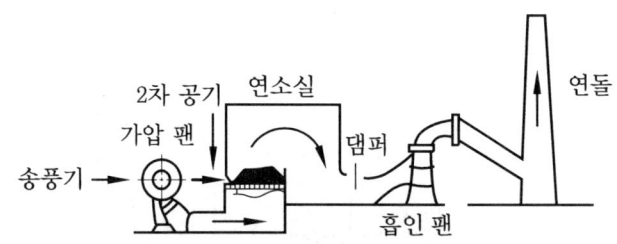

〈그림 2-12〉 평형통풍

(2) 통풍장치

① 연돌에 의한 자연 통풍력 : 연돌에 의한 자연 통풍력의 특징은 다음과 같다.

㉮ 배기가스 온도가 높을수록 커진다.

㉯ 외기온도가 낮을수록 커진다.

㉰ 연돌이 높을수록 커진다.

㉱ 연돌 끝 단면적이 적을수록 커진다.

㉲ 여름철보다 겨울철에 통풍력이 커진다.

② 자연 통풍력 계산 : 자연 통풍력은 연돌의 높이와 비중량차의 곱에 비례한다.

지금 연돌의 높이 $H[\mathrm{m}]$, 연돌 내 가스의 밀도 $\gamma_{g0}[\mathrm{kg/Nm^3}]$, 외부공기의 비중량을 $\gamma_{a0}[\mathrm{kg/Nm^3}]$이라고 하면, 통풍력($Z$)은 다음 식으로 정리된다.

$$Z = H(\gamma_a - \gamma_g)[\mathrm{mmH_2O}]$$

위 식에서 비중량을 현재의 압력과 온도에 따라서 보정을 하면,

$$\gamma_a = \gamma_{a0} \times \frac{273}{273 + t_a} \times \frac{P_a}{760}\,[\mathrm{kg/m^3}]$$

$$\gamma_g = \gamma_{g0} \times \frac{273}{273 + t_g} \times \frac{P_g}{760}\,[\mathrm{kg/m^3}]$$

여기서, t_a, t_g : 외기 및 배기가스 온도(℃), P_a, P_g : 외기 및 배기가스 압력(mmHg)

그러므로, $Z = H\left(\gamma_{a0} \times \dfrac{273}{273 + t_a} - \gamma_{g0} \times \dfrac{273}{273 + t_g}\right) = 273H\left(\dfrac{\gamma_{a0}}{T_a} - \dfrac{\gamma_{g0}}{T_g}\right)[\mathrm{mmH_2O}]$

또, $\gamma_{a0} = \gamma_{g0} = 1.3\mathrm{kg/Nm^3}$으로 하여 계산을 하면

$$Z = 355H\left(\frac{1}{T_a} - \frac{1}{T_g}\right)[\text{mmH}_2\text{O}] \text{가 된다.}$$

여기서, T_a, T_g : 외기 및 배기가스 절대온도(K)

③ 연돌의 단면적 계산 : 연돌의 단면적은 연도의 경우와 동일하게 연소 가스량 및 가스 속도에 지배를 받는다. 연돌은 설치설계의 관계에서 상부 단면적과 연소(배기) 가스량, 배기가스 속도와의 관계는 다음과 같다.

$$Q_N = AV \times \frac{273}{273 + t_g} \times \frac{P_g}{P} \text{ 에서}$$

$$A = \frac{Q_N}{V \times \dfrac{273}{273 + t_g} \times \dfrac{P_g}{P}} = \frac{Q_N \times \dfrac{273 + t_g}{273} \times \dfrac{P}{P_g}}{V}$$

여기서, Q_N : 연소(배기)가스량(Nm^3/s), A : 상부 단면적(m^2), V : 배기가스 속도(m/s)

④ 댐퍼(damper)

 ⑦ 댐퍼의 설치목적

  ㉮ 통풍력을 조절한다.

  ㉯ 가스의 흐름을 차단한다.

  ㉰ 주연도, 부연도가 있을 때 가스의 흐름을 전환시킨다.

 ㉯ 작동상태에 의한 분류

  ㉮ 회전식 댐퍼

  ㉯ 승강식 댐퍼

 ㉰ 형상에 의한 분류

  ㉮ 버터플라이 댐퍼(butter-fly damper) : 소형 덕트에 많이 사용한다.

  ㉯ 다익 댐퍼(sirocco fan damper) : 대형 덕트에 많이 사용한다.

  ㉰ 스필리티 댐퍼(splity damper) : 분지 덕트의 출구에 한하여 쓰이고, 풍량조절용으로 많이 사용한다.

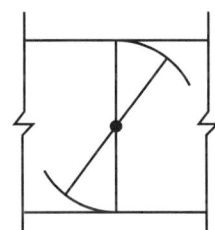 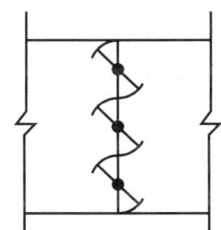 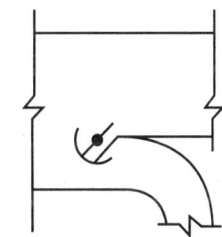

  〈그림 2-13〉 버터플라이 댐퍼 〈그림 2-14〉 다익 댐퍼 〈그림 2-15〉 스필리티 댐퍼

1. 35m³/min의 공기를 20cm 직경의 원형관을 이용하여 이동시킬 때 관 내의 속도압(mmH₂O)은 얼마인가? (단, 공기의 비중은 1.2이다.)

계산과정 $V_p = \left(\dfrac{V}{242.2}\right)^2$ 에서 $Q = A \cdot V$

$$V = \frac{Q}{A} = \frac{35\,\text{m}^3/\text{min}}{\left(\dfrac{3.14 \times 0.2^2}{4}\right)\text{m}^2} = 1114.6496\,\text{m}/\text{min}$$

$$V_p = \left(\frac{V}{242.2}\right)^2 = \left(\frac{1114.6496}{242.2}\right)^2 = 21.180\,\text{mmH}_2\text{O}$$

답 21.18mmH₂O

2. 속도압은 관내 유체의 유속에 지배된다. 속도가 2배로 되면 속도압은 어떻게 되는지 산출하시오.

계산과정 $V_p = \left(\dfrac{V}{242.2}\right)^2$

$\therefore V_p \propto V^2$ 이므로 속도가 2배로 되면 속도압은 4배가 된다.

답 4배

3. 송풍기 입구 정압이 50mmH₂O, 출구 정압이 10mmH₂O이며 입구측 평균 유속이 1000m/min일 때 이때 필요한 송풍기 정압을 계산하시오.

계산과정 송풍기 정압 $= |P_i| + |P_o| - \left(\dfrac{V}{242.2}\right)^2$

$$= |50| + |10| - \left(\frac{1000}{242.2}\right)^2 = 42.952\,\text{mmH}_2\text{O}$$

여기서, V의 단위 : m/min

답 42.95mmH₂O

4. 송풍기 입구의 흡인 정압이 58.2mmH₂O이고, 송풍기 출구 정압은 20.0mmH₂O 이며, 입구측의 평균 유속이 914.4m/min일 때 이 송풍기의 정압은 몇 mmH₂O인 가? (단, 0℃, 1기압 상태로 계산하시오.)

계산과정 송풍기 정압 $= |P_i| + |P_o| - V_p$ 에서

$$V_p = \frac{V^2}{2g} \cdot \gamma = \frac{(914/60)^2}{2 \times 9.8} \times 1.3 = 15.404 \, \mathrm{kg/m^2[mmH_2O]}$$

∴ 송풍기 정압 $= |58.2| + |20.0| - 15.404 = 62.796 \, \mathrm{mmH_2O}$

답 62.80mmH₂O

---

5. 송풍기 입구의 정압과 출구의 정압을 측정하였더니 각각 40mmH₂O, 4mmH₂O였 다. 송풍기 입구에서의 가스 평균 유속은 15m/s이다. 이때 송풍기 정압은 얼마인 가?
2010.4.18 산업기사

계산과정 송풍기 정압 $= |P_i| + |P_o| - P_v$

$$= 40 + 4 - \frac{15^2 \mathrm{m^2/s^2}}{2 \times 9.8 \mathrm{m/s}} \times 1.3 \mathrm{kg/m^3} = 29.076 \, \mathrm{mmH_2O}$$

답 29.08mmH₂O

---

6. 그림은 덕트 계통의 일부를 나타낸 것이다. 송풍기 유입구의 덕트에서 덕트 단면에 등간격으로 3지점을 선택하여 유속을 측정한 값이 각각 890, 910, 900m/min이었 으며 송풍기의 유입부와 유출부에서의 정압은 그림에 나타난 값과 같았다. 이때 송 풍기의 정압은 얼마인가?
1998.5.10 기사

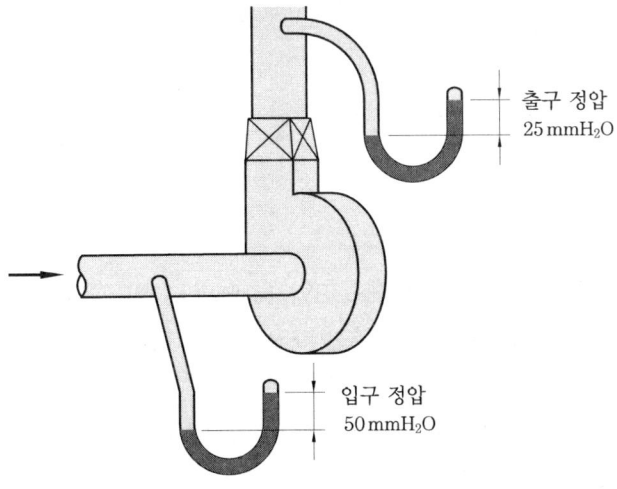

출구 정압
25 mmH₂O

입구 정압
50 mmH₂O

계산 과정 평균유속 $= \dfrac{890 + 910 + 900}{3} = 900\,\mathrm{m/min}$

송풍기 정압 $=$ | 출구 정압 | $+$ | 입구 정압 | $-$ 속도압

$= | \, 25 \, | + | \, 50 \, | - \left(\dfrac{900}{242.2} \right)^2 = 61.191\,\mathrm{mmH_2O}$

답 $61.19\,\mathrm{mmH_2O}$

---

7. 송풍기 앞뒤의 관경은 600mm로서 서로 같으며, 풍압 측정 성적은 다음과 같다. 이때 송풍기의 풍정압(mmH₂O), 관내의 유속(m/s) 및 유량(m³/h)을 각각 구하시오. (단, $Psf_i = -98.7\,\mathrm{mmH_2O}$, $Psf_o = 6.2\,\mathrm{mmH_2O}$, $Pvf_o = 5.4\,\mathrm{mmH_2O}$, ρ_a(공기의 비중) $= 1.3$, $g =$ 중력 가속도(9.8m/s²)이다.)

계산 과정 ① 송풍기 정압 $=$ | P_i | $+$ | P_o | $- V_p = | -98.7 | + | 6.2 | - 5.4 = 99.5\,\mathrm{mmH_2O}$

② 관내의 유속 $v = \sqrt{2gh} = \sqrt{2g \dfrac{\Delta P}{\gamma}} = \sqrt{2 \times 9.8\,\mathrm{m/s^2} \times \dfrac{5.4\,\mathrm{kg/m^2}}{1.3\,\mathrm{kg/m^3}}}$

$= 9.023\,\mathrm{m/s}$

③ 유량 $Q = A \cdot v = \dfrac{3.14 \times D^2}{4} \times v = \left(\dfrac{3.14 \times 0.6^2}{4} \times 9.02 \right) \mathrm{m^3/s} \times 3600\,\mathrm{s/h}$

$= 9176.587\,\mathrm{m^3/h}$

답 ① $99.5\,\mathrm{mmH_2O}$ ② $9.02\,\mathrm{m/s}$ ③ $9176.59\,\mathrm{m^3/h}$

---

8. 직경 360mm, 길이 68m, 용량 0.4m³/s이다. 5m당 압력 손실은? (단, 유체 밀도 1g/cc, 점도 1poise, $\lambda = 0.02$이다.)

계산 과정 $v = \dfrac{Q}{A} = \dfrac{0.4}{\dfrac{3.14 \times 0.36^2}{4}} = 3.9317\,\mathrm{m/s}$, $1\mathrm{g/cc} = 1000\,\mathrm{kg/m^3}$

$\Delta P = \lambda \times \dfrac{l}{D} \times \dfrac{v^2}{2g} \times \gamma = 0.02 \times \dfrac{5}{0.36} \times \dfrac{3.9317^2}{2 \times 9.8} \times 1000 = 219.079\,\mathrm{mmH_2O}$

답 $219.08\,\mathrm{mmH_2O}$

---

9. 내경 0.2m인 원형 송풍관 내를 속도압 14mmH₂O의 공기가 흐른다면, 길이 15m 당의 압력손실을 구하시오. (단, λ는 0.016으로 한다.) (6점) 2005.5.1 산업기사

계산 과정 $\Delta P = \lambda \times \dfrac{l}{D} \times \dfrac{v^2}{2g} \times \gamma = \lambda \times \dfrac{l}{D} \times V_p = 0.016 \times \dfrac{15}{0.2} \times 14 = 16.8\,\mathrm{mmH_2O}$

답 $16.8\,\mathrm{mmH_2O}$

10. 직경이 50cm인 원형 덕트를 통하여 $100\text{m}^3/\text{min}$의 표준상태의 공기를 송풍할 때 길이 10m당 압력손실(mmH_2O)은 얼마인가? (단, 마찰계수 $f = 0.005$, 공기밀도는 1.3kg/m^3이다.) (6점) 2004.10. 산업기사

계산과정 $Q = A \cdot v$

$$v = \frac{Q}{A} = \frac{\dfrac{100}{60}}{\dfrac{3.14 \times 0.5^2}{4}} = 8.492\,\text{m/s}$$

$$\Delta P = \lambda \times \frac{l}{D} \times \frac{v^2}{2g} \times \gamma = 4f \times \frac{l}{D} \times \frac{v^2}{2g} \times \gamma$$

$$= 4 \times 0.005 \times \frac{10}{0.5} \times \frac{8.492^2}{2 \times 9.8} \times 1.3 = 1.913\,\text{kg/m}^2$$

답 $1.91\text{mmH}_2\text{O}$

---

11. 가로 1m, 세로 2.5m인 덕트의 상당직경을 구하시오. (3점) 2003.4.27 산업기사

계산과정 $D_o = 4h_h = 4 \times \dfrac{a \times b}{2 \times (a+b)} = \dfrac{2a \cdot b}{a+b} = \dfrac{2 \times 1 \times 2.5}{1+2.5} = 1.428\,\text{m}$

답 1.43m

---

12. 가로 125mm, 세로 200mm의 곧은 각관 내를 속도압 $14\text{mmH}_2\text{O}$의 표준공기가 흐른다면 길이 14m당의 압력손실을 구하시오. (단, 마찰계수(f)는 0.004로 한다.) 2002.10.27, 2004.7.4 산업기사

계산과정 $\Delta P = f \times \dfrac{l}{D_o} \times \dfrac{v^2}{2g} \times \gamma = f \times \dfrac{l}{4R_h} \times V_P$

$$= f \times \frac{l}{4 \times \dfrac{a \times b}{2(a+b)}} \times V_P = 0.004 \times \frac{14}{4 \times \dfrac{0.125 \times 0.2}{2 \times (0.125 + 0.2)}} \times 14$$

$$= 5.096\,\text{mmH}_2\text{O}$$

답 $5.10\text{mmH}_2\text{O}$

---

13. 원형 덕트에서 지름이 2배가 되면 압력손실은 어떻게 되는지 구하시오. (단, 유량이나 관의 마찰계수는 변하지 않는다고 한다.) (3점) 2003.7.13, 2006.11.5 기사

계산과정 다르시 베버 공식을 이용하면

$$\Delta P = \lambda \times \frac{l}{D} \times \frac{v^2}{2g} \times \gamma = \lambda \times \frac{l}{D} \times \frac{\left(\frac{Q}{A}\right)^2}{2g} \times \gamma = \lambda \times \frac{l}{D} \times \frac{\left(\frac{Q}{\frac{3.14 \times D^2}{4}}\right)^2}{2g} \times \gamma$$

$$\therefore \Delta P \propto \frac{1}{D^5} \text{이므로} \quad \therefore \Delta P = \frac{1}{2^5} = \frac{1}{32}$$

답 $\frac{1}{32}$ 배 감소한다.

---

14. 25m³/s의 풍량을 이송하는 송풍기의 압력손실은 5000mmH₂O이고 회전수는 1500rpm이었다. 이 송풍기의 풍량을 40m³/s으로 증가시킨다면 압력손실은 얼마로 증가하겠는가?

2000.8.13 산업기사

계산과정
$$\Delta P = \lambda \times \frac{l}{D} \times \frac{v^2}{2g} \times \gamma = \lambda \times \frac{l}{D} \times \frac{\left(\frac{Q}{A}\right)^2}{2g} \times \gamma$$

$$\therefore \Delta P \propto Q^2$$

$$\therefore \frac{\Delta P_2}{\Delta P_1} = \left(\frac{Q_2}{Q_1}\right)^2$$

$$\therefore \Delta P_2 = \Delta P_1 \times \left(\frac{Q_2}{Q_1}\right)^2 = 5000 \times \left(\frac{40}{25}\right)^2 = 12800 \, \text{mmH}_2\text{O}$$

답 12800mmH₂O

---

15. 유입속도 21m/s이고 압력손실계수 5.2, 가스밀도 1.5kg/m³일 때 압력손실은? (3점)

2003.4.27 산업기사

계산과정 $\Delta P = F \times \frac{v^2}{2g} \times \gamma = 5.2 \times \frac{21^2 \, \text{m}^2/\text{s}^2}{2 \times 9.8 \, \text{m/s}^2} \times 1.5 \, \text{kg/m}^3 = 175.5 \, \text{kg/m}^2[\text{mmH}_2\text{O}]$

답 175.5mmH₂O

---

16. 후드의 유입계수가 0.82, 속도압이 20mmH₂O일 때 후드의 압력손실을 구하시오. (3점)

2002.10.27, 2006.11.5, 2009.4.19 산업기사

계산과정 $F = \frac{1 - C_e^2}{C_e^2} = \frac{1 - 0.82^2}{0.82^2} = 0.4872$

$$\therefore \Delta P = F \times \frac{v^2}{2g} \times \gamma = F \times V_p = 0.4872 \times 20 = 9.744\,\mathrm{mmH_2O}$$

답 9.74mmH₂O

---

17. 다음과 같은 조건의 후드에서 물음에 답하시오. (6점)　　　　2006.4.23 기사

> 조건 : 후드의 면적 : $0.6\mathrm{m}^2$, 후드의 배출원 사이의 거리 : 0.7m
> 통제속도 : 0.3m/s, 반송속도 : 12m/s
> 유입가스의 밀도 : $1.3\mathrm{kg/m}^3$, 유입계수 : 0.82

(1) 흡인유량을 구하시오.
(2) 압력손실을 구하시오.

계산과정 (1) $Q_h = V_c \times (10X^2 + A_h)$

$\qquad = 0.3 \times (10 \times 0.7^2 + 0.6) = 1.65\mathrm{m}^3/\mathrm{s}$

(2) $\Delta P = F \times V_p = \dfrac{1 - C_e^2}{C_e^2} \times \dfrac{v^2}{2g} \times \gamma = \dfrac{1 - 0.82^2}{0.82^2} \times \dfrac{12^2}{2 \times 9.8} \times 1.3$

$\qquad = 4.653\mathrm{kg/m}^2 (=\mathrm{mmH_2O})$

답 (1) $1.65\mathrm{m}^3/\mathrm{s}$　(2) 4.65mmH₂O

---

18. 후드의 압력손실이 150mmH₂O이고 유속이 10m/s, 밀도가 $2.5\mathrm{kg/m}^3$일 때 후
드의 유입손실계수를 구하시오. (6점)　　　　2006.7.9, 2011.11. 산업기사

계산과정 $\Delta P = \dfrac{1 - C_e^2}{C_e^2} \times \dfrac{v^2}{2g} \times \gamma \;\rightarrow\; \Delta P = F \times \dfrac{v^2}{2g} \times \gamma$

$\qquad F = \dfrac{\Delta P \times 2g}{v^2 \times \gamma} = \dfrac{150\,\mathrm{kg/m}^2 \times 2 \times 9.8\mathrm{m/s}^2}{10^2\mathrm{m/s}^2 \times 2.5\mathrm{kg/m}^3} = 11.76$

$\qquad \therefore F = \dfrac{1 - C_e^2}{C_e^2} \qquad\qquad F \cdot C_e^2 = 1 - C_e^2 \qquad\qquad F \cdot C_e^2 + C_e^2 = 1$

$\qquad (F + 1)C_e^2 = 1 \qquad\qquad C_e^2 = \dfrac{1}{F + 1}$

$\qquad \therefore C_e = \sqrt{\dfrac{1}{F + 1}} = \sqrt{\dfrac{1}{11.76 + 1}} = 0.279$

답 0.28

---

19. 발생원에서 제어속도가 0.3m/s이고 후드로부터 발생원까지의 거리가 0.7m, 후드의 개구면적이 0.5m²인 외부식 후드가 있다. 다음 물음에 답하시오. (단, 공기의 온도는 80℃, 공기의 비중량은 1.3kg/Sm³, 후드의 유입손실계수가 0.82, 덕트의 반송속도는 12m/s이다.)

2000.4.23 기사

(1) 후드의 흡인유량은 얼마인가?

(2) 후드의 압력손실은 얼마인가?

계산과정 (1) $Q_h = V_c \times (10 X^2 \times A_h) = 0.3 \times (10 \times 0.7^2 + 0.5) = 1.62\,\mathrm{m^3/s}$

(2) $\Delta P = F \times \dfrac{v^2}{2g} \cdot \gamma$

$F = \dfrac{1 - C_e^2}{C_e^2} = \dfrac{1 - 0.82^2}{0.82^2} = 0.4872$

$\nabla P = 0.4872 \times \dfrac{12^2}{2 \times 9.8} \times 1.3\mathrm{kg/Sm^3} \times \dfrac{1}{\dfrac{(273 + 80)}{273}} = 3.598\,\mathrm{mmH_2O}$

답 (1) $1.62\,\mathrm{m^3/s}$ (2) $3.60\mathrm{mmH_2O}$

---

20. 지름이 0.3m인 덕트(duct)를 통해 1m³/s의 율로 배기를 흡입하는 경우 덕트 끝에서 0.5m 떨어진 덕트 축선상의 포촉속도(capture velocity)를 계산하시오.

계산과정 $Q_h = V_c \times (10 X^2 + A_h)$

$V_c = \dfrac{Q_h}{(10 X^2 + A_h)} = \dfrac{Q_h}{\left(10 X^2 + \dfrac{3.14 \times D^2}{4}\right)} = \dfrac{1\mathrm{m^3/s}}{\left(10 \times 0.5^2 + \dfrac{3.14 \times 0.3^2}{4}\right)\mathrm{m^2}}$

$= 0.389\,\mathrm{m/s}$

답 $0.39\mathrm{m/s}$

---

21. 지름 1m의 국소배기시설에서 후드 중심 선상으로 1m 떨어진 오염물질을 0.6m/s 속도로 흡입하는 경우 오염물 최소 유입량으로 할 때 속도압은? (단, 덕트의 지름은 0.6m이다.)

계산과정 $Q_h = V_c \times (10 X^2 + A_h) = 0.6 \times \left(10 \times 1^2 + \dfrac{3.14 \times 1^2}{4}\right) = 6.471\,\mathrm{m^3/s}$

흡입 후드에서의 유속(V)

$$V = \frac{Q}{A} = \frac{6.471\,\mathrm{m}^3/\mathrm{s} \times 60\mathrm{s}/\mathrm{min}}{\left(\dfrac{3.14 \times 0.6^2}{4}\right)\mathrm{m}^2} = 1373.885\,\mathrm{m}/\mathrm{min}$$

$$\therefore \text{속도압} \quad V_p = \left(\frac{V}{242.2}\right)^2 = \left(\frac{1373.885}{242.2}\right)^2 = 32.177\,\mathrm{mmH_2O}$$

🖪 $32.18\,\mathrm{mmH_2O}$

---

22. 포집형 후드로 오염물질을 국소배기시키고자 한다. 구경이 2m, 원형 덕트 개구면으로부터 덕트 축선상으로 60cm 떨어진 곳의 오염물질이 30m/min의 속도로 확산되고 있다. 이를 흡입하기 위한 최소 흡입유량은 몇 m^3/min인가? (단, 오염물질은 공기 흐름과 같이 움직이며 흡입속도에 따른 마찰손실, 난류손실, 후드에 작용하는 외력 등은 무시한다.)

계산과정 $Q_h = V_c \times (10X^2 + A_h) = 30\,\mathrm{m}/\mathrm{min} \times \left(10 \times 0.6^2 + \dfrac{3.14 \times 2^2}{4}\right)\mathrm{m}^2$

$\qquad = 202.2\,\mathrm{m}^3/\mathrm{min}$

🖪 $202.2\,\mathrm{m}^3/\mathrm{min}$

---

23. 포집형 후드(hood)로서 오염물질을 국소배기한다. 구경 2m인 원형 덕트(duct)의 개구면으로부터 축상으로 60cm 떨어진 곳의 오염물질이 30m/min의 속도로 확산되어 갈 때 이 오염물질을 후드 내로 흡입하기 위한 최소의 흡입유량(m^3/min)을 구하시오. 또, 측면 공기 조절판을 사용하여 유입유량을 101.1m^3/min로 줄이면 소요동력은 몇 % 감소되는지 구하시오. (단, x지점에서의 후드 흡입속도 $V_x = \dfrac{Q}{10X^2 + A}$ 이다.)

계산과정 ① $Q_h = V_x \cdot (10X^2 + A) = 30\,\mathrm{m}/\mathrm{min} \times \left(10 \times 0.6^2 + \dfrac{3.14 \times 2^2}{4}\right)\mathrm{m}^2$

$\qquad = 202.2\,\mathrm{m}^3/\mathrm{min}$

② L_1을 1로 간주하고 소요동력비는 회전수 또는 유량의 세제곱에 비례한다.

$$\therefore L_2 = L_1 \times \left(\frac{n_2}{n_1}\right)^3 = L_1 \times \left(\frac{Q_2}{Q_1}\right)^3 = 1 \times \left(\frac{101.1}{202.2}\right)^3 = 0.125$$

소요동력 감소(%) $= \dfrac{L_1 - L_2}{L_1} \times 100 = \dfrac{1 - 0.125}{1} \times 100 = 87.5\%$

🖪 $202.2\,\mathrm{m}^3/\mathrm{min}$, 87.5%

24. 발생원으로부터 집진장치를 포함한 송풍기까지의 전 압력손실이 150mmH₂O일 때 처리가스량이 250m³/min였다면 송풍기의 공칭동력(kW)은? (단, 송풍기 효율 70%, 여유율 1.2) (4점) 2001.11.4, 2007.4.22, 2010.7.5 산업기사 / 2006.4.23 기사

계산과정 $kW = \dfrac{Q \cdot \Delta P}{102 \times \eta} \times \alpha = \dfrac{250\,\mathrm{m}^3/60\mathrm{s} \times 150\,\mathrm{kg/m}^2}{\dfrac{102\,\mathrm{kg \cdot m/s}}{kW} \times 0.7} \times 1.2 = 10.504\,kW$

답 10.50kW

25. 처리가스량 80000m³/h 발생원으로부터 집진장치를 포함한 전체 압력손실이 160mmH₂O였다면 송풍기의 공칭동력(kW)은? (단, 송풍기 효율=0.7, 여유율 1.2)

계산과정 $kW = \dfrac{Q \times \Delta P}{102 \times \eta} \times \alpha = \dfrac{80000/3600 \times 160}{102 \times 0.7} \times 1.2 = 59.757\,kW$

답 59.76kW

26. 내경이 1m, 길이 10m인 덕트의 마찰계수는 0.27이다. 이 덕트를 통하여 10Sm³/s의 유량으로 배기가스를 송풍시킬 때 이 송풍기의 소요전력을 구하시오. (단, 가스의 비중량은 1.3kg/m³이며, 송풍기 효율은 80%이고 $\Delta P = \lambda \dfrac{L \cdot \gamma \cdot V^2}{D \cdot 2g}$ 이다.) (6점) 2005.5.1 기사

계산과정 압력손실(ΔP)을 구하면 $Q = Av$

$v = \dfrac{Q}{A} = \dfrac{Q}{\dfrac{3.14 \times D^2}{4}} = \dfrac{10}{\dfrac{3.14 \times 1^2}{4}} = 12.7388\,\mathrm{m/s}$

$\Delta P = \lambda \times \dfrac{l}{D} \times \dfrac{v^2}{2g} \times \gamma$

$= 0.27 \times \dfrac{10\,\mathrm{m}}{1\,\mathrm{m}} \times \dfrac{12.7388^2\,\mathrm{m}^2/\mathrm{s}^2}{2 \times 9.8\,\mathrm{m/s}^2} \times 1.3\,\mathrm{kg/m}^3 = 29.0608\,\mathrm{kg/m}^2 (=\mathrm{mmH_2O})$

$\therefore kW = \dfrac{Q \cdot \Delta P}{102 \times \eta} = \dfrac{10 \times 29.0608}{102 \times 0.8} = 3.561\,kW$

답 3.56kW

27. 처리가스량 $3000Sm^3/min$, 압력손실이 $250mmH_2O$, 송풍기 효율이 70%인 송풍기를 하루 2시간씩 가동하면 월 전력요금은 얼마인가? (단, $1kW \cdot h$당 20원, 1달은 30일로 계산할 것) (6점) 2007.11.4, 2009.4.19 산업기사

계산과정 $kW = \dfrac{Q \cdot \Delta P}{102 \times \eta} = \dfrac{3000/60 \times 250}{102 \times 0.7} = 175.070 \, kW$

∴ 월요금 $= 175.070 \, kW \times 2h/day \times 30day/월 \times 20원/kW \cdot h = 210084원/월$

답 210084원/월

---

28. 가스 온도 115℃, 외기온도 15℃, 연돌높이 165.1m이다. 전마찰손실이 $80mmH_2O$일 때 이 계통에 송풍기 설치 시 송풍기 동력은? (단, 처리 가스량은 $150000Nm^3/h$, 송풍기 효율=60%, 가스비중 $1.3kg/Nm^3$)

계산과정 자연통풍력을 구하면

$Z[mmH_2O] = 355 \times 165.1 \times \left\{ \dfrac{1}{273+15} - \dfrac{1}{273+15} \right\} = 52.4507 \, mmH_2O$

송풍기가 감당해야 하는 손실압력 $= 80 - 52.4507 = 27.5493 \, mmH_2O$

※ 처리가스는 표준상태로 주어졌지만 비표준상태로 환산하여야 하므로

$Q = Q_N \times \dfrac{T'}{T} = 150000Nm^3/h \times \dfrac{273+115}{273} = 213186.8132 \, m^3/h$

$kW = \dfrac{Q \cdot \Delta P}{102 \times \eta} = \dfrac{213186.8132 \, m^3/3600s \times 27.5493 \, kg/m^2}{\dfrac{102 \, kg \cdot m/s}{kW} \times 0.6} = 26.657 \, kW$

답 26.66kW

---

29. 평형 통풍 보일러에서 방지시설을 설치할 경우 연돌의 배출구까지 전압손실이 $400mmH_2O$이고, 풍전압이 $150mmH_2O$이다. 다음 물음에 답하시오.

2000.8.13 산업기사

(1) 배기가스의 온도가 250℃이고, 외기온도가 20℃, 굴뚝높이가 60m이면 자연통풍력(mmH_2O)은 얼마인가?

(2) 송풍기의 소요동력(kW)을 구하시오. (단, 송풍기 효율은 0.65, 여유율은 20%이며, 배기가스 풍량은 $300m^3/min$이다.)

계산과정 (1) $Z = 355 \times 60 \times \left\{ \dfrac{1}{273+20} - \dfrac{1}{273+250} \right\} = 31.969 \, mmH_2O$

(2) $kW = \dfrac{Q \cdot \Delta P}{102 \times \eta} \times \alpha = \dfrac{300/60 \times (400 + 150 - 31.969)}{102 \times 0.65} \times 1.2 = 46.880 \, kW$

🖩 (1) 31.97mmH₂O   (2) 46.88kW

---

30. 처리가스량 100000m³/h, 압력손실 800mmH₂O로서 1일 16시간 운전하는 집진장치의 연간 동력비는 1160만원에 달한다고 한다. 가동시간이 같다고 보고 처리가스량 70000m³/h, 압력손실 400mmH₂O의 같은 형식의 집진장치의 연간 동력비를 산출하시오. (다른 조건은 모두 동일함) (6점) 2007.11.4 기사

🧮 동력비 : $Q \times \Delta P$

1160만원 : 100000m³/h × 800mmH₂O

x 만원 : 70000m³/h × 400mmH₂O

$$\therefore x = \frac{1160 \times 70000 \times 400}{100000 \times 800} = 406 \, \text{만원}$$

🖩 406만원

---

31. 어떤 송풍기의 회전속도가 400rpm일 때 소요동력이 6HP이었다. 회전속도를 450rpm으로 올렸을 때 소요동력을 계산하시오.

🧮 $L_2 = L_1 \times \left(\dfrac{n_2}{n_1}\right)^3 = 6\text{HP} \times \left(\dfrac{450}{400}\right)^3 = 8.542\text{HP}$

🖩 8.54HP

---

32. 25m³/s의 풍량을 이송하는 송풍기의 압력손실은 300N/m³이고 회전수는 1500rpm이다. 송풍기의 풍량을 35m³/s 증가시키기 위해서는 회전수를 얼마로 늘려야 하는가? 2000.8.13 산업기사

🧮 $Q_2 = Q_1 \times \left(\dfrac{n_2}{n_1}\right)$

$$\therefore n_2 = \frac{Q_2}{Q_1} \times n_1 = \frac{35}{25} \times 1500 = 2100 \, \text{rpm}$$

🖩 2100rpm

---

33. 송풍기의 정압이 70mmH₂O에서 300m³/min의 공기를 이동시킬 때 이 송풍기의 회전수는 400rpm이다. 이때 동력은 6.5마력의 송풍기를 선택하였고 유속은 15.5m/min이다. 회전수를 500rpm으로 증가시킨다면 이때의 공기유량, 정압, 마력은 각각 얼마인가? 2001.11.4 기사 / 2004.4.25, 2007.11.4 산업기사

계산과정 유량 $Q_2 = Q_1 \times \dfrac{n_2}{n_1} = 300\,\text{m}^3/\text{min} \times \dfrac{500}{400} = 375\,\text{m}^3/\text{min}$

정압 $Ps_2 = Ps_1 \times \left(\dfrac{n_2}{n_1}\right)^2 = 70\text{mmH}_2\text{O} \times \left(\dfrac{500}{400}\right)^2 = 109.375\,\text{mmH}_2\text{O}$

마력 $Hp_2 = Hp_1 \times \left(\dfrac{n_2}{n_1}\right)^3 = 6.5\,\text{HP} \times \left(\dfrac{500}{400}\right)^3 = 12.695\,\text{HP}$

답 $375\text{m}^3/\text{min}$, $109.38\text{mmH}_2\text{O}$, 12.70HP

---

34. 송풍기의 정압이 $60\text{mmH}_2\text{O}$에서 풍량 $200\text{m}^3/\text{min}$의 공기를 이동시킬 때 이 송풍기의 회전수는 200rpm이다. 이때 동력은 6마력의 송풍기를 선택하였다. 회전수를 400rpm으로 증가시킨다면, 이때의 송풍기 정압, 소요동력, 풍량은 각각 얼마인가? (6점)   2011.5.1 기사

(1) 송풍기 정압

(2) 소요동력

(3) 풍량

계산과정 (1) 송풍기 정압 $\Delta P_2 = \Delta P_1 \times \left(\dfrac{n_2}{n_1}\right)^2$

$$= 60\text{mmH}_2\text{O} \times \left(\dfrac{400}{200}\right)^2 = 240\text{mmH}_2\text{O}$$

(2) 소요동력 $L_2 = L_1 \times \left(\dfrac{n_2}{n_1}\right)^3 = 6\text{마력} \times \left(\dfrac{400}{200}\right)^3 = 48\text{마력}$

(3) 풍량 $Q_2 = Q_1 \times \left(\dfrac{n_2}{n_1}\right) = 200\text{m}^3/\text{min} \times \left(\dfrac{400}{200}\right) = 400\text{m}^3/\text{min}$

답 (1) $240\text{mH}_2\text{O}$ (2) 48마력 (3) $400\text{m}^3/\text{min}$

---

35. 한 사업장에서 송풍기의 정압이 $160\text{mmH}_2\text{O}$, 유속이 250m/min, 송풍량이 $150\text{m}^3/\text{min}$이 되도록 이동시킬 때 필요한 동력이 7.0HP(마력)이었다고 한다. (이 송풍기의 모터의 회전수는 300rpm이다.) 이 모터의 회전수를 600rpm으로 증가시켰을 때 다음 요구사항을 구하시오.

(1) 송풍량(m^3/s)

(2) 정압(mmH_2O)

(3) 동력(HP)

(4) 유속(m/s)

계산과정 (1) 송풍량 $Q_2 = Q_1 \times \left(\dfrac{n_2}{n_1}\right) = 150\mathrm{m}^3/\mathrm{min} \times \mathrm{min}/60s \times \left(\dfrac{600}{300}\right) = 5\mathrm{m}^3/\mathrm{s}$

(2) 정압 $\Delta P_2 = \Delta P_1 \times \left(\dfrac{n_2}{n_1}\right)^2 = 160\,\mathrm{mmH_2O} \times \left(\dfrac{600}{300}\right)^2 = 640\,\mathrm{mmH_2O}$

(3) 동력 $L_2 = L_1 \times \left(\dfrac{n_2}{n_1}\right)^3 = 7.0\,\mathrm{HP} \times \left(\dfrac{600}{300}\right)^3 = 56\,\mathrm{HP}$

(4) 유속 $v_2 = v_1 \times \left(\dfrac{n_2}{n_1}\right) = 250\mathrm{m}/\mathrm{min} \times \mathrm{min}/60\mathrm{s} \times \left(\dfrac{600}{300}\right) = 8.333\mathrm{m}/\mathrm{s}$

답 (1) $5\mathrm{m}^3/\mathrm{s}$ (2) 640mmH₂O (3) 56HP (4) 8.33m/s

---

36. 회전수 1500rpm, 동력 1.5마력, 송풍량 $10\mathrm{m}^3/\mathrm{s}$로 운전되는 송풍기가 있다. 유입되는 공기의 밀도가 $1.16\mathrm{kg/m}^3$에서 $1\mathrm{kg/m}^3$으로 변화된다고 하면, 정압과 동력의 변화는 각각 어떻게 되는지 계산하시오.   2002.10.27 기사

계산과정 송풍기의 상사 법칙에서

정압 $\dfrac{P_2}{P_1} = \left(\dfrac{n_2}{n_1}\right)^2 \times \left(\dfrac{D_2}{D_1}\right)^2 \times \dfrac{\gamma_2}{\gamma_1}$ 이므로 $\dfrac{P_2}{P_1} = \dfrac{\gamma_2}{\gamma_1} = \dfrac{1}{1.16} = 0.862$

동력 $\dfrac{L_2}{L_1} = \left(\dfrac{n_2}{n_1}\right)^3 \times \left(\dfrac{D_2}{D_1}\right)^5 \times \dfrac{\gamma_2}{\gamma_1}$ 이므로 $\dfrac{L_2}{L_1} = \dfrac{\gamma_2}{\gamma_1} = \dfrac{1}{1.16} = 0.862$

답 정압 : 0.86, 동력 : 0.86

---

37. 연돌의 높이가 100m, 배기가스의 평균온도 230℃, 외기온도 20℃일 때 이 연돌의 통풍력(mmH₂O)을 계산하시오. (단, 대기 및 배기가스의 비중량은 각각 $1.28\mathrm{kg/m}^3$ 및 $1.34\mathrm{kg/m}^3$이다.)

│**이해**│ 비중량이 따로 주어졌을 때

계산과정 $Z[\mathrm{mmH_2O}] = 273 \times H \times \left\{\dfrac{\gamma_{ao}}{T_a} - \dfrac{\gamma_{go}}{T_g}\right\} = 273 \times 100 \times \left\{\dfrac{1.28}{273+20} - \dfrac{1.34}{273+230}\right\}$

$\qquad\qquad = 46.535\,\mathrm{mmH_2O}$

답 46.54mmH₂O

---

38. 높이 50m인 굴뚝에서 배출되는 가스의 평균온도는 125℃, 대기의 온도는 27℃일 때 이 굴뚝의 자연통풍력을 계산하시오. (단, STP 상태에서 공기와 가스의 밀도는 $1.3\mathrm{kg/Sm}^3$이고 굴뚝 내의 마찰 등은 무시할 것)   2009.7.5 산업기사

계산과정 $Z[\text{mmH}_2\text{O}] = 355 \times H \times \left\{ \dfrac{1}{273 + t_a} - \dfrac{1}{273 + t_g} \right\}$

$$= 355 \times 50 \times \left\{ \dfrac{1}{273 + 27} - \dfrac{1}{273 + 125} \right\} = 14.568\,\text{mmH}_2\text{O}$$

답 14.57mmH₂O

---

39. 통풍력이 20mmH₂O이다. 같은 조건하에서 대기온도가 27℃이고 배출가스온도가 227℃일 경우 굴뚝의 높이를 구하시오. 2002.7.7 기사 / 2008.7.6, 2011.7.24 산업기사

계산과정 $Z = 355 \times H \times \left\{ \dfrac{1}{T_a} - \dfrac{1}{T_g} \right\}$

$$\therefore H = \dfrac{Z}{355 \times \left\{ \dfrac{1}{T_a} - \dfrac{1}{T_g} \right\}} = \dfrac{20}{355 \times \left\{ \dfrac{1}{273 + 27} - \dfrac{1}{273 + 227} \right\}} = 42.253\,\text{m}$$

답 42.25m

---

40. 대기온도가 25℃일 때 어떤 굴뚝 내 배기가스 평균온도가 200℃에서 130℃로 된다면 $\dfrac{130℃에서\ 통풍력}{200℃에서\ 통풍력}$ 의 값은 얼마인가? 2000.4.23 산업기사

계산과정 $\dfrac{Z_{130℃}}{Z_{200℃}} = \dfrac{355 \times H \times \left\{ \dfrac{1}{273 + 25} - \dfrac{1}{273 + 130} \right\}}{355 \times H \times \left\{ \dfrac{1}{273 + 25} - \dfrac{1}{273 + 200} \right\}} = 0.704$

답 0.70

---

41. 대기온도가 27℃일 때 어떤 굴뚝 내 배기가스 평균온도가 227℃에서 127℃로 된다면 통풍력은 처음의 몇 %로 감소하는가? (단, 공기의 밀도와 가스의 밀도는 1.3kg/Sm³임) (6점) 2005.5.1 기사

계산과정 $\dfrac{Z_{나중}}{Z_{처음}} \times 100 = \dfrac{355 \times H \times \left\{ \dfrac{1}{273 + 27} - \dfrac{1}{273 + 127} \right\}}{355 \times H \times \left\{ \dfrac{1}{273 + 27} - \dfrac{1}{273 + 227} \right\}} \times 100 = 62.5\%$

답 62.5%

42. 굴뚝 높이가 50m, 배기가스 평균온도가 127℃인 자연통풍 연소장치의 굴뚝높이를 그대로 유지하면서 통풍력을 2배 증가시키려면 배기가스 온도는 몇 도(℃) 되는지 계산하시오. (단, 외기온도 27℃, 연돌 마찰은 무시하고 공기와 가스의 비중량은 1.3kg/Nm^{3}이다.)

계산과정 처음 상태 $Z[\mathrm{mmH_2O}] = 355 \times H \times \left\{ \dfrac{1}{T_a} - \dfrac{1}{T_g} \right\}$

$$= 355 \times 50 \times \left\{ \dfrac{1}{273+27} - \dfrac{1}{273+127} \right\}$$

$$= 14.7916 \,\mathrm{mmH_2O}$$

나중 상태 14.7916×2배 $= 355 \times 50 \times \left\{ \dfrac{1}{273+27} - \dfrac{1}{T_g} \right\}$

$$\dfrac{14.7916 \times 2}{355 \times 50} = \dfrac{1}{273+27} - \dfrac{1}{T_g}$$

$$\dfrac{1}{T_g} = \dfrac{1}{273+27} - \dfrac{14.7916 \times 2}{355 \times 50}$$

$$\therefore \ T_g = \dfrac{1}{\left\{ \dfrac{1}{273+27} - \dfrac{14.7916 \times 2}{355 \times 50} \right\}} = 599.997 \mathrm{K}$$

$$\therefore \ t\,℃ = 599.997 - 273 = 326.997\,℃$$

답 327℃

3
Part

입자 처리

입자의 기본이론

Chapter 01

1-1 입경의 정의 및 분류

(1) 입경의 정의

입경은 먼지 입자의 지름을 말한다.

(2) 입경의 분류

① 스토크스 직경 : 본래의 분진의 밀도와 침강속도가 같은 구형 입자의 직경을 말한다.

② 공기역학적 직경 : 본래의 분진과 침강속도가 같고, 밀도가 $1\mathrm{g/cm^3}$인 구형 입자를 말한다.

③ 광학 직경 : 광학 현미경, 전자 현미경, 전자 극사 현미경을 이용하여 측정한 직경을 말한다.

④ PM_{10} : 공기역학적 직경이 $10\mu\mathrm{m}$ 이하인 분진을 말한다.

⑤ $PM_{2.5}$: 공기역학적 직경이 $2.5\mu\mathrm{m}$ 이하인 분진을 말한다.

> **참고 ─○ 광학 직경의 종류**
>
> ① Feret 직경 : 입자의 끝과 끝을 연결한 선 중 최대의 선의 길이
> ② Martin 직경 : 입자의 투영면적을 2등분하는 선의 길이
>   크기 : Feret 직경 > Martin 직경

(3) 입자의 입경 측정법

① 직접 측정방법

  ㈎ 체거름법(표준체 측정법) : $44\mu\mathrm{m}$ 이상의 큰 입자를 체로 직접 측정하는 방법이다.

  ㈏ 현미경법 : 광학 현미경법과 전자 현미경법이 있는데 광학 현미경은 $0.5\sim100$ $\mu\mathrm{m}$의 입자를, 전자 현미경은 $0.001\sim1\mu\mathrm{m}$ 입자를 직접 측정한다.

② 간접 측정방법

  ㈎ 앤더슨 샘플러법(Anderson Sampler) : 중력 침강속도를 구하여 간접적으로

측정하는 방법이다.

(나) 캐스케이드 임펙터법(cascade impactor) : 관성 충돌을 이용하여 간접적으로 측정하는 방법이다.

(다) 액상 침강법

(라) 광산란법 : 분진에 의한 빛의 산란 정도를 측정하여 간접적으로 측정하는 방법이다.

1-2   입경분포의 해석

(1) 기하표준편차

기하표준편차$=\dfrac{84.13(\%)\text{의 입경}}{50(\%)\text{의 입경}}$ 또는 $\dfrac{50(\%)\text{의 입경}}{15.87(\%)\text{의 입경}}$ 으로 구할 수 있다.

여기서 50%의 입경을 기하평균입경이라고도 한다.

(2) 산술평균 직경

$$\bar{a}=\frac{a_1 n_1 + a_2 n_2 + a_3 n_3 \cdots a_n n_n}{n_1 + n_2 + n_3 \cdots n_n}$$

(3) 기하평균 직경

$$\bar{a}=\sqrt[n]{a_1 \cdot a_2 \cdot a_3 \cdots a_n} = (a_1 \cdot a_2 \cdot a_3 \cdots a_n)^{\frac{1}{n}}$$

(4) Rosin-Rammler 분포

체거름법에서 체상분포율(R)과 체하분포율(D)

$R[\%]=100e^{-\beta x^n}$

$D[\%]=100-R$

여기서, $R(\%)$: 체상분포율(%)
β : 입경계수
x : 기준입경(μm)
n : 입경지수
$D(\%)$: 체하분포율(%)

집진원리

2-1 **집진의 기초이론**

　기체 중에 고체 또는 액체가 미립자의 상태로 존재하고 있는 것을 보통 연무질이라고 부르며, 이 연무질로부터 미립자를 분리 포집하는 것이 집진장치이다. 이러한 집진 장치에는 중력, 관성력, 원심력, 열력, 확산 부착력, 음파력, 전기력 등이 집진작용을 하나, 혹은 둘 이상을 이용하여 입자의 분리 포집을 하고 있다.

　이러한 주체인 집진 작용력에 의하여 집진 장치를 분류하면 다음과 같다.

　① 중력 집진장치　　　② 관성력 집진장치　　　③ 원심력 집진장치
　④ 세정 집진장치　　　⑤ 여과 집진장치　　　　⑥ 전기 집진장치
　⑦ 음파 집진장치

　즉, 이러한 장치의 선정 기준은 입자의 입경크기인데 수~수십μm의 큰 입자를 포함하는 분진에는 중력, 관성력, 원심력 집진장치를 사용하며 입경 1μm 전후의 미세입자를 포함하는 분진에서는 고성능의 전기, 여과, 세정(가압수세) 집진장치를 사용한다.

2-2 **집진장치별 집진율(%)**

종류	장치 예	처리 입경 (μm)	압력 손실 (mmH$_2$O)	집진율 (%)	설치 비용	운전 비용
중력 집진	침강실	50~1000	10~15	40~60	소	소
관성력 집진	루퍼	10~100	30~70	50~70	소	소
원심력 집진	사이클론(cyclone)	3~100	50~150	85~95	중	중
세정 집진	벤투리 스크러버	0.1~100	300~800	80~95	중	대
여과 집진	백필터	0.1~20	100~200	90~99	중 이상	중 이상
전기 집진	코트렐(cottrell)	0.05~20	10~20	90~99.9	대	소~중

　dust의 농도가 크고 입경분포가 넓으면 2~3종류의 집진장치를 직렬로 조합해서 사용하면 효율이 좋아진다.

집진기술

3-1 통과율 및 집진효율 계산

(1) 통과율

$$C_i \rightarrow \boxed{C_i Q_i - C_o Q_o} \rightarrow C_o$$

$$Q_i \qquad\qquad\qquad Q_o$$

$$P = \frac{C_o Q_o}{C_i Q_i} \times 100 \ \ (Q_i \neq Q_o)$$

$$P = \frac{C_o}{C_i} \times 100 \ \ (Q_i = Q_o)$$

여기서, P : 통과율(%)
$\quad\quad\quad C_i$: 유입농도(mg/Sm^3)
$\quad\quad\quad Q_i$: 유입유량(Sm^3/h)
$\quad\quad\quad C_o$: 유출농도(mg/Sm^3)
$\quad\quad\quad Q_o$: 유출유량(Sm^3/h)
$\quad\quad\quad \eta$: 집진율(%)

(2) 집진효율

$$\eta = \frac{C_i Q_i - C_o Q_o}{C_i Q_i} \times 100 \ \ (Q_i \neq Q_o)$$

$$\eta = \frac{C_i - C_o}{C_i} \times 100 \ \ (Q_i = Q_o)$$

(3) 제거해야 할 농도, 양

$$C = C_i - C_o$$

$$S = (C_i Q_i - C_o Q_o) \times 10^{-6}$$

여기서, C : 제거해야 할 농도$(mg/Sm^3,\ ppm = mL/Sm^3)$
$\quad\quad\quad S$: 제거해야 할 양(kg/h)

(4) 부분집진율

$$\eta = \frac{C_i f_i - C_o f_o}{C_i f_i} \times 100$$

여기서, f_i : 입경범위인 유입먼지의 질량분율(%)

f_o : 입경범위인 유출먼지의 질량분율(%)

3-2 직렬 및 병렬 연결

(1) 집진장치의 직렬 연결

집진율을 높이기 위해 사용한다.

$$\xrightarrow{\;C_i Q_i\;}\boxed{\eta_1}\xrightarrow{\;C_i Q_i \times (1-\eta_1)\;}\boxed{\eta_2}\xrightarrow{\;C_i Q_i \times (1-\eta_1) \times (1-\eta_2)\;}$$

$C_i Q_i = 1$이라 가정하면

$$\xrightarrow{\;1\;}\boxed{\eta_1}\xrightarrow{\;1 \times (1-\eta_1)\;}\boxed{\eta_2}\xrightarrow{\;1 \times (1-\eta_1) \times (1-\eta_2)\;}$$

$$\therefore \eta_t = \frac{1 - 1 \times (1-\eta_1) \times (1-\eta_2)}{1} \times 100$$

$$\therefore \eta_t = \{1 - (1-\eta_1) \times (1-\eta_2)\} \times 100$$

여기서, η_t : 총 집진율(%)

η_1 : 1 집진장치에서의 집진율

η_2 : 2 집진장치에서의 집진율

여기서, $C_o = C_i \times (1-\eta_1) \times (1-\eta_2)$, $S_o = C_i Q_i \times (1-\eta_1) \times (1-\eta_2)$로 계산할 수 있다.

(2) 집진장치의 병렬 연결

유입유량이 많을 때 사용한다.

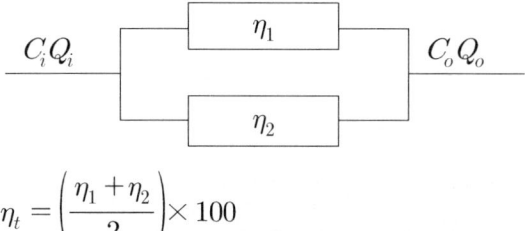

$$\eta_t = \left(\frac{\eta_1 + \eta_2}{2}\right) \times 100$$

3-3   건식 집진과 습식 집진

(1) 건식 집진장치

함진가스 중의 미립자 또는 포집입자에 물을 접촉시키지 않고 집진하는 장치를 말한다. 예를 들면, 중력 집진장치, 관성력 집진장치, 사이클론(원심력) 집진장치, 멀티클론, 백필터(여과 집진장치), 건식 전기 집진장치 등이다.

(2) 습식 집진장치

함진가스 중의 미립자 또는 포집입자에 물 또는 그 밖의 액체를 접촉시켜 집진하는 장치를 말한다. 예를 들면 벤투리 스크러버, 사이클론 스크러버, 제트 스크러버, 충전탑, 분무탑, 습식 전기 집진장치 등이다.

1. 배기가스 내 분진의 입도분포를 대수 확률지에 plot한 결과 직선이 되었다. 50% 입경과 84.13% 입경이 각각 10.5 μm와 5.5 μm이었다. 이때 기하표준편차를 구하시오.

계산과정 기하표준편차 $= \dfrac{84.13\%\text{의 입경}}{50\%\text{의 입경}} = \dfrac{10.5}{5.5} = 1.909$

답 1.91

2. 분진의 직경분포의 측정결과가 다음과 같을 때 기하표준편차는? (6점)

> (1) 분진총질량 84.1%, 직경 13.585 μm
> (2) 기하평균직경 50%, 직경 7.850 μm
> (3) 분진총질량 15.9%, 직경 4.54 μm

2003.7.13 산업기사

계산과정 기하표준편차 $= \dfrac{84.1\%\text{ 입경}}{50\%\text{ 입경}} = \dfrac{13.585\mu m}{7.850\mu m} = 1.730$

답 1.73

3. 어떤 작업장의 환기계통에 연결된 배기구에 설치된 집진시설의 입구와 출구에서 시료를 포집하여 입경에 따른 입자수를 분석하여 효율을 계산한 결과가 표와 같았다. (단, 입자들은 모두 구형이고 밀도가 동일한 것으로 본다.)   1999.5.30 기사

입경	입구 입자수	제진효율
1 μm	100개	10%
10 μm	100개	40%
100 μm	100개	50%

(1) 입자수 기준의 집진효율(%)은?
(2) 중량 기준의 집진효율(%)은?

계산과정 (1) $\eta = \dfrac{100 \times 10 + 100 \times 40 + 100 \times 50}{100 + 100 + 100} = 33.333\%$

(2) 중량 = 체적 × 밀도 = $\dfrac{\pi D^3}{6} \times \rho$ (여기서, ρ가 같다면 중량은 D^3에 비례한다.)

$\eta = \dfrac{1^3 \times 100 \times 10 + 10^3 \times 100 \times 40 + 100^3 \times 100 \times 50}{1^3 \times 100 + 10^3 \times 100 + 100^3 \times 100} = 49.989\%$

답 (1) 33.33% (2) 49.99%

---

4. 농도가 다음과 같이 측정되었을 때 기하평균값을 구하시오. (오존농도 : 100ppb, 120ppb, 135ppb, 125ppb, 127ppb, 130ppb, 125ppb, 115ppb, 115ppb)

2002.10.27 기사

계산과정 기하평균 = $(100 \times 120 \times 135 \times 125 \times 127 \times 130 \times 125 \times 115 \times 115)^{\frac{1}{9}}$
= 120.919 ppb

답 120.92ppb

---

5. A지점의 미세먼지(PM_{10})의 측정 농도가 각각 46, 53, 48, 62, 57 $\mu g/m^3$일 때, 다음 물음에 답하시오. (단, 반드시 계산과정 및 미세먼지(PM_{10})의 대기환경 24시간 평균치(환경정책기본법령상)를 제시하고, 그 판단여부를 기재한다.)

2008.4.20, 2012.4.22 기사

(1) 기하학적 평균치로 산정 시 평균농도가 미세먼지(PM_{10})의 24시간 평균치를 상회하는지의 여부를 판단하시오.
 ① 계산과정
 ② 판단여부
(2) 산술 평균치로 산정 시 평균농도가 미세먼지(PM_{10})의 24시간 평균치를 상회하는지의 여부를 판단하시오.
 ① 계산과정
 ② 판단여부

(1) |**계산과정**| 기하평균치 = $(46 \times 53 \times 48 \times 62 \times 57)^{\frac{1}{5}} = 52.882 \, \mu g/m^3$
 |**판단여부**| 환경정책기본법에서 미세먼지(PM_{10})의 환경기준치는 $100 \, \mu g/m^3$ 이하(24시간 평균치)이므로 상회하지 않음
(2) |**계산과정**| 산술평균치 = $\dfrac{46 + 53 + 48 + 62 + 57}{5} = 53.2 \, \mu g/m^3$
 |**판단여부**| 환경기준치는 $100 \, \mu g/m^3$ 이하이므로 상회하지 않음

※ 만약 연간 평균치($50\mu\mathrm{g}/\mathrm{m}^3$)를 상회하는지를 묻는다면 상회한다가 답이 됩니다.

6. 사각형 연도에서 6개의 측정지점을 선정하여 먼지농도와 유속을 측정한 결과가 다음과 같다. 이때 평균 먼지농도는?

1999.5.30 산업기사

측정지점	1	2	3	4	5	6
먼지농도(g/Sm^3)	0.81	0.79	0.83	0.76	0.85	0.77
유속(m/s)	7.9	8.0	7.6	8.4	8.1	7.3

계산과정 평균농도

$$= \frac{7.9 \times 0.81 + 8.0 \times 0.79 + 7.6 \times 0.83 + 8.4 \times 0.76 + 8.1 \times 0.85 + 7.3 \times 0.77}{7.9 + 8.0 + 7.6 + 8.4 + 8.1 + 7.3}$$

$$= 0.801\,\mathrm{g}/\mathrm{Sm}^3$$

답 $0.80\,\mathrm{g}/\mathrm{Sm}^3$

7. 중위경($R=50\%$)이 $30\mu\mathrm{m}$일 때 $20\mu\mathrm{m}$ 이상인 입자의 분율을 구하시오. (단, 입경지수 $n=1$) (6점)

2006.7.9, 2011.7.24 산업기사

계산과정 $R = 100 \times e^{-\beta x^n}$　　여기서, $n=1$이므로

$$50 = 100 \times e^{-\beta \times 30} \quad \cdots\cdots\cdots\cdots ①$$

$$R = 100 \times e^{-\beta \times 20} \quad \cdots\cdots\cdots\cdots ②$$

①식에서 β를 구하면

$$0.5 = e^{-\beta \times 30}$$

$$\ln 0.5 = \ln e^{-\beta \times 30}, \ \ln 0.5 = -\beta \times 30 \qquad \therefore \beta = \frac{-\ln 0.5}{30} = 0.0231$$

이 값을 ②식에 대입하여 R을 구하면

$$\therefore R = 100 \times e^{-0.0231 \times 20} = 63.002\%$$

답 63%

8. 입경지수(n)가 1인 Rosin Rammler 분포를 갖는 입경 X인 먼지가 있다. 이 먼지의 중위경이 $40\mu\mathrm{m}$일 때 $20\mu\mathrm{m}$의 체거름상의 먼지분포(%)를 구하시오. (단, Rosin Rammler 분포식 $R(\%) = 100\exp(-\beta x^n)$, $\beta=$입경계수)

2007.7.8, 2011.7.24, 2012.4.22 기사

계산과정 $R = 100 \times e^{-\beta x^n}$ 에서

$$50 = 100 \times e^{-\beta \times 40} \quad \cdots\cdots\cdots\cdots \text{①}$$

$$R = 100 \times e^{-\beta \times 20} \quad \cdots\cdots\cdots\cdots \text{②}$$

①식에서 $\dfrac{50}{100} = e^{-\beta \times 40}$ $\qquad \ln\left(\dfrac{50}{100}\right) = -\beta \times 40$

$$\therefore \beta = \dfrac{-\ln\left(\dfrac{50}{100}\right)}{40} = 0.01732$$

β값을 ②식에 대입하면

$$R = 100 \times e^{-0.01732 \times 20} = 70.722\%$$

답 70.72%

---

9. 질량비로 표시되는 더스트의 입경 분포는 중위경을 X_{50}, 분포지수를 n으로 하면 입경 X에 대한 $R(\%)$는 다음과 같다.

$$R = 100\exp{-\left(\dfrac{X}{X_{50}}\right)^n} \times 0.693$$

$X_{50} = 2\,\mu\mathrm{m}$, $n = 1$인 더스트에 대하여 입경 $10\,\mu\mathrm{m}$ 이하의 전 더스트에 대한 질량 %는 얼마인지 계산하시오.

계산과정

$$R(\%) = 100 \times e^{-\left(\frac{X}{X_{50}}\right)^n \times 0.693}$$

$$= 100 \times e^{-\left(\frac{10}{2}\right)^1 \times 0.693}$$

$$= 3.127\%$$

$$D(\%) = 100 - R = 100 - 3.127 = 96.873\%$$

답 96.87%

---

10. 표준상태에서 SO_2 농도가 0.07%이었다. mg/Sm^3으로 얼마인가?

2009.4.19 산업기사

계산과정 $0.07\% = 700\mathrm{mL/m^3} = 700\mathrm{mL/m^3} \times \dfrac{64\mathrm{mg}}{22.4\mathrm{mL}} = 2000\mathrm{mg/Sm^3}$

답 $2000\mathrm{mg/Sm^3}$

---

11. 표준상태에서 CO_2의 농도가 0.07%이라면 몇 mg/Sm^3인지 계산하시오.

계산과정 $0.07\% = 700\mathrm{ppm} = 700\mathrm{mL/Sm^3}$

$$\therefore 700\text{mL/Sm}^3 \times \frac{44\text{mg}}{22.4\text{mL}} = 1375\,\text{mg/Sm}^3$$

답 1375mg/Sm^3

---

12. 0℃ 1atm에서 9ppm의 CO를 함유하는 공기의 CO 농도를 $\mu\text{g/m}^3$로 나타내시오. (단, CO의 분자량은 28)   2002.7.7 기사 / 2004.4.25 산업기사

계산과정 $9\text{mL/Sm}^3 \times \dfrac{28\text{mg}}{22.4\text{mL}} \times 10^3\,\mu\text{g/mg} = 11250\,\mu\text{g/m}^3$

답 $11250\,\mu\text{g/m}^3$

---

13. 어떤 연돌의 배기가스의 온도가 227℃, 압력은 680mmHg, 유량은 10000m^3/h이었다. 이 배기가스에 시간당 5kg의 SO$_2$가 함유된다면 배기가스 중의 SO$_2$ 농도(ppm)를 구하시오.

계산과정 $\text{mg/m}^3 \times \dfrac{22.4\text{mL} \times \dfrac{T'}{T} \times \dfrac{P}{P'}}{64\,\text{mg}}$

$$= \frac{5\text{kg/h} \times 10^6\text{mg/kg}}{10000\text{m}^3/\text{h}} \times \frac{22.4\text{mL} \times \dfrac{273+227}{273} \times \dfrac{760}{680}}{64\,\text{mg}}$$

$$= 358.220\,\text{mL/m}^3 = 358.220\,\text{ppm}$$

답 358.22ppm

---

14. 어떤 공장 지역에서 SO$_2$의 평균 농도가 25℃, 1기압에서 $450\,\mu\text{g/m}^3$일 때 이는 몇 ppm 농도인지 계산하시오. (단, S의 원자량은 32이다.)

계산과정 $\mu\text{g/m}^3 \times 10^{-3}\text{mg}/\mu\text{g} \times \dfrac{22.4\text{mL} \times \dfrac{T'}{T} \times \dfrac{P}{P'}}{64\,\text{mg}}$

$$= 450\,\mu\text{g/m}^3 \times 10^{-3}\text{mg}/\mu\text{g} \times \frac{22.4\text{mL} \times \dfrac{273+25}{273}}{64\,\text{mg}} = 0.171\,\text{mL/m}^3 = 0.171\,\text{ppm}$$

답 0.17ppm

---

15. 배출가스의 온도가 127℃, 압력이 700mmHg일 때, 분진의 농도가 200mg/m^3 이라면 표준상태에서 분진의 농도는 몇 mg/Nm^{3}인가?

계산과정 $농도(\mathrm{mg/Nm^3}) = 200\,\mathrm{mg/m^3} \times \dfrac{1}{\dfrac{T}{T'}} \times \dfrac{1}{\dfrac{P'}{P}} = 200\,\mathrm{mg/m^3} \times \dfrac{T'}{T} \times \dfrac{P}{P'}$

$$= 200\,\mathrm{mg/m^3} \times \dfrac{273+127}{273} \times \dfrac{760}{700} = 318.158\,\mathrm{mg/Nm^3}$$

답 $318.16\,\mathrm{mg/Nm^3}$

---

16. 어느 배출원에서 나오는 가스 중 SO_2의 함유량이 760mmHg, 50℃에서 7ppm 이었다. 이를 $\mu\mathrm{g/m^3}$ 단위로 나타내시오.

|이해| $\mathrm{ppm} \to \mathrm{mg/Sm^3} \to \mathrm{mg/m^3} \to \mu\mathrm{g/m^3}$

계산과정 $\mathrm{ppm} \times \dfrac{64}{22.4 \times \dfrac{T'}{T} \times \dfrac{P}{P'}} \times 10^3\,\mu\mathrm{g/mg}$

$$= 7\,\mathrm{mL/Sm^3} \times \dfrac{64\,\mathrm{mg}}{22.4\,\mathrm{mL} \times \dfrac{(275+50)}{273}} \times 10^3\,\mu\mathrm{g/mg} = 16904.024\,\mu\mathrm{g/m^3}$$

답 $16904.02\,\mu\mathrm{g/m^3}$

---

17. 30℃, 740mmHg에서 5ppm의 NO는 몇 $\mu\mathrm{g/m^3}$인가 구하시오.

계산과정 $\left\{ \mathrm{ppm} \times \dfrac{30}{22.4 \times \dfrac{T'}{T} \times \dfrac{P}{P'}} \right\} \mathrm{mg/m^3} \times 10^3\,\mu\mathrm{g/mg}$

$$= 5\,\mathrm{mL/Sm^3} \times \dfrac{30\,\mathrm{mg}}{22.4\,\mathrm{mL} \times \dfrac{273+30}{273} \times \dfrac{760}{740}} \times 10^3\,\mu\mathrm{g/mg} = 5874.641\,\mu\mathrm{g/m^3}$$

답 $5874.64\,\mu\mathrm{g/m^3}$

---

18. 800$\mathrm{m^3}$의 용적을 갖는 방 안에 10명이 있고, 그 중에서 5명이 담배를 피우고 있 다. 1시간 동안 5명이 총 20개비의 담배를 피운다고 한다. 담배 1개비당 1.5mg의 포름알데히드가 발생한다면 1시간 후 방안의 포름알데히드 농도(ppm)를 계산하시 오. (단, 포름알데히드는 완전혼합되고, 담배를 피우기 전의 농도는 0이며, 실내온 도는 25℃로 가정하며, 소수점 셋째자리까지 계산할 것)   2011.11. 산업기사

계산과정 $\mathrm{HCHO(ppm = mL/m^3)} = \dfrac{1.5\,\mathrm{mg/개비} \times 20\,\mathrm{개비} \times \dfrac{22.4\,\mathrm{mL}}{30\,\mathrm{mg}} \times \dfrac{(273+25)}{273}}{800\,\mathrm{m^3}}$

$$= 0.0305 \text{mL}/\text{m}^3 = 0.0305 \text{ppm}$$

답 0.031ppm

---

19. CO_2가 0.9m^3/min로 생성된다. 공기 중 CO_2를 5000ppm으로 유지하기 위한 환기량(m^3/h)은? (안전계수는 10)　　　　　　　　2011.7.24 기사

계산과정
$$5000 = \frac{0.9\,\text{m}^3/\text{min} \times 60\,\text{min/h}}{x\,[\text{m}^3/\text{h}]} \times 10^6$$

$$\therefore x = \frac{0.9 \times 60}{5000} \times 10^6 = 10800\,\text{m}^3/\text{h}$$

안전계수를 고려하면

$$10800\text{m}^3/\text{h} \times 10 = 108000\text{m}^3/\text{h}$$

답 108000m^3/h

---

20. A굴뚝 배출가스 중 염소농도가 160mL/Sm^{3}이다. 이 염소농도를 20mg/Sm^{3}으로 저하시키기 위하여 제거해야 할 염소농도(mL/Sm^3)를 구하시오. (4점)

2012.7.8 산업기사

계산과정 제거해야 할 농도 $= C_i - C_o$

$$= 160\text{mL}/\text{Sm}^3 - 20\text{mg}/\text{Sm}^3 \times \frac{22.4\text{ml}}{71\text{mg}} = 153.690\text{mL}/\text{Sm}^3$$

답 153.69mL/Sm^3

---

21. 어떤 보일러의 굴뚝 배기가스를 측정하였더니 HCl 농도가 120ppm이었다. 이를 25mg/Nm^{3}까지 낮추려면 현재 값의 몇 % 이하로 낮추어야 하는지 산출하시오.

계산과정 단위를 맞추면

$$\therefore 120\text{mL}/\text{Nm}^3 \times \frac{36.5\text{mg}}{22.4\text{mL}} = 195.5357\text{mg}/\text{Nm}^3$$

현재 값의 몇 % 이하로 낮추어야 하는가?

$$P = \frac{C_o}{C_i} \times 100 = \frac{25}{195.5357} \times 100 = 12.785\%$$

답 12.79%

---

22. 염소농도가 160mL/Sm^{3}이고, 배출기준이 20mg/Sm^{3}이라면 줄여야 할 염소농도(%)는?

계산과정 줄여야 할 농도(%)= $\dfrac{C_i - C_o}{C_i} \times 100$
(제거율 %)

$$= \dfrac{160\text{mL/Nm}^3 - 20\text{mg/Nm}^3 \times \dfrac{22.4\text{mL}}{71\text{mg}}}{160\text{mL/Nm}^3} \times 100 = 96.056\%$$

답 96.06%

---

23. HF가 45ppm 배출되는 배출원 주위에서 허용기준이 5mg/Sm³이라고 할 때 배출원의 HF 처리효율을 얼마로 하여야 하는지 구하시오. (단, HF의 분자량은 20으로 한다.)

계산과정 제거율 $\eta = \dfrac{C_i - C_o}{C_i} \times 100$

$$= \dfrac{45\text{mL/Nm}^3 - 5\text{mg/Sm}^3 \times \dfrac{22.4\text{mL}}{20\text{mg}}}{45\text{mL/Nm}^3} \times 100 = 87.555\%$$

답 87.56%

---

24. 배출가스 중의 불소농도를 측정한 결과 45ppm이었다. 불소화합물의 배출허용기준이 불소의 양으로 따져 10mg/m³이라면 이 배출가스 중에서 줄여야 할 불소의 농도(%)는? (단, 불소의 원자량은 19)   2008.7.6 산업기사

계산과정 줄여야 할 농도(%)= 제거율(%)이므로

$$\eta = \dfrac{C_i - C_o}{C_i} \times 100 = \dfrac{45\text{mL/Sm}^3 - 10\text{mg/m}^3 \times \dfrac{22.4\text{mL}}{19\text{mg}}}{45\text{mL/Sm}^3} \times 100 = 73.801\%$$

답 73.80%

---

25. 어느 공장 굴뚝 배출가스의 CO농도가 300ppm이었다. 이를 적당한 방법으로 처리하여 그 농도를 48mg/m³ 이하로 배출시키려면 CO를 몇 %로 감소시켜야 하는지 제거효율을 구하시오.   2009.7.5 산업기사

계산과정 $\eta = \dfrac{C_i - C_o}{C_i} \times 100 = \dfrac{300\text{mL/m}^3 - 48\text{mg/m}^3 \times \dfrac{22.4\text{mL}}{28\text{mg}}}{300\text{mL/m}^3} \times 100 = 87.2\%$

답 87.2%

26. 처리가스량 $1500m^3/min$인 집진장치 입구의 더스트 농도 $2g/Nm^3$, 출구의 더스트 농도 $0.3g/Nm^3$, 집진장치의 압력손실을 $180mmH_2O$로 했을 경우

(1) 집진장치 효율을 구하시오.

(2) 송풍기를 가동시킬 수 있는 동력(kW)을 구하시오.

(단, 집진기 내의 배기가스의 흐름은 정상상태의 흐름이며 송풍기의 효율은 70%이다.)

계산과정 (1) $\eta = \dfrac{C_i - C_o}{C_i} \times 100 = \dfrac{2 - 0.3}{2} \times 100 = 85\%$

(2) $kW = \dfrac{Q \cdot \Delta P}{102 \times \eta} = \dfrac{1500/60 \times 180}{102 \times 0.7} = 63.025kW$

답 (1) 85% (2) 63.03kW

---

27. 어느 공장에 설치한 집진기의 입구농도가 $4g/m^3$, 유입 입구 가스량이 $20m^3$이고, 출구의 농도가 $0.5g/m^3$이며, 출구 가스량이 $19m^3$일 경우 이 집진기의 집진효율을 계산하시오.

계산과정 $\eta = \dfrac{C_i Q_i - C_o Q_o}{C_i Q_i} \times 100 = \dfrac{4 \times 20 - 0.5 \times 19}{4 \times 20} \times 100 = 88.125\%$

답 88.13%

---

28. 원심력 집진장치를 이용하여 분진을 제거하려고 한다. 입구에서의 유량이 $20000m^3/h$이고, 분진의 농도가 $6kg/m^3$이며, 출구에서의 유량은 $50m^3/min$이고 분진의 농도가 $600g/m^3$일 때의 (1) 집진율과 (2) 통과율을 구하시오.

계산과정 (1) $\eta = \dfrac{C_i Q_i - C_o Q_o}{C_i Q_i} \times 100 = \dfrac{6000 \times 20000 - 600 \times 50 \times 60}{6000 \times 20000} \times 100 = 98.5\%$

(2) $P = 100 - \eta = 100 - 98.5 = 1.5\%$

답 (1) 98.5% (2) 1.5%

---

29. 집진장치의 입구 가스량이 $60000Sm^3/h$, 함진농도가 $2g/Sm^3$일 경우, 출구로부터 방출되는 1일 분진량을 60kg으로 억제하기 위해서 집진율을 얼마 이상으로 하면 좋은지 산출하시오. 2000.4.23 기사

계산과정 $\eta = \dfrac{C_i Q_i - S_o}{C_i Q_i} \times 100$

$$= \frac{2 \times 60000 \times 10^{-3} \times 24 - 60 \text{kg/day}}{2 \text{g/Sm}^3 \times 60000 \text{Sm}^3/\text{h} \times 10^{-3} \text{kg/g} \times 24 \text{h/day}} \times 100 = 97.916\%$$

답 97.92%

---

30. 10% 블로다운일 때 유입가스량 $100 \text{m}^3/\text{h}$, 유입농도 300mg/m^3, 유출농도 20mg/m^3일 때 효율은? (6점) 　　　　　　　　　2003.4.27 산업기사

계산과정
$$\eta = \frac{C_i \times 1.1 - C_o \times 0.9}{C_i \times 1.1} = \frac{300 \times 1.1 - 20 \times 0.9}{300 \times 1.1} \times 100 = 94.545\%$$

답 94.55%

---

31. 사이클론을 이용하여 제진을 하는 A공장에서 배기량의 10%를 블로다운 시켜서 재순환시키고 있다. 이 사이클론의 유입 유량은 150Nm^3이며, 분진농도는 250mg/Nm^3이고, 출구 분진농도는 15mg/Nm^3이었다. 이 사이클론의 집진율을 구하시오. (단, 출구 유량은 152Nm^3이다.)

계산과정
$$\eta = \frac{C_i Q_i (1+0.1) - C_o Q_o (1-0.1)}{C_i Q_i (1+0.1)} \times 100$$
$$= \frac{250 \times 150 \times (1+0.1) - 15 \times 152 \times (1-0.1)}{250 \times 150 \times (1+0.1)} \times 100 = 95.025$$

답 95.03%

---

32. 집진장치의 입구 및 출구의 분진농도가 각각 16.0g/Sm^3과 0.1g/Sm^3일 때 분진농도의 측정오차가 입구와 출구에서 각각 $\pm 20\%$와 $\pm 15\%$라 하면 집진율의 최대, 최소는 각각 얼마인가?　　　　　　　　2001.7.15 산업기사

계산과정
① 최대 집진율
$$\eta = \frac{C_i(1+\alpha) - C_o(1-\beta)}{C_i(1+\alpha)} \times 100 = \frac{16 \times (1+0.2) - 0.1 \times (1-0.15)}{16 \times (1+0.2)} \times 100$$
$$= 99.557\%$$
② 최소 집진율
$$\eta = \frac{C_i(1-\alpha) - C_o(1+\beta)}{C_i(1-\alpha)} \times 100 = \frac{16 \times (1-0.2) - 0.1 \times (1+0.15)}{16 \times (1-0.2)} \times 100$$
$$= 99.101\%$$

답 최대 : 99.56%　최소 : 99.10%

33. 전기로에 설치된 bag filter의 입구 및 출구 가스량과 먼지농도가 다음과 같을 때 먼지의 통과율을 계산하시오.

> 입구 가스량 : 11400Nm³/h   출구 가스량 : 16200Nm³/h
> 입구 먼지농도 : 12.63g/Nm³   출구 먼지농도 : 1.01g/Nm³

계산과정 $P = \dfrac{C_o Q_o}{C_i Q_i} \times 100 = \dfrac{1.01 \times 16200}{12.63 \times 11400} \times 100 = 11.363\%$

답 11.36%

---

34. 어떤 집진장치의 분진농도가 입구에서 15g/Sm³, 출구에서 150mg/Sm³이고 분진시료 중 0~5μm의 입경분포는 중량백분율로 입구에서 10%이고 출구에서 60%라고 한다. 이때 0~5μm 입경범위 시료분진에 대한 부분집진율을 계산하시오. (4점)
2009.4.19 기사

계산과정 $\eta = \dfrac{C_i f_i - C_o f_o}{C_i f_i} \times 100 = \dfrac{15000 \times 0.1 - 150 \times 0.6}{15000 \times 0.1} \times 100 = 94\%$

답 94%

---

35. 어떤 집진장치의 입구에서 배기가스 중의 분진농도는 18g/Nm³이었다. 또 입구 및 출구에서 0~4μm의 입경범위에 있는 분진의 중량비는 각각 8% 및 65%이었으며, 이 장치에서 0~4μm의 입경범위에 있는 분진의 부분집진율이 95%이었을 때 이 장치의 출구에서의 분진농도를 구하시오.

계산과정 $\eta = \dfrac{C_i f_i - C_o f_o}{C_i f_i}$

$0.95 = \dfrac{18 \times 0.08 - x \times 0.65}{18 \times 0.08}$ $0.95 \times 18 \times 0.08 - 18 \times 0.08 - x \times 0.65$

$\therefore x = \dfrac{18 \times 0.08 - 0.95 \times 18 \times 0.08}{0.65} = 0.110\,\text{g/Sm}^3$

답 0.11g/Sm³

---

36. 450K의 배기가스가 1400ppm의 탄화수소와 100ppm의 일산화탄소를 함유할 때, 재연소기로 900K에서 처리한 후 탄화수소가 일산화탄소가 각각 90ppm과

300ppm이 되었다. 탄화수소만 고려할 경우와 Los Angeles Country Rule 66에 의한 처리효율은 각각 얼마인가? (단 Rule 66 공식은 다음과 같다.)

$$\left(\eta = \frac{HC_{in} - [HC_{out} + (CO_{out} - CO_{in})]}{HC_{in}} \times 100\right)$$

2000.4.23 산업기사

계산 과정 ① 탄화수소만 고려한 경우 처리효율

$$\eta = \frac{HC_{in} - HC_{out}}{HC_{in}} \times 100 = \frac{1400 - 90}{1400} \times 100 = 93.571\%$$

② Rule 66 공식에 의한 처리효율

$$\eta = \frac{1400 - [90 + (300 - 100)]}{1400} \times 100 = 79.285\%$$

답 ① 93.57% ② 79.29%

---

37. 다음은 전기로에 설치된 bag filter의 먼지 통과율을 알고자 측정한 사항이다. 이 bag filter 통과율(%)을 계산하시오. (6점) 2004.10. 산업기사

측정 항목 \ 측정 장소	입구	출구
연소가스량(Nm³/h)	15200	16400
먼지 농도(g/Nm³)	14.52	1.05

계산 과정 $P = \dfrac{C_o Q_o}{C_i Q_i} \times 100 = \dfrac{1.05 \times 16400}{14.52 \times 15200} \times 100 = 7.802\%$

답 7.80%

---

38. 어느 cyclone 집진장치에서 처리가스량 $Q[\text{m}^3/\text{min}]$에 대하여 그 원추하부 또는 벙커에서 10%의 외부공기가 새들어 갈 때 집진율은 78%이었다. 이때 먼지 통과율이 공기가 새지 않을 때 통과율의 2.5배라면 공기가 새지 않을 때 집진율은 얼마나 되는가? 2008.11.2, 2009.7.5 산업기사

계산 과정 나중 집진율=78%

나중 통과율=100−78=22%

처음 통과율=$\dfrac{22}{2.5}$=8.8%

처음 집진율=100−8.8=91.2%

답 91.2%

---

39. 황함량이 4%인 벙커C유 100kL를 사용하는 보일러에, 황함량이 1.5%인 벙커C 유를 40% 섞어서 사용하면 SO_2 배출량은 몇 %나 감소하겠는가? (6점)

2003.10, 2006.11.5 기사

계산과정 나중 상태 $S = \dfrac{60 \times 4 + 40 \times 1.5}{60 + 40} = 3\%$

$\therefore$ 감소 %= $\dfrac{4-3}{4} \times 100 = 25\%$

답 25%

---

40. 배기가스 중의 먼지농도가 $5000 mg/Sm^3$인 어느 공장에서 먼지를 처리하기 위해 중력 집진장치, 원심력 집진장치, 세정 집진장치를 순서대로 직렬 연결하여 사용하고 있다. 이들 집진장치의 효율이 각각 50%, 70%, 80%라면 전체 효율(%)을 구하시오.

2001.4.22, 2004.10. 산업기사

계산과정 $\eta_t = 1 - (1 - \eta_1) \times (1 - \eta_2) \times (1 - \eta_3)$

$= 1 - (1 - 0.5) \times (1 - 0.7) \times (1 - 0.8) = 0.97 = 97\%$

답 97%

---

41. 집진효율이 80%인 여과 집진장치와 집진효율이 99.9%인 멀티사이클론을 직렬로 연결할 때 전체 집진효율을 구하시오. (4점)

2005.5.1 산업기사

계산과정 $\eta_t = 1 - (1 - \eta_1) \times (1 - \eta_2)$

$= 1 - (1 - 0.8) \times (1 - 0.999) = 0.9998 = 99.98\%$

답 99.98%

---

42. 집진효율이 50%, 70%, 80%, 90%인 4개의 집진장치를 직렬로 연결할 때 전체 처리효율은? (6점)

2006.4.23, 2009.4.19, 2011.7.24 산업기사

계산과정 $\eta_t = 1 - (1 - \eta_1) \times (1 - \eta_2) \times (1 - \eta_3) \times (1 - \eta_4)$

$= 1 - (1 - 0.5) \times (1 - 0.7) \times (1 - 0.8) \times (1 - 0.9)$

$= 0.997 = 99.7\%$

답 99.7%

43. 원심력 집진장치의 세정 집진장치 두 개를 직렬로 조합하여 집진한 결과 집진율이 99.5%였다. 원심력 집진장치의 집진율이 30%였다면 세정 집진장치의 효율은 얼마인가? 2004.4.25 산업기사

계산과정
$\eta_t = 1 - (1 - \eta_1) \times (1 - \eta_2)$
$0.995 = 1 - (1 - 0.3) \times (1 - x)$
$(1 - 0.3) \times (1 - x) = 1 - 0.995$
$1 - x = \dfrac{(1 - 0.995)}{(1 - 0.3)}$
$\therefore x = 1 - \dfrac{(1 - 0.995)}{(1 - 0.3)} = 0.99285 = 99.285\%$

답 99.29%

44. 집진장치 두 개를 직렬로 조합하여 집진한 결과 집진율이 99%였다. 2차 집진장치의 집진율이 90%였다면 1차 집진장치의 집진율은 얼마인가? (4점) 2007.4.22 산업기사

계산과정
$\eta_t = 1 - (1 - \eta_1) \times (1 - \eta_2)$
$0.99 = 1 - (1 - x) \times (1 - 0.9)$
$x = 1 - \dfrac{(1 - 0.99)}{(1 - 0.9)} = 0.9 = 90\%$

답 90%

45. 백 필터(bag filter)에서 입구 가스 중의 분진농도가 $20\,\mathrm{g/Sm^3}$, 집진율이 99%였다. 출구가스의 분진농도를 계산하시오.

계산과정 $C_o = C_i \times (1 - \eta) = 20 \times (1 - 0.99) = 0.2\,\mathrm{g/Sm^3}$

답 $0.2\,\mathrm{g/Sm^3}$

46. 한 공장에서 배출되는 가스 내의 오염물이 가스 처리시설에 의해서 99% 제거되었다가 처리시설의 효율 저하로 97%만 제거되었다면 방출되는 가스 내의 오염물 농도는 처음의 몇 배로 되는지 계산하시오.

계산과정 $C_o = C_i \times (1 - \eta)$에서 $C_i = 1$로 간주하면
$$\frac{C_{o2}}{C_{o1}} = \frac{C_i \times (1 - \eta_1)}{C_i \times (1 - \eta_2)} = \frac{1 \times (1 - 0.97)}{1 \times (1 - 0.99)} = 3$$

답 3배

47. 1일 8시간씩 가동하는 공장이 있다. 이 공장에는 제진효율 90%인 사이클론으로 배기량이 2500Sm^3/h, 분진농도가 400mg/Sm^{3}인 배기가스를 처리하고 있다. 24일 동안에 제거된 분진량(kg)을 구하시오.

계산과정 제거량= $C_i \times Q_i \times \eta$

$= 400\text{mg/Sm}^3 \times 2500\text{Sm}^3/\text{h} \times 0.9 \times 8\text{h/day} \times 24\text{day} \times 10^{-6}\text{kg/mg}$

$= 172.8\text{kg}$

답 172.8kg

48. HF 560ppm이 함유된 유해가스가 흡수율 98%인 흡수탑에 유입되고 있다. 흡수탑 정상에서 배출되는 HF의 농도(mg/Sm^3)를 구하시오.   2007.7.8 산업기사

계산과정 $C_o = C_i \times (1-\eta) = 560\text{mL/Sm}^3 \times \dfrac{20\text{mg}}{22.4\text{mL}} \times (1-0.98) = 10\text{mg/Sm}^3$

답 10mg/Sm^3

49. 흡수탑 1개의 염소가스 제거율이 90%이고 이 흡수탑 3개를 직렬로 연결 시 유입가스 중 염소가스농도는 7000ppm이다. 이때 유출공기 중 염소가스농도를 구하시오. (ppm) (6점)   2006.11.5, 2010.7.5 산업기사/2008.4.20 기사

계산과정 $C_o = C_i \times (1-\eta_1) \times (1-\eta_2) \times (1-\eta_3)$

$= 7000 \times (1-0.9) \times (1-0.9) \times (1-0.9) = 7\text{ppm}$

답 7ppm

50. 배기가스 중 먼지농도가 2200mg/Nm^{3}인 먼지를 처리하고자 제진효율이 50%인 중력 제진장치, 75%인 원심력 제진장치, 80%인 세정 제진장치를 직렬로 연결하여 사용해왔다. 여기에 효율이 80%인 여과 제진장치를 하나 더 직렬로 연결할 때 (1) 전체 효율과 (2) 이때 출구의 먼지농도를 각각 구하시오.

계산과정 (1) $\eta_t = 1 - (1-\eta_1) \times (1-\eta_2) \times (1-\eta_3) \times (1-\eta_4)$

$= 1 - (1-0.5) \times (1-0.75) \times (1-0.8) \times (1-0.8)$

$= 0.995 = 99.5\%$

(2) $C_o = C_i \times (1-\eta_t) = 2200 \times (1-0.995) = 11\text{mg/Nm}^3$

답 (1) 99.5%   (2) 11mg/Nm^3

51. 어느 분진 발생시설의 제진장치로서 제진율이 60%인 중력 제진장치와 제진율 95%인 사이클론(cyclone)을 차례로 조합하여 설치하였다. 출구농도가 5g/m³일 때 유입농도(g/m³)는 얼마가 되는지 구하시오.

계산과정 $C_o = C_i \times (1 - \eta_1) \times (1 - \eta_2)$

$C_i = \dfrac{C_o}{(1 - \eta_1) \times (1 - \eta_2)} = \dfrac{5}{(1 - 0.6) \times (1 - 0.95)} = 250\text{g/m}^3$

답 250g/m^3

---

52. 분진농도가 10g/Nm³인 배출가스를 처리하는 1차 집진장치의 집진율이 80%인 경우, 집진율이 몇 %인 2차 집진기를 직렬로 사용하면 출구 함유 분진농도를 0.2g/Nm³로 할 수 있는가? (6점) 2004.10. 기사

계산과정 $C_o = C_i \times (1 - \eta_1) \times (1 - \eta_2)$

$0.2 = 10 \times (1 - 0.8) \times (1 - x)$

$(1 - x) = \dfrac{0.2}{10 \times (1 - 0.8)}$

$\therefore x = 1 - \dfrac{0.2}{10 \times (1 - 0.8)} = 0.9 = 90\%$

답 90%

---

53. 함진량 10g/m³이고, 풍량이 1000m³/분인 배출가스가 집진효율 95%인 백필터 시스템과 집진효율 99%인 전기 집진기를 통과한다면 최종 배출되는 시간당 분진 배출량(g/h)은? 2000.8.13 산업기사

계산과정 $S_o = C_i Q_i \times (1 - \eta_1) \times (1 - \eta_2)$

$= 10\text{g/m}^3 \times 1000\text{m}^3/\text{min} \times 60\text{min/h} \times (1 - 0.95) \times (1 - 0.99)$

$= 300\text{g/h}$

답 300g/h

---

54. 배기가스의 먼지농도가 2500mg/Nm³인 공장에서 먼지를 처리하기 위해 집진효율 50%인 중력 제진장치, 75%인 원심력 제진장치, 80%인 세정 제진장치를 직렬로 연결하여 사용, 먼지농도를 20mg/Nm³ 이하로 줄일 때 여기에 여과 제진장치를 직렬로 연결한다면 이 장치의 제진효율은 최소 몇 % 이상이어야 하는가?

계산과정 $C_o = C_i \times (1 - \eta_1) \times (1 - \eta_2) \times (1 - \eta_3) \times (1 - \eta_4)$

$$\therefore \eta_4 = 1 - \frac{C_o}{C_i \times (1 - \eta_1) \times (1 - \eta_2) \times (1 - \eta_3)}$$

$$= 1 - \frac{20}{2500 \times (1 - 0.5) \times (1 - 0.75) \times (1 - 0.8)} = 0.68 = 68\%$$

답 68%

---

55. 공장의 분출 공정은 3곳이 있으며 유량은 각각 500Nm³/h, 800Nm³/h, 1100Nm³/h이고, 분진농도는 400mg/Nm³, 350mg/Nm³, 30mg/Nm³이다. 각 부분의 배기가스는 주 연돌에 모여서 배출된다. 배기가스 중의 분진농도는 몇 mg/Nm³인지 계산하시오.

계산과정 산술 평균

$$C_m = \frac{Q_1 C_1 + Q_2 C_2 + Q_3 C_3}{Q_1 + Q_2 + Q_3} = \frac{(500 \times 400 + 800 \times 350 + 1100 \times 30)\,\text{mg/h}}{(500 + 800 + 1100)\,\text{Nm}^3/\text{h}}$$

$$= 213.75\,\text{mg/Nm}^3$$

답 213.75mg/Nm³

---

56. SO₂ 2000ppm을 200ppm으로 배출하고자 한다.

(1) 탈황효율을 구하시오.

(2) 직렬로 2개를 설치할 때 1개의 장치의 효율을 구하시오.

(3) (2)에서 장치의 고장으로 인하여 1개의 장치의 효율이 0.5 감소되었을 때 배출 농도를 구하시오.

계산과정 (1) $\eta = \dfrac{C_i - C_o}{C_i} \times 100 = \dfrac{2000 - 200}{2000} \times 100 = 90\%$

(2) $\eta_t = 1 - (1 - \eta_1) \times (1 - \eta_2)$ 여기서, $\eta_1 = \eta_2$이라면

$$= 1 - (1 - \eta_1)^2$$

$$0.9 = 1 - (1 - \eta_1)^2 \qquad (1 - \eta_1)^2 = 1 - 0.9 \qquad 1 - \eta_1 = \sqrt{1 - 0.9}$$

$$\therefore \eta_1 = 1 - \sqrt{1 - 0.9} = 0.68377 = 68.377\%$$

(3) $C_o = C_i \times (1 - \eta_1) \times (1 - \eta_2) = 2000 \times (1 - 0.6838) \times (1 - 0.6838 \times 0.5)$

$$= 416.182\,\text{ppm}$$

답 (1) 90% (2) 68.38% (3) 416.18ppm

57. 분진 출구가 $800Nm^3/h$에 농도 $150mg/Nm^3$, $500Nm^3/h$에 농도 $400mg/Nm^3$, $1000Nm^3/h$에 $30mg/Nm^3$인 3개 공정이 있을 때 1개의 연돌로 모아 발생 시 배출되는 (1) 먼지량(mg/h)과 (2) 먼지농도(mg/Nm^3)는 얼마인가?

계산과정 (1) 먼지량(mg/h)$= C_1Q_1 + C_2Q_2 + C_3Q_3$

$$= 150mg/Nm^3 \times 800\,Nm^3/h + 400mg/Nm^3 \times 500\,Nm^3/h$$
$$+ 30mg/Nm^3 \times 1000\,Nm^3/h = 350000mg/h$$

(2) 농도$(mg/Nm^3) = \dfrac{Q_1C_1 + Q_2C_2 + Q_3C_3}{Q_1 + Q_2 + Q_3}$

$$= \dfrac{350000mg/h}{(800 + 500 + 1000)Nm^3/h} = 152.173mg/Nm^3$$

답 (1) $350000mg/h$ (2) $152.17mg/Nm^3$

---

58. 아래의 입경분포와 이에 대한 분진 집진효율이 아래 표와 같을 때 이 집진기의 집진율(%)은 얼마인가? (4점) 2007.11.4, 2008.7.6 기사

입경(μm)	0~5	5~10	10~15	15~20	20~25	25~30
부분중량(%)	5	25	30	20	15	5
부분집진율(%)	92	94	96	98	99	99

계산과정 산술평균 $\eta_t = \dfrac{f_1\eta_1 + f_2\eta_2 + f_3\eta_3 + f_4\eta_4 + f_5\eta_5 + f_6\eta_6}{f_1 + f_2 + f_3 + f_4 + f_5 + f_6}$

$$= \dfrac{5 \times 92 + 25 \times 94 + 30 \times 96 + 20 \times 98 + 15 \times 99 + 5 \times 99}{5 + 25 + 30 + 20 + 15 + 5} = 96.3\%$$

답 96.3%

---

59. 분진농도가 $50g/Sm^3$에서 다음 도표와 같은 입구의 입경을 갖는 dust를 1차로 멀티 사이클론으로 정제하고, 2차로 전기집진기로 보내서 집진한다. 사이클론과 전기 집진장치의 부분집진율이 다음과 같을 때 전기 집진장치로부터 배출되는 분진농도는 몇 g/Sm^3인가? 2000.4.23 산업기사 / 2004.7.4 기사

입경(μm)	0~5	5~10	10~20	20~40	40~60	60~100
입구 dust의 입경분포(%)	3	10	12	20	30	25
사이클론의 부분집진율(%)	0	0	4	55	89	95
전기 집진장치의 부분집진율(%)	87	96	98	98.5	99.5	99.9

계산과정 산술평균하면 $\eta_1 = \dfrac{3 \times 0 + 10 \times 0 + 12 \times 4 + 20 \times 55 + 30 \times 89 + 25 \times 95}{3 + 10 + 12 + 20 + 30 + 25} = 61.93\%$

$\eta_2 = \dfrac{3 \times 87 + 10 \times 96 + 12 \times 98 + 20 \times 98.5 + 30 \times 99.5 + 25 \times 99.9}{3 + 10 + 12 + 20 + 30 + 25} = 98.495\%$

$\therefore C_o = C_i \times (1 - \eta_1) \times (1 - \eta_2)$

$= 50 \mathrm{g/Sm^3} \times (1 - 0.6193) \times (1 - 0.98495) = 0.286 \mathrm{g/Sm^3}$

답 $0.29 \mathrm{g/Sm^3}$

---

60. 어떤 집진장치로 집진한 결과 집진율이 97.12%였다. 포집된 분진의 입경분포 및 입경분포에 따른 집진율을 조사한 결과는 다음 표와 같다. 다음 표의 $25{\sim}30\mu\mathrm{m}$ 의 부분집진율이 얼마인지 계산하시오.

입경범위(μm)	0~10	10~15	15~20	20~25	25~30	30~35	35~40	40~45	45~50
먼지중량분포(%)	0	1	2	5	12	50	15	10	5
부분집진율(%)	94	90	90	90	x	99	98	95	92

계산과정 산술평균하면 $97.12 = \dfrac{\left[\begin{array}{c} 0 \times 94 + 1 \times 90 + 2 \times 90 + 5 \times 92 + 12 \times x \\ + 50 \times 99 + 15 \times 98 + 10 \times 95 + 5 \times 92 \end{array}\right]}{0 + 1 + 2 + 5 + 12 + 50 + 15 + 10 + 5}$

$97.12 = \dfrac{8560 + 12x}{100}$

$97.12 \times 100 = 8560 + 12x$

$\therefore x = \dfrac{97.12 \times 100 - 8560}{12} = 96\%$

답 96%

---

61. 함진가스 내의 입자분포의 크기는 다음과 같다.

입경범위(μm)	먼지중량분포(%)	부분집진율(%)
0~10	5	18
10~20	15	32
20~30	25	24
30~50	40	16
50 이상	15	10

이 함진가스는 $11.2\mathrm{g/Nm^3}$의 분진을 포함하고 있으며 시간당 $500\mathrm{Nm^3}$로 배출된다.

(1) 총괄효율을 구하시오.

(2) 배출구에서 대기로 비산되는 분진의 양(kg/h)을 구하시오.

계산 과정 (1) 산술평균하면 $\eta_t = \dfrac{5 \times 18 + 15 \times 32 + 25 \times 24 + 40 \times 16 + 15 \times 10}{5 + 15 + 25 + 40 + 15} = 19.60\%$

(2) 유출량 $= C_i \times Q_i \times (1 - \eta)$

$= 11.2 \mathrm{g/Sm^3} \times 500 \mathrm{Sm^3/hr} \times 10^{-3} \mathrm{kg/g} \times (1 - 0.196) = 4.502 \mathrm{kg/h}$

답 (1) 19.60% (2) 4.50kg/h

---

62. 어느 집진장치의 유입과 유출가스에 대한 가스의 온도, 먼지농도, 먼지의 입경분포를 측정한 결과가 다음과 같다. 유입가스온도 237℃, 먼지농도 13.0g/m³, 출구가스의 온도 187℃, 먼지농도 0.15g/m³이었다.

입경(μm)	0~1	1~5	5~10	10~20	20~40	40~80	80~160	160
입구분포(%)	3	12	25	27	16	9	4	4
출구분포(%)	29	55	14	1.3	0.3	0	0	0

이 집진장치의 1~5μm 범위의 입자에 대한 부분집진율(%)을 계산하시오. (단, 공기 누출은 없고, 입구, 출구 가스 압력은 동일하다.)

계산 과정 유입가스온도와 출구가스온도가 서로 다르므로 273K로 통일시키면

$$\eta = \dfrac{C_i \times \dfrac{T_i}{T} \times \%_i - C_o \times \dfrac{T_o}{T} \times \%_o}{C_i \times \dfrac{T_i}{T} \times \%_i} \times 100$$

$$= \dfrac{13 \times \dfrac{(273 + 237)}{273} \times 0.12 - 0.15 \times \dfrac{(273 + 187)}{273} \times 0.55}{13 \times \dfrac{(273 + 237)}{273} \times 0.12} \times 100 = 95.230\%$$

답 95.23%

---

63. 집진효율이 95%인 전기 집진기와 집진효율이 99%인 여과 집진기를 병렬로 연결하였다. 입구농도가 3g/m³일 경우 시간당 배출되는 분진량은 몇 g인가? (단, 전기 집진기의 처리유량은 30000Sm³/h이고, 여과 집진기의 처리유량은 10000Sm³/h이다.) (4점)
2006.7.9 기사

계산 과정 전기 집진기 통과량 : $3\mathrm{g/m^3} \times 30000\mathrm{Sm^3/h} \times (1 - 0.95) = 4500 \mathrm{g/h}$

여과 집진기 통과량 : $3\mathrm{g/m^3} \times 10000\mathrm{Sm^3/h} \times (1 - 0.99) = 300 \mathrm{g/h}$

∴ 전체 통과량 $= 4500 + 300 = 4800 \mathrm{g/h}$

※ 병렬

$\boxed{\eta_1 = 0.95}$
$\boxed{\eta_2 = 0.99}$

답 4800g/h

Chapter **04**

집진장치 설계

4-1 중력 집진장치

(1) 원리

중력 집진장치는 함진가스 중의 입자를 중력에 의하여 포집하는 장치이다.

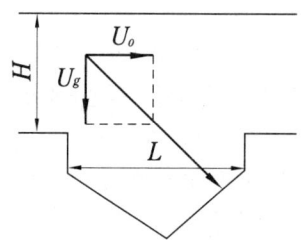

〈그림 3-1〉 중력 집진장치 원리

중력 집진장치 효율은 침강속도(U_g)에 비례하고, 침강실 길이(L)에 비례하며, 배기 가스 유속(U_o)에 반비례하고, 침강실 높이(H)에 반비례한다.

100% 제거율이라 가정할 때

$$1 = \frac{U_g \times L}{U_o \times H}$$ 이므로 $$U_g = \frac{U_o \times H}{L}, \quad L = \frac{U_o \times H}{U_g}, \quad U_o = \frac{U_g \times L}{H}, \quad H = \frac{U_g \times L}{U_o}$$

로 나타낼 수 있다.

(2) 최소입경(d_p)

최소입경이란 중력 집진장치가 입경을 100% 포집할 수 있는 최소의 입경을 뜻한다.

$$d_p = \left\{ \frac{U_g \cdot 18\mu}{g(\rho_p - \rho_a)} \right\}^{\frac{1}{2}}$$

$$d_p = \left\{ \frac{18\mu Q}{g(\rho_p - \rho_a) W \cdot L} \right\}^{\frac{1}{2}}$$

여기서, Q : 처리가스량($\mathrm{m^3/s}$), W : 침강실의 폭(m)

(3) 효율 산정

① 침강실 내에서의 층류의 흐름과 난류의 흐름의 판단

$$\Delta H = \frac{H}{n}, \quad Re = \frac{2Q}{\nu(nW+H)} = \frac{2Q}{\frac{\mu}{\rho_a}(nW+H)}$$

여기서, Re : 레이놀즈, 수, W : 입구폭의, 길이, ν : 동점도

n : 단수, Q : 배기가스의 유량, μ : 절대점도

H : 침강실 높이, ρ_a : 공기(배기가스)의 밀도

여기서 레이놀즈 수는 층류인지 난류인지를 나타내는 지수이다. 이 값이 2100 이하에서는 층류, 4000 이상에서는 난류이다.

② 중력 집진장치의 효율

㈎ 층류이면서 단단일 때의 효율

$$\eta = \frac{U_g \cdot L}{U_o \cdot H} = \frac{U_g \cdot L \cdot W}{Q}$$

㈏ 층류이면서 다단일 때의 효율

$$\eta = \frac{U_g \cdot L}{U_o \cdot \Delta H} = \frac{n \cdot U_g \cdot L}{U_o \cdot H} = \frac{n \cdot U_g \cdot L \cdot W}{Q}$$

㈐ 난류이면서 단단일 때의 효율

$$\eta = 1 - e^{-\frac{U_g \cdot L}{U_o \cdot H}} = 1 - e^{-\frac{U_g \cdot L \cdot W}{Q}}$$

㈑ 난류이면서 다단일 때의 효율

$$\eta = 1 - e^{-\frac{n \cdot U_g \cdot L}{U_o \cdot H}} = 1 - e^{-\frac{n \cdot U_g \cdot L \cdot W}{Q}}$$

여기서, U_o : 가스유속, U_g : 침강속도(종말속도), L : 침강실의 길이

4-2 원심력 집진장치(Cyclone)

(1) 분리계수(S)

가상의 원통 표면상에 있는 입자가 작용하는 원심력은 $F_c = \frac{\pi}{6} d_p^{\ 3}(\rho_p - \rho_a)\frac{U_t^{\ 2}}{R}$ 이다.

가스의 항력을 F라 할 때 $3 \sim 100\mu$의 범위에서는 스토크스의 법칙에 따라서 $F = 3\pi\mu d_p U_r$ 이다. 따라서 $F_c = F$로 두면, 먼지의 분리속도 U_r은

$$U_r = \frac{d_p{}^2 (\rho_p - \rho_a) U_t{}^2}{18 \mu R} \text{이 된다.}$$

여기서, U_r : 입자의 분리속도(m/s), d_p : 입자의 직경(m)

ρ_p, ρ_a : 입자 및 가스의 밀도(kg/m^3), U_t : 입자의 주속도(m/s)

μ : 가스의 점도(kg/m·s), R : 곡률반경(m)

여기서 분리계수는 원심력/중력이고 원심력과 중력은 분리속도와 침강속도에 비례하므로

$$S = \frac{U_r}{U_g} = \frac{\dfrac{d_p{}^2 (\rho_p - \rho_a) U_t{}^2}{18 \mu R}}{\dfrac{g(\rho_p - \rho_a)d_p{}^2}{18 \mu}} = \frac{U_t{}^2}{gR} \text{이다.}$$

(2) 절단입경(cut size)

사이클론에서는 100% 분리 포집될 수 있는 입자의 최소 입자경을 한계 입자경 d_c이라 하고 이의 한계 입자경은 사이클론의 내통경 D의 제곱근에 비례한다.

또한 50(%)의 효율로 제거되는 입자의 크기, 즉 cut size(D_c 또는 D_{50})는 다음과 같은 관계가 성립된다.

$$D_c = D_{50} = \sqrt{\frac{9 \mu w_i}{2\pi N_e V_i (\rho_p - \rho_a)}}$$

여기서, μ : 가스의 점도(kg/m·s), w_i : 입구폭(m), N_e : 유효 회전수(5~10)(회)

V_i : 가스의 유속(m/s), ρ_p : 입자의 밀도(kg/m^3), ρ_a : 가스의 밀도(kg/m^3)

(3) 사이클론에서 회전수(N_e) 구하는 식

$$N_e = \frac{1}{H_A} \times \left(H_B + \frac{H_C}{2} \right)$$

여기서, H_A : 입구높이(m), H_B : 몸통높이(m), H_C : 원추높이(m)

(4) 사이클론의 집진효율을 구하는 식

$$\eta = \frac{1}{1 + \left(\dfrac{d_{p50}}{d_p} \right)^2} \times 100$$

여기서, d_{p50} : cut size(μm), d_p : 효율을 구하고자 하는 분진의 입경(μm)

(5) 원심력 집진장치에서 각종 조건과 통과율(P)과의 관계식

조건	통과율(P)과의 관계식	효율과의 관계
유량	$$\frac{P_2}{P_1} = \left(\frac{Q_1}{Q_2} \right)^{0.5}$$	유량이 증가하면 효율은 증가한다.
밀도차	$$\frac{P_2}{P_1} = \left\{ \frac{(\rho_p - \rho_a)_1}{(\rho_p - \rho_a)_2} \right\}^{0.5}$$	밀도차가 증가하면 효율은 증가한다.
점도	$$\frac{P_2}{P_1} = \left(\frac{\mu_2}{\mu_1} \right)^{0.5}$$	점도가 증가하면 효율은 감소한다.

4-3 세정 집진장치

(1) 벤투리 스크러버의 압력 손실(ΔP)

내부가 거친 경우

$$\Delta P = \frac{(0.5 + L)\, V_t^{\,2}}{2g} \times \gamma$$

여기서, ΔP : 압력손실($\text{mmH}_2\text{O} = \text{kg/m}^2$), L : 주수율(액가스비 : L/m^3)
V_t : 벤투리 스크러버의 슬롯부의 속도(m/s), γ : 공기의 비중량(kg/m^3)
g : 중력가속도(9.8m/s^2)

(2) 벤투리 스크러버에서 노즐의 수

$$n \left(\frac{d}{D_t} \right)^2 = \frac{V_t \cdot L}{100 \sqrt{P}}$$

여기서, n : 노즐의 수, d : 노즐의 직경(m), D_t : 슬롯(목부)의 직경(m)
V_t : 슬롯에서의 속도(m/s), L : 액가스비(L/m^3), P : 수압($\text{mmH}_2\text{O} = \text{kg/m}^2$)

(3) 회전식 세정 집진장치에서 물방울의 지름

$$2r = \frac{200}{N \sqrt{R}}$$

여기서, r : 물방울의 반지름(cm), $2r$: 물방울의 지름(cm)
N : 회전속도(rpm), R : 회전원판의 반지름(cm)

4-4 여과 집진장치(여포 집진기)

(1) 겉보기 여과속도

처리 배기량(Q)을 여포의 총면적(A)으로 나눈 것을 여과속도(V_f)라고 한다. 그 관계는 다음과 같이 나타낸다. 즉, 공기 여재비의 단위로 표시되는데 이는 여과재 단위면적당 1초 동안에 처리되는 가스량 $Q[\text{m}^3/\text{s}]$로 정의된다.

$$V_f = \frac{Q}{A} \qquad \text{원통형이라면} \quad V_f = \frac{Q}{\pi DL}$$

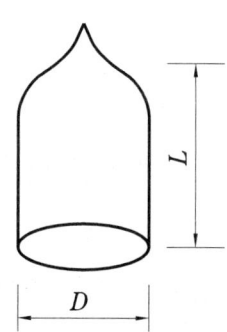

여기서, π : 3.14
D : 여포의 직경
L : 여포의 길이

만약 여러 개이면 $Q = \pi DL V_f \cdot n$

$$\therefore n = \frac{Q}{\pi DL V_f}$$

여기서, n : 여포의 개수

〈그림 3-2〉 원통형 여과 집진장치

(2) 먼지부하량

백필터의 단위 여과 면적당 누적 먼지량을 여포의 먼지(dust)부하량이라고 한다.

입구의 먼지농도를 C_i, 출구의 먼지농도를 C_o, 탈락시간을 t라 할 때 부하량(L_d)은 다음과 같이 나타낸다.

$$L_d = (C_i - C_o) \cdot V_f \cdot t$$

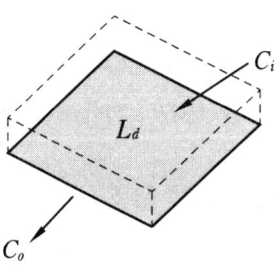

〈그림 3-3〉 먼지부하량

(3) 여과된 분진층의 두께

$$두께 = \frac{L_d}{\rho} = \frac{(C_i - C_o) \cdot V_f \cdot t}{\rho}$$

여기서, ρ : 분진의 밀도(kg/m^3)

4-5　전기 집진장치

(1) 전기 집진장치의 집진판의 길이

흐름의 방향에 따른 집진극의 길이 L과 입자의 분리속도 W_e에서 100%의 효율을 얻기 위해서는 다음과 같은 식이 성립한다.

$$1 = \frac{W_e \cdot L}{U_o \cdot S} \qquad\qquad \therefore L = \frac{U_o \cdot S}{W_e}$$

여기서, S : 방전극과 집진극(집진판)간의 거리(m)
U_o : 집진극(집진판) 사이에서의 가스속도(m/s). (대략 0.6~2.4m/s)

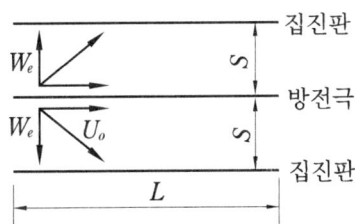

〈그림 3-4〉 전기 집진장치(평판형)

(2) 전기 집진장치의 집진효율

① 평판형(판형)인 경우

$$\eta = 1 - e^{-\frac{A \cdot W_e}{Q}} = 1 - e^{-\frac{W_e \cdot L}{U_o \cdot S}}$$

(도이치식)

② 원통형(관형)인 경우

$$\eta = 1 - e^{-\frac{A \cdot W_e}{Q}} = 1 - e^{-\frac{2W_e \cdot L}{U_o \cdot S}}$$

(도이치식)

여기서, W_e : 입자의 분리속도(m/s), A : 집진판의 면적(m^2), Q : 유입유량(m^3/s)
L : 집진판의 길이(m), U_o : 처리가스 평균속도(m/s)
S : 집진판과 방전극과의 거리(m), H : 집진판의 폭(m)

※ 평판형인 경우 집진판의 면적

$$A = 2H \cdot L$$

원통형인 경우 집진판의 면적

$$A = \pi \cdot D \cdot L = 2\pi \cdot S \cdot L$$

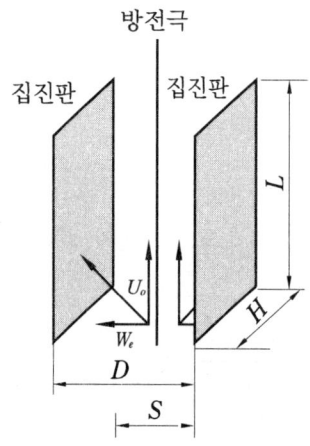

〈그림 3-5〉 평판형 전기 집진장치

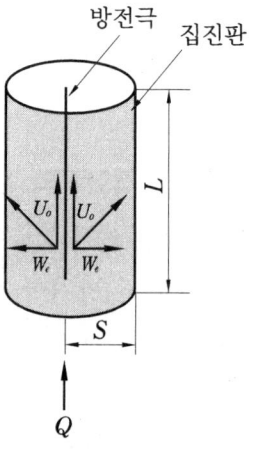

〈그림 3-6〉 원통형 전기 집진장치

1. 처음 비중 1.9, 나중의 직경은 처음 직경의 10배에 달하고 비중은 0.025이다. 낙하 속도비는?

계산과정

$$\frac{U_{gB}}{U_{gA}} = \frac{\dfrac{(\rho_{pB} - \rho_a)d_{pB}^2}{18\mu}}{\dfrac{(\rho_{pA} - \rho_a)d_{pA}^2}{18\mu}} = \frac{(\rho_{pB} - \rho_a)d_{pB}^2}{(\rho_{pA} - \rho_a)d_{pA}^2}$$

$$\frac{U_{gB}}{U_{gA}} = \frac{(25 - 1.3) \times 10^2}{(1900 - 1.3) \times 1^2} = 1.248$$

답 1.25배

2. 직경이 3μm이며, 밀도가 $4g/cm^3$인 구형입자의 공기역학적 직경을 구하시오. (stokes 직경과 공기역학적 직경의 상관관계를 이용할 것) (6점)

|이해| 공기역학적 직경이란 본래의 분진과 침강속도가 동일하며 밀도가 $1g/cm^3$인 구형입자의 직경이므로 stokes 공식을 이용하면

계산과정 $U_g = \dfrac{g(\rho_{p1} - \rho_a)d_{p1}^2}{18\mu} = \dfrac{g(\rho_{p2} - \rho_a)d_{p2}^2}{18\mu}$　　　$\rho_p \gg \rho_a$ 이므로 ρ_a를 무시하면

$\therefore U_g \propto \rho_{p1} \times d_{p1}^2 = \rho_{p2} \times d_{p2}^2$

$4g/cm^3 \times (3\mu m)^2 = 1g/cm^3 \times (x[\mu m])^2$

$\therefore x = \sqrt{\dfrac{4 \times 3^2}{1}} = 6\,\mu m$

답 $6\mu m$

3. 구형 분진의 경우 직경이 2배이면 침전속도는 몇 배가 되겠는가? 2005.7.10 산업기사

계산과정 $U_g = \dfrac{g(\rho_p - \rho_a)d_p^2}{18\mu}$ 이므로 $U_g \propto d_p^2$

직경이 2배가 되면 침전속도는 4배가 된다.

답 4배

---

4. 배출가스 0.5m³/s를 폭이 5m, 높이 1m, 길이 10m의 중력 집진장치로 제거한다면, 입경 $10\mu m$ 분진의 침강효율은 얼마인가? (단, 분진의 밀도 1.1g/cm³, 배출가스 밀도 1.2kg/m³, 처리가스 점도 1.8×10^{-4}g/cm · s, 층류로 가정할 것) (6점)

2007.11.4 기사

계산과정 $U_g = \dfrac{g(\rho_p - \rho_a)d_p^{~2}}{18\mu} = \dfrac{9.8\text{m/s}^2 \times (1100 - 1.2)\text{kg/m}^2 \times (10 \times 10^{-6})^2 \text{m}^2}{18 \times 1.8 \times 10^{-5}\text{kg/m} \cdot \text{s}}$

$= 0.0033\text{m/s}$

층류이면서 단단이므로

$$\eta = \frac{U_g \times L}{U_o \times H} = \frac{U_g \times L}{\dfrac{Q}{A} \times H} = \frac{U_g \times L}{\dfrac{Q}{W \times H} \times H} = \frac{U_g \times L \times W}{Q}$$

$$= \frac{0.0033\text{m/s} \times 10\text{m} \times 5\text{m}}{0.5\text{m}^3\text{s}}$$

$$= 0.33 = 33\%$$

답 33%

---

5. 배출가스 0.5m³/s를 폭이 5m, 높이 1m의 중력 집진장치로 제거한다면, 입경 $10\mu m$ 분진의 침강효율이 50%일 경우 중력집진실의 길이를 구하시오. (단, 분진의 밀도 1.1g/cm³, 배출가스 밀도 1.2kg/m³, 처리가스 점도 1.8×10^{-4}g/cm · s, 층류로 가정할 것) (6점)

2010.7.5 산업기사

계산과정 $U_g = \dfrac{g(\rho_p - \rho_a)d_p^{~2}}{18\mu}$

$= \dfrac{9.8\text{m/s}^2 \times (1100 - 1.2)\text{kg/m}^3 \times (10 \times 10^{-6})^2 \text{m}^2}{18 \times 1.8 \times 10^{-5}\text{kg/m} \cdot \text{s}}$

$= 0.003323\text{m/s}$

층류이면서 단단이므로

$$\eta = \frac{U_g \times L}{U_o \times H} = \frac{U_g \times L}{\dfrac{Q}{W \times H} \times H} = \frac{U_g \times L \times W}{Q}$$

$$\therefore 0.5 = \frac{0.003323\text{m/s} \times \text{L} \times 5\text{m}}{0.5\text{m}^3/\text{s}}$$

$$\therefore \text{L} = \frac{0.5 \times 0.5}{0.003323 \times 5} = 15.046\text{m}$$

답 15.05m

6. 중력 집진장치에서 밀도가 1.5g/cm^3, 입경 $100\mu\text{m}$의 분진을 처리하고 있다. 이 중력 집진장치의 길이는 10m, 높이는 2m이다. 가스의 유입속도를 구하시오. (단, 가스밀도와 점도는 0.001g/cm^3, 1.84×10^{-2}CP이고 중력 집진장치의 효율은 80%임)

2001.7.15, 2004.4.25 기사

|이해| 유량이 없기 때문에 레이놀즈 수를 구할 수가 없다. 이때에는 층류라 가정하고 푼다.

계산과정

$$\eta = \frac{U_g \times L}{U_o \times H}$$

$$U_g = \frac{g(\rho_p - \rho_a)d_p{}^2}{18\mu} = \frac{9.8 \times (1500-1) \times (100\times10^{-6})^2}{18 \times 1.84 \times 10^{-2} \times 10^{-3}} = 0.4435\,\text{m/s}$$

$$\therefore U_o = \frac{U_g \times L}{\eta \times H} = \frac{0.4435 \times 10}{0.8 \times 2} = 2.771\,\text{m/s}$$

답 2.77m/s

---

7. 길이가 10m, 높이가 5m인 중력 집진장치를 사용하여 밀도가 1g/cm^3, 점도가 $2.0\times10^{-4}\text{g/cm}\cdot\text{s}$인 배기가스를 처리할 경우 완전히 제거될 수 있는 먼지의 최소 제거입경은 얼마인가? (단, 침강실에서의 가스유속은 1.4m/s이며, 층류임) (6점)

2006.7.9 기사

계산과정 100% 효율을 가진다고 가정하면(완전히 제거라는 말 때문에)

$$1 = \frac{U_g \times L}{U_o \times H} = \frac{\dfrac{g(\rho_p - \rho_a)d_p{}^2}{18\mu} \times L}{U_o \times H} = \frac{g(\rho_p - \rho_a)d_p{}^2 \times L}{18\mu\,U_o \times H}$$

$$\therefore d_p = \sqrt{\frac{18\mu\,U_o \times H}{g(\rho_p - \rho_a) \times L}} = \sqrt{\frac{18 \times 2 \times 10^{-5} \times 1.4 \times 5}{9.8 \times (1000 - 1.3) \times 10}}$$

$$= 1.60461 \times 10^{-4}\,\text{m} = 160.461\,\mu\text{m}$$

답 160.46μm

---

8. 입경 $60\mu\text{m}$의 입자를 포집하기 위해 설계한 중력 집진장치가 있다. 입경 $30\mu\text{m}$의 입자를 동일한 집진율로 포집하기 위해 높이만을 변화시킨다고 할 때 나중 높이를 처음 높이의 몇 배로 설계하면 좋겠는가?

2000.4.23 기사

계산과정

$$\eta = \frac{U_g \times L}{U_o \times H}$$

$$\therefore \ U_g = \frac{\eta \times U_o \times H}{L} \quad \text{..............} \ ①$$

$$U_g = \frac{g(\rho_p - \rho_a)d_p{}^2}{18\mu} \quad \text{..........} \ ②$$

$$\frac{g(\rho_p - \rho_a)d_p{}^2}{18\mu} = \frac{\eta \times U_0 H}{L}$$

$$\therefore d_p{}^2 \ \propto \ H$$

$$60^2 \ : \ 1$$

$$30^2 \ : \ x \quad \therefore x = \frac{30^2 \times 1}{60^2} = 0.25$$

답 0.25배

---

9. 길이 3m, 폭 1m인 중력침강실에 15℃, 1atm의 배기가스를 도입하여 입경 $5\mu\text{m}$ 의 분진입자의 부분 집진율을 60%로 처리하려고 한다. 이 침강실의 높이(m)를 구하시오. (단, 이때의 공기밀도는 0.11kg/m^3, 입자밀도는 320kg/m^3, 공기점도는 $1.85 \times 10^{-6}\text{kg/m} \cdot \text{s}$, 처리가스 유속은 1m/s, $\eta = \dfrac{L \times U_g}{H \times U_o}$ 이다.)

|이해| 주어진 공식을 보면 중력 집진장치 층류 단단임을 알 수 있다.

계산 과정
$$U_g = \frac{g(\rho_p - \rho_a)d_p{}^2}{18\mu} = \frac{9.8 \times (320 - 0.11) \times (5 \times 10^{-6})^2}{18 \times 1.85 \times 10^{-6}}$$

$$= 2.3535 \times 10^{-3} \text{ m/s}$$

$$\eta = \frac{U_g \times L}{U_o \times H} \text{ 에서 } H = \frac{U_g \times L}{U_o \times \eta} = \frac{2.3535 \times 10^{-3} \times 3}{1 \times 0.6} = 0.01176\text{m}$$

답 $1.18 \times 10^{-2}\text{m}$

---

10. 높이 10m 되는 곳에 지경 $100\mu\text{m}$의 분진이 있다. 이것에 5m/s의 바람이 수평 으로 불 경우 다음 물음에 답하시오.

(1) 이 분진의 낙하속도(m/s)를 구하시오.

(2) 또 몇 m 지점에 떨어지겠는지 산출하시오.

(단, 분진의 침강속도 $U_g = \dfrac{d_p{}^2 \times (\rho_s - \rho) \times g}{18\mu_g}$ 이고, 같은 종류의 분진으로서 직경 $10\mu\text{m}$는 0.6cm/s로 낙하한다.)

계산 과정 (1) $U_g = \dfrac{g(\rho_p - \rho_a)d_p^{\,2}}{18\mu}$ 에서 $U_g \propto d_p^{\,2}$ 이므로

직경 10μm일 때 낙하속도 0.6cm/s를 MKS로 환산하면 0.006m/s

∴ 0.006m/s : $(10\mu\text{m})^2$

x[m/s] : $(100\mu\text{m})^2$

∴ $x = \dfrac{0.006 \times 100^2}{10^2} = 0.6$m/s

(2) 100% 제거율을 가진다고 간주하면

$1 = \dfrac{U_g \times L}{U_o \times H}$

∴ $L = \dfrac{1 \times U_o \times H}{U_g} = \dfrac{1 \times 5\text{m/s} \times 10\text{m}}{0.6\,\text{m/s}} = 83.333$m

답 (1) 0.6m/s (2) 83.33m

---

11. 높이 10m인 중력침전실에서 배기수평유속이 1.5m/s이고 침강속도가 20cm/s인 입자를 처리할 때 필요한 중력침전실의 길이는 얼마인가? (2점)

2005.5.1, 2006.7.9, 2008.4.20 산업기사

계산 과정 $\eta = \dfrac{U_g \times L}{U_o \times H}$ 에서 효율이 100%라 간주하고

$1 = \dfrac{U_g \times L}{U_o \times H}$ ∴ $L = \dfrac{U_o \times H}{U_g} = \dfrac{1.5\text{m/s} \times 10\text{m}}{0.2\,\text{m/s}} = 75$m

답 75m

---

12. 집진판 2개를 침강실에 가로질러 놓고 입자를 제거하려고 한다. 침강실 규격은 높이 6m, 침강실 길이 3m, 수평유속 0.5m/s에서 침강속도는? (단, 처리효율은 80%이다. 아울러 층류로 가정함.)

|이해| 층류로 가정하므로 중력 집진장치 층류 다단에서의 효율 $\eta = \dfrac{U_g \times L}{U_o \times \dfrac{H}{n}}$ 에서

※ 주의!! 집진판 2개를 가로질러 놓았을 때 단수는 3단이 됨.

계산 과정 $U_g = \dfrac{\eta \times U_o \times \dfrac{H}{n}}{L} = \dfrac{0.8 \times 0.5 \times \dfrac{6}{3}}{3} = 0.266$m/s

답 0.27m/s

13. 중력식 집진기에서 입자직경이 50μm이며 밀도가 2000kg/m^3, 가스유량이 10m^3/s이다. 집진기의 폭이 1.5m, 높이가 1.5m이며 밑면을 포함한 수평단이 10단일 때 효율이 100%가 되기 위한 침강실의 길이는? (층류로 가정하며 점성계수 $\mu=1.75\times10^{-5}$kg/m · s)(6점)

2011.7.24 기사

계산과정 $1=\dfrac{n\,U_g\times L}{U_o\times H}$

$$L=\dfrac{U_o\times H}{n\,U_g}=\dfrac{\dfrac{Q}{W\times H}\times H}{n\,U_g}=\dfrac{Q}{n\,W\times U_g}$$

여기서, $U_g=\dfrac{g(\rho_p-\rho_a)d_p^{\,2}}{18\mu}=\dfrac{9.8\times(2000-1.3)\times(50\times10^{-6})^2}{18\times1.75\times10^{-5}}$

$=0.1554$m/s

$\therefore\ L=\dfrac{10\text{m}^3}{10\times1.5\text{m}\times0.1554\text{m/s}}=4.290$m

답 4.29m

---

14. 정지 대기공간에서 공기점도 $\mu=1.5\times10^{-5}$kg/m · s, 입경이 20μm인 구형 미세입자가 중력침강할 때 다음 물음에 답하시오. (단, 입자밀도 $\rho_p=2000$kg/m^3, Cunningham 보정계수 $C=1$, 공기밀도 $\rho_a=1.3$kg/m^3)(6점)

2010.7.5 기사

(1) 종말침강속도(m/s)
(2) 항력(N) (단, 유효숫자 3자리까지 구하시오.)

계산과정 (1) $U_g=\dfrac{C\times g\times(\rho_p-\rho_a)d_p^{\,2}}{18\mu}$

$=\dfrac{1\times9.8\text{m/s}^2\times(2000-1.3)\text{kg/m}^2\times(20\times10^{-6})^2\text{m}^2}{18\times1.5\times10^{-5}\text{kg/m · s}}$

$=0.0290$m/s

(2) 항력$=3\pi\mu d\,U_g$

$=3\times3.14\times1.5\times10^{-5}\text{kg/m · s}\times(20\times10^{-6})\text{m}\times0.029\text{m/s}$

$=8.1954\times10^{-11}\text{kg · m/s}^2$

답 (1) 0.029m/s

(2) 8.195×10^{-11}N

---

15. 처리가스량 $Q=130\text{m}^3/\text{min}$ 속에 입자 직경 $d_p=60\mu\text{m}$을 처리하려고 한다. 입자밀도 2g/cm^3, 가스점성도 $2\times10^{-3}\text{g/cm}\cdot\text{s}$, 폭 3m, 침강실 길이 $L=6\text{m}$, 침강실 높이 $H=2.5\text{m}$에서 물음에 답하시오.

(1) 침강속도(U_g)는?

(2) $70\mu\text{m}$ 입자 제진효율은?

계산과정 $\mu=2\times10^{-3}\text{g/cm}\cdot\text{s}\times10^{-3}\text{kg/g}\times100\text{cm/m}=2\times10^{-4}\text{kg/m}\cdot\text{s}$

$\rho_p=2\text{g/cm}^3\times10^{-3}\text{kg/g}\times10^6\text{cm}^3/\text{m}^3=2000\text{kg/m}^3$

(1) $U_g=\dfrac{g(\rho_p-\rho_a)d_p{}^2}{18\mu}$

$\quad=\dfrac{9.8\times(2000-1.3)\times(60\times10^{-6})^2}{18\times2\times10^{-4}}=1.958\times10^{-2}\text{m/s}$

(2) 층류인지 난류인지를 알기 위해 Re를 구하면

$Re=\dfrac{2Q}{\dfrac{\mu}{\rho_a}(nW+H)}=\dfrac{2\times130/60}{\dfrac{2\times10^{-4}}{1.3}\times(1\times3+2.5)}=5121$(난류임을 알 수 있음)

$U_g=\dfrac{9.8\times(2000-1.3)\times(70\times10^{-6})^2}{18\times2\times10^{-4}}=0.0266\text{m/s}$

$\eta=1-e^{-\frac{U_g\times L\times W}{Q}}=1-e^{-\frac{0.0266\times6\times3}{130/60}}=0.19827=19.827\%$

답 (1) $1.96\times10^{-2}\text{m/s}$ (2) 19.83%

---

16. 중력 집진장치의 처리유량은 $70\text{m}^3/\text{min}$이다. 입경 $50\mu\text{m}$, 밀도 1.5g/cm^3인 분진입자의 중력 침강속도를 구하고 집진장치의 효율을 구하시오. (단, $\mu=0.3\times10^{-3}$ poise, 가로=3m, 높이=4m, 길이=5m)   2001.4.22, 2003.10.기사

계산과정 $U_g=\dfrac{g(\rho_p-\rho_a)d_p{}^2}{18\mu}$

$\quad=\dfrac{9.8\text{m/s}^2\times(1500-1.3)\text{kg/m}^3\times(50\times10^{-6})^2\text{m}^2}{18\times0.3\times10^{-4}\text{kg/m}\cdot\text{s}}$

$\quad=0.06799\text{m/s}$

층류인지 난류인지?

$Re=\dfrac{2Q}{\dfrac{\mu}{\rho_a}\times(nW+H)}=\dfrac{2\times70/60}{\dfrac{0.3\times10^{-4}}{1.3}\times(1\times3+4)}=14444$(난류)

$$\eta = 1 - e^{-\frac{U_g \times L}{U_o \times H}} = 1 - e^{-\frac{\frac{U_g \times L}{Q}}{H \times W} \times H} = 1 - e^{-\frac{U_g \times L \times W}{Q}} = 1 - e^{-\frac{0.06799 \times 5 \times 3}{70/60}}$$

$$= 0.58278 = 58.278\%$$

답 58.28%

---

17. 높이 $H=0.15\text{m}$, 폭 $W=1\text{m}$인 평행벽 침강실 내 온도가 15℃, 1atm의 함진 가스가 유입될 때 입경이 $15\mu\text{m}$인 입자의 부분 집진율을 60%로 하려고 하면 침강 실의 길이(L)는 몇 m로 하는 것이 적당한지 계산하시오. (단, 함진가스 유속 $U_o = 1.3\text{m/s}$, 15℃ 때 공기밀도 $\rho = 0.15\text{kg/m}^3$, 입자밀도 $\rho_p = 350\text{kg/m}^3$, 공기 점도 $\mu_g = 1.85 \times 10^{-6}\text{kg/m} \cdot \text{s}$)

계산과정 $Q = A U_o = H \times W \times U_o$이므로

$$U_g = \frac{9.8 \times (350 - 0.15) \times (15 \times 10^{-6})^2}{18 \times 1.85 \times 10^{-6}} = 0.02316\text{m/s}$$

또 $Re = \dfrac{2Q}{\dfrac{\mu}{\rho_a}(nW + H)} = \dfrac{2 \times H \times W \times U_o}{\dfrac{\mu}{\rho_a} \times (nW + H)} = \dfrac{2 \times 0.15 \times 1 \times 1.3}{\dfrac{1.85 \times 10^{-6}}{0.15} \times (1 \times 1 + 0.5)}$

$= 27497$(난류)

∴ 중력 집진장치 난류 단단이므로 $\eta = 1 - e^{-\frac{U_g \times L}{U_o \times H}} = 1 - e^{-\frac{0.02316 \times L}{1.3 \times 0.15}}$

양변 ln을 취하고 유도하면

∴ $L = \dfrac{-\ln(1-\eta) \times U_o \times H}{U_g} = \dfrac{-\ln(1-0.6) \times 1.3 \times 0.15}{0.02316} = 7.714\text{m}$

답 7.71m

---

18. 중력 침강실에서 입자밀도 $\rho_p = 1.1\text{g/cm}^3$, 가스밀도 1.2kg/m^3, 처리가스량 $Q = 0.4\text{m}^3/\text{s}$이며, 집신실 규격은 침강폭 $W : 5\text{m}$, 침전실 길이 $L : 10\text{m}$, 침전실 높이 $H : 0.5\text{m}$일 때 이 장치의 집진효율은? (단, 처리가스 점성도 $\mu_g = 1.85 \times \times 10^{-5}\text{Pa} \cdot \text{s}$, 처리입경 $d_p = 10\mu\text{m}$이다.)

계산과정 절대 점도 $= 1\text{Pa} \cdot \text{s} = 1\text{N/m}^2 \cdot \text{s} = 1\text{kg} \cdot \text{m/s}^2 \cdot \text{m}^2 \times \text{s} = 1\text{kg/m} \cdot \text{s}$

$$Re = \frac{2Q}{\dfrac{\mu}{\rho_a}(nW + H)} = \frac{2 \times 0.4}{\dfrac{1.85 \times 10^{-5}}{1.2} \times (1 \times 5 + 0.5)} = 9435\text{(난류)}$$

$$U_g = \frac{g(\rho_p - \rho_a)d_p^2}{18\mu} = \frac{9.8 \times (1100 - 1.2) \times (10 \times 10^{-6})^2}{18 \times 1.85 \times 10^{-5}}$$

$$= 3.2337 \times 10^{-3}\text{m/s}$$

난류 단단이므로

$$\eta = 1 - e^{-\frac{U_g \times L}{U_o \times H}} = 1 - e^{-\frac{U_g \times L \times W}{Q}} = 1 - e^{-\frac{3.2337 \times 10^{-3} \times 10 \times 5}{0.4}}$$

$$= 0.33249 = 33.249\%$$

답 33.25%

---

19. 다음 표를 이용하여 밀도(ρ_a)1.2kg/m³인 공기 속을 입경 (d_p) 2×10^{-3}m인 분진이 자유 낙하할 때

(1) 흐름영역 결정계수인 K값에 따른 분진의 흐름영역을 판정하시오.

(2) 또 분진의 종말속도(m/s)를 구하시오. (단, 공기의 점도(μ)는 1.83×10^{-5} kg/m·s이고, 분진의 밀도(ρ_p) 2.67×10^3kg/m³, 표준 중력가속도 g는 9.8 m/s²이다.)

구 분	흐름영역 결정계수	종말속도
흐름영역	$K = d\left(\dfrac{\rho_p \cdot \rho_a}{\mu^2}g\right)^{\frac{1}{3}}$	
층류	$K < 3.3$	$V_t = \dfrac{cf \cdot d_p \cdot (\rho_p - \rho_a)g}{18\mu}$
난류	$K > 43.6$	$V_t = 1.74\left(g \cdot d_p \cdot \dfrac{\rho_p}{\rho_a}\right)^{\frac{1}{2}}$

계산과정 (1) $K = d\left\{\dfrac{\rho_p \cdot \rho_a}{\mu^2}g\right\}^{\frac{1}{3}} = 2 \times 10^{-3} \times \left\{\dfrac{2.67 \times 10^3 \times 1.2}{(1.83 \times 10^{-5})^2} \times 9.8\right\}^{\frac{1}{3}} = 90.859$이므로

$90.859 > 43.6$이므로 난류이다.

(2) 흐름영역이 난류이므로 난류에 의한 종말속도 공식은

$$V_t = 1.74\left(g \cdot d_p \cdot \frac{\rho_p}{\rho_a}\right)^{\frac{1}{2}} = 1.74 \times \left(9.8 \times 2 \times 10^{-3} \times \frac{2.67 \times 10^3}{1.2}\right)^{\frac{1}{2}}$$

$$= 11.490\text{m/s}$$

답 (1) 난류 (2) 11.49m/s

20. 중력집진기의 조건이 아래와 같을 때 다음 물음에 답하시오. (8점)

(1) 집진효율을 구하시오. 2010.10.31 기사

[조건] 폭 : 3m, 높이 : 3m, 길이 : 5m, 수평유속 : 0.5m/s, 가스점도 : 0.067kg/m·h, 구형입자의 밀도 : 0.75g/cm^3, 가스의 밀도 : 1.3kg/m^3, 먼지입경 20μm

층류	천이류	난류
$V_g = \dfrac{(\rho_p - \rho_a)d^2 g}{18\mu}$	$V_g = \dfrac{0.2\rho_p^{\frac{2}{3}} g^{\frac{2}{3}} d}{\rho_a^{\frac{1}{3}} \mu^{\frac{1}{3}}}$	$V_g = 1.74\left(g \cdot d \dfrac{\rho_p}{\rho_a}\right)^{\frac{1}{2}}$

(2) 효율 90%가 될 때 변해야 될 집진기의 길이를 구하시오.

계산과정 (1) Re를 구하면 $Re = \dfrac{2Q}{\dfrac{\mu}{\rho_a} \times (nW+H)} = \dfrac{2A \cdot U_o}{\dfrac{\mu}{\rho_a} \times (nW+H)}$

$$= \dfrac{2 \times 3 \times 3 \times 0.5}{\dfrac{0.067/3600}{1.3} \times (1 \times 3 + 3)} = 104776 (난류)$$

난류이면서 단단이므로

$$\eta = 1 - e^{-\frac{U_g \times L}{U_o \times H}} = 1 - e^{-\frac{-0.5851 \times 5}{0.5 \times 3}} = 0.85777 = 85.777\%$$

여기서, $U_g = 1.74 \times \left(g \cdot d \cdot \dfrac{\rho_p}{\rho_a}\right)^{\frac{1}{2}}$

$$= 1.74 \times \left(9.8 \times 20 \times 10^{-6} \times \dfrac{750}{1.3}\right)^{\frac{1}{2}} = 0.5851 \text{m/s}$$

(2) $0.9 = 1 - e^{-\frac{0.5851 \times x}{0.5 \times 3}}$ $-\dfrac{0.5851 \times x}{0.5 \times 3} = \ln(1-0.9)$

$$\therefore x = \dfrac{-\ln(1-0.9) \times 0.5 \times 3}{0.5851} = 5.903 \text{m}$$

답 (1) 85.78% (2) 5.90m

21. 온도 25℃에서 염산 액적을 포함한 배출가스 14m^3/s를 폭 9m, 높이 6m, 길이 15m의 침강 집진기를 이용하여 집진 제거한다. 분진의 밀도가 1.2g/cm^{3}이라면 이 침강 집진기가 집진할 수 있는 최소의 입경은 얼마인가? (단, stokes의 법칙을 이용하고, 25℃에서 공기의 점도는 $\mu = 0.0185$CP로 한다. 이때 제진 장치의 단수를 2로 할 때 효율은 얼마인지 구하시오.)

계산과정 ① 100% 제거율로 간주하고 분진의 최소입경을 구하면

$$Q = A U_o \text{에서 } U_o = \frac{Q}{A} = \frac{Q}{W \times H}$$

$$\eta = \frac{U_g \times L}{U_o \times H} \text{에서 } 1 = \frac{U_g \times L}{U_o \times H} = \frac{\dfrac{g(\rho_p - \rho_a)d_p^{\,2}}{18\mu} \times L}{\dfrac{Q}{W \times H} \times H} = \frac{g(\rho_p - \rho_a)d_p^{\,2} \times L \times W}{18\mu Q}$$

$$\therefore d_p = \sqrt{\frac{18\mu \times Q}{g(\rho_p - \rho_a) \times L \times W}} = \sqrt{\frac{18 \times 0.0185 \times 10^{-3} \times 14}{9.8 \times (1200 - 1.3) \times 15 \times 9}}$$

$$= 5.4218 \times 10^{-5} \text{ m} = 54.218\,\mu\text{m}$$

② $Re = \dfrac{2Q}{\nu(nW + H)} = \dfrac{2Q}{\dfrac{\mu}{\rho_a} \times (nW + H)} = \dfrac{2 \times 14}{\dfrac{0.0185 \times 10^{-3}}{1.3} \times (2 \times 9 + 6)}$

$$= 81981.98(난류)$$

$$\eta = 1 - e^{-\frac{n U_g \times L \times W}{Q}}$$

$$= 1 - e^{-\frac{n \times g \times (\rho_p - \rho_a) \times d_p^{\,2} \times L \times W}{18\mu \times Q}}$$

$$= 1 - e^{-\frac{2 \times 9.8 \times (1200 - 1.3) \times (54.218 \times 10^{-6})^2 \times 15 \times 9}{18 \times 0.0185 \times 10^{-3} \times 14}} = 0.86465 = 86.465\%$$

답 ① $54.22\,\mu\text{m}$ ② 86.47%

---

22. 어떤 시멘트 공장에서 배기량 1000m³/h이고, 분진농도는 30g/m³이며 입경분포는 아래 표와 같다.

입경(μm)	30	50	70	90	100
질량 분포(%)	5	20	45	20	10

입자는 모두 구형이고 밀도는 1400kg/m³이다. 배기가스의 점도가 0.0185CP, 비중은 0.82kg/m³이며, 침전실의 배기 수평유속은 0.8m/s이다. 이 공장에서 전처리 시설로서 침전실 길이 5m, 깊이 0.8m인 중력 집진장치를 설치하였을 때 이론적인 제진효율을 구하고, 또 제진효율을 95%로 하기 위한 이론적 침전실의 길이를 구하시오. (단, 중력 가속도는 9.8m/s²로 하며, 재비산은 없고 깊이와 수평유속은 불변이다.)

계산과정 ① 평균 입경을 구하면

$$C_m = \frac{5 \times 30 + 20 \times 50 + 45 \times 70 + 20 \times 90 + 10 \times 100}{5 + 20 + 45 + 20 + 10} = 71\mu\text{m}$$

$$Q = A U_o = W \times H \times U_o$$

$$W = \frac{Q}{H \times U_o} = \frac{1000/3600}{0.8 \times 0.8} = 0.434\text{m}$$

$$Re = \frac{2Q}{\dfrac{\mu}{\rho_a}(nW + H)} = \frac{2 \times 1000/3600}{\dfrac{0.0185 \times 10^{-3}}{0.82} \times (1 \times 0.434 + 0.8)} = 19955\,(\text{난류})$$

$$※\ U_g = \frac{g(\rho_p - \rho_a)d_p^{\,2}}{18\mu} = \frac{9.8 \times (1400 - 0.82) \times (71 \times 10^{-6})^2}{19 \times 0.0185 \times 10^{-3}} = 0.2075\text{m/s}$$

$$\eta = 1 - e^{-\frac{U_g \times L \times W}{Q}} = 1 - e^{-\frac{0.2075 \times 5 \times 0.434}{1000/3600}} = 0.80229 = 80.229\%$$

② $0.95 = 1 - e^{-\frac{0.2075 \times L \times 0.434}{1000/3600}}$

$$e^{-\frac{0.2075 \times L \times 0.434}{1000/3600}} = 1 - 0.95 \qquad\qquad -\frac{0.2075 \times L \times 0.434}{1000/3600} = \ln(1 - 0.95)$$

$$\therefore L = \frac{-\ln(1 - 0.95) \times 1000/3600}{0.2075 \times 0.434} = 9.240\text{m}$$

답 ① 80.23% ② 9.24m

---

23. 다음과 같은 조건의 중력 집진기가 있다. 물음에 답하시오. 2003.4.27 기사

(1) 집진효율을 구하시오.

> [조건] 높이 : 0.8m, 길이 : 4m, 수평유속 : 3cm/s, 점도 : 8.2×10^{-5}kg/m·s
> 구형입자의 밀도 : 500kg/m³, 가스의 밀도 : 0.01kg/m³

입경	10μm	20μm	30μm	40μm	50μm
질량분율	20%	10%	15%	20%	35%

(2) 효율 90%가 될 때 변해야 될 집진기의 길이를 구하시오.

|이해| 조건에서 집진장치의 폭(W)이 주어지지 않았으므로 Re, NO를 구할 수 없다. 그러므로 층류로 간주하고 계산한다.

계산과정 (1) 평균 입경 $= \dfrac{20 \times 10 + 10 \times 20 + 15 \times 30 + 20 \times 40 + 35 \times 50}{20 + 10 + 15 + 20 + 35} = 34\mu\text{m}$

$$U_g = \frac{9.8 \times (500 - 0.01) \times (34 \times 10^{-6})^2}{18 \times 8.2 \times 10^{-5}} = 0.0038\,\text{m/s}$$

$$\therefore \eta = \frac{U_g \times L}{U \times H} \times 100 = \frac{0.0038 \times 4}{0.03 \times 0.8} \times 100 = 63.333\%$$

(2) $0.9 = \dfrac{0.0038 \times L}{0.03 \times 0.8}$ $\qquad \therefore L = \dfrac{0.9 \times 0.03 \times 0.8}{0.0038} = 5.684\text{m}$

답 (1) 63.33% (2) 5.68m

24. 분진 배출업소의 배기량은 $1000 \mathrm{m}^3/\mathrm{h}$이고 분진의 농도는 $10 \mathrm{g/m}^3$이며, 중력침 전실의 조건은 아래와 같다. 입자의 모양은 모두 구형이라고 가정하면 이 중력침전 실의 제진효율과 하루 10시간씩 30일을 가동할 때 분진제거량(kg)을 구하시오. (6 점)

2005.5.1 기사

[조건] 높이 : 1m, 길이 : 0.6m, 수평유속 : 10cm/s, 점도 : $8.5 \times 10^{-4} \mathrm{kg/m \cdot s}$
구형입자의 밀도 : $200 \mathrm{kg/m}^3$, 가스의 밀도 : $0.06 \mathrm{kg/m}^3$

입경	$30 \mu \mathrm{m}$	$50 \mu \mathrm{m}$	$70 \mu \mathrm{m}$	$90 \mu \mathrm{m}$	$100 \mu \mathrm{m}$
질량분율	5%	25%	40%	20%	10%

계산과정 ① 평균 입경 $= \dfrac{5 \times 30 + 25 \times 50 + 40 \times 70 + 20 \times 90 + 10 \times 100}{5 + 25 + 40 + 20 + 10} = 70 \mu \mathrm{m}$

$$U_g = \frac{g(\rho_p - \rho_a)d_p^2}{18\mu} = \frac{9.8 \mathrm{m/s}^2 \times (200 - 0.06) \mathrm{kg/m}^3 \times (70 \times 10^{-6})^2 \mathrm{m}^2}{18 \times 8.5 \times 10^{-6} \mathrm{kg/m \cdot s}}$$

$$= 0.0627 \mathrm{m/s}$$

층류인지 난류인지를 알아보기 위해

$$Q = AU_o = W \times H \times U_o \qquad W = \frac{Q}{H \times U_o} = \frac{1000/3600}{1 \times 0.1} = 2.7777 \mathrm{m}$$

$$Re = \frac{2Q}{\dfrac{\mu}{\rho_a} \times (nW + H)} = \frac{2 \times 1000/3600}{\dfrac{8.5 \times 10^{-6}}{0.06} \times (1 \times 2.7777 + 1)} = 1038.083 \text{(층류)}$$

$$\therefore \eta = \frac{U_g \times L}{U_o \times H} \times 100 = \frac{0.0627 \times 0.6}{0.1 \times 1} \times 100 = 37.62\%$$

② 분진제거량 = 농도 × 유량 × η

$$= 10 \mathrm{g/m}^3 \times 1000 \mathrm{m}^3/\mathrm{h} \times 10 \mathrm{h/day} \times 30 \mathrm{day} \times 0.3762 \times 10^{-3} \mathrm{kg/g}$$

$$= 1128.6 \mathrm{kg}$$

답 ① 37.62% ② 1128.6kg

---

25. 다음 조건과 같은 중력 집진장치에서 침전실이 가득차면 청소를 한다고 할 때 청 소시간 간격을 구하시오. (6점)

2006.11.5 기사

[조건] 중력 집진장치의 효율 : 70%, 분진농도 : $50 \mathrm{g/Nm}^3$, 유량 : $50000 \mathrm{Nm}^3/\mathrm{h}$
침전실 부피 : $1 \mathrm{m}^3$, 분진 겉보기 밀도 : $700 \mathrm{kg/m}^3$

계산과정 침전실이 가득 찰 때의 분진의 질량 $= 700 \mathrm{kg/m}^3 \times 1 \mathrm{m}^3 = 700 \mathrm{kg}$

침전실로 집진되는 먼지의 양$= 50\mathrm{g/Nm^3} \times 50000\mathrm{Nm^3/h} \times 0.7 \times 10^{-3}\mathrm{kg/g}$

$$= 1750\mathrm{kg/h}$$

$\therefore$ 청소시간 간격$= \dfrac{700\mathrm{kg}}{1750\mathrm{kg/h} \times \mathrm{h}/60\mathrm{min}} = 24\mathrm{min}$

달 24min

---

26. 중력식 침강실의 제거효율이 85%, 배출가스 중 먼지농도가 $155\mathrm{g/m^3}$, 배출가스 유량이 $10\mathrm{m^3/s}$, 침전된 먼지의 밀도가 $800\mathrm{kg/m^3}$이다. 침전된 먼지의 부피가 $0.55\mathrm{m^3}$ 될 때 청소해야 한다면 청소하는 시간 간격은? (6점)　　　2010.7.5 기사

계산과정 주기$= \dfrac{\text{침전된 먼지 질량}}{\text{제거된 먼지 질량 유량}} = \dfrac{800\mathrm{kg/m^3} \times 0.55\mathrm{m^3}}{155\mathrm{g/m^3} \times 10^{-3}\mathrm{kg/g} \times 10\mathrm{m^3/s} \times 0.85}$

$$= 333.965\mathrm{s}$$

달 333.97s

---

27. 직경이 $10\mu\mathrm{m}$이고 진밀도가 $8000\mathrm{kg/m^3}$인 구형 쇠구슬 안에 직경이 $9\mu\mathrm{m}$이고 밀도가 $1000\mathrm{kg/m^3}$인 물이 채워져 있다면, 이 쇠구슬이 공기 중에서 낙하할 때 종말침강속도(m/s)를 구하시오. (단, 점도는 $0.05\mathrm{kg/m \cdot h}$이며 stokes 법칙이 적용됨) (6점)　　　2004.10, 2006.4.23 기사

계산과정 입자의 질량$= \rho_\text{물} \times V_\text{물} + \rho_\text{쇠} \times V_\text{쇠}$

$$= 1000\mathrm{kg/m^3} \times \dfrac{3.14 \times (9 \times 10^{-6})^3}{6}\mathrm{m^3} + 8000\mathrm{kg/m^3}$$

$$\times \left[\dfrac{3.14 \times (10 \times 10^{-6})^3}{6} - \dfrac{3.14 \times (9 \times 10^{-6})^3}{6} \right]$$

$$= 1.516 \times 10^{-12}\mathrm{kg}$$

입자의 부피$= \dfrac{3.14 \times (10 \times 10^{-6})^3}{6} = 5.2333 \times 10^{-16}\mathrm{m^3}$

입자의 밀도$= \dfrac{\text{질량}}{\text{체적}} = \dfrac{1.516 \times 10^{-12}\mathrm{kg}}{5.2333 \times 10^{-16}\mathrm{m^3}} = 2896.8337\mathrm{kg/m^3}$

$\therefore U_g = \dfrac{g(\rho_p - \rho_a)d_p^{\,2}}{18\mu}$

$$= \dfrac{9.8 \times (2896.8337 - 1.3) \times (10 \times 10^{-6})^2}{18 \times 0.05/3600}$$

$$= 0.01135\mathrm{m/s}$$

달 0.01m/s

28. 사이클론 반지름이 20cm, 유입가스의 속도가 10m/s일 때 분리계수는?

2002.4.21, 2002.7.7, 2005.7.10 산업기사

계산과정 $S = \dfrac{v^2}{gR} = \dfrac{10^2 \mathrm{m}^2/\mathrm{s}^2}{9.8\mathrm{m}/\mathrm{s}^2 \times 0.2\mathrm{m}} = 51.020$

답 51.02

---

29. 원심력을 이용하여 입자상 대기오염 집진 사이클론 내 원심력이 최대인 곳에서 입자에 작용하는 원심력이 중력에 비해 100배 크고, 이때 가스접선속도가 30m/s일 때 사이클론 중심축으로부터 떨어진 거리(원추하부 반경)는 몇 cm인가? (6점)

2006.11.5 기사

계산과정 분리계수 $S = \dfrac{v^2}{g \cdot R} = \dfrac{원심력}{중력}$

$\therefore 100 = \dfrac{30^2}{9.8 \times x}$ $\therefore x = \dfrac{30^2}{9.8 \times 100} = 0.91836\mathrm{m} = 91.836\mathrm{cm}$

답 91.84cm

---

30. 사이클론의 지름이 140cm, 유입가스의 속도가 12m/s일 때 분리계수를 구하시오.

2004.7.4 기사 / 2004.7.4 산업기사

계산과정 분리계수$(S) = \dfrac{v^2}{g \cdot R} = \dfrac{12^2}{9.8 \times \left(\dfrac{1.4}{2}\right)} = 20.991$

답 20.99

---

31. 분진 제거에 사이클론을 사용하려고 한다. 처리가스 점도는 $2.0 \times 10^{-5} \mathrm{kg/m \cdot s}$일 때 입자의 절단입경(cut size)은 얼마인가? (단, 와류수 6, 사이클론 입구폭 80cm, 입자의 비중 2, 입구속도 16m/s) (6점)

2004.4.25, 2005.7.10, 2010.7.5 산업기사 / 2008.4.20 기사

계산과정 $d_{p50} = \left\{ \dfrac{9\mu w_i}{2\pi NV(\rho_p - \rho_a)} \right\}^{\frac{1}{2}} = \left\{ \dfrac{9 \times 2.0 \times 10^{-5} \times 0.8}{2 \times 3.14 \times 6 \times 16 \times (2000 - 1.3)} \right\}^{\frac{1}{2}}$

$= 1.0931 \times 10^{-5}\mathrm{m} = 10.931\mu\mathrm{m}$

답 10.93μm

32. 입구폭이 12.0cm이고 처리가스의 와류수가 4인 사이클론이 있다. 이 사이클론에 밀도가 1.70g/cm³인 분진 입자를 함유하는 처리가스가 15.0m/s의 유입속도로 처리되고 있다. 절단입경(cut size)은 얼마인가? (단, 처리 기체의 점도는 0.0748kg/m·h이다.)
2010.4.18 산업기사

계산과정

$$d_{p50} = \left\{ \frac{9\mu w_i}{2\pi NV(\rho_p - \rho_a)} \right\}^{\frac{1}{2}} \times 10^6 \mu m$$

$$= \left\{ \frac{9 \times 0.0748 \text{kg/m} \cdot 3600\text{s} \times 0.12\text{m}}{2 \times 3.14 \times 4 \times 15\text{m/s} \times (1700 - 1.3)\text{kg/m}^3} \right\}^{\frac{1}{2}} \times 10^6 \mu m/\text{m}$$

$$= 5.921 \mu m$$

답 5.92μm

---

33. 원심력 집진기에서 50% 제거 입경일 때 가스유속을 2배, 입구폭을 2배로 각각 늘리면 어떻게 되는가? (4점)
2009.7.5 기사

계산과정

$$d_{p50} = \left\{ \frac{9\mu w_i}{2\pi NV(\rho_p - \rho_a)} \right\}^{\frac{1}{2}}$$

d_{p50}은 가스유속의 제곱근에 반비례하고, 입구폭의 제곱근에 비례하므로 문제의 조건에는 d_{p50}이 변함없다.

답 변함없다.

---

34. 원심력 집진장치인 사이클론(cyclone)에서 가스 유입속도를 2배로 증가시키고 입구폭을 3배로 늘리면 50% 효율로 집진되는 입자의 직경, 즉 Lapple의 절단입경 (cut diameter)인 d_{p50}은 처음의 몇 배가 되는지 계산하시오.
2011.7. 산업기사

계산과정

$$d_{p50} = \left\{ \frac{9\mu w_i}{2\pi NV(\rho_p - \rho_a)} \right\}^{\frac{1}{2}} \propto \left(\frac{3}{2} \right)^{\frac{1}{2}} = 1.224$$

답 1.22배

---

35. 원심력 집진기에서 50% 제거 입경일 때 가스유속을 4배로 늘리면 어떻게 되는가? (6점)
2003.4.27 산업기사

계산과정 $d_{p50} = \left\{ \dfrac{9\mu w_i}{2\pi NV(\rho_p - \rho_a)} \right\}^{\frac{1}{2}}$ 에서 $d_{p50} \propto \left(\dfrac{1}{V} \right)^{\frac{1}{2}}$ 이므로

$$1 : \left(\frac{1}{1} \right)^{\frac{1}{2}} = x : \left(\frac{1}{4} \right)^{\frac{1}{2}}$$

$$\therefore x = \frac{\left(\dfrac{1}{4} \right)^{\frac{1}{2}}}{\left(\dfrac{1}{1} \right)^{\frac{1}{2}}} = \frac{1}{2}$$

답 $\dfrac{1}{2}$ 로 된다.

---

36. 유입구의 높이가 0.5m, 폭이 0.25m이고 처리가스의 와류수가 3인 표준 사이클론이 있다. 이 사이클론에 밀도가 4000kg/m³인 분진 입자를 함유하는 처리가스가 15m³/min의 유입량으로 처리되고 있다. 이 사이클론으로 제진효율이 50% 되는 이론적인 먼지 입자의 직경을 구하시오. (단, 처리기체의 점도는 0.075kg/m·h이고, 공기의 밀도는 1kg/m³이다.) (6점)
                                                    2006.11.5 기사

계산과정 원심력 집진장치에서 50% 효율일 때 d_p는

$$d_{p50} = \left\{ \frac{9\mu w_i}{2\pi NV(\rho_p - \rho_a)} \right\}^{\frac{1}{2}}$$

$Q = A \cdot V$ 에서

$$V = \frac{Q}{A} = \frac{15\text{m}^3/60\text{s}}{0.5\text{m} \times 0.25\text{m}} = 2\text{m/s}$$

100% 효율일 때 d_p는

$$d_{p100} = \left\{ \frac{9 \times 0.075\,\text{kg/m} \cdot 3600\text{s} \times 0.25\,\text{m}}{2 \times 3.14 \times 3 \times 2\text{m/s} \times (4000-1)\text{kg/m}^3} \right\}^{\frac{1}{2}} \qquad \text{※ 와류수=회전수}$$

$$= 1.7637 \times 10^{-5}\text{m} = 17.637\mu\text{m}$$

답 $17.64\mu\text{m}$

---

37. 원심력 제진장치의 유입구 직경이 12cm이고, 사이클론 내의 유효 회전수가 4회이며, 배기가스 접선 유입속도는 15m/s이고, 분진의 밀도는 1.7g/cm³였다. 이 사이클론으로 제진효율이 50% 되는 이론적인 입자의 직경을 구하고, 또 처리용량을 0.3m³/s로 증가시키면 유효 회전수가 5회가 된다. 이때의 제진효율이 50% 되는 입자의 직경을 산출하시오. (단, 배기의 점성도는 0.0748kg/m·h)

계산 과정 ① $d_{p50} = \sqrt{\dfrac{9\mu w_i}{2\pi N V(\rho_p - \rho_a)}} = \sqrt{\dfrac{9 \times 0.0748/3600 \times 0.12}{2 \times 3.14 \times 4 \times 15 \times (1700 - 1.3)}}$

$= 5.921 \times 10^{-6}\text{m} = 5.921\mu\text{m}$

② 유량이 $0.3\text{m}^3/\text{s}$일 때 유속

$V = \dfrac{Q}{A} = \dfrac{0.3}{\dfrac{3.14 \times 0.12^2}{4}} = 26.5392\text{m/s}$

$d_{p50} = \sqrt{\dfrac{9 \times 0.0748/3600 \times 0.12}{2 \times 3.14 \times 5 \times 26.5392 \times (1700 - 1.3)}}$

$= 3.981 \times 10^{-6}\text{m} = 3.981\mu\text{m}$

답 ① $5.92\mu\text{m}$ ② $3.98\mu\text{m}$

---

38. 원심력 집진장치에서 임계입경과 절단입경의 차이를 설명하고, 절단입경을 구하시오. (단, 처리가스 점도는 0.02CP, 유효회전수 5, 입자의 밀도 2g/cm^3, 사이클론 입구폭 25cm, 입구속도 10m/s이다.) 2002.10.27 산업기사

계산 과정 ① 임계입경 : 사이클론에서 100% 분리 포집될 수 있는 입자의 최소 입자경을 말한다.
② 절단입경 : 사이클론에서 50%의 효율로 제거되는 입자의 크기를 말한다.

$d_{p50} = \left\{ \dfrac{9\mu w_i}{2\pi N V(\rho_p - \rho_a)} \right\}^{\frac{1}{2}} \times 10^6 \mu\text{m}$

$= \left\{ \dfrac{9 \times 0.02 \times 10^{-3} \times 0.25}{2 \times 3.14 \times 5 \times 10 \times (2000 - 1.3)} \right\}^{\frac{1}{2}} \text{m} \times 10^6 \mu\text{m/m} = 8.467\mu\text{m}$

답 $8.47\mu\text{m}$

---

39. 입구폭이 12.0cm이고 처리가스의 와류수가 4인 사이클론이 있다. 이 사이클론에 밀도가 1.70g/cm^3인 분진입자를 함유하는 처리가스가 15.0m/s의 유입속도로 처리되고 있다. 다음 물음에 답하시오. (단, 처리기제의 섬도는 $0.0748\text{kg/m} \cdot \text{h}$이고, 100% 집진효율 공식 $\eta_d = \dfrac{\pi N_e \cdot \rho_p \cdot d_p{}^2 \cdot V_g}{9\mu_g \cdot w}$ 이다.) 2007.7.8 산업기사

(1) 50% 효율로 제거될 수 있는 입자의 직경을 구하시오.

(2) 입경 $12\mu\text{m}$의 입자를 처리할 수 있는 효율을 그림을 참조하여 구하시오.

(3) 입경 $16\mu\text{m}$의 입자를 처리할 수 있는 효율을 그림을 참조하여 구하시오.

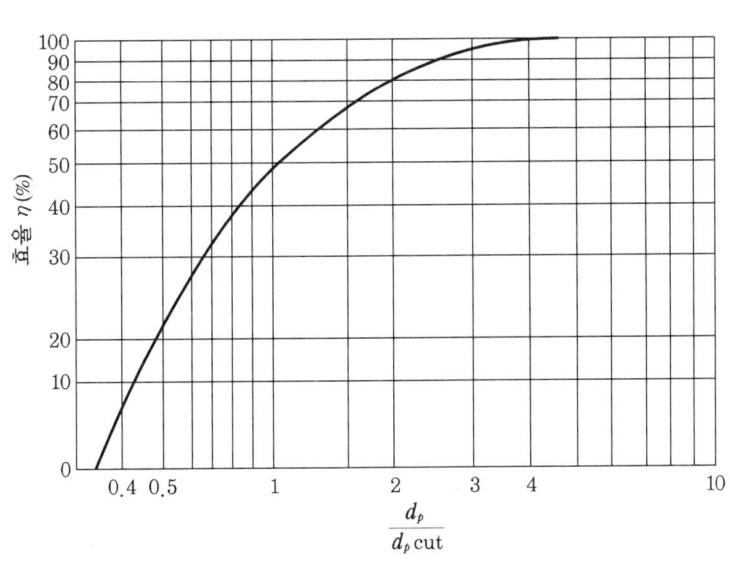

Lapple의 부분 집진율

계산과정

(1) $d_{p50}(\mu\text{m}) = \left[\dfrac{9\mu w}{2\pi \rho_p N_e V_g} \right]^{\frac{1}{2}} \times 10^6$

$= \left[\dfrac{9 \times 0.0748\,\text{kg/m} \cdot 3600\text{s} \times 0.12\text{m}}{2 \times 3.14 \times 1700\,\text{kg/m}^3 \times 4 \times 15\text{m/s}} \right]^{\frac{1}{2}} \times 10^6 = 5.918\mu\text{m}$

(2) $\dfrac{d_p}{d_{p50}} = \dfrac{12}{5.92} = 2.027\,(80\%)$

(3) $\dfrac{d_p}{d_{p50}} = \dfrac{16}{5.92} = 2.702\,(90\%)$

답 (1) $5.92\mu\text{m}$ (2) 80% (3) 90%

---

40. Lapple이 언급한 표준 사이클론 내로 함진기체가 13.03m/s로 유입되고 실린더 직경이 2.2m라면 이때 밀도가 1.6g/cm³이고, 직경이 19μm인 입자의 이론적 제거효율(%)은? (단, Lapple 공식은 다음과 같다.)　　　2002.7.7 기사

Lapple 도표 : 입경비에 대한 제거효율

d/d_p	1.0	1.5	2.0	2.5
제거효율(%)	51	70	81	88

$$d_p = \left[\frac{9\mu b}{2NV(\rho_p - \rho_g)\pi} \right]^{\frac{1}{2}}$$

d_p : 제거효율이 50%인 입자의 직경 μ : 기체의 점도(2.1×10^{-5}kg/m·s)

b : 도입구폭(1/4×실린더 직경) N : 유효회전수(5) V : 도입기체의 유속

ρ_p : 입자의 밀도 ρ_g : 기체의 밀도

계산과정 여기서 $\rho_p = 1.6$g/cm$^3 = 1600$kg/m^3

$$b = \frac{1}{4} \times \text{실린더 직경} = \frac{1}{4} \times 2.2 = 0.55\text{m}$$

$$\therefore d_p = \left[\frac{9 \times 2.1 \times 10^{-5} \times 0.55}{2 \times 5 \times 13.03 \times (1600 - 1.3) \times 3.14} \right]^{\frac{1}{2}} \text{m} \times 10^6 \mu\text{m/m} = 12.6064 \mu\text{m}$$

$$\therefore \frac{d}{d_p} = \frac{19}{12.6064} = 1.507 \quad \text{그러므로 1.5를 표에서 찾으면 70\%가 된다.}$$

답 70%

---

41. 1m 직경의 몸통을 갖는 Lapple에 의해 제시된 표준 사이클론이 있다. 가스 유량이 150am^3/min(366K, 1atm), 입자의 밀도가 1600kg/m^{3}일 때 다음 물음에 답하시오. (단, 가스의 점도는 0.075kg/m·h이고, 공기밀도는 무시할 것) (6점) 2010.10.31 기사 / 2011.11.2 산업기사

(1) 유입속도

(2) 유효회전수(N_e)

(3) $d_{p\,cut}$(cut diameter)

설계조건	표준 사이클론
유입구 높이	$0.5d_o$
유입구 폭	$0.25d_o$
몸체의 높이	$2d_o$
원추의 높이	$2d_o$
출구직경	$d_o/2$

계산과정 (1) $V = \dfrac{Q}{A} = \dfrac{Q}{W \times H} = \dfrac{150\text{m}^3/60\text{s}}{0.25 \times 0.5\text{m}^2} = 20\text{m/s}$ ※ d_o : 몸통의 직경

(2) 유효회전수(N_e) $= \dfrac{1}{H_A} \times \left(H_B + \dfrac{H_C}{2} \right) = \dfrac{1}{0.5} \times \left(2 + \dfrac{2}{2} \right) = 6$

(3) $d_{p\,cut} = d_{p50} = \left\{ \dfrac{9\mu W}{2\pi NV(\rho_p - \rho_a)} \right\}^{\frac{1}{2}} \times 10^6$

$$= \left\{ \frac{9 \times 0.075\,\text{kg/m} \cdot 3600\text{s} \times 0.25\text{m}}{2 \times 3.14 \times 6 \times 20\text{m/s} \times (1600 - 0)\text{kg/m}^3} \right\}^{\frac{1}{2}} \times 10^6 = 6.235\mu\text{m}$$

답 (1) 20m/s (2) 6회 (3) 6.24μm

42. 1m 직경의 몸통을 갖는 Lapple에 의해 제시된 표준 사이클론이 있다. 가스 유량이 200am³/min(366K, 1atm), 입자의 밀도가 1600kg/m³이고, 입경분포는 다음과 같을 때 다음 물음에 답하시오. (단, 가스의 점도는 0.077kg/m·h이고, 공기의 밀도는 무시할 것) (8점)

입경 범위(μm)	입경별 질량백분율(%)
0~2	1.0
2~4	9.0
4~6	10.0
6~10	30.0
10~18	30.0
18~30	14.0
30~50	5.0
50~100	1.0

설계조건	표준 사이클론
유입구 높이	0.5
유입구 폭	0.25
몸통 길이	2
원추 길이	2

(1) 유입속도

(2) 유효회전수(N_e)

(3) $d_{p\,cut}$(cut diameter)

계산과정 (1) $V = \dfrac{Q}{A} = \dfrac{Q}{W \times H} = \dfrac{200\text{m}^3/60\text{s}}{0.25 \times 0.5\text{m}^2} = 26.666\,\text{m/s}$

(2) $N_e = \dfrac{1}{H_A} \times \left[H_B + \dfrac{H_C}{2} \right] = \dfrac{1}{0.5} \times \left\{ 2 + \dfrac{2}{2} \right\} = 6$

(3) $d_{p50} = \left\{ \dfrac{9\mu w}{2\pi N V(\rho_p - \rho_a)} \right\}^{\frac{1}{2}} \times 10^6 \mu\text{m}$

$\quad\quad = \left\{ \dfrac{9 \times 0.077/3600 \times 0.25}{2 \times 3.14 \times 6 \times 26.67 \times (1600 - 0)} \right\}^{\frac{1}{2}} \times 10^6 = 5.470\,\mu\text{m}$

답 (1) 26.67m/s   (2) 6회   (3) 5.47μm

43. 반지름 50cm인 사이클론에 300K, 1atm으로 2m³/s를 처리한다. 입자밀도는 1.8g/cm³일 때 다음 조건에 따라 답하시오. (점도 $\mu = 1.85 \times 10^{-5}$kg/m·s) (6점)

2011.7.24 기사

diameter(d_o)	100cm
height of enterance	$d_o/2$
width of enterance	$d_o/4$

(1) 유입가스의 속도(m/s)는?

(2) 유효회전수가 5일 때 집진효율이 50%가 되는 입자의 직경(μm)은?

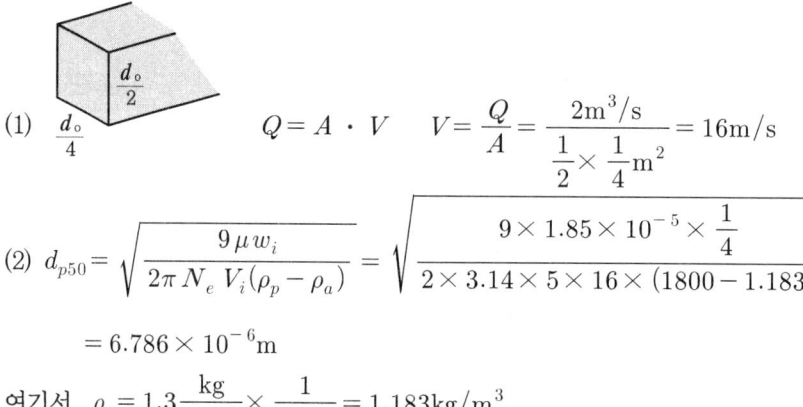

계산 과정

(1) $Q = A \cdot V$ $V = \dfrac{Q}{A} = \dfrac{2\mathrm{m}^3/\mathrm{s}}{\dfrac{1}{2} \times \dfrac{1}{4}\mathrm{m}^2} = 16\mathrm{m/s}$

(2) $d_{p50} = \sqrt{\dfrac{9\mu w_i}{2\pi N_e V_i (\rho_p - \rho_a)}} = \sqrt{\dfrac{9 \times 1.85 \times 10^{-5} \times \dfrac{1}{4}}{2 \times 3.14 \times 5 \times 16 \times (1800 - 1.183)}}$

$\qquad\qquad = 6.786 \times 10^{-6}\mathrm{m}$

여기서, $\rho_a = 1.3\dfrac{\mathrm{kg}}{\mathrm{Nm}^3} \times \dfrac{1}{\dfrac{300}{273}} = 1.183\mathrm{kg/m}^3$

답 (1) 16m/s (2) 6.79μm

---

44. A공장의 보일러의 배기가스량은 6000m³/h이고 온도는 300℃이다. 이 가스를 사이클론으로 처리하고자 그림과 같은 사양을 지닌 사이클론을 제작하고자 한다. 사이클론의 몸통경은 얼마인가? (단, 집진기 유입속도는 15m/s이다.)

[설계 조건] $L_1 = 2d_o$, $L_2 = 2d_o$

$\qquad\qquad H_c = \dfrac{d_o}{2}$, $B_c = \dfrac{d_o}{4}$

$\qquad\qquad d_e = \dfrac{d_o}{2}$, $d_d = \dfrac{d_o}{4}$

2001.7.15 산업기사

계산 과정 $Q = A \cdot V = H_c \times B_c \times V$

$\qquad\quad = \dfrac{d_o}{2} \times \dfrac{d_o}{4} \times V$ $d_o^2 = \dfrac{Q \times 2 \times 4}{V}$

$\qquad \therefore d_o = \sqrt{\dfrac{Q \times 2 \times 4}{V}} = \sqrt{\dfrac{6000/3600 \times 2 \times 4}{15}} = 0.942\mathrm{m}$

답 0.94m

45. A공장 보일러의 배기가스량은 $200\text{m}^3/\text{min}$이고 온도는 $300\,^\circ\text{C}$이다. 이 가스를 사이클론으로 처리하고자 그림과 같은 사양을 지닌 사이클론을 제작하고자 한다. 사이클론의 몸통경은 얼마인가? (단, 집진기 유입속도는 17m/s로 하고자 한다.)

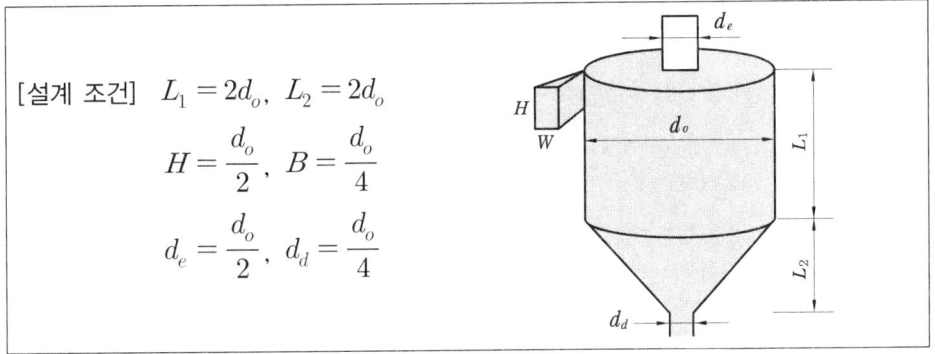

[설계 조건] $\quad L_1 = 2d_o, \quad L_2 = 2d_o$

$$H = \frac{d_o}{2}, \quad B = \frac{d_o}{4}$$

$$d_e = \frac{d_o}{2}, \quad d_d = \frac{d_o}{4}$$

1999.5.30 산업기사

계산 과정 $Q = A \cdot V = H \times W \times v = \dfrac{d_o}{2} \times \dfrac{d_o}{4} \times V$

$$\therefore Q = \frac{d_o}{2} \times \frac{d_o}{4} \times V$$

$$\therefore d_o^{\,2} = \frac{Q \times 2 \times 4}{V}$$

$$\therefore d_o = \sqrt{\frac{Q \times 2 \times 4}{V}} = \sqrt{\frac{200\text{m}^3/60\text{s} \times 2 \times 4}{17\text{m/s}}} = 1.252\text{m}$$

답 1.25m

46. 사이클론의 설계 시 재비산 문제를 고려해야만 한다. 사이클론의 원주부와 출구직경(d_o)의 비$\left(\dfrac{d_o}{d_c}\right)$가 $\dfrac{1}{3}$이다. 출구직경이 10cm일 때, 집진된 분진의 재비산을 막기 위한 원주부 정점의 최소직경(cm)을 구하시오. (6점) 2003.10. 기사

계산 과정 $d_o \;:\; d_c$

$\quad 1 \;:\; 3$

$\quad 10\text{cm} \;:\; x\,[\text{cm}]$

$\quad \therefore x = 10 \times 3 = 30\text{cm}$

답 30cm

---

47. 입구폭이 12.0cm이고 처리가스의 와류수가 4인 사이클론이 있다. 이 사이클론에 밀도가 $1.70g/cm^3$인 분진 입자를 함유하는 처리가스가 15.0m/s의 유입속도로 처리되고 있다. $30\mu m$의 집진효율을 구하시오. (단, 처리기체의 점도는 0.748kg/h이다.) (5점)

2007.11.4 산업기사 / 2009.4.19 기사

계산과정 사이클론 집진장치의 집진효율 $\eta = \dfrac{1}{1+\left(\dfrac{d_{p50}}{d_p}\right)} \times 100$ 이므로

$$d_{p50} = \left\{\frac{9\mu w_i}{2\pi NV(\rho_p - \rho_a)}\right\}^{\frac{1}{2}} = \left\{\frac{9 \times 0.0748/3600 \times 0.12}{2 \times 3.14 \times 4 \times 15 \times (1700-1.3)}\right\}^{\frac{1}{2}}$$

$$= 5.921 \times 10^{-6}m = 5.921\mu m$$

$$\therefore \eta = \frac{1}{1+\left(\dfrac{5.921}{30}\right)^2} \times 100 = 96.250\%$$

답 96.25%

---

48. 다음과 같은 입경분포를 가진 먼지를 함유한 배출가스를 사이클론으로 처리하고자 한다. 절단직경(cut diameter, d_{p50})에 대한 효율식이 다음과 같을 때 전체 먼지 제거효율을 구하시오. (단, 절단직경은 $5\mu m$로 가정한다.)

입경범위(μm)	백분율(%)
5~15	25
15~25	50
25~35	25

$$E = \frac{1}{1+\left(\dfrac{d_{p50}}{d_p}\right)^2}$$

d_{p50} : 절단지름
d_p : 입경(μm)

1999.5.30 산업기사 / 2001.7.15 기사

계산과정 d_p에 대한 효율을 구하면

$$E_{5\sim15}(평균\ 10) = \frac{1}{1+\left(\dfrac{5}{10}\right)^2} \times 100 = 80\%$$

$$E_{15\sim25}(평균\ 20) = \frac{1}{1+\left(\dfrac{5}{20}\right)^2} \times 100 = 94.1176\%$$

$$E_{25\sim35}(평균\ 30) = \frac{1}{1+\left(\dfrac{5}{30}\right)^2} \times 100 = 97.2972\%$$

$$\eta_t = \frac{25 \times 80 + 50 \times 94.1176 + 25 \times 97.2972}{25 + 50 + 25} = 91.383\%$$

답 91.38%

---

49. 아래와 같은 입경분포(중량비)를 가진 분진을 함유한 기류에 사이클론을 설치하여 분진을 제거하려고 한다. 주어진 설계인자를 이용하여 사이클론의 전체 집진효율을 계산하시오.

1998.5.10 산업기사

- 분진의 입경분포 : $3\mu m\,(5\%)$, $10\mu m\,(35\%)$, $20\mu m\,(30\%)$, $50\mu m\,(30\%)$
- 사이클론의 입구폭(W) : 20cm
- 유효회전수(N_e) : 5
- 유입가스속도(V) : 5.0m/s
- 입자의 밀도(ρ) : 2.5g/cm^3
- 기류의 점성계수(μ) : 1.9×10^{-4} g/cm·s
- 입경(d)에 대한 부분포집효율(η) : $\dfrac{\pi \cdot N_e \cdot \rho \cdot V \cdot d^2}{g \cdot \mu \cdot W}$

계산과정

$W = 20\text{cm} = 0.2\text{m}$, $\rho = 2.5\text{g/cm}^3 = 2500\text{kg/m}^3$

$\mu = 1.9 \times 10^{-4}\text{g/cm·s} = 1.9 \times 10^{-5}\text{kg/m·s}$

$$\eta_3 = \frac{3.14 \times 5 \times 2500 \times 5 \times (3 \times 10^{-6})^2}{9 \times 1.9 \times 10^{-5} \times 0.2} \times 100 = 5.1644\%$$

$$\eta_{10} = \frac{3.14 \times 5 \times 2500 \times 5 \times (10 \times 10^{-6})^2}{9 \times 1.9 \times 10^{-5} \times 0.2} \times 100 = 57.3830\%$$

$$\eta_{20} = \frac{3.14 \times 5 \times 2500 \times 5 \times (20 \times 10^{-6})^2}{9 \times 1.9 \times 10^{-5} \times 0.2} \times 100 = 299.5\% \,(100\%)$$

$$\eta_{50} = \frac{3.14 \times 5 \times 2500 \times 5 \times (50 \times 10^{-6})}{9 \times 1.9 \times 10^{-5} \times 0.2} \times 100 = 1435.5\% \,(100\%)$$

$$\eta_t = \frac{5 \times 5.1644 + 35 \times 57.3830 + 30 \times 100 + 30 \times 100}{5 + 35 + 30 + 30} = 80.342\%$$

답 80.34%

---

50. Q_a 유량으로 처리하는 사이클론의 집진율이 80%인 경우, 모든 조건이 동일한 사이클론에서 Q_b의 유입속도를 2배로 할 경우 처리효율을 구하시오.

2006.11.5 산업기사

$$\left(\text{단,} \, \frac{100 - \eta_a}{100 - \eta_b} = \left[\frac{Q_b}{Q_a} \right]^{0.5} \right) \text{(6점)}$$

계산과정 유속과 유량은 비례하므로

$$\frac{100-\eta_a}{100-\eta_b}=\left(\frac{Q_b}{Q_a}\right)^{0.5} , \; \frac{100-\eta_a}{100-\eta_b}=\left(\frac{V_b}{V_a}\right)^{0.5} , \; \frac{100-80}{100-x}=\left(\frac{2}{1}\right)^{0.5} , \; \frac{100-80}{\left(\frac{2}{1}\right)^{0.5}}=100-x$$

$$\therefore x = 100 - \frac{100-80}{\left(\frac{2}{1}\right)^{0.5}} = 85.857\%$$

답 85.86%

---

51. 동일한 사양을 가진 사이클론에 대해서 작동(운전)조건을 바꿀 때의 처리효율의 변화는 다음 식을 이용하여 대략적으로 측정할 수 있다고 한다.

$$\frac{100-\eta_a}{100-\eta_b}=\left(\frac{Q_b}{Q_a}\right)^{0.5}$$. 여기서 η_a와 η_b는 a와 b 조건에서 사이클론 효율이며 Q_a, Q_b 는 a 및 b 조건에서의 처리유량, 유량이 200m³/min일 때 효율은 70%였다. 유량 이 100m³/min일 때 효율을 계산하시오.

2011.11. 산업기사

계산과정 $$\frac{100-\eta_a}{100-\eta_b}=\left(\frac{Q_b}{Q_a}\right)^{0.5} \qquad \frac{100-\eta_a}{\left(\frac{Q_b}{Q_a}\right)^{0.5}}=100-\eta_b$$

$$\therefore \eta_b = 100 - \frac{100-\eta_a}{\left(\frac{Q_b}{Q_a}\right)^{0.5}} = 100 - \frac{100-70}{\left(\frac{100}{200}\right)^{0.5}} = 57.573\%$$

답 57.57%

---

52. 원심력 집진장치의 유입유량이 150m³/min이고, 분진농도가 100g/m³일 때 분진 제거효율은 70%였다. 효율을 증가시키기 위해 유량을 200m³/min로 늘린다면 효율은 얼마로 변화되겠는가?

2000.8.13 기사

계산과정 원심력 집진장치에서 통과율(ρ)과 유량(Q)과의 관계

$$\frac{P_2}{P_1}=\left(\frac{Q_1}{Q_2}\right)^{0.5}$$ 이므로 $$\frac{x}{30}=\left(\frac{150}{200}\right)^{0.5}$$

$$\therefore x = 30 \times \left(\frac{150}{200}\right)^{0.5} = 25.980\%$$

$$\therefore 제거율 = 100 - 25.980 = 74.02\%$$

답 74.02%

53. 밀도 1.2kg/m³인 배기가스를 142m³/min로 처리하는 직경 1.2m의 사이클론이 있다. 이 사이클론을 직경 0.15m인 고효율 단위원심력 집진기로 구성된 멀티클론으로 교체하려 할 때 멀티클론 내의 고효율 단위원심력 집진기는 몇 개가 필요한가? (단, 처리가스량은 전과 동일하며, 직경 1.2m 사이클론과 멀티클론 내의 고효율 단위원심력 집진기 압력손실은 같다.) 또한 속도를 이용하여 타당성을 비교 설명하시오. (6점)

2003.7.13 기사

구분	직경 1.2m 사이클론	직경 0.15m 고효율단위집진기
B_c(입구폭)	0.2	0.037
H_c(입구높이)	0.6	0.075
D_e(출구직경)	0.6	0.075
L_c(몸통길이)	2.4	0.3
Z_c(원추길이)	2.4	0.3

계산과정 ① single cyclone의 경우 압력손실(ΔP)

$$\Delta P = \frac{0.1 Q^2}{K \cdot D_e^2 \cdot B_c \cdot H_c \cdot \left(\dfrac{Z_c}{L_c}\right)^{\frac{1}{3}}}$$

직경 1.2m 사이클론 압력손실＝멀티클론 내의 고효율 단위원심력 집진기 압력손실(압력손실이 같다는 것을 이용하여 계산한다.)

멀티클론의 경우 Q는 다음과 같다.

$$\frac{0.1 \times (142/60)^2}{K \times 0.6^2 \times 0.2 \times 0.6 \times \left(\dfrac{2.4}{2.4}\right)^{\frac{1}{3}}} = \frac{0.1 Q^2}{K \times 0.075^2 \times 0.037 \times 0.075 \times \left(\dfrac{0.3}{0.3}\right)^{\frac{1}{3}}}$$

$$\therefore Q = \left\{ \frac{0.1 \times (142/60)^2 \times K \times 0.075^2 \times 0.037 \times 0.075 \times \left(\dfrac{0.3}{0.3}\right)^{\frac{1}{2}}}{K \times 0.6^2 \times 0.2 \times 0.6 \times \left(\dfrac{2.4}{2.4}\right)^{\frac{1}{3}} \times 0.1} \right\}^{\frac{1}{2}}$$

$$= 0.0449 \, \text{m}^3/\text{s} \cdot \text{개}$$

$$\therefore \text{개수} = \frac{142/60 \, \text{m}^3/\text{s}}{0.0449 \text{m}^3/\text{s} \cdot \text{개}} = 52.7 \text{개}$$

② 속도를 이용하여 타당성을 비교하면

사이클론 : $V = \dfrac{Q}{A} = \dfrac{Q}{B_c \times H_c} = \dfrac{142/60}{0.2 \times 0.6} = 19.72 \, \text{m/s}$

$$\text{멀티클론} : V = \frac{Q}{A} = \frac{Q}{B_c \times H_c} = \frac{0.0449}{0.037 \times 0.075} = 16.18 \text{m/s}$$

∴ 원심력 집진장치에서 입구 한계 유속은 7~15m/s이므로 타당성이 없음

📝 ① 53개　② 타당성이 없음

---

54. 150℃, 200m³/min로 배출되는 배기가스 중 $\rho = 1.10 \text{kg/m}^3$인 분진을 함유하는 배기가스 내 1$\mu$m 이상의 분진을 제거하기 위한 벤투리 스크러버의 슬롯부 직경 (m)을 구하시오. (단, 공기비중량 $\rho_a = 1.3 \text{kg/m}^3$, 액가스비 1L/m³, 목부(슬롯부) 속도 90m/s로 한다.)

계산과정 $Q = AV$

$$= \frac{3.14 \times D^2}{4} \times V \quad \therefore D = \sqrt{\frac{Q \times 4}{3.14 \times V}} = \sqrt{\frac{200/60 \times 4}{3.14 \times 90}} = 0.217 \text{m}$$

📝 0.22m

---

55. 어떤 공정에서 평균입경 1μm의 분진을 함유한 배기가스(Q)가 200m³/min (20℃의 공기)로 방출되고 있다. 이 함진가스 중의 분진을 액가스비(L) 1.5L/m³, 목 부분(throat)의 유속 50m/s으로 벤투리 스크러버를 사용하여 제진하려고 한다. 이 때 목 부분의 직경과 세정액 유량을 구하시오.

계산과정 ① $Q = AV = \dfrac{\pi D^2}{4} \times V \quad \therefore D = \sqrt{\dfrac{Q \times 4}{3.14 \times V}} = \sqrt{\dfrac{200\text{m}^3/60\text{s} \times 4}{3.14 \times 50 \text{m/s}}} = 0.291 \text{m}$

② 세정액의 유량 = 액가스비 × 배기가스 유량

$$= 1.5 \text{L/m}^3 \times 200 \text{m}^3/\text{min} = 300 \text{L/min}$$

📝 ① 0.29m　② 300L/min

---

56. 벤투리 집진장치에서 입구가스 밀도가 1.1kg/m³, 입구가스 온도가 200℃, 처리가스량이 15000Sm³/h이다. 처리입경은 1μm이며, 액가스비 $L = 1\text{L/m}^3$, 슬롯부의 유속은 50m/s이다. 슬롯부의 직경(m)은 얼마인가? (6점)　2004.10. 기사

계산과정 샤를의 법칙 응용 $Q' = Q \times \dfrac{T'}{T} = 15000 \text{Sm}^3/\text{h} \times \dfrac{(273 + 200)}{273} = 25989.0109 \text{m}^3/\text{h}$

$$Q' = A \cdot V = \frac{3.14 \times D^2}{4} \times V$$

$$\therefore D = \sqrt{\frac{4Q'}{3.14 \times V}} = \sqrt{\frac{4 \times 25989.0109/3600}{3.14 \times 50}} = 0.428 \text{m}$$

📖 0.428m

---

57. 벤투리 스크러버로써 $100m^3/min$(상온, 상압)의 함진배기를 집진하고자 한다. 수량을 60L/min, 목(throat)의 속도를 50m/s로 한다면 압력손실(mmH_2O)은 얼마인지 계산하여 답하시오. (단, 가스의 비중량은 $1.2kg/m^3$으로 한다.)

🖊 $\Delta P = (0.5 + L) \times \dfrac{V^2}{2g} \times \gamma$

액가스비 $L = \dfrac{수량(L)}{배기가스량(m^3)} = \dfrac{60L/min}{100m^3/min} = 0.6L/m^3$

$\therefore \Delta P = (0.5 + 0.6) \times \dfrac{50^2}{2 \times 9.8} \times 1.2 = 168.367 kg/m^2$

📖 $168.37 mmH_2O$

---

58. 공장의 배출라인에서 평균입경이 $1\mu m$인 먼지를 함유한 배출가스 $200m^3/min$ (20℃ 공기)로 배출한다. 함진가스 중 먼지를 액가스비 $1.5L/m^3$, 목부분의 가스유속이 20m/s인 목부 직경과 압력손실은?　　2008.4.20 산업기사

🖊 ① 목부 직경 $Q = A \cdot V = \dfrac{3.14 \times D^2}{4} \times V$

$\therefore D = \sqrt{\dfrac{Q \times 4}{3.14 \times V}} = \sqrt{\dfrac{200/60 \times 4}{3.14 \times 20}} = 0.460m$

② 압력손실 $\Delta P = (0.5 + L) \times \dfrac{V^2}{2g} \times \gamma$

$= (0.5 + 1.5) \times \dfrac{20^2}{2 \times 9.8} \times 1.3 \times \dfrac{1}{\frac{(273+20)}{273}} = 49.439 mmH_2O$

📖 ① 0.46m　② $49.44 mmH_2O$

---

59. 다음 실험식으로 Venturi scrubber 압력손실을 추정하시오.

(단, $\Delta P = \left(\dfrac{0.033}{\sqrt{R_{Ht}}} + 3.0R_{Ht}^{0.3} \cdot L \right) \times \dfrac{\rho \cdot V_t^2}{2g_c}$, $\rho = 1.2kg/m^3$, $V_t = 30m/s$, throat부 직경 = 30cm, 액가스비 $L = 1.5L/m^3$)

계산과정 경심을 구하면 $R_{Ht}(경심) = \dfrac{단면적}{윤변} = \dfrac{\frac{\pi D^2}{4}}{\pi D} = \dfrac{D}{4} = \dfrac{0.3}{4} = 0.075\,\mathrm{m}$

$$\Delta P = \left(\dfrac{0.033}{\sqrt{0.075}} + 3.0 \times 0.075^{0.3} \times 1.5 \right) \times \dfrac{1.2 \times 50^2}{2 \times 9.8} = 335.105\,\mathrm{kg/m^2}$$

답 335.11mmH₂O

---

60. 입경 x인 분진에 대하여 Venturi scrubber의 부분집진율 $\eta(\%)$는 아래 식으로 주어진다. 여기서 k는 정수이다. 지금 어느 Venturi scrubber가 $4\mu\mathrm{m}$ 입경의 분진에 대하여 부분집진율이 99%라고 하면 $2\mu\mathrm{m}$ 입경의 분진에 대한 부분집진율은 몇 %인가?

$$\eta = 100 \cdot (1 - e^{-kx})$$

계산과정 $99 = 100 \times (1 - e^{-k \times 4})$ ············ ①

$\eta = 100 \times (1 - e^{-k \times 2})$ ············ ②

①식에서 $0.99 = 1 - e^{-k \times 4}$, $e^{-k \times 4} = 1 - 0.99$

양변에 ln을 취하면

$-k \times 4 = \ln(1 - 0.99)$

$\therefore k = \dfrac{-\ln(1 - 0.99)}{4} = 1.151$

②식에 대입하여 효율을 구하면

$\eta = 100 \times (1 - e^{-1.151 \times 2}) = 89.994\%$

답 89.99%

---

61. 유입농도가 $2\mathrm{g/m^3}$, 유입되는 유량이 $1000\mathrm{m^3/h}$, 처리효율이 80%, 세정액량이 $2\mathrm{m^3}$일 때 세정액의 농도가 $10\mathrm{g/L}$일 때 방류한다고 했을 때, 방류시간 간격(h)을 계산하시오. 2011.11. 산업기사

계산과정 방류시간 간격(h) $= \dfrac{질량}{질량유량} = \dfrac{처리농도 \times 체적}{유입농도 \times 유량 \times 효율}$

$$= \dfrac{10\mathrm{g/L} \times 2\mathrm{m^3} \times 1000\mathrm{L/m^3}}{2\mathrm{g/m^3} \times 1000\mathrm{m^3/h} \times 0.8} = 12.5\mathrm{h}$$

답 12.5h

62. 벤투리 스크러버의 목부분의 직경이 0.25m이고 수압이 2atm, 목부의 유속이 60m/s이고 노즐의 개수를 6개로 할 경우 액가스비가 $0.6L/m^3$일 때, 노즐의 직경 (mm)을 구하시오. (6점) 2003.10.산업기사 / 2003.10, 2005.7.10, 2007.4.22, 2008.11. 기사

계산과정
$$n\left(\frac{d}{D_t}\right)^2 = \frac{U \cdot L}{100\sqrt{P}}$$ ※ 수압 2atm=2×10332=20664mmH₂O

$$6 \times \left(\frac{d}{0.25}\right)^2 = \frac{60 \times 0.6}{100 \times \sqrt{20664}} \qquad \left(\frac{d}{0.25}\right)^2 = \frac{60 \times 0.6}{100 \times \sqrt{20664} \times 6}$$

$$\therefore d = \sqrt{\frac{60 \times 0.6 \times 0.25^2}{100 \times \sqrt{20664} \times 6}} = 5.107 \times 10^{-3}m = 5.107\,mm$$

답 5.11mm

63. 벤투리 스크러버의 목부분의 직경이 0.2m이고 수압이 2atm, 목부의 유속이 60m/s이고 노즐의 개수를 6개로 할 경우 액가스비가 $0.5L/m^3$일 때 노즐의 직경 (m)을 구하시오. (6점) 2006.11.5 산업기사

계산과정
$$n\left(\frac{d}{D_t}\right)^2 = \frac{U \cdot L}{100\sqrt{P}}$$

여기서, n : 노즐 개수
d : 노즐 직경(m)
D_t : throat부 직경(m)
P : 수압(mmH₂O=kg/m²)
L : 액가스비(L/m³)
U : throat부 유속(m/s)
※2atm = 2×10332mmH₂O

$$6 \times \left(\frac{x}{0.2}\right)^2 = \frac{60 \times 0.5}{100 \times \sqrt{2 \times 10332}}$$

$$\therefore x = \sqrt{\frac{60 \times 0.5 \times 0.2^2}{100 \times \sqrt{2 \times 10332} \times 6}}$$

$$= 0.003730\,m$$

답 $3.73 \times 10^{-3}m$

64. 벤투리 스크러버에서 슬롯부의 직경 0.2m, 수압 2atm, nozzle의 직경 3.73mm, 액가스비 $0.5L/m^3$일 때 슬롯부의 가스유속이 60m/s일 때, 노즐의 개수 를 계산하시오. 2011.11. 산업기사

계산과정
$$n \times \left(\frac{d}{D_t}\right)^2 = \frac{V_t \times L}{100 \times \sqrt{P}} \qquad \therefore n = \frac{V_t \times L}{\left(\frac{d}{D_t}\right)^2 \times 100 \times \sqrt{P}}$$

$$\therefore n = \frac{60 \times 0.5}{\left(\frac{0.00373}{0.2}\right)^2 \times 100 \times \sqrt{2 \times 10332}} = 6\,개$$

답 6개

65. 벤투리 스크러버의 목부분의 직경이 0.22m이고, 수압이 20000mmH2O, 목부의 유속이 90m/s, 노즐 직경이 0.4cm이다. 노즐의 개수를 6개로 할 경우 $2m^3/s$의 배기가스를 처리하기 위해 요구되는 물의 양(L/s)을 구하시오. (단, 노즐의 관계식은 $n\left(\dfrac{d}{D_t}\right)^2 = \dfrac{UL}{100\sqrt{P}}$)

2001.7.15 산업기사

계산과정 $n\left(\dfrac{d}{D_t}\right)^2 = \dfrac{UL}{100\sqrt{P}}$

$6 \times \left(\dfrac{0.004}{0.22}\right)^2 = \dfrac{90 \times L}{100 \times \sqrt{20000}}$

$\therefore L = \dfrac{6 \times \left(\dfrac{0.004}{0.22}\right)^2 \times 100 \times \sqrt{20000}}{90}$

$\qquad = 0.3116\,L/m^3$

$L(\text{액가스비}) = \dfrac{\text{액량}(\text{물의 양})(L/s)}{\text{가스량}(m^3/s)}$

$\therefore \text{액량}(\text{물의 양}) = L \times \text{가스량} = 0.3116 L/m^3 \times 2m^2/s = 0.623 L/s$

여기서, n : 노즐 개수
d : 노즐 직경(m)
D_t : 슬롯 직경(m)
P : 수압(mmH2O)
U : 슬롯부 유속(m/s)
L : 액가스비(L/m³)

답 0.62L/s

---

66. 벤투리 스크러버의 목부분의 직경이 0.2m이고, 수압이 2atm, 목부의 유속이 90m/s, 노즐 직경이 0.4cm이다. 노즐의 개수를 6개로 할 경우 $4m^3/s$의 배기가스를 처리하기 위해 요구되는 물의 양(L/s)을 구하시오. (6점)

2007.4.22 산업기사

계산과정 $n\left(\dfrac{d}{D_t}\right)^2 = \dfrac{U \cdot L}{100\sqrt{P}}$

$6 \times \left(\dfrac{0.004}{0.2}\right)^2 = \dfrac{90 \times x}{100 \times \sqrt{2 \times 10332}}$

$\therefore x = \dfrac{6 \times \left(\dfrac{0.004}{0.2}\right)^2 \times 100 \times \sqrt{2 \times 10332}}{90}$

$\qquad = 0.3833\,L/m^3$

$\therefore \text{물의 양} = 0.3833 L/m^3 \times 4m^3/s = 1.533 L/s$

답 1.53L/s

67. 벤투리 스크러버에서 220m³/min의 함진가스를 처리하려고 한다. 목부(throat)의 지름이 30cm, 수압 1.8atm, 직경 4mm인 노즐 8개를 사용할 때 필요한 물의 양(L/s)을 계산하시오.　　　　　　　　　　　　　　　　　2011.7.24 산업기사

계산과정 목부의 유속부터 구하면

$$Q = A \cdot V \text{에서 } V = \frac{Q}{A} = \frac{Q}{\dfrac{3.14 \times D^2}{4}} = \frac{220/60 \, \text{m}^3/\text{s}}{\dfrac{3.14 \times 0.3^2}{4} \text{m}^2} = 51.8990 \text{m/s}$$

액가스비(L)를 구하면

$$n \times \left(\frac{d}{D_t}\right)^2 = \frac{V_t \cdot L}{100 \times \sqrt{P}}$$

$$\therefore L = \frac{n \times \left(\dfrac{d}{D_t}\right)^2 \times 100 \times \sqrt{P}}{V_t} = \frac{8 \times \left(\dfrac{0.004}{0.3}\right)^2 \times 100 \times \sqrt{1.8 \times 10332}}{51.8990}$$

$$= 0.3737 \text{L/m}^3$$

$\therefore$ 물의 양 = 액가스비 × 배기가스 유량

$$= 0.373 \text{L/m}^3 \times 200/60 \, \text{m}^3/\text{s} = 1.370 \, \text{L/s}$$

답 1.37L/s

---

68. 벤투리 스크러버에서 슬롯부의 직경 0.2m, 수압 2atm, 노즐의 수 6개, 액가스비 0.5L/m³일 때 슬롯부의 가스유속이 60m/s일 때, 노즐(nozzle)의 직경(mm)과 액의 주입량(L/min)을 계산하시오.　　　　　　　　　　　　2011.5.1 산업기사

계산과정 ① $n \times \left(\dfrac{d}{D_t}\right)^2 = \dfrac{V_t \times L}{100 \times \sqrt{P}}$

$$\therefore d = \sqrt{\frac{V_t \times L}{100 \times \sqrt{P} \times n}} \times D_t$$

$$= \sqrt{\frac{60 \times 0.5}{100 \times \sqrt{2 \times 10332} \times 6}} \times 0.2 = 3.730 \times 10^{-3} \text{m} = 3.730 \text{mm}$$

② 액의 주입량 = 액가스비(L/m³) × 가스 유량(m³/min)

$$= L \times Q = L \times A \cdot V = L \times \frac{3.14 \times D^2}{4} \times V$$

$$= 0.5 \, \text{L/m}^3 \times \left(\frac{3.14 \times 0.2^2}{4} \times 60\right) \text{m}^3/\text{s} \times 60 \text{s/min}$$

$$= 56.52 \text{L/min}$$

답 ① 3.73mm　② 56.52L/min

69. 송풍기 회전판 회전에 의하여 집진장치에 공급되는 세정액이 미립자로 만들어져 집진하는 원리를 가진 회전식 세정 집진장치에서 직경이 12cm인 회전판이 4000rpm 으로 회전할 때 형성되는 물방울의 직경은 몇 μm인가? (6점) 2009.4.19 기사

계산과정
$$2r = \frac{200}{N\sqrt{R}}$$

$$= \frac{200}{4000 \times \sqrt{6}}$$

$$= 0.0204124 cm$$

$$= 204.124 \mu m$$

여기서, r : 물방울 반지름(cm)
$2r$: 물방울 지름(cm)
R : 회전원판 반지름(cm)
N : 회전속도(rpm)

답 $204.12\mu m$

---

70. 세정집진에서 사용되는 물 20℃, 액체유속 40m/s, 주수율 2.0L/m³일 때 물방울의 반경(μm)을 구하시오. (단, 식은 $2A = \dfrac{5000}{B} + 29C^{1.5}$이고, A, B, C를 설명할 것) 2002.7.7 산업기사

계산과정
$$2A = \frac{5000}{B} + 29C^{1.5}$$

$$\therefore A = \frac{\dfrac{5000}{B} + 29C^{1.5}}{2} = \frac{\dfrac{5000}{40} + 29 \times 2^{1.5}}{2} = 103.512$$

여기서, A : 반경(μm)
B : 유속(m/s)
C : 액가스비(L/m³)

답 $103.51\mu m$

---

71. 가스유량이 400m³/h인 함진가스를 여과속도 2cm/s로 여과하는 백필터의 소요 총면적을 구하시오.

계산과정
$$Q = A \cdot V_f$$

$$\therefore A = \frac{Q}{V_f} = \frac{400\text{m}^3/\text{h}}{0.02\text{m/s} \times 3600\text{s/h}} = 5.555\text{m}^2$$

답 5.56m^2

72. 처리가스량이 600m³/min인 함진가스를 여과속도 3cm/s로 여과하는 백필터의 소요 총면적(m²)을 구하시오.

계산과정 $A = \dfrac{Q}{V_f} = \dfrac{600\text{m}^3/\text{min} \times \text{min}/60\text{s}}{3\text{cm/s} \times 10^{-2}\text{m/cm}} = 333.333\text{m}^2$

답 333.33m^2

73. 분진농도가 23g/m³, 온도 95℃, 유량 200m³/min인 배기가스를 여과 집진기로 처리하려고 할 때 필요한 여과 bag의 면적(m²)을 구하시오. (단, 여재비는 0.8m³/m²·min이다.)

|이해| 여재비=여과속도(m/s)

계산과정 $A = \dfrac{Q}{V_f} = \dfrac{200\text{m}^3/\text{min}}{0.8\text{m}^3/\text{m}^2 \cdot \text{min}} = 250\text{m}^2$

답 250m^2

74. 고체연료를 사용하는 보일러 시설에서 배출가스 중의 입자상 대기오염물질을 공기여재비가 1.5m³/m²/s인 백필터로 처리하고자 한다. 직경 50cm인 여과자루 1개의 처리가스량을 2.5m³/s로 하고자 할 때 여과자루의 높이는 최소 몇 m 이상이 되어야 하는가? (4점)   2007.4.22 산업기사

계산과정 $Q = A V_f = \pi D L V_f$

$\therefore L = \dfrac{Q}{\pi D V_f} = \dfrac{2.5}{3.14 \times 0.5 \times 1.5} = 1.061\text{m}$

답 1.06m

75. 여과집진장치에서 지름 220mm, 유효높이 2.5m인 원통형 백필터를 사용하여 먼지농도 6g/m³이고 유량이 360m³/min인 배기가스를 처리하고자 한다. 겉보기 여과속도가 1.5cm/s일 때 필요한 백의 수를 구하시오.

2001.11.4, 2003.7.13, 2004.7.4, 2007.4.22 산업기사 / 2008.7.6, 2012.4.22 기사

계산과정 $n = \dfrac{Q}{\pi D L V_f} = \dfrac{360\text{m}^3/60\text{s}}{3.14 \times 0.22 \times 2.5 \times 0.015\text{m}^3/\text{s} \cdot \text{개}} = 231.6\text{개}$

답 232개

76. 유량 $4.78 \times 10^6 \mathrm{cm^3/s}$, 유입속도 $4\mathrm{cm/s}$로 유입되는 여과 집진기에서 여과포 1개의 직경이 $0.2\mathrm{m}$, 유효높이가 $3\mathrm{m}$일 때 필요한 여과포의 개수는?   2011.7.24 기사

계산과정 $n = \dfrac{Q}{\pi DL V_f} = \dfrac{4.78\,\mathrm{m^3/s}}{3.14 \times 0.2 \times 3 \times 0.04\,\mathrm{m^3/s \cdot 개}} = 6.34\,개$

답 64개

---

77. 지름이 $0.3\mathrm{m/s}$, 길이가 $6\mathrm{m}$인 백을 사용하는 직물 여과기를 만들고자 한다. 백 하우스에는 공기가 $10\mathrm{m^3/s}$로 도입되며, 여과속도는 $3\mathrm{m/min}$가 적합한 것으로 되어 있다. 연속탈진으로 운전할 때 필요한 백의 수를 구하시오.   2002.7.7 산업기사

계산과정 $n = \dfrac{Q}{\pi DL V_f} = \dfrac{10\,\mathrm{m^3/s} \times 60\,\mathrm{s/min}}{3.14 \times 0.3\,\mathrm{m} \times 6\,\mathrm{m} \times 3\,\mathrm{m/min \cdot 개}} = 35.385\,개$

답 36개

---

78. 직경 $300\mathrm{mm}$, 유효높이 $8\mathrm{m}$인 원통형 여과포를 이용하여 $500\mathrm{m^3/분}$의 가스를 여과속도 $1.5\mathrm{cm/초}$로 처리하고 있다. 여과속도를 $1\mathrm{cm/초}$로 낮출 경우 추가로 필요한 여과포 개수는?   2000.8.13, 2004.4.25 산업기사

계산과정 여과속도 $1.5\mathrm{cm/s}$일 때

$n = \dfrac{Q}{\pi DL V_f} = \dfrac{500\,\mathrm{m^3/min} \times \mathrm{min/60s}}{3.14 \times 0.3 \times 8 \times 0.015\,\mathrm{m^3/s \cdot 개}} = 73.7\,(74개)$

여과속도 $1\mathrm{cm/s}$일 때 $n = \dfrac{500/60}{3.14 \times 0.3 \times 8 \times 0.01} = 110.5\,(111개)$

∴ 추가 백의 개수 $= 111 - 74 = 37$개

답 37개

---

79. $L_d = 360\mathrm{g/m^2}$, 먼지농도 $10\mathrm{g/m^3}$, 여과속도 $1\mathrm{cm/s}$일 때 탈진주기는 몇 분 간격인가? (6점)   2006.4.23, 2008.4.20 산업기사

계산과정 $L_d = (C_i - C_o) \times V_f \times t$

$\therefore t = \dfrac{L_d}{(C_i - C_o) \times V_f} = \dfrac{360\,\mathrm{g/m^2}}{(10-0)\,\mathrm{g/m^3} \times 0.01\,\mathrm{m/s} \times 60\,\mathrm{s/min}} = 60\,\mathrm{min}$

답 60분

80. 여포의 먼지부하가 $200\text{g}/\text{m}^2$에 달하면 소제를 하게 되는데 여과 집진장치의 입구먼지농도가 $2\text{g}/\text{m}^3$, 출구먼지농도가 $0.5\text{g}/\text{m}^3$이고 표면여과속도는 $3\text{cm}/\text{s}$로 운전할 때 소제를 요하는 시간 간격은 몇 분 간격이겠는가? 2007.7.8 산업기사

계산과정 $L_d = (C_i - C_o) \times V_f \times t$

$$\therefore t = \frac{L_d}{(C_i - C_o) \times V_f} = \frac{200\text{g}/\text{m}^2}{(2-0.5)\text{g}/\text{m}^3 \times 0.03\text{m}/\text{s} \times 60\text{s}/\text{min}} = 74.074\text{min}$$

답 74.07분

81. 여포의 먼지부하가 $800\text{g}/\text{m}^2$에 달하면 소제를 하게 되는데 여과 집진장치의 입구농도는 $0.5\text{g}/\text{m}^3$이고 겉보기 유속은 $2\text{cm}/\text{s}$, 집진율 90%로 운전할 때 소제를 요하는 시간간격은 몇 시간 간격이겠는가? (6점) 2004.4.25 기사

계산과정 $t = \dfrac{L_d}{(C_i - C_o)\, V_f} = \dfrac{L_d}{C_i \times \eta \times V_f} = \dfrac{800\text{g}/\text{m}^2}{0.5\text{g}/\text{m}^3 \times 0.9 \times 0.02\text{m}/\text{s} \times 3600\text{s}/\text{h}}$

$\qquad = 24.691\text{h}$

답 24.69h

82. 지름이 30cm, 유효높이가 4m인 원통형 bag filter를 설치하여 입구가스의 분진농도가 $10\text{g}/\text{Sm}^3$인 배기를 겉보기 여과속도 $1.4\text{cm}/\text{s}$로 가동하여 포집효율 99%를 유지하고자 한다. 처리해야 할 가스 배기량은 $500\text{Sm}^3/\text{min}$이다. 만일 이 bag filter는 먼지부하가 $100\text{g}/\text{m}^2$일 때마다 부착된 먼지를 탈착시켜야 한다면 탈착시간의 간격은 몇 분인가? 2002.4.21, 2003.4.27 산업기사

계산과정 $L_d = (C_i - C_o) \times V_f \times t = C_i \times \eta \times V_f \times t$

$$\therefore t = \frac{L_d}{C_i \times \eta \times V_f} = \frac{100\text{g}/\text{m}^2}{10 \times 0.99\text{g}/\text{m}^3 \times 0.014\,\text{m}/\text{s} \times 60\text{s}/\text{min}} = 12.025\text{min}$$

답 12.03min

83. 지름이 300mm, 유효높이가 10m인 원통형 Bag filter를 설치하여 입구가스의 분진농도가 $10.2\text{g}/\text{Sm}^3$인 배기가스를 겉보기 여과속도 $1.5\text{cm}/\text{s}$로 가동하여 출구가스의 분진농도를 $0.2\text{g}/\text{Sm}^3$으로 유지하고자 한다. 처리해야 할 배기가스량은 $2000\text{Sm}^3/\text{min}$이다. 물음에 답하시오. 2008.11.기사

(1) 필요한 bag filter의 개수는 최소한 몇 개인가?

(2) 만일 이 bag filter 먼지부하가 $400g/m^2$일 때마다 부착된 먼지를 탈착시켜야 한다면 탈착시간은 몇 분인가?

계산과정

(1) $n = \dfrac{Q}{\pi DL \cdot V_f} = \dfrac{2000/60}{3.14 \times 0.3 \times 10 \times 0.015} = 235.90$개

(2) $L_d = (C_i - C_o)V_f \cdot t$

$t = \dfrac{L_d}{(C_i - C_o) \times V_f} = \dfrac{400g/m^2}{(10.2 - 0.2)g/m^3 \times 0.015\,m/s \times 60s/min}$

$\quad = 44.444min$

답 (1) 236개 (2) 44.44min

---

84. 50개의 여과백을 사용한 여과집진장치에서 입구분진농도가 $10g/Sm^3$, 집진율은 90%였다. 가동 중 백 2개에 구멍이 생겨 처리가스량의 1/10이 그대로 통과한다면 출구의 분진농도는 몇 g/Sm^3인가? (4점)   2006.4.23 기사

계산과정 출구농도$= 10g/Sm^3 \times \dfrac{1}{10} + 10g/Sm^3 \times \dfrac{9}{10} \times (1 - 0.9) = 1.9g/Sm^3$

답 $1.9g/Sm^3$

---

85. 10개의 여과백을 사용한 여과 집진장치에서 입구분진농도가 $10g/Sm^3$, 집진율은 98%였다. 가동 중 백 1개에 구멍이 생겨 처리가스량의 1/5이 그대로 통과한다면 출구의 분진농도는 몇 g/Sm^3인가? (5점)   2007.4.22 기사

계산과정 출구의 분진농도$= 10g/Sm^3 \times \dfrac{1}{5} + 10g/Sm^3 \times \dfrac{4}{5} \times (1 - 0.98) = 2.16g/Sm^3$

답 $2.16g/Sm^3$

---

86. 2개의 여과백을 사용한 여과 집진장치에서 입구분진농도가 $42g/Sm^3$, 집진율은 98%였다. 가동 중 백 1개에 구멍이 생겨 처리가스량의 60%가 그대로 통과한다면 출구의 분진농도는 몇 g/Sm^3인가? (4점)   2010.7.5 산업기사

계산과정 출구의 분진농도$= 42g/Sm^3 \times 0.6 + 42g/Sm^3 \times 0.4 \times (1 - 0.98) = 25.536g/Sm^3$

답 $25.54g/Sm^3$

87. 20개의 백(bag)을 사용한 여과 집진장치에서 집진율이 95%였다. 가동 중 1개의 bag에 구멍이 열려 전체가스량의 1/5이 그대로 통과하였을 때 출구의 먼지농도가 4.1g/m³(150℃)였다면 입구 분진농도(g/m³)는 얼마인가? (단, 나머지 백의 집진율 변화는 없음) (4점)
2011.5.1 기사

계산과정
$$C_o = C_i \times \frac{1}{5} + C_i \times \frac{4}{5} \times (1 - 0.95)$$

$$4.1 = C_i \times \frac{1}{5} + C_i \times \frac{4}{5} \times (1 - 0.95)$$

$$4.1 = C_i \times \left\{ \frac{1}{5} + \frac{4}{5} \times (1 - 0.95) \right\}$$

$$\therefore C_i = \frac{4.1}{\left\{ \frac{1}{5} + \frac{4}{5} \times (1 - 0.95) \right\}}$$

$$= 17.083 \text{g/m}^3$$

답 17.08g/m³

88. 면적 1m²인 여과 집진기로 분진농도가 1g/m³인 배기가스가 100m/min로 통과하고 있다. 분진이 모두 여과포에 제거되었고 집진된 분진층의 밀도가 1g/cm³라면 1시간 후의 여과된 분진층의 두께는? (6점)
2009.10.18 기사

계산과정 분진층의 두께 $= \dfrac{L_d[\text{kg/m}^2]}{\rho[\text{kg/m}^3]} = \dfrac{(C_i - C_o) \times V_f \times t}{\rho}$

$$= \frac{(10^{-3} - 0)\text{kg/m}^3 \times 100\text{m/min} \times 1\text{h} \times 60\text{min/h}}{1000\text{kg/m}^3}$$

$$= 0.006\text{m} = 6\text{mm}$$

답 6mm

89. 분진농도 C_i = 12g/m³, 유량 = 1500m³/min인 배기가스를 공기여재비 = 3m³/min/m²인 여과 집진기로 집진할 때 집진효율 = 98%이다. 압력손실 = 200mmH₂O일 때 탈진한다면 탈진주기(분)를 계산하시오.

(단, K_1 = 59.8mmH₂O/m/min, K_2 = 127mmH₂O/(kg/m²)(m/min),
$\Delta P = K_1 \cdot V_f + K_2 \cdot V_f^2 \cdot C \cdot t$이다.)

계산과정 $\Delta P = K_1 V_f + K_2 V_f^2 C \cdot t$

$$t = \frac{\Delta P - K_1 V_f}{K_2 V_f{}^2 C} = \frac{\Delta P - K_1 V_f}{K_2 V_f{}^2 C_i \eta}$$

$$= \frac{200\text{mmH}_2\text{O} - 59.8\text{mmH}_2\text{O/m/min} \times 3\text{m}^3/\text{min/m}^2}{127\text{mmH}_2\text{O}/(\text{kg/m}^2)(\text{m/min}) \times (3\text{m}^3/\text{min/m}^2)^2 \times 12\text{g/m}^3 \times 10^{-3}\text{kg/g} \times 0.98}$$

$$= 1.532\text{min}$$

답 1.53min

---

90. 입구먼지농도가 12g/m^3, 배출가스 유량이 $300\text{m}^3/\text{min}$인 함진가스를 백의 직경 0.3m, 길이 4.5m, 여재비 $3\text{m}^3/\text{m}^2 \cdot \text{min}$인 여과 집진장치로 집진한 결과 집진효율은 98%이었다. 압력손실이 200mmH2O에서 집진한다면 백의 개수와 탈진주기(min)를 계산하시오. (단, $\Delta P = K_1 V_f + K_2 C_i V_f{}^2 \eta \cdot t$를 이용하고, $K_1 = 59.8\text{mmH}_2\text{O}(\text{m/min})$, $K_2 = 127\text{mmH}_2\text{O}/(\text{kg/m} \cdot \text{min})$이다.) 2011.11. 산업기사

계산과정 (1) $n = \dfrac{Q}{\pi \cdot D \cdot L \cdot V_f} = \dfrac{300}{3.14 \times 0.3 \times 4.5 \times 3} = 23.5\,\text{개}$

(2) $\Delta P = K_1 V_f + K_2 C_i V_f{}^2 \eta \cdot t$

$\therefore t = \dfrac{\Delta P - K_1 V_f}{K_2 C_i V_f{}^2 \eta} = \dfrac{200 - 59.8 \times 3}{127 \times 0.012 \times 3^2 \times 0.98} = 1.532\text{min}$

답 (1) 24개 (2) 1.53min

---

91. 어떤 공장의 전기 집진장치에서 원통형 집진극의 반경이 7cm이고, 길이가 1.5m이다. 처리가스의 유속을 1.5m/s로 하고 먼지 입자가 집진극을 향하여 이동하는 이동분리속도는 10cm/s이라면 먼지 제거효율을 구하시오. 2008.4.20 산업기사

계산과정 $\eta = 1 - e^{-\frac{A W_e}{Q}} = 1 - e^{-\frac{A W_e}{A' U_o}} = 1 - e^{-\frac{\pi D L W_e}{\frac{3.14 \times D^2}{4} \times U_o}} = 1 - e^{-\frac{4 L W_e}{D U_o}} = 1 - e^{-\frac{2 W_e L}{U_o S}}$

$= 1 - e^{-\frac{2 \times 1.5 \times 0.1}{1.5 \times 0.07}} = 0.94256 = 94.256\%$

답 94.26%

---

92. 관형 집진장치 집진효율 $= 1 - \exp\left(-\dfrac{2 \cdot V \cdot L}{R \cdot U_o}\right)$로 표시한다. 지금 입자 이동속도 15cm/s, 집진길이 2m, 처리가스 유속 5m/s, 방전극과 집진극과의 거리 50cm에서 집진효율 η은?

$\eta = 1 - e^{-\frac{2V \times L}{U_o \times R}} = 1 - e^{-\frac{2 \times 0.15 \times 2}{5 \times 0.5}} = 0.21337 = 21.337\%$

답 21.34%

---

93. 반경 7cm, 높이 1.5m, 처리가스 유속 1.5m/s일 때 관형 집진장치 효율은?
(단, $V = 10$cm/sec)

**계산
과정** $\eta = 1 - e^{-\frac{2V \times L}{U_o \times S}} = 1 - e^{-\frac{2 \times 0.1 \times 1.5}{1.5 \times 0.07}} = 0.94256 = 94.256\%$

답 94.26%

---

94. 집진판식 전기 집진기로 분진을 처리한다. 집진판의 높이 2m, 길이 4m, 집진판
의 간격은 20cm, 입자의 표류속도는 0.25m/s, 배기의 수평유속은 3.0m/s이었다.
다음 각 물음에 답하시오.
(1) Deutsch 식에 의해 집진효율을 구하시오.
(2) 이 집진극 면적을 2배로 하면 집진효율은 얼마나 되겠는가?

**계산
과정** (1) $\eta = 1 - e^{-\frac{A W_r}{Q}} = 1 - e^{-\frac{A W_r}{A' U_o}} = 1 - e^{-\frac{2HL \times W_r}{2SH \times U_o}} = 1 - e^{-\frac{W_r \times L}{U_o \times S}}$

$= 1 - e^{-\frac{0.25 \times 4}{3 \times 0.1}} = 0.96432 = 96.432\%$

(2) $\eta = 1 - e^{-\frac{2배 \times 0.25 \times 4}{3 \times 0.1}} = 0.99872 = 99.872\%$

답 (1) 96.43% (2) 99.87%

---

95. 어느 시멘트 공장에서 분진을 제거하기 위해 다단 전기 집진기를 설치하려 한다.
이 공장 배기량은 60m^3/min이고 분진의 농도가 10g/m^{3}이다. 그리고 집진기의 폭
이 4m, 높이가 4.5m인 판을 20cm 간격을 두고 평행하게 설치하였다. (단, 집진기
내 유동속도는 5cm/s이다.)   2004.4.25, 2008.4.20 산업기사
(1) 집진효율을 구하시오.
(2) 하루동안에 포집된 분진량(kg)을 구하시오.

**계산
과정** (1) $\eta = 1 - e^{-\frac{A W_r}{Q}} = 1 - e^{-\frac{2개 \times 4 \times 4.5 \times 0.05}{60/60}} = 0.83470 = 83.470\%$

(2) 집진량 $=$ 농도 $\times Q \times \eta$

$= 10\text{g/m}^3 \times 60\text{m}^3/\text{min} \times 0.8347 \times 60\text{min/h} \times 24\text{h/day} \times 10^{-3}\text{kg/g}$

$= 721.180\text{kg/day}$

답 (1) 83.47% (2) 721.18kg/day

---

96. 어느 시멘트 공장에서 분진을 제거하기 위해서 단단 전기 집진기를 설치하려 한다. 이 공장의 배기량은 $60\text{m}^3/\text{min}$이고 분진의 농도가 $10.5\text{g}/\text{m}^3$이다. 그리고 집진기는 폭 4.5m, 높이 5.0m인 판을 20cm 간격을 두고 평행하게 설치했다. 하루 동안에 하나의 평행판에 집진되는 분진량(kg/day)을 구하시오. (단, 집진기 내의 입자의 유동속도는 10cm/s이다.)

계산과정 효율부터 먼저 구하면

$$\eta = 1 - e^{-\frac{A W_e}{Q}} \text{ 에서 } \eta = 1 - e^{-\frac{(4.5 \times 5 \times 2\text{개} \times 0.1)\text{m}^3/\text{s}}{60\text{m}^3/\text{min} \times 1\text{min}/60\text{s}}} = 0.98889$$

전집진실 포집 분진량
$$= C_i \times Q \times \eta$$
$$= 10.5\text{g}/\text{m}^3 \times 60\text{m}^3/\text{min} \times 0.98889 \times 10^{-3}\text{kg}/\text{g} \times 60\text{min}/\text{h} \times 24\text{h}/\text{day}$$
$$= 897.121\text{kg}/\text{day}$$

$$\therefore \text{한 개의 평행판의 집진분진량} = \frac{897.121}{2} = 448.560\,\text{kg}/\text{day}$$

답 448.56kg/day

---

97. 평판형 전기집진장치에서 집진면 간격 18cm, 배출가스의 유속 2.8m/s, 입자의 이동속도 5.5cm/s일 때 층류역역에서 이 입자를 100% 제거하기 위한 이론적인 집진극 길이는? (5점)   2009.4.19 기사 / 2010.4.18, 2011.5.1 산업기사

계산과정 $1 = \dfrac{W_e \times L}{U_o \times S}$ $L = \dfrac{U_o \times S}{W_e} = \dfrac{2.8\text{m/s} \times \dfrac{0.18\text{m}}{2}\text{m}}{0.055\text{m/s}} = 4.581\text{m}$

답 4.58m

---

98. 평판형 전기집진장치에서 집진면 간격 15cm, 배출가스의 유속 3m/s, 입자의 이동속도 5cm/s일 때 층류영역에서 이 입자를 100% 제거하기 위한 이론적인 집진극 길이는?   2009.7.5 산업기사

계산과정 $1 = \dfrac{W_e \times L}{U_o \times S}$ $\therefore L = \dfrac{U_o \times S}{W_e} = \dfrac{3\text{m/s} \times \dfrac{0.15\text{m}}{2}\text{m}}{0.05\,\text{m/s}} = 4.5\text{m}$

답 4.5m

99. 반지름이 5cm인 원통형 전기 집진기에서 입구먼지농도 8g/m³를 처리하여 출구 먼지농도 0.05g/m³으로 제거하려고 한다면 가스유속이 2m/s인 전기 집진기의 길이를 얼마로 설계해야 하는가? (단, 겉보기 이동속도는 25cm/s임)

2009.4.19 산업기사

계산과정 효율을 구하면 $\eta = \dfrac{C_i - C_o}{C_i} \times 100 = \dfrac{8 - 0.05}{8} \times 100 = 99.375\%$

$\eta = 1 - e^{-\frac{2W_e \times L}{U_o \times S}}$ 에서 $\quad e^{-\frac{2W_e \times L}{U_o \times S}} = 1 - \eta, \quad -\dfrac{2W_e \times L}{U_o \times S} = \ln(1 - \eta)$

$\therefore \ L = -\ln(1 - \eta) \times \dfrac{U_o \times S}{2W_e} = -\ln(1 - 0.99375) \times \dfrac{2 \times 0.05}{2 \times 0.25} = 1.015\text{m}$

답 1.02m

---

100. 폭 4.8m, 높이 3.3m인 두 개의 집진판을 갖는 전기 집진극 중간에 방전극이 있을 때 처리가스량 0.99m³/s를 99% 효율로 처리하기 위한 입자의 이동속도(W_e)는 얼마인가? (6점)

2003.4.27 기사 / 2006.7.9 산업기사

계산과정 $\eta = 1 - e^{-\frac{AW_e}{Q}}$, $e^{-\frac{AW_e}{Q}} = 1 - \eta$ 양변에 $\ln$을 취하면

$-\dfrac{AW_e}{Q} = \ln(1 - \eta)$

$W_e = \dfrac{-\ln(1 - \eta) \times Q}{A} = \dfrac{-\ln(1 - 0.99) \times 0.99\,\text{m}^3/\text{s}}{2\text{개} \times 4.8 \times 3.3\,\text{m}^2} = 0.14\text{m/s}$

답 0.14m/s

---

101. 건식 전기 집진장치는 집진극 면적 / 처리용량을 $\dfrac{A}{Q} = 200(\text{s/m})$로 운전되며, 입구 분진농도 $C_i = 100\text{g/m}^3$, 출구농도 $C_o = 0.3\text{g/m}^3$일 때 분진의 겉보기 이동속도 $W_p(\text{m/s})$를 구하시오. (단, $\eta = 1 - \exp\left(-\dfrac{A \cdot W_p}{Q}\right)$이다.)

계산과정 η부터 구하면

$\eta = \dfrac{C_i - C_o}{C_i} = \dfrac{100 - 0.3}{100} = 0.997$

$0.997 = 1 - e^{-\frac{AWe}{Q}}, \qquad 0.997 = 1 - e^{-200 \times W_p}, \qquad e^{-200 \times W_p} = 1 - 0.977$

$$-200 \times W_p = \ln(1 - 0.977) \qquad \therefore\ W_p = -\frac{\ln(1 - 0.977)}{200} = 0.0290\,\mathrm{m/s}$$

답 0.03m/s

---

102. 전기 집진장치에서 $A/Q = 100\,\mathrm{s/m}$의 상태로 운전되며 입구농도 $C_i : 50\mathrm{g/Sm^3}$, 출구분진의 농도가 $C_o : 0.2\mathrm{g/Sm^3}$ 이다. 입구와 출구 사이에 가스의 누출이 없다면 분진의 겉보기 이동속도(W)는 얼마인가? 2000.4.23, 2007.11.4 산업기사

계산 과정 $\eta = \dfrac{C_i - C_o}{C_i} = \dfrac{50 - 0.2}{50} = 0.996$

$$\eta = 1 - e^{-\frac{A\,W_e}{Q}}, \qquad e^{-\frac{A\,W_e}{Q}} = 1 - \eta, \qquad -\frac{A\,W_e}{Q} = \ln(1 - \eta)$$

$$\therefore\ W_e = \frac{-\ln(1 - \eta)}{\dfrac{A}{Q}} = \frac{-\ln(1 - 0.996)}{100\,\mathrm{s/m}} = 0.055\,\mathrm{m/s}$$

답 0.06m/s

---

103. 넓이 6m×7m인 두 개의 집진판을 갖는 전기 집진장치의 입구농도가 $6.5\mathrm{g/m^3}$인 먼지를 처리하여 출구농도가 $0.75\mathrm{g/m^3}$가 되도록 하였다. 가스량이 $120\mathrm{m^3/min}$일 때, 먼지 입자의 이동속도는 얼마인가? 2004.7.4 기사

계산 과정 $\eta = \dfrac{C_i - C_o}{C_i} = \dfrac{6.5 - 0.75}{6.5} = 0.8846$

$$\eta = 1 - e^{-\frac{A \cdot W_e}{Q}}, \quad e^{-\frac{A\,W_e}{Q}} = 1 - \eta, \quad -\frac{A \cdot W_e}{Q} = \ln(1 - \eta)$$

$$\therefore\ W_e = \frac{-\ln(1 - \eta) \times Q}{A} = \frac{-\ln(1 - 0.8846) \times 120/60}{6 \times 7 \times 2} = 0.051\,\mathrm{m/s}$$

답 0.05m/s

---

104. 반지름이 5cm, 길이가 1m인 원통형 전기 집진기에서 입구먼지농도 $8\mathrm{g/m^3}$를 처리하여 출구먼지농도 $0.05\mathrm{g/m^3}$로 제거하려고 한다면 가스유속이 2m/s인 전기 집진기의 겉보기 이동속도(W_e)를 얼마로 설계해야 하는가? (6점) 2006.4.23 산업기사

계산 과정 원통형 $\eta = 1 - e^{-\frac{2\,W_e\,L}{U_o \cdot S}}$ ································· ①

$$\eta = \frac{C_i - C_o}{C_i} = \frac{8 - 0.05}{8} = 0.99375 \cdots\cdots\cdots ②$$

①식에서 $e^{-\frac{2\,W_e\,L}{U_o \times S}} = 1 - \eta$

$$-\frac{2\,W_e \cdot L}{U_o \times S} = \ln(1-\eta)$$

$$\therefore W_e = \frac{-\ln(1-\eta) \times U_o \times S}{2L} = \frac{-\ln(1-0.99375) \times 2 \times 0.05}{2 \times 1} = 0.253\,\text{m/s}$$

🔑 0.25m/s

---

105. 건식 집진장치에서 유량이 $13\text{m}^3/\text{s}$, 입경이 $0.6\mu\text{m}$인 먼지입자의 이동속도는 1.5m/s이다. 입경이 $0.6\mu\text{m}$인 입자의 효율을 90%로 할 때 집진극의 면적을 얼마로 하면 되는가?

2005.7. 산업기사

계산 과정 $\eta = 1 - e^{-\frac{A\,W_e}{Q}}$ $e^{-\frac{A\,W_e}{Q}} = 1 - \eta$

양변에 $\ln$을 취하면

$$-\frac{A\,W_e}{Q} = \ln(1-\eta)$$

$$\therefore A = \frac{-\ln(1-\eta) \times Q}{W_e} = \frac{-\ln(1-0.9) \times 13}{1.5} = 19.955\,\text{m}^2$$

🔑 19.96m^2

---

106. 전기 집진장치에서 분진 제거효율을 90%에서 99%로 증가시키기 위한 집진극의 면적은 어떻게 되는지 계산하시오. (단, 입자의 분리속도와 처리 가스량은 일정함. 입자의 물성에 따른 계수는 1이고 도이치식을 이용하여 계산할 것.)

2001.11.4 산업기사

계산 과정 $\eta = 1 - e^{-\frac{A\,W_e}{Q}}$

여기서 $\frac{W_e}{Q} = 1$이라 가정하면

$\eta = 1 - e^{-A}$, $e^{-A} = 1 - \eta$

$-A = \ln(1-\eta)$ $\therefore A = -\ln(1-\eta)$

$$\therefore \frac{A_2}{A_1} = \frac{-\ln(1-0.99)}{-\ln(1-0.9)} = 2$$

🔑 2배

107. 전기 집진기에서 제거효율이 95%에서 99.5%로 변하게 되면 면적은 어떻게 되는가? (단, 유량과 속도는 일정하다.) 2001.4.22, 2002.4.21 산업기사

계산과정 $\eta = 1 - e^{-\frac{A W_e}{Q}}$ 여기서 $\frac{W_e}{Q} = 1$이라 간주하면

$\eta = 1 - e^{-A}$

$-A = \ln(1-\eta), \ A = -\ln(1-\eta)$ $\therefore \dfrac{A_2}{A_1} = \dfrac{-\ln(1-0.99)}{-\ln(1-0.95)} = 1.768$

답 1.77배 증가

---

108. 전기 집진기에서 집진효율을 90%에서 99.9%로 증가시키려면 집진판의 면적은 몇 배 증가시켜야 하겠는가? (단, 유량이나 다른 조건은 변함이 없으며, 효율은 Deutsch식을 이용할 것) (6점) 2006.7.9 산업기사

계산과정 $\eta = 1 - e^{-\frac{A W_e}{Q}}$

$\frac{W_e}{Q} = 1$이라 간주하면

$\eta = 1 - e^{-A}, \qquad e^{-A} = 1 - \eta_1, \qquad A = -\ln(1-\eta)$

$\therefore \dfrac{A_2}{A_1} = \dfrac{-\ln(1-\eta_2)}{-\ln(1-\eta_1)} = \dfrac{-\ln(1-0.999)}{-\ln(1-0.9)} = 3$

답 3배

---

109. 공기 10000m³/min을 처리하고 98.5% 효율을 갖는 전기 집진기의 필요 집진판의 수는? (단, 유효 표류 속도 : 6m/min, 집진판의 높이 : 7m, 길이 : 4m, 모든 내부 집진판은 양면이며 두 개의 외부 집진판은 각 하나의 집진면을 가진다.) (4점) 2000.8.13, 2008.11.2 산업기사 / 2010.4.18 기사

계산과정 $\eta = 1 - e^{-\frac{A W_e}{Q}}, \quad e^{-\frac{A W_e}{Q}} = 1 - \eta, \quad -\dfrac{A W_e}{Q} = \ln(1-\eta)$

$\therefore A = \dfrac{-\ln(1-\eta)Q}{W_e} = \dfrac{-\ln(1-0.985) \times 10000\text{m}^3/\text{min}}{6\text{m/min}} = 6999.5084\text{m}^2$

$\therefore$ 개수 $= \dfrac{\text{전체면적}}{\text{1개당 면적}} + 1 = \dfrac{6999.5084\text{m}^2}{2\text{면} \times 7 \times 4\text{m}^2} + 1 = 125.991$개

답 126개

110. 평판형 전기 집진장치에서 집진판 사이의 거리가 25cm이고 여기에 450kV의 전압을 가하였다. 집진장치 내의 가스유속이 1.5m/s이고, 가스온도는 400K이다. $0.5\mu m$ 입자의 겉보기 이동속도(cm/s)는 얼마인가? (단, 이 온도에서 가스점도 $\mu = 0.012CP$, $P = 2$, 집진장의 세기는 충전장의 세기와 같다.) 2008.7.6 산업기사

계산과정

$$W_e = \frac{1.1 \times 10^{-14} \cdot P \cdot E_o \cdot E_p \cdot d}{\mu}$$

$$= \frac{1.1 \times 10^{-14} \times 2 \times 3600000^2 \times 0.5}{0.0432}$$

$$= 3.3 \text{m/s} = 330 \text{cm/s}$$

※ $\mu = 0.012 \times 10^{-2}$

g	1kg	100cm	3600s
cm·s	1000g	1m	1h

$$= 0.0432 \text{kg/m·h}$$

※ $E_o = \dfrac{전압(\text{V})}{반경(\text{m})} = \dfrac{450 \times 10^3 \text{V}}{\dfrac{0.25}{2}\text{m}} = 3600000 \text{V/m}$

답 330cm/s

---

111. 평판형 전기 집진장치에서 집진판 사이의 거리가 25cm이고 여기에 450kV의 전압을 가하였다. 집진 장치내의 가스유속이 1.5m/s이고, 가스온도는 400K이다. $0.5\mu m$ 입자를 100%의 효율로 집진하기 위한 집진극의 길이(cm)는 얼마인가? (단, 이 온도에서 가스점도 $\mu = 0.012CP$, $P = 2$, 집진장의 세기는 충전장의 세기와 같다.) 2002.10.27 기사

계산과정

$$W_e = \frac{1.1 \times 10^{-14} \cdot P \cdot E_o \cdot E_p \cdot d}{\mu}$$

$$= \frac{1.1 \times 10^{-14} \times 2 \times \left(\dfrac{450 \times 10^3}{0.25/2}\right)^2 \times 0.5}{0.0432 \text{kg/m·h}}$$

$$= 3.3 \text{m/s}$$

※ $\mu = 0.012CP = 0.012 \times 10^{-3}\text{kg/m·s} \times 3600\text{s/h} = 0.0432\text{kg/m·h}$

$$\therefore L = \frac{U_o \times S}{W_e} = \frac{1.5\text{m/s} \times \dfrac{0.25}{2}\text{m}}{3.3\text{m/s}} = 0.05681\text{m} = 5.681\text{cm}$$

답 5.68cm

112. 평판식 전기 집진장치에서 집진극 간격은 30cm이며 가해진 전압은 60kV였다. 이 집진극 사이로 온도가 127℃인 함진 배기가 0.5m/s의 속도로 지나갈 때 0.5μm의 분진이 완전 제거되기 위한 이론적인 집진극의 길이를 구하시오.
(단, 배기 점성도는 8.63×10^{-2}kg/m·h,

표류속도 $W[\text{m/s}] = \dfrac{1.1 \times 10^{-14} \cdot \rho \cdot E_i \cdot E_p[\text{V/m}] \cdot d_p[\mu]}{\mu[\text{kg/m} \cdot \text{h}]}$, 그리고 ρ는 2로

가정하고, 충전장의 세기와 집진장의 세기는 같다.)

계산과정 $E_i = E_p = \dfrac{\text{전압}(\text{V})}{\text{반경}(\text{m})}$

표류속도를 구하면

$$W_e = \frac{1.1 \times 10^{-14} \times 2 \times \left(\dfrac{60000}{0.15}\right)^2 \times 0.5}{8.63 \times 10^{-2}} = 0.02039 \text{m/s}$$

$$\therefore L = \frac{U_o \times S}{W_e} = \frac{0.5 \times 0.15}{0.02039} = 3.698 \text{m}$$

답 3.70m

113. 관형(cylinder cally shaped) 정전 집진기를 이용하여 유량이 0.4m^3/초인 먼지 가스로부터 플라이 애시(fly ash)를 제거하고자 한다. 관 하나의 크기는 반경이 5cm, 길이는 100cm이다. 플라이 애시의 유동속도(drift velocity)가 0.15m/초일 때 입도가 0.5μm인 플라이 애시 입자를 90% 집진하고자 할 때 몇 개의 수집관으로 구성된 관형 집진기를 사용해야 하는가?   1998.5.10 산업기사

$$\eta = 1 - \exp\left(\frac{-AU}{Q}\right)$$

여기서, η : 입자의 제거효율
A : 집진극의 내면적
Q : 가스의 유량
U : 입자의 유동속도

계산과정 전체의 면적을 구하면

$$\eta = 1 - e^{-\frac{A \cdot W_e}{Q}}$$

$$e^{-\frac{A W_e}{Q}} = 1 - \eta$$

$$-\frac{A W_e}{Q} = \ln(1 - \eta)$$

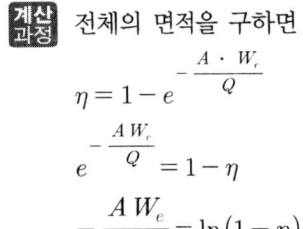

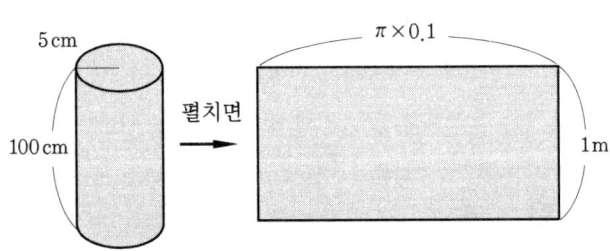

$$\therefore A = \frac{-\ln(1-\eta) \times Q}{W_e}$$

$$= \frac{-\ln(1-0.9) \times 0.4}{0.15} = 6.1402\text{m}^2$$

$$\therefore \text{개수} = \frac{\text{전체 면적}}{1\text{개의 면적}} = \frac{6.1402}{3.14 \times 0.1 \times 1} = 19.5\text{개}$$

답 20개

---

114. 판형 전기 집진장치에서 집진판 간의 간격은 20cm이며, 유효전압은 50kV가 적용되고 있다. 집진극 사이를 통하여 흐르는 가스의 평균유속은 2.0m/s이다. 147℃에서 입경 0.7μm의 입자를 100% 제거하는 데 요구되는 집진판의 길이(m)를 구하시오.

(단, $W_e = \dfrac{1.1 \times 10^{-14} \times pE^2 d_p}{\mu_g}$ [m/s], 147℃에서 $\mu_g = 0.0863$kg/m · h, $p = 2$를 적용)

2011.7.24 기사 / 2012.7.8 산업기사

계산과정 $E = \dfrac{\text{전압(V)}}{\text{반경(m)}} = \dfrac{50000\text{V}}{\dfrac{0.2}{2}\text{m}} = 500000\text{V/m}$

$$W_e = \frac{1.1 \times 10^{-14} \times 2 \times 500000^2 \times 0.7}{0.0863\,\text{kg/m} \cdot \text{h}} = 0.0446$$

$$1 = \frac{W_e \times L}{U_o \times S} \qquad\qquad \therefore L = \frac{U_o \times S}{W_e} = \frac{2 \times 0.1}{0.0446} = 4.484\text{m}$$

답 4.48m

---

115. 평판형 전기 집진장치에서 집진판 사이의 거리가 30cm이고 여기에 60kV의 전압을 가하였다. 집진장치 내의 가스유속이 0.5m/s이고, 가스온도는 553K이다. 0.5μm 입자의 표류속도(m/s)를 구하시오. (단, 이 온도에서 가스점도 $\mu = 0.0863$kg/m · h, $P = 2$, 집진장의 세기는 충전장의 세기와 같다.) (6점)

2006.7.9 기사

계산과정 $W_e = \dfrac{1.1 \times 10^{-14} \times P \times E_o \times E_p \times d}{\mu}$

$$= \frac{1.1 \times 10^{-14} \times 2 \times \left(\dfrac{60 \times 10^3}{0.3/2}\right)^2 \times 0.5}{0.0863} = 0.020\,\text{m/s}$$

답 0.02m/s

116. 총 간격이 23cm인 평판형 전기 집진기가 있다. 전압은 50kV이고 평균 가스 속도는 1.5m/s이다. 이를 통과하는 가스의 분진 입자는 $0.5\mu m$이고, 온도는 420K 이다. 2004.10. 기사

(1) 이때 집진극으로 끌려가는 속도(m/s)를 구하고

(2) 100%의 포집효율을 얻기 위하여 집진극의 길이를 14.4m로 할 때 극간거리를 처음의 몇 배로 늘려야 하는지 계산하시오.

(단, 표류속도는 $\dfrac{1.1 \times 10^{-14} \times P \times E^2 \times d_p}{\mu}$이고, $P=2$, $\mu=0.0863 \mathrm{kg/m \cdot h}$이다.)

계산 과정

(1) $E_i = E_p = \dfrac{전압(V)}{반경(m)} = \dfrac{50,000V}{\dfrac{0.23}{2}m} = 434782.6087V/m$

표류속도 $W_e = \dfrac{1.1 \times 10^{-14} \times 2 \times 434782.6087^2 \times 0.5}{0.0863} = 0.024095m/s$

(2) $1 = \dfrac{W_e \times L}{U_o \times S}$ $\therefore S = \dfrac{W_e \times L}{U_o} = \dfrac{0.0241 \times 14.4}{1.5} = 0.2313m$

$\therefore$ 반경이 0.23m이므로 판 간격(극간거리)이 0.46m이다. 즉 2배이다.

답 (1) 2.41×10^{-2} m/s (2) 2배

117. 정전 집진극에서 집진면의 간격이 20cm, 가해진 전압이 40000V이다. 집진 극 사이를 통한 가스의 유속이 1.5m/s라면 직경 $0.5\mu m$의 입자를 100% 제거하 려 한다. 다음 물음에 답하시오. 1999.5.30 기사

(1) 요구되는 집진극의 길이는 몇 cm인가?

(단, $\rho=2$, $W=8.42 \times 10^{-3} \cdot E^2 \cdot \rho \cdot d$)

(2) 충전시간이 0.2s이고, 이 시간에 가스가 이동하는 거리를 30cm라고 하면 요구 되는 집진극의 최소길이는 몇 cm인가?

계산 과정

(1) $W=8.42 \times 10^{-3}E^2 \cdot \rho \cdot d$ 공식일 때 $W[\mathrm{ft/s}]$

$E = \dfrac{kV(전압)}{in(반경)} = \dfrac{40kV}{10cm \times 1in/2.5cm} = 10kV/in$

$\therefore W = 8.42 \times 10^{-3} \times 10^2 \times 2 \times 0.5 = 0.842 \mathrm{ft/s}$

$\therefore 0.842\mathrm{ft/s} \times 0.3048\mathrm{m/ft} = 0.2566\mathrm{m/s}$

$\therefore \eta = \dfrac{W_e \times L}{U_o \times S}$ (100%이므로)

$$\therefore L = \frac{U_o \times S}{W_e} = \frac{1.5\text{m/s} \times 0.1\text{m}}{0.2566\text{m/s}} = 0.58456\text{m} = 58.456\text{cm}$$

(2) 충전시간과 이 시간 동안 이동하는 거리가 주어졌으므로 이동속도를 구할 수 있다.

$$W_e = \frac{\text{이동거리}}{\text{충전시간}} = \frac{0.3\text{m}}{0.2\text{s}} = 1.5\text{m/s}$$

$$\therefore L = \frac{U_o \times S}{W_e} = \frac{1.5\text{m/s} \times 0.1\text{m}}{1.5\text{m/s}} = 0.1\text{m} = 10\text{cm}$$

답 (1) 58.46cm (2) 10cm

---

118. 전기 집진장치에서 집진극의 면적이 250m^2이고, 처리가스량은 $500\text{m}^3/\text{h}$, 분진농도는 400mg/m^3(분진입경 $10\mu\text{m}=40\%$, $20\mu\text{m}=60\%$)이다. 전기 집진장치의 집진효율을 구하시오.

2001.4.22 기사

$$V = a\frac{d_p E^2}{\mu_g}$$

여기서, $a = 1.45 \times 10^{-12}$, $E^2 = 400\text{kV/m}$, $\mu_g = 2.5 \times 10^{-5}\text{kg/m} \cdot \text{s}$

계산과정 평균입경 $= \dfrac{40 \times 10 + 60 \times 20}{40 + 60} = 16\mu\text{m}$ 여기서, $V = W_e$

공식에 대입하면

$$V = 1.45 \times 10^{-12} \times \frac{16 \times 400}{2.5 \times 10^{-5}} = 3.712 \times 10^{-4}\text{m/s}$$

$$\eta = 1 - e^{-\frac{A W_e}{Q}} = 1 - e^{-\frac{250 \times 3.712 \times 10^{-4}}{500/3600}} = 0.48734 = 48.734\%$$

답 48.73%

---

119. 1단식 전기 집진장치에서 양호한 집진작용이 일어날 수 있도록 하기 위하여 전류밀도를 $2.5 \times 10^{-8}\text{A/cm}^2$로 하고 먼지층의 절연파괴 전계강도를 5.5×10^3 V/cm로 한다면 이 경우 먼지층의 겉보기 전기저항($\Omega \cdot \text{cm}$)이 얼마 이상일 때 역전리가 일어나겠는지 구하시오.

2012.4.22 기사

계산과정 전기저항 $= \dfrac{5.5 \times 10^3\text{V/cm}}{2.5 \times 10^{-8}\text{A/cm}^2} = 2.2 \times 10^{11}\dfrac{\text{V}}{\text{A}} \cdot \text{cm} = 2.2 \times 10^{11}\Omega \cdot \text{cm}$

답 $2.2 \times 10^{11}\Omega \cdot \text{cm}$, $10^{11}\Omega \cdot \text{cm}$ 이상이면 역전리가 일어남.

 memo

4

Part

대기오염 측정 및 관리

Chapter 01

시료 채취 방법

1. 보정

대기환경보전법 시행규칙 제12조 별표 8의 배출허용기준 중 표준산소농도를 적용받는 항목에 대하여는 다음 식을 적용하여 오염물질의 농도 및 배출가스량을 보정한다.

① 오염물질 농도 보정

$$C = C_a \times \frac{21 - O_s}{21 - O_a}$$

여기서, C : 오염물질농도(mg/Sm^3 또는 ppm)
O_s : 표준산소농도(%)
O_a : 실측산소농도(%)
C_a : 실측오염물질농도(mg/Sm^3 또는 ppm)

② 배출가스 유량 보정

$$Q = Q_a \div \frac{21 - O_s}{21 - O_a}$$

여기서, Q : 배출가스 유량(Sm^3/일)
O_s : 표준산소농도(%)
O_a : 실측산소농도(%)
Q_a : 실측배출가스 유량(Sm^3/일)

2. M농도(몰농도)와 N농도(규정농도)

① M농도 $= \dfrac{\text{비중} \times 10 \times \%}{\text{분자량}}$

② N농도 $= \dfrac{\text{비중} \times 10 \times \%}{\text{당량}}$

3. PH

$\text{PH} = -\log[\text{H}^+]$, $\text{POH} = 14 - \text{PH}$

4. ppm, pphm, ppb

① $ppm = \dfrac{1}{1000000}$

② $pphm = \dfrac{1}{100000000}$

③ $ppb = \dfrac{1}{1000000000}$

5. 중화반응 공식

$$NV = N' V'$$

$$NVf = N' V' f'$$

여기서, N, N' : 용액의 N(노르말)농도
$\quad\quad\quad V$, V' : 용액의 용량(mL)
$\quad\quad\quad f$, f' : 용액의 역가

6. 세정수의 M농도(mol/L)와 N농도(eg/L)

① $M농도(mol/L) = \dfrac{\left[\begin{array}{l} 불순물농도(mL/Sm^3) \times 배기가스유량(Sm^3/h) \\ \times 시간(h) \times 10^{-3}(L/mL) \times \dfrac{분자량(g)}{22.4(L)} \times \dfrac{1mol}{분자량(g)} \end{array}\right]}{물의체적(m^3) \times 10^3 L/m^3}$

② $N농도(eq/L) = \dfrac{\left[\begin{array}{l} 불순물농도(mL/Sm^3) \times 배기가스유량(Sm^3/h) \\ \times 시간(h) \times 10^{-3}(1/mL) \times \dfrac{분자량(g)}{22.4(L)} \times \dfrac{1eq}{1당량(g)} \end{array}\right]}{물의체적(m^3) \times 10^3 L/m^3}$

7. 비표면적

$$비표면적(S) = \dfrac{6}{d} \, (m^{-1}) = \dfrac{6}{d \times \rho} \, [m^2/kg]$$

여기서, d : 입자의 직경(m)
$\quad\quad\quad \rho$: 입자의 밀도(kg/m^3)

Chapter **02** 시료 측정 및 분석

2-1 가스크로마토그래피법(Gas Chromatography)

분리의 평가는 분리관 효율과 분리능에 의한다.

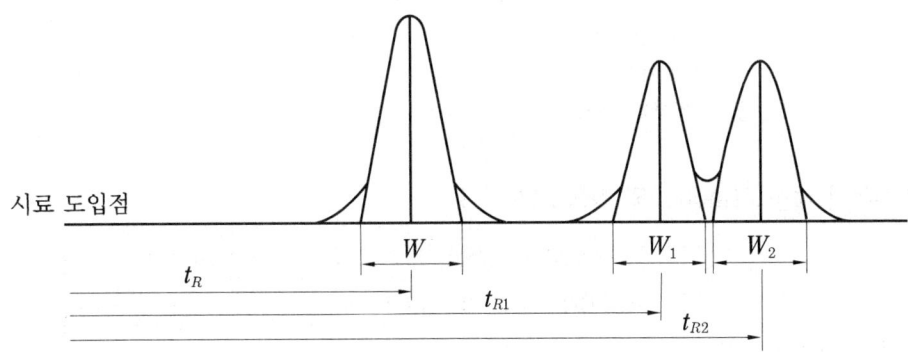

〈그림 4-1〉 크로마토그램

(1) 분리관 효율

분리관 효율은 보통 이론단수 또는 1 이론단에 해당하는 분리관의 길이 HETP (Height Equivalent to a Theoretical Plate)로 표시하며, 크로마토그램 〈그림 4-1〉상의 피크로부터 다음 식에 의하여 구한다.

$$이론단수(n) = 16 \cdot \left(\frac{t_R}{W} \right)^2$$

여기서, t_R : 시료도입점으로부터 피크 최고점까지의 길이(보유시간)

W : 피크의 좌우 변곡점에서 접선이 자르는 바탕선의 길이

$$HETP = \frac{L}{n}$$

여기서, L : 분리관의 길이(mm)

(2) 분리능

2개의 접근한 피크의 분리의 정도를 나타내기 위하여 분리계수 또는 분리도를 가지

고 다음과 같이 정량적으로 정의하여 사용한다.

$$\text{분리계수}(d) = \frac{t_{R2}}{t_{R1}} \qquad\qquad \text{분리도}(R) = \frac{2(t_{R2} - t_{R1})}{W_1 + W_2}$$

여기서, t_{R1} : 시료도입점으로부터 피크 1의 최고점까지의 길이

t_{R2} : 시료도입점으로부터 피크 2의 최고점까지의 길이

W_1 : 피크 1의 좌우 변곡점에서의 접선이 자르는 바탕선의 길이

W_2 : 피크 2의 좌우 변곡점에서의 접선이 자르는 바탕선의 길이

2-2 흡광광도법(Absorptiometric Analysis)

(1) 원리 및 적용범위

이 시험방법은 시료물질이나 시료물질의 용액 또는 여기에 적당한 시약을 넣어 발색시킨 용액의 흡광도를 측정하여 시료 중의 목적성분을 정량하는 방법으로 파장 200~1200nm에서의 액체의 흡광도를 측정함으로써 대기 중이나 굴뚝배출 가스 중의 오염물질 분석에 적용한다.

(2) 개요

흡광광도 분석법은 일반적으로 광원으로 나오는 빛을 단색화장치(monochrometer) 또는 필터(filter)에 의하여 좁은 파장범위의 빛 만을 선택하여 액층을 통과시킨 다음 광전측광으로 흡광도를 측정하여 목적성분의 농도를 정량하는 방법이다. 강도 I_o 되는 단색광속이 〈그림 4-2〉와 같이 농도 C, 길이 l 되는 용액층을 통과하면 이 용액에 빛이 흡수되어 입사광의 강도가 감소한다. 통과한 직후의 빛의 강도 I_t 와 I_o 사이에는 램버트 비어(Lambert-beer)의 법칙에 의하여 다음의 관계가 성립한다.

$$I_t = I_o \cdot 10^{-\epsilon cl}$$

여기서, I_o : 입사광의 강도

I_t : 투사광의 강도

C : 농도

l : 빛의 투과거리

ϵ : 비례상수로서 흡광계수라 하고,

$C = 1\text{mol}$, $l = 10\text{mm}$ 일 때의 ϵ의 값

을 몰흡광계수라 하며 K로 표시한다.

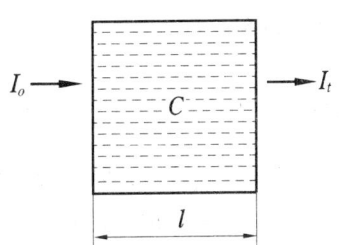

〈그림 4-2〉 흡광광도 분석방법 원리도

I_t와 I_o의 관계에서 $\dfrac{I_t}{I_o} = t$를 투과도, 이 투과도를 백분율로 표시한 것, 즉 $t \times 100 = T$를 투과 퍼센트라 하고 투과도의 역수의 상용대수, 즉 $\log \dfrac{1}{t} = A$를 흡광도 라 한다.

램버트-비어의 법칙은 대조액층을 투과한 빛의 강도를 I_o, 측정하려고 하는 액층을 통과한 빛의 강도를 I_t로 했을 때도 똑같은 식이 성립하기 때문에 정량이 가능한 것이다.

대조액층으로는 보통 용매 또는 바탕시험을 사용하며 이것을 대조액이라 한다.

흡광도를 이용한 램버트-비어의 법칙을 식으로 표시하면 $A = \epsilon c l$이 되므로 농도를 알고 있는 표준액에 대하여 흡광도를 측정하고 흡광계수(ϵ)를 구해 놓으면 시료액에 대해서도 같은 방법으로 흡광도를 측정함으로써 정량을 할 수가 있다.

그러나 실제로는 ϵ를 구하는 대신에 농도가 다른 몇 가지 표준액을 사용하여 시료액 과 똑같은 방법으로 조작하여 얻은 검량선으로부터 시료 중의 목적성분을 정량하는 것 이 보통이다.

2-3 유속 및 유량 측정

(1) 유속 측정

$$V = C \sqrt{\frac{2g \Delta P}{\gamma}}$$

여기서, V : 배출가스 평균유속(m/초)

C : 피토관 계수

ΔP : 배출가스 동압측정치(mmH_2O)

g : 중력가속도($9.8m/초^2$)

γ : 굴뚝 내의 습한 배출가스 밀도(kg/m^3)

(2) 유량 측정

$$Q_N = A \times V \times \frac{273}{273 + \theta_s} \times \frac{P_a + P_s}{760} \times \left(1 - \frac{X_w}{100}\right) \times 3600$$

여기서, Q_N : 건조배출가스 유량(m^3/시간) V : 배출가스 평균유속(m/초)

A : 굴뚝 단면적(m^2) θ_s : 배출가스 평균온도(℃)

P_a : 대기압(mmHg) P_s : 배출가스 평균정압(mmHg)

X_w : 배출가스 중의 수분량(%)

2-4 건조시료가스 채취량

건조시료가스 채취량(L)은 다음 식에 따라 계산한다.

(1) 습식 가스미터를 사용할 시

$$V_s = V \times \frac{273}{273+t} \times \frac{P_a + P_m - P_v}{760}$$

(2) 건식 가스미터를 사용할 시

$$V_s = V \times \frac{273}{273+t} \times \frac{P_a + P_m}{760}$$

여기서, V_s : 건조시료가스 채취량(L)　　V : 가스미터로 측정한 흡인가스량(L)

t : 가스미터의 온도(℃)　　P_a : 대기압(mmHg)

P_m : 가스미터의 게이지압(mmHg)　　P_v : t[℃]에서의 포화수증기압(mmHg)

2-5 수분량 계산

(1) 습식 가스미터를 사용할 때

$$X_w = \frac{\dfrac{22.4}{18} \times m_a}{V_m \times \dfrac{273}{273+\theta_m} \times \dfrac{P_a + P_m - P_v}{760} + \dfrac{22.4}{18} \times m_a} \times 100$$

(2) 건식 가스미터를 사용할 때

$$X_w = \frac{\dfrac{22.4}{18} \times m_a}{V_m{}' \times \dfrac{273}{273+\theta_m} \times \dfrac{P_a + P_m}{760} + \dfrac{22.4}{18} \times m_a} \times 100$$

여기서, X_w : 배출가스 중의 수증기의 부피 백분율(%)

m_a : 흡습 수분의 질량($m_{a2} - m_{a1}$)(g)

V_m : 흡인한 가스량(습식 가스미터에서 읽은 값)(L)

$V_m{}'$: 흡인한 가스량(건식 가스미터에서 읽은 값)(L

θ_m : 가스미터에서의 흡인 가스온도(℃)

P_a : 대기압(mmHg)

P_m : 가스미터에서의 가스게이지압(mmHg)

P_v : θ_m에서의 포화수증기압(mmHg)

(3) 압력을 이용할 때

스크러버 출구 등 배출가스 중에 물방울이 공존할 때는 배출가스 온도의 포화수증기압을 사용하며, 다음 식으로 수분량을 계산한다(100℃ 이하일 때).

$$X_w = \frac{P_v}{P_a + P_s} \times 100$$

여기서, X_w : 배출가스 중의 수증기 부피 백분율(%)

P_v : 배출가스 온도의 포화수증기압(mmHg)

P_a : 대기압(mmHg)

P_s : 배출가스의 정압(mmHg)

2-6   **먼지농도 계산**

배출가스 중의 먼지농도는 다음 식에 의해 구한다.

$$C_N = \frac{m_d}{V_m' \times \dfrac{273}{273 + \theta_m} \times \dfrac{P_a + \Delta H/13.6}{760}} = \frac{m_d}{V_N'}$$

여기서, C_N : 먼지농도(g/m³dry)

m_d : 포집된 먼지량(g)

V_m' : 건식가스미터에서 읽은 가스시료 채취량(m³)

θ_m : 건식가스미터의 평균온도(℃)

P_a : 측정공 위치의 대기압(mmHg)

ΔH : 오리피스 차압(mmH₂O)

V_N' : 표준상태의 흡인건조 배출가스량(Sm³)

※ 포집이 종료되기 직전에 다시 유량계를 연결하고 유량을 읽어 다음과 같이 흡인공기량을 산출한다.

$$흡인공기량 = \frac{Q_s + Q_e}{2} \times t$$

여기서, Q_s : 포집 개시 직후의 유량(m³/분)

Q_e : 포집 종료 직전의 유량(m³/분)

t : 포집시간(분)

2-7 **비산먼지농도의 계산**

각 측정지점의 포집먼지량과 풍향풍속의 측정결과로부터 비산먼지의 농도를 구한다.

비산먼지농도 $C = (C_H - C_B) \times W_D \times W_S$

여기서, C_H : 포집먼지량이 가장 많은 위치에서의 먼지농도(mg/m^3)

C_B : 대조위치에서의 먼지농도(mg/m^3)

W_D, W_S : 풍향, 풍속 측정결과로부터 구한 보정계수

단, 대조위치를 선정할 수 없는 경우에는 C_B는 0.15mg/m^{3}로 한다. 또 풍향, 풍속 보정계수(W_D, W_S)는 다음과 같이 구한다.

① 풍향에 대한 보정

풍향변화범위	보정계수
전 시료채취 기간 중 주 풍향이 90° 이상 변할 때	1.5
전 시료채취 기간 중 주 풍향이 45~90° 이상 변할 때	1.2
전 시료채취 기간 중 주 풍향의 변동이 없을 때(45° 미만)	1.0

② 풍속에 대한 보정

풍속변화범위	보정계수
풍속이 0.5m/초 미만 또는 10m/초 이상 되는 시간이 전 채취시간의 50% 미만일 때	1.0
풍속이 0.5m/초 미만 또는 10m/초 이상 되는 시간이 전 채취시간의 50% 이상일 때	1.2

(풍속의 변화범위가 위 표를 초과할 때는 원칙적으로 다시 측정한다.)

2-8 **채취지점수(측정점수)의 결정**

환경기준 시험을 위한 시료채취장소 및 지점수는 측정하려고 하는 대상 지역의 발생원 분포, 기상조건 및 지리적, 사회적 조건을 고려하여 다음과 같이 결정한다.

(1) 인구비례에 의한 방법

측정하려고 하는 대상지역의 인구분포 및 인구밀도를 고려하여 인구밀도가 5000명/km^2 이하일 때는 그 지역의 가주지면적(그 지역 총 면적에서 전답, 임야, 호수, 하천 등의 면적을 뺀 면적)으로부터 다음 식에 의하여 측정점의 수를 결정한다.

$$측정점수 = \frac{그\ 지역\ 가주지면적}{25\text{km}^2} \times \frac{그\ 지역\ 인구밀도}{전국\ 평균인구밀도}$$

(2) TM좌표에 의한 방법(Grid system)

전국 지도의 TM좌표에 따라 해당 지역의 1 : 25000 이상의 지도 위에 2~3km 간격으로 바둑판 모양의 구획을 만들고 그 구획마다 측정점을 선정한다.

(3) 중심점에 의한 동심원을 이용하는 방법

측정하려고 하는 대상지역을 대표할 수 있다고 생각되는 한 지점을 선정하고 지도 위에 그 지점으로 중심점으로 0.3~2km의 간격으로 동심원을 그린다. 또 중심점에서 각 방향(8방향 이상)으로 직선을 그어 각각 동심원과 만나는 점을 측정점으로 한다.

이때 전체의 측정점수는 인접 측정점과의 거리를 고려하여 적당히 조절할 수도 있다.

(4) 대상지역의 오염정도에 따라 공식을 이용하는 방법

측정하고자 하는 대상지역의 오염정도에 따라서 다음 공식을 이용하여 결정한다.

$$N = N_x + N_y + N_z$$

$$N_x = (0.0965) \times \left(\frac{C_n - C_s}{C_s} \right) \times x$$

$$N_y = (0.0096) \times \left(\frac{C_s - C_b}{C_s} \right) \times y$$

$$N_z = (0.0004) \times z$$

여기서, N : 채취지점수 C_n : 최대농도(ppm)

C_s : 환경기준(행정기준)(ppm) C_b : 최저농도(자연상태)(ppm)

x : 환경기준보다 농도가 높은 지역(km^2)

y : 환경기준보다 농도가 낮으나 자연농도보다 높은 지역(km^2)

z : 자연상태의 농도와 같은 지역(km^2)

(5) 기타 방법

과거의 경험이나 전례에 의한 선정 또는 이전부터 측정을 계속하고 있는 측정점에 대하어는 이미 선정되어 있는 지점을 측성섬으로 할 수 있다.

1. 염화수소농도 45ppm, 산소농도 14%일 때 배출허용기준을 초과했는지 여부를 판별하시오. (단, 염화수소 배출허용기준 50(12%)ppm임) (6점)　2003.4.27 산업기사

계산과정 $C = C_a \times \dfrac{21 - O_s}{21 - O_a} = 45 \times \dfrac{21 - 12}{21 - 14} = 57.857\,\text{ppm}$

답 기준을 초과했다.

2. 어떤 배출시설에서 굴뚝 배기가스 측정 결과 배출가스 유량이 100Am³/분, 온도가 180℃였다. 이 시설에 해당되는 표준산소농도가 8%일 때 보정된 배출가스 유량을 Sm³/분으로 나타내시오. (단, 실측산소농도는 11%)　2000.8.13 산업기사

계산과정 $Q_N = 100\text{A}\,\text{m}^3/\text{min} \times \dfrac{273}{273 + 180} = 60.2849\,\text{Sm}^3/\text{min}$

$\therefore Q = Q_a \div \dfrac{21 - O_s}{21 - O_a} = 60.2849 \div \dfrac{21 - 8}{21 - 11} = 46.373\,\text{Sm}^3/\text{min}$

답 $46.37\,\text{Sm}^3/\text{min}$

3. 어떤 배출시설에서 굴뚝 배기가스 측정 결과 배출가스 유량이 100m³/h, 이 중 HCl이 45ppm이었다. 이 시설에 해당되는 표준산소농도가 8%일 때 보정된 배출가스 유량과 농도를 구하시오. (단, 실측농도는 11%) (4점)　2010.7.5 산업기사
(1) 유량 보정
(2) 농도 보정

계산과정 (1) $Q = Q_a \div \dfrac{21 - O_s}{21 - O_a} = 100\text{m}^3/\text{h} \div \dfrac{21 - 8}{21 - 11} = 76.923\,\text{m}^3/\text{h}$

(2) $C = C_a \times \dfrac{21 - O_s}{21 - O_a} = 45\text{ppm} \times \dfrac{21 - 8}{21 - 11} = 58.50\,\text{ppm}$

답 (1) $76.92\,\text{m}^3/\text{h}$　(2) $58.50\,\text{ppm}$

4. 어떤 공장의 연도배출가스 중의 먼지농도를 측정한 바 400mg/am^3(실측산소농도 11%, 가스온도 200℃)였다. 이 공장의 먼지 배출허용기준은 $50(4)\text{mg/Sm}^3$이다. 배출허용기준에 적합하게 하기 위하여 집진율은 얼마로 하면 좋은가? (단, (4)는 표준산소농도(%)임)
2001.11.4, 2004.7.4, 2010.7.5 기사 / 2012.7.8 산업기사

계산과정
$$C = C_a \times \frac{21 - O_s}{21 - O_a} = 400 \times \frac{21 - 4}{21 - 11} = 680\text{mg/am}^3$$

$$\eta = \frac{C_i - C_o}{C_i} \times 100 = \frac{680\text{mg/am}^3 \times \dfrac{(273 + 200)}{273} - 50\text{mg/Sm}^3}{680\text{mg/am}^3 \times \dfrac{(273 + 200)}{273}} \times 100 = 95.756\%$$

답 95.77%

---

5. 소각시설의 연도배출가스 중의 염화수소농도를 측정한 바 407mg/Sm^3였다. 염화수소의 배출허용기준은 $100(12)\text{ppm}$이다. 배출기준에 적합하게 하기 위하여는 염화수소농도를 현재 농도의 몇(%) 이하로 하면 좋은가? (단, 배출가스 중의 산소농도는 13%, (12)는 산소기준농도(%)임)
1999.5.30 산업기사

계산과정
$$407\text{mg/Sm}^3 \times \frac{22.4\text{mL}}{36.5\text{mg}} = 249.7753\text{mL/Sm}^3 = 249.7753\text{ppm}$$

O_2에 대해 보정하면

$$C = C_a \times \frac{21 - O_s}{21 - O_a} = 249.7753 \times \frac{21 - 12}{21 - 13} = 280.9972\text{ppm}$$

현재농도의 몇 $\% = \dfrac{C_o}{C_i} \times 100 = \dfrac{100}{280.9972} \times 100 = 35.587\%$

답 35.59%

---

6. 다음 도표의 두 물질을 혼합힐 때 TLV(유해농노)를 구하시오.
2001.4.22 기사

	농도(%)	TLV(ppm)
헵탄	40	400
톨루엔	60	100

계산과정
$$\text{TLV(Threshold Limit Value)} = \frac{1}{\dfrac{f_1}{\text{TLV}_1} + \dfrac{f_2}{\text{TLV}_2}} = \frac{1}{\dfrac{0.4}{400} + \dfrac{0.6}{100}} = 142\text{ppm}$$

답 142ppm

7. 소각로 다이옥신 배출농도를 측정한 결과 O_2농도가 17%였다. 배출가스 중 다이옥신류 환산농도($O_2 = 12\%$ 환산치)를 소수점 셋째 자리까지 구하시오. ($ng-TEQ/Nm^3$) (7점)

2007.11.4 기사

	독성등가 환산계수	배출가스 중 다이옥신류 농도(ng/Sm^3)
T_4CDD	1	0.1
P_5CDD	0.5	0.5
O_8CDD	0.001	2
T_4CDF	0.1	1
O_8CDF	0.001	12

계산과정 독성등가 환산농도(TEQ)$= \Sigma$독성등가환산계수$\times$실측농도

$= 1 \times 0.1 + 0.5 \times 0.5 + 0.001 \times 2 + 0.1 \times 1 + 0.001 \times 12 = 0.464 ng/Sm^3$

$\therefore C = C_a \times \dfrac{21 - O_s}{21 - O_a} = 0.464 \times \dfrac{21 - 12}{21 - 17} = 1.044 ng/Nm^3$

답 $1.044 ng/Nm^3$

---

8. 비중이 1.84이고 농도가 96wt%인 농황산(H_2SO_4)의 몰농도(M)와 규정농도(N)를 구하시오. (4점)　　　　　　　　2010.7.5 산업기사

(1) 몰농도(M)

(2) 규정농도(N)

계산과정 (1) 몰농도 $M = \dfrac{비중 \times 10 \times \%}{분자량} = \dfrac{1.84 \times 10 \times 96}{98} = 18.024M$

(2) 규정농도 $N = \dfrac{비중 \times 10 \times \%}{당량} = \dfrac{1.84 \times 10 \times 96}{49} = 36.048N$

답 (1) 18.02M　　(2) 36.05N

---

9. 용액의 수소이온농도가 6.5×10^{-4}일 때 pH는?

계산과정 $pH = -\log[H^+] = -\log(6.5 \times 10^{-4}) = 3.187$

답 3.19

10. 어떤 용액 중의 수소이온농도를 측정한 결과 pH = 1.7이었다. 이 농도를 mol/L, 중량%, ppm으로 계산하시오. (단, log2 = 0.3, 용액의 비중은 1이다.)

계산과정

① $pH = -\log[H^+]$ $[H^+] mol/L = 10^{-pH} = 10^{-1.7} = 0.019 mol/L$

② $M [mol/L] = \dfrac{비중 \times 10 \times \%}{분자량}$, $\% = \dfrac{M \times 분자량}{비중 \times 10} = \dfrac{0.02 \times 1}{1 \times 10} = 2 \times 10^{-3}\%$

③ $ppm = \% \times 10^4 = 2 \times 10^{-3} \times 10^4 = 20 ppm$

답 ① 0.02mol/L ② $2 \times 10^{-3}\%$ ③ 20ppm

---

11. 0.1M H_2SO_4 용액($f = 1.05$) 30mL를 중화하려면 0.1N NaOH($f = 0.995$)가 몇 mL가 필요한가? (4점) 2003.7.13 산업기사

계산과정

H_2SO_4 0.1M = H_2SO_4 0.2N이므로

$NVf = N'V'f'$

$0.2 \times 30 \times 1.05 = 0.1 \times x \times 0.995$

$\therefore x = \dfrac{0.2 \times 30 \times 1.05}{0.1 \times 0.995} = 63.316 mL$

답 63.32mL

---

12. 0.2N-H_2SO_4 1000mL를 제조하는 데는 95% H_2SO_4(비중 1.84)는 얼마(mL)가 드는가? 2009.4.19 기사

계산과정

$NV = N'V'$

$NV = \dfrac{비중' \times 10 \times \%'}{당량'} \times V'$

$V' = \dfrac{NV}{\dfrac{비중' \times 10 \times \%'}{당량'}} = \dfrac{0.2 \times 1000}{\dfrac{1.84 \times 10 \times 95}{49}} = 5.606\,mL$

답 5.61mL

---

13. 15% NaCl 200lb가 있다. 20%로 농축 시 증발시켜야 할 수분량(lb)은?

계산과정

증발시켜야 할 수분량=처음 용액-나중 용액=$V_1 - V_2$ ········ ①

처음 중량=나중 중량 ·· ②

$V_1 \times 순도_1 = V_2 \times 순도_2$

$$V_2 = \frac{V_1 \times 순도_1}{순도_2} = \frac{200\,\mathrm{lb} \times 0.15}{0.2} = 150\,\mathrm{lb}$$

∴ ①식에 대입하면 증발시켜야 할 수분량= $V_1 - V_2 = 200\mathrm{lb} - 150\mathrm{lb} = 50\mathrm{lb}$

답 50lb

---

14. 어떤 굴뚝 배기가스량이 $100\mathrm{Sm^3/h}$이고 염화수소의 농도가 $500\mathrm{mL/Sm^3}$이다. 이를 $20\mathrm{m^3}$의 세정수에 5시간 동안 흡수시킨다면 이 세정수의 pH는 얼마인가?

2000.4.23 산업기사

계산과정 $\mathrm{HCl[mol/L]}$

$$= \frac{\left[\begin{array}{l} 불순물농도\,(\mathrm{mL/Sm^3}) \times 배기가스유량\,(\mathrm{Sm^3/h}) \\ \times 시간(\mathrm{h}) \times 10^{-3}\mathrm{L/mL} \times \dfrac{분자량(\mathrm{g})}{22.4\mathrm{L}} \times \dfrac{1\mathrm{mol}}{분자량\mathrm{g}} \end{array}\right]}{물의\ 체적\,(\mathrm{m^3}) \times 10^3\mathrm{L/m^3}}$$

$$= \frac{500\mathrm{mL/Sm^3} \times 100\,\mathrm{Sm^3/h} \times 5\,\mathrm{h} \times 10^{-3}\mathrm{L/mL} \times \dfrac{36.5\mathrm{g}}{22.4\mathrm{L}} \times \dfrac{1\mathrm{mol}}{36.5\mathrm{g}}}{20\mathrm{m^3} \times 10^3\mathrm{L/m^3}}$$

$$= 5.5803 \times 10^{-4}\mathrm{mol/L}\ \mathrm{HCl} = 5.5803 \times 10^{-4}\mathrm{mol/L}[\mathrm{H^+}]$$

∴ $\mathrm{pH} = -\log[\mathrm{H^+}] = -\log(5.5803 \times 10^{-4}) = 3.253$

답 3.25

---

15. HCl을 포함하는 배기가스가 $1500\mathrm{m^3/h}$로 방출되고 있다. $10000\mathrm{L}$의 물에 HCl을 5시간 동안 흡수시킨 후 이 수용액의 pH가 3.5였다. 배기가스 중의 HCl 농도 $(\mathrm{mL/m^3})$를 구하시오. (단, 흡수효율은 80%)

2001.4.22, 2002.7.7 기사

계산과정 $\mathrm{HCl[mol/L]}$

$$= \frac{\left[\begin{array}{l} 불순물농도\,(\mathrm{mL/m^3}) \times 배기가스유량\,(\mathrm{m^3/h}) \times 시간(\mathrm{h}) \\ \times 10^{-3}\mathrm{L/mL} \times \dfrac{분자량\mathrm{g}}{22.4\mathrm{L}} \times \dfrac{1\mathrm{mol}}{분자량\mathrm{g}} \times \dfrac{흡수율(\%)}{100} \end{array}\right]}{물의\ 체적\,(\mathrm{L})}$$

$10^{-3.5}\mathrm{mol/L}$

$$= \frac{x\,[\mathrm{mL/m^3}] \times 1500\mathrm{m^3/h} \times 5\mathrm{h} \times 10^{-3}\mathrm{L/mL} \times \dfrac{36.5\mathrm{g}}{22.4\mathrm{L}} \times \dfrac{1\mathrm{mol}}{36.5\mathrm{g}} \times 0.8}{10000\mathrm{L}}$$

∴ $x = \dfrac{10^{-3.5} \times 10000}{1500 \times 5 \times 10^{-3} \times \dfrac{36.5}{22.4} \times \dfrac{1}{36.5} \times 0.8} = 11.805\mathrm{mL/m^3}$

답 $11.81\mathrm{mL/m^3}$

16. 배출가스가 시간당 1000Nm^3 방출되는 굴뚝에서 염화수소농도를 측정한 결과 170mL/Nm^3이었다. 이 배기가스를 8m^3 순환수를 사용, 충전탑에서 흡수 제거할 때 10시간 후 순환수 pH를 계산하시오. (단, 충전탑 제거효율은 95%이고 순환수는 완전 전리한다.) (6점)

2004.4.25, 2006.11.5 기사

계산 과정 HCl농도

$$= \frac{170\text{mL/Nm}^3 \times 1000\text{Nm}^3/\text{h} \times 10\text{h} \times 10^{-3}\text{L/mL} \times \dfrac{36.5\text{g}}{22.4\text{L}} \times \dfrac{1\text{mol}}{36.5\text{g}} \times 0.95}{8\text{m}^3 \times 10^3\text{L/m}^3}$$

$= 0.0090122\text{mol/L}\,[\text{HCl}] = 0.0090122\text{mol/L}\,[\text{H}^+]\,(100\%\ \text{전리한다면})$

$\therefore \text{pH} = -\log[\text{H}^+] = -\log 0.0090122 = 2.045$

답 2.05

---

17. 어떤 굴뚝의 배기가스량 $1000\text{m}^3/\text{h}$에는 HCl 가스의 농도가 600mL/m^3 함유되어 있다. 이 배기가스를 10m^3의 물로 순환하여 수세할 경우 5시간 후 이 수용액의 HCl 규정농도(N)는 얼마이겠는가?

2001.7.15, 2003.7.13 산업기사

계산 과정 N 농도(eq/L) $= \dfrac{600\text{mL/m}^3 \times 1000\text{m}^3/\text{h} \times 5\text{h} \times 10^{-3}\text{L/mL} \times \dfrac{36.5\text{g}}{22.4\text{L}} \times \dfrac{1\text{eq}}{36.5\text{g}}}{10\text{m}^3 \times 10^3\text{L/m}^3}$

$= 0.013\text{eq/L} = 0.013\text{N}$

답 0.01N

---

18. 배출가스량이 $800\text{Sm}^3/\text{h}$ 이고 HCl농도가 500mL/Sm^3인 배출가스에 물 10m^3를 순환시켜 충전탑에서 흡수하고자 할 때 5시간 후의 순환수 중의 HCl 농도는 몇 N인가? 또 pOH는 얼마인가? (단, HCl의 흡수효율은 80%이다.) 2007.7.8 산업기사

계산 과정 ① HCl N농도(eq/L)

$$= \frac{500\text{mL/Sm}^3 \times 800\text{Sm}^3/\text{h} \times 5\text{h} \times 10^{-3}\text{L/mL} \times \dfrac{36.5\text{g}}{22.4\text{L}} \times \dfrac{1\text{eq}}{36.5\text{g}} \times 0.8}{10\text{m}^3 \times 10^3\text{L/m}^3}$$

$= 7.142 \times 10^{-3}\text{eq/L HCl}$

$= 7.142 \times 10^{-3}\text{N HCl}$

$= 7.142 \times 10^{-3}\text{M }[\text{H}^+]$

② $\text{pH} = -\log[\text{H}^+] = -\log(7.142 \times 10^{-3}) = 2.146$

$\text{pOH} = 14 - \text{pH} = 14 - 2.146 = 11.854$

🔑 ① 7.14×10^{-3}N ② 11.85

---

19. 어떤 굴뚝에서 배기가스량이 시간당 $10000Sm^3$이고, 배기가스 중의 불화수소 농도를 측정하였더니 $60mL/Sm^3$이었다. 이 불화수소를 제거하기 위해서 $10m^3$의 순환수를 사용하는 수세탑을 설치하였다. 1일 10시간 운전한다고 하면 6일 후에는 순환수 중의 불소농도는 몇 mg/L가 되는지 계산하시오. (단, 물의 증발손실은 없고 세정탑의 제거효율은 100%, 불소의 원자량은 19이다.)

📝 농도$=\dfrac{질량}{체적}$

$$= \dfrac{불순물농도(mL/Sm^3) \times 배기가스유량(Sm^3/h) \times 시간(h) \times \dfrac{분자량 mg}{22.4mL} \times \dfrac{19[F^-]}{20[HF]}}{물의 체적(m^3) \times 10^3 L/m^3}$$

$$= \dfrac{60mL/Sm^3 \times 10000Sm^3/h \times 10h/day \times 6day \times \dfrac{20mg}{22.4mL} \times \dfrac{19}{20}}{10m^3 \times 10^3 L/m^3}$$

$= 3053.571mg/L \ F^-$

🔑 $3053.57mg/L$

---

20. 배기가스량 $500Sm^3/h$, HF농도 700ppm, 순환수량 $30m^3$인 분무탑(spray tower)을 5시간 작업한 후의 순환수의 pH를 구하시오. (단, HF는 완전 해리된다고 가정한다.) (6점)   1999.5.30, 2006.4.23 산업기사/2000.8.13, 2006.4.23 기사

📝 pH를 구하기 위해서 M 농도를 먼저 구하면

$$M \text{농도}(mol/L) = \dfrac{\left[\begin{array}{l}불순물농도(mL/m^3) \times 배기가스유량(m^3/h) \\ \times 시간(h) \times 10^{-3}L/mL \times \dfrac{분자량 g}{22.4L} \times \dfrac{mol}{분자량 g}\end{array}\right]}{물의 체적(m^3) \times 10^3 L/m^3}$$

$$= \dfrac{700mL/Sm^3 \times 500Sm^3/h \times 5h \times 10^{-3}L/mL \times \dfrac{20g}{22.4L} \times \dfrac{1mol}{20g}}{30m^3 \times 10^3 lL/m^3}$$

$= 0.002604mol/L \ HF$

$= 0.002604mol/L \ [H^+] \ (100\% \ 전리하므로)$

$\therefore pH = -\log[H^+] = -\log 0.002604 = 2.584$

🔑 2.58

21. 어떤 연도 중의 배기가스량은 $1000Sm^3/h$이고 불화수소의 농도는 $300mL/Sm^3$
이었다. 이 배기가스를 $10m^3$ 물로 수세탑에서 제거하려 할 때 1일 10시간 운전하
는 것으로 하면 순환수 중 불화수소 규정농도(N)는 얼마이겠는가? (7점)

2004.7.4, 2008.4.20 산업기사

계산과정 N농도$(eq/L) = \dfrac{\text{불순물농도} \times \text{배기가스량} \times \text{시간}}{\text{물의 양}}$

$$= \frac{300mL/Sm^3 \times 100Sm^3/h \times 10h \times 10^{-3}L/mL \times \dfrac{20g}{22.4L} \times \dfrac{1eq}{20g}}{10m^3 \times 10^3 L/m^3}$$

$$= 0.01339\,eq/L$$

$$= 1.34 \times 10^{-2}\,N$$

답 $1.34 \times 10^{-2}\,N$

---

22. 어떤 연도 중의 배기가스량은 1시간당 $1000Sm^3$이고 배기가스 중의 불화수소의
농도는 500ppm이었으며 이때 $20m^3$ 물을 순환 사용할 수세탑을 설치하였다. 5시
간 운전하는 것으로 할 때 순환수의 pH는 얼마인가? (단, HF는 세정수로 100% 처
리된다.) (6점)

2003.7.13 기사

계산과정 $HF(mol/L) = \dfrac{500mL/Sm^3 \times 1000Sm^3/h \times 5h \times 10^{-3}L/mL \times \dfrac{1mol}{22.4L}}{20m^3 \times 10^3 L/m^3}$

$$= 5.58 \times 10^{-3} mol/L \ \ HF$$

$$= 5.58 \times 10^{-3} mol/L \ \ H^+ \ (100\% \text{ 전리한다면})$$

$$\therefore pH = -\log[H^+]$$

$$= -\log(5.58 \times 10^{-3}) = 2.253$$

답 2.25

---

23. 배기가스량 $60000Sm^3/h$, HF농도 100ppm, 순환수량 $10m^3$, 충전탑 제거효율
이 90%인 충전탑에서 2시간 작업하였다. (6점)

2006.7.9 기사

(1) 2시간 후 순환수의 pH를 구하시오.

(2) 이 순환수를 중화시키는 데 필요한 NaOH(kg)양을 구하시오.

계산과정 (1) M농도(mol/L)

$$= \dfrac{100 \text{mL/Sm}^3 \times 60000 \text{Sm}^3/\text{h} \times 2\text{h} \times 10^{-3} \text{L/mL} \times \dfrac{20\text{g}}{22.4\text{L}} \times \dfrac{1\text{mol}}{20\text{g}} \times 0.9}{10\text{m}^3 \times 10^3 \text{L/m}^3}$$

$$= 0.0482 \text{mol/L HF}$$

$$= 0.0482 \text{mol/L } [\text{H}^+]$$

$$\text{pH} = -\log 0.0482 = 1.316$$

(2) HF : NaOH

22.4Sm³ :   40kg

$60000 \text{Sm}^3/\text{h} \times 100 \times 10^{-6} \times 2\text{h} \times 0.9 : x \,[\text{kg}]$

$$x = \dfrac{60000 \times 100 \times 10^{-6} \times 2 \times 0.9 \times 40}{22.4} = 19.285 \text{kg}$$

답 (1) 1.32 (2) 19.29kg

---

24. 어떤 용액이 pH 13(비중 1)일 때 OH(몰농도), %(무게기준), ppm을 구하시오.
(4점)

2003.4.27 기사

계산과정 ① pH 13, POH=14−13=1

$[\text{OH}^-] = 10^{-1} \text{mol/L} = 0.1 \text{mol/L}$

② M농도 $= \dfrac{\text{비중} \times 10 \times \%}{\text{이온량}}$

$\% = \dfrac{M \text{비중} \times \text{이온량}}{\text{비중} \times 10} = \dfrac{0.1 \times 17}{1 \times 10} = 0.17\%$

③ 0.17%=1700ppm

답 ① 0.1mol/L ② 0.17% ③ 1700ppm

---

25. 밀폐된 500m³ 공간의 회의실에서 15명이 모여 회의를 하고 있다. 이 중 5명이 흡연가인데 1시간 동안 5명이 총 20개비의 담배를 피운다. 담배 한 개비에서 생성되어 공기중으로 배출된 포름알데히드(HCHO)의 양은 1.4mg/개비이다. 1시간 후의 회의실 내의 포름알데히드 농도는 몇 ppm이 되겠는가? (단, 비흡연자나 흡연자의 체내로 흡수된 포름알데히드는 없고 회의실 온도는 25℃라고 가정) 2000.4.23 산업기사

계산과정 HCHO농도(ppm) $= \dfrac{\text{HCHO 체적}}{\text{실내체적}} \times 10^6$

$$= \dfrac{1.4 \text{mg/개비} \times 10^{-6} \text{kg/mg} \times 20 \text{개비} \times \dfrac{22.4 \text{m}^3}{30 \text{kg}} \times \dfrac{(273+25)}{273}}{500 \text{m}^3} \times 10^6$$

$$= 0.045 \text{ppm}$$

답 0.05ppm

26. 지구상의 공기입자는 10^{80}개, 밀도는 $1.21kg/m^3$이며, 직경은 $5\mu m$이다. 지구상의 전체 공기의 무게를 구하시오.   2002.10.27 산업기사

계산과정 무게= 밀도×체적×개수

$$= 1.21kg/m^3 \times \frac{3.14 \times (5 \times 10^{-6})^3}{6} m^3 \times 10^{80} 개$$

$$= 7.915 \times 10^{63}kg$$

답 $7.92 \times 10^{63}kg$

---

27. 밀도가 $1200kg/m^3$인 물질 1kg에는 입경이 $10\mu m$인 구형입자가 몇 개 들어가는가? (6점)   2003.4.27 산업기사

계산과정 질량= 밀도×체적×개수= $\rho \times \dfrac{\pi D^3}{6} \times$ 개수

$$\therefore 개수= \frac{질량}{\rho \times \dfrac{\pi D^3}{6}} = \frac{1kg}{1200kg/m^3 \times \dfrac{3.14 \times (10 \times 10^{-6})^3}{6} m^3} = 1.592 \times 10^{12} 개$$

답 1.59×10^{12}개

---

28. 다음 물음에 답하시오.   2007.7.8 기사

(1) 밀도 $1500kg/m^3$, 직경 $3\mu m$일 때 질량당 비표면적을 구하시오.

(2) 질량이 1kg일 때 입자개수를 구하시오.

계산과정 (1) 비표면적= $\dfrac{6}{d \times 밀도} = \dfrac{6}{3 \times 10^{-6}m \times 1500kg/m^3} = 1333.333m^2/kg$

(2) 질량= 밀도×1개의 체적×개수

$$\therefore 개수= \frac{질량}{밀도 \times 1개의 \ 체적} = \frac{1kg}{1500kg/m^3 \times \dfrac{3.14 \times (3 \times 10^{-6})^3}{6} m^3/개}$$

$$= 4.718 \times 10^{13} 개$$

답 (1) $1333.33m^2/kg$ (2) 4.72×10^{13}개

---

29. 밀도 $1.5g/cm^3$, 질량당 비표면적이 $5000m^2/kg$일 때 직경이 2배가 되면 비표면적은 어떻게 되는지 구하시오. (6점)   2010.10.31 기사

계산과정 비표면적$(S)=\dfrac{6}{d}$　　　단위가 m^2/kg일 때는 $S=\dfrac{6}{d \times 밀도}$

$\therefore$ 비표면적 $\propto \dfrac{1}{d}$

$5000m^2/kg : \dfrac{1}{1}$　　　　　$\therefore x = 5000 \times \dfrac{1}{2} = 2500m^2/kg$

$x\,[m^2/kg] \ : \dfrac{1}{2}$

답 $2500m^2/kg$

---

30. 지표면 근처 이산화탄소의 평균 농도는 350ppm이다. 지구의 반지름을 6400km로 가정할 때 지표면과 지상 100m 사이에 존재하는 이산화탄소의 무게(t)를 구하시오. (단, 표준상태로 가정할 것) (6점)　　　2006.7.9 기사

계산과정 공기의 체적$= \dfrac{3.14 \times (6400100 \times 2)^3}{6} - \dfrac{3.14 \times (6400000 \times 2)^3}{6}$

$= 5.1446 \times 10^{16} m^3$

$\therefore CO_2$ 무게$= 5.1446 \times 10^{16} m^3 \times 350 \times 10^{-6} \times \dfrac{44kg}{22.4m^3} \times 10^{-3} t/kg$

$= 3.536 \times 10^{10}\ t$

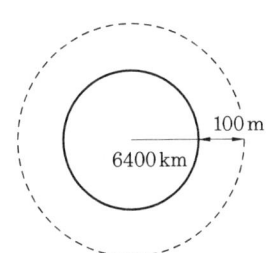

답 $3.54 \times 10^{10} t$

---

31. 지표면 근처 이산화탄소의 평균 농도는 350ppm이다. 지구의 반지름을 6380km로 가정할 때 지표면과 지상 150m 사이에 존재하는 이산화탄소의 무게(t)를 구하시오. (단, 표준상태로 가정할 것) (5점)　　　2009.7.5 기사

계산과정 공기의 체적$= \dfrac{3.14 \times (2 \times 6380000 + 2 \times 150)^3 m^3}{6} - \dfrac{3.14 \times (2 \times 6380000)^3 m^3}{6}$

$= 7.6688 \times 10^{16} m^3$

CO_2 무게$= 7.6688 \times 10^{16} m^3 \times 350 \times 10^{-6} \times \dfrac{44kg}{22.4m^3} \times 10^{-3} t/kg$

$$= 5.272 \times 10^{10} \, t$$

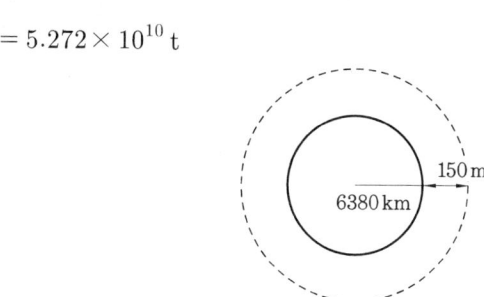

6380 km   150 m

답 $5.27 \times 10^{10} t$

---

32. 가스크로마토그래프법에서 이론단수가 1800인 분리관이 있다. 보유시간이 10분일 때, 피크의 좌우 변곡점에서 접선이 자르는 바탕선의 길이는? (단, 기록지 이동속도는 1.5cm/min이고, 이론단수는 모든 성분에 대하여 같다.)(4점) 2009.10.18 기사

계산과정 $n = 16 \times \left(\dfrac{tR}{W} \right)^2$

$$1800 = 16 \times \left(\frac{15 \text{mm/min} \times 10 \text{min}}{x \, [\text{mm}]} \right)^2$$

$$\therefore x = \frac{15 \times 10}{\sqrt{\dfrac{1800}{16}}} = 14.142 \text{mm}$$

답 14.14mm

---

33. 다음의 조건을 이용하여 가스크로마토그래피법에서 계산된 보유시간(min)은?

[조건] 이론단수 : 1600, 기록지 이동속도 : 5mm/min
피크의 좌우 변곡점에서 접선이 자르는 바탕선 길이 : 10mm

계산과정 $n = 16 \times \left(\dfrac{tR}{W} \right)^2$

$$1600 = 16 \times \left(\frac{5 \text{mm/min} \times x \, [\text{min}]}{10 \text{mm}} \right)^2$$

$$\therefore x = \frac{\left(\dfrac{1600}{16} \right)^{\frac{1}{2}} \times 10}{5} = 20 \text{min}$$

답 20min

34. 다음 조건을 이용한 가스크로마토그래프법에서 분리관의 HETP(mm)는?

> [조건] 보유시간 : 5min, 피크 좌우의 변곡점에서 접선이 자르는 바탕선의 길이 :
> 5mm, 기록지 이동속도 : 5mm/min, 분리관의 길이 : 2m

계산과정 $n = 16 \times \left(\frac{tR}{W}\right)^2 = 16 \times \left(\frac{5\text{mm}/\text{min} \times 5\text{min}}{5\text{mm}}\right)^2 = 400$

$\therefore \text{HETP} = \frac{L}{n} = \frac{2000\text{mm}}{400} = 5\text{mm}$

답 5mm

---

35. 흡광광도법으로 오염물질을 측정할 때 흡광계수(ε)는 90이고, 오염물질의 농도는 0.02mol, 셀의 길이가 0.2mm라면 투과도와 흡광도를 각각 구하시오.

2004.7.4, 2008.11. 기사

계산과정 ① 투과도 $\frac{I_t}{I_o} = 10^{-\epsilon \cdot c \cdot l} = 10^{-90 \times 0.02 \times 0.2} = 0.436$

여기서, c : 오염물질 농도(mol), l : 셀의 길이(mm)

② 흡광도 $A = \epsilon \cdot c \cdot l = 90 \times 0.02 \times 0.2 = 0.36$

답 ① 0.44 ② 0.36

---

36. 흡광광도법을 사용하여 어떤 시료의 발색액을 측정한 결과 투과 퍼센트(T)가 80%이었다. 이 경우의 흡광도는 얼마인가?

계산과정 $T = t \times 100$, $80\% = t \times 100$, $t = \frac{80}{100} = 0.8$

$A = \log\frac{1}{t} = \log\frac{1}{0.8} = 0.096$

답 0.10

---

37. 직경 2m인 굴뚝에서 분진농도를 측정하고자 한다. 배기가스 유량이 2000m^3/min(100℃)이고 포집기의 노즐 크기가 15mm라면, 등속흡인을 위하여 분진 포집기의 펌프로 분당 몇 L(20℃)의 공기를 흡입하여야 하는지 계산하시오.

2000.4.23 산업기사

|이해| $Q = A \cdot V$에서 굴뚝의 가스 유속을 구한다.

계산 과정

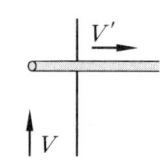

$$V' = \cfrac{Q \times \cfrac{\text{포집기의 절대온도}}{\text{굴뚝의 절대온도}}}{A}$$

$$= \cfrac{Q \times \cfrac{\text{포집기의 절대온도}}{\text{굴뚝의 절대온도}}}{\cfrac{3.14 \times D^2}{4}}$$

$$= \cfrac{2000 \text{m}^3/\text{min} \times \cfrac{(273+20)}{(273+100)}}{\cfrac{3.14 \times 2^2}{4} \text{m}^2} = 500.0793 \text{m/min}$$

등속 흡인을 위한 펌프의 흡인 공기량을 구하면

$$Q' = A' \cdot V' = \frac{3.14 \times D^2}{4} \times V'$$

$$= \frac{3.14 \times (15 \times 10^{-3})^2}{4} \text{m}^2 \times 500.0793 \text{m/min} \times 10^3 \text{L/m}^3 = 88.326 \text{L/min}$$

여기서, V : 굴뚝 내의 유속(m/s), A : 굴뚝의 단면적(m^2), Q : 굴뚝에서의 배출유량(m^3/s)
　　　　V' : 포집기 내의 유속(m/s), A' : 포집기 내의 단면적(m^2)
　　　　Q' : 포집기에서의 배출유량(m^3/s)

답 88.33 L/min

---

38. 연도에서 피토관을 사용하여 동압을 측정하니 12mmH₂O였다. 이 연도의 가스 유속은 몇 m/s인가? (단, 표준 상태의 공기의 밀도는 1.3kg/Sm³이다.)

2004.4.25, 2005.5.1, 2009.7.5 산업기사

계산 과정 $V = \sqrt{2g \dfrac{\Delta P}{\gamma}} = \sqrt{2 \times 9.8 \,\text{m/s}^2 \times \dfrac{12 \text{kg/m}^2}{1.3 \text{kg/m}^3}} = 13.450 \text{m/s}$

답 13.45m/s

---

39. 도관 내를 흐르는 가스의 유압을 피토관으로 측정하니 동압이 10mmH₂O, 유속이 15m/s였다. 이때 도관 밸브를 완전히 열어 동압을 측정하니 20mmH₂O로 되었다. 이때 이 도관 내의 유속은?

2009.4.19 산업기사

계산 과정 $V \propto \sqrt{\Delta P}$

$15 \text{m/s} : \sqrt{10 \text{mmH}_2\text{O}}$

$x [\text{m/s}] : \sqrt{20 \text{mmH}_2\text{O}}$ 　　　　　$\therefore x = \dfrac{15 \times \sqrt{20}}{\sqrt{10}} = 21.213 \text{m/s}$

답 21.21m/s

40. 덕트 중의 배기가스의 유속을 pitot관으로 측정하였다. 동압의 측정을 위하여 내부에 비중 0.85의 톨루엔을 담고 있는 확대율 5배의 경사관 압력계를 사용하였는데 동압은 경사관의 액주로 80mm이었다. 측정점의 가스유속(m/s)은 얼마인가? (단, 가스의 밀도는 상온, 상압에서 1.3kg/Sm^{3}이다.) 1999.5.30 산업기사

> **계산과정** $V = \sqrt{2g \dfrac{\Delta P}{\gamma}} = \sqrt{2 \times 9.8 \times \dfrac{13.6}{1.3}} = 14.319 \text{m/s}$
>
> 여기서, $\Delta P = \dfrac{80 \times 0.85}{5} = 13.6 \text{mmH}_2\text{O}$
>
> **답** 14.32m/s

41. 어떤 덕트에 상온 상압의 공기가 흐르고 있다. 이 유속을 피토관으로 측정한 결과 동압이 10mmHg이다. 이때의 유속(m/s)을 계산하시오. (단, 공기의 비중량은 1.3kg/m^3, 수은의 비중은 13.6이고 $C=1$이다.)

> **계산과정** 10mmHg를 mmH$_2$O로 환산하면 $10 \times 13.6 = 136 \text{mmH}_2\text{O}$
>
> $V = C \sqrt{2g \dfrac{\Delta P}{\gamma}} = 1 \times \sqrt{2 \times 9.8 \times \dfrac{136}{1.3}} = 45.282 \text{m/s}$
>
> **답** 45.28m/s

42. 피토관을 사용하여 배기가스의 유속을 측정하였더니 경사가 15°인 마노미터에서 읽은 값이 25mm이었다. 이때 가스의 유속(m/s)을 구하시오. (단, 마노미터의 액체의 밀도는 1000kg/m^3, 배기가스의 밀도는 1.3kg/m^{3}이다.)

> **계산과정** $\sin\theta = \dfrac{\text{높이}}{\text{빗변}}$
>
> 높이 = 빗변 $\times \sin\theta = 25 \times \sin 15°$
> $= 6.4704 \text{mmH}_2\text{O}$
>
> $V = \sqrt{2 \times 9.8 \times \dfrac{6.4704}{1.3}} = 9.876 \text{m/s}$
>
> **답** 9.88m/s

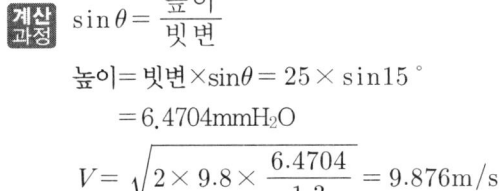
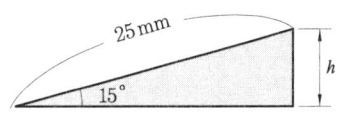

43. 배기가스 온도가 150℃, 정압이 −200mmH$_2$O인 연도에서 피토관으로 동압을 측정하니 15mmH$_2$O였다. 이 측정점에서의 가스 유속은 몇 m/s인가? (단, $C=1$, 배기가스의 밀도는 1.3kg/Sm^{3}이다.) (6점) 2004.7.4 산업기사

계산과정

$$V = C\sqrt{2g\frac{\Delta P}{\gamma}} = \sqrt{2g\frac{\Delta P}{\gamma_o\,[\mathrm{kg/Sm^3}]\times\dfrac{1}{\dfrac{T'}{T}\times\dfrac{P}{P'}}}} = \sqrt{2g\frac{\Delta P}{\gamma_o\times\dfrac{T}{T'}\times\dfrac{P'}{P}}}$$

$$= 1\times\sqrt{2\times 9.8\times\frac{15}{1.3\times\dfrac{273}{273+150}\times\dfrac{760-\dfrac{200}{13.6}}{760}}} = 18.903\mathrm{m/s}$$

답 18.90m/s

---

44. 배기가스 온도가 180℃이고, 톨루엔의 비중이 0.85, 동압은 6.5mm 톨루엔이고 피토관 계수가 0.8652, 배기가스의 밀도는 1.3kg/Nm³이다. 피토관 유속을 구하시오.
2008.11. 기사

계산과정

$$V = C\sqrt{2g\frac{\Delta P}{\gamma}} = 0.8652\times\sqrt{2\times 9.8\times\frac{6.5\times 0.85}{1.3\mathrm{kg/Nm^3}\times\dfrac{1}{\dfrac{(273+180)}{273}}}}$$

$$= 10.172\mathrm{m/s}$$

답 10.17m/s

---

45. 다음 그림에서 피토관으로 관로의 중심축에서 유속을 측정하였다. 전체 압력수두는 8.0m이고, 정압수두는 2m이다. 이 관내의 최대유속을 계산하시오. (단, 피토관의 계수 $C=1$이다.) (6점)
2003.10. 산업기사

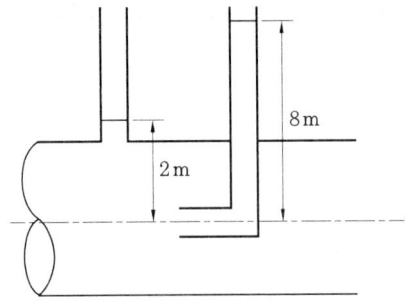

계산과정 $V = C\sqrt{2gh} = 1\times\sqrt{2\times 9.8\times(8-2)} = 10.844\mathrm{m/s}$

답 10.84m/s

46. 직경 500mm의 관 속을 상온, 상압의 공기가 흐르고 있다. 이를 표준 피토관으로 측정했더니 동압이 10mmH₂O인 경우 관을 흐르고 있는 공기의 유량은? (단, 공기의 비중량은 1.3) 2000.8.13 산업기사

계산과정
$$Q = A \cdot V = \frac{3.14 \times D^2}{4} \times \sqrt{2g\frac{\Delta P}{\gamma}} = \frac{3.14 \times 0.5^2}{4} \times \sqrt{2 \times 9.8 \times \frac{10}{1.3}}$$

$$= 2.409 \text{m}^3/\text{s}$$

답 $2.41\text{m}^3/\text{s}$

47. 직경 300mm의 파이프 내로 상온 상압의 공기가 흐르고 있다. 이를 피토관으로 측정하니 동압이 10mmH₂O였을 때 이 파이프 내의 유속이 균일하고 공기의 비중량이 1.3kg/m³일 때 관 내의 기체유량(m³/h)을 구하시오. (단, 피토관 계수는 0.4이다.)

계산과정
$$Q = CA\,V = C \times A \times \sqrt{2g\frac{\Delta P}{\gamma}}$$

$$= \left(0.4 \times \frac{3.14 \times 0.3^2}{4} \times \sqrt{2 \times 9.8 \times \frac{10}{1.3}}\right)\text{m}^3/\text{s} \times 3600\text{s/h}$$

$$= 1249.197\text{m}^3/\text{h}$$

답 $1249.20\text{m}^3/\text{h}$

48. 직경 500mm의 연도 중의 온도가 300℃, 정압 70mmH₂O의 공기가 흐르고 있었다. 이를 피토관으로 측정하였더니, 동압이 20mmH₂O였다. 연도 중 흐르는 공기의 유량(m³/s)을 계산하시오. (단, $C=1$, 표준상태의 공기의 밀도는 1.3kg/Sm³으로 한다.) (5점) 2000.8.13, 2011.5.1 기사

계산과정
$$Q = A \cdot V = A \cdot C \cdot \sqrt{2g\frac{\Delta P}{\gamma}} = \frac{3.14 \times D^2}{4} \times C \times \sqrt{2g\frac{\Delta P}{\gamma}}$$

$$= \frac{3.14 \times 0.5^2}{4}\text{m}^2 \times 1 \times \sqrt{2 \times 9.8\text{m/s} \times \frac{20\text{kg/m}^2}{1.3\text{kg/Sm}^3 \times \frac{1}{\frac{273+300}{273}} \times \frac{1}{\frac{10332}{10332+70}}}}$$

$$= 4.920\text{m}^3/\text{s}$$

답 $4.92\text{m}^3/\text{s}$

49. A공장의 대기환경기사가 작성한 자가측정 기록을 근거로 다음 물음에 답하시오.
(단, 270℃에서 배출가스 밀도 1.3kg/m³, 17℃에서 물의 포화수증기압 14.5mmHg)

1998.5.10 산업기사 / 2000.11.12 기사

A공장의 자가측정기록부

연도 직경	3m		여과지	포집 전	0.801g
배기온도	270℃			포집 후	0.921g
경사마노미터 수액 : 물	확대율	10	가스미터 (습식)	지시흡인량	1200L
	경사각	30°		온도	17℃
	액주이동거리	20cm		게이지압	0mmHg
피토관 계수	0.8614		대기압		1atm

(1) 이 공장의 배출가스량(m³/s)은?

(2) 이 공장의 배출가스 먼지농도(mg/Sm³)는?

계산과정 (1) $H = x \times \sin\theta \times \dfrac{1}{\alpha} = 200\text{mm} \times \sin 30° \times \dfrac{1}{10}$

$= 10\text{mmH}_2\text{O}$

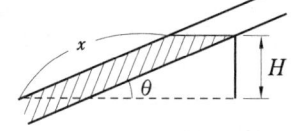

$Q = AV = A \times C\sqrt{2g\dfrac{\Delta P}{\gamma}}$

$= \dfrac{3.14 \times 3^2}{4} \times 0.8614 \times \sqrt{2 \times 9.8 \times \dfrac{10}{1.3}}$

$= 74.726\text{m}^3/\text{s}$

(2) $V_N = V \times \dfrac{T}{T'} \times \dfrac{P'}{P}$

$= 1200\text{L} \times \dfrac{273}{273 + 17} \times \dfrac{760 + 0 - 14.5}{760} \times 10^{-3}\text{Sm}^3/\text{L}$

$= 1.108\text{Sm}^3$

$\therefore$ 농도 $= \dfrac{(0.921 - 0.801)\text{g} \times 10^3\text{mg/g}}{1.108\text{Sm}^3} = 108.303\,\text{mg/Sm}^3$

답 (1) 74.73m³/s (2) 108.30mg/Sm³

50. 수분이 960g이고 건가스가 10m³일 때

2003.4.27 기사

(1) 건가스에 대한 수분(%)을 구하시오.

(2) 습가스에 대한 수분(%)을 구하시오.

계산과정 (1) 수분 %= $\dfrac{960\text{g} \times \dfrac{22.4\text{L}}{18\text{g}}}{10\text{m}^3 \times 10^3\text{L/m}^3} \times 100 = 11.946\%$

(2) 수분 %= $\dfrac{960\text{g} \times \dfrac{22.4\text{L}}{18\text{g}}}{10\text{m}^3 \times 10^3\text{L/m}^3 + 960\text{g} \times \dfrac{22.4\text{L}}{18\text{g}}} \times 100 = 10.671\%$

답 (1) 11.95% (2) 10.67%

---

51. 굴뚝 배출가스 중의 수분량을 측정하기 위하여 흡수관에 10L의 배출가스를 흡인하여 유출시킨 결과 흡수관의 수분흡수에 의한 중량 증가는 0.85g이었다. 이때 건식가스미터로 측정하였고 게이지압이 4mmH₂O, 대기온도는 270℃였다. 측정 당시 대기압은 770mmHg라면 배출가스 중의 수분량(%)은 얼마인가? (6점)

2003.7.13 기사

계산과정 $X_w = \dfrac{\dfrac{22.4}{18}m_a}{V_m \times \dfrac{273}{273+\theta_m} \times \dfrac{P_a + P_m}{760} + \dfrac{22.4}{18}m_a} \times 100$

$= \dfrac{\dfrac{22.4}{18} \times 0.85}{10 \times \dfrac{273}{273+270} \times \dfrac{770 + 4/13.6}{760} + \dfrac{22.4}{18} \times 0.85} \times 100 = 17.189\%$

답 17.19%

---

52. 고용량 공기포집기(High Volume Air Sampler)를 사용하여 하루동안(24시간) 부유분진을 채취하였다. 포집 전후의 여과재의 중량차는 2g이었고, 유량은 포집 시작 시 0.2m³/min, 포집이 끝날 무렵 0.18m³/min이었다. 부유분진의 농도(mg/m³)는 얼마인가?

2002.7.7, 2005.7.10 기사

계산과정 흡입공기체적 $V = \dfrac{Q_s + Q_c}{2} \times t = \dfrac{0.2 + 0.18}{2}\text{m}^3/\text{min} \times 24\text{h} \times 60\text{min/h}$

$= 273.6\text{m}^3$

∴ 농도= $\dfrac{질량}{체적} = \dfrac{2\text{g} \times 10^3\text{mg/g}}{273.6\text{m}^3} = 7.309\text{mg/m}^3$

답 7.31mg/m³

53. 고용량 공기포집기(High Volume Air Sampler)를 사용하여 하루동안(24시간) 부유분진을 채취하였다. 포집 전 여과재의 무게는 3.100g, 포집 후의 여과재의 중량은 3.400g이었고, 유량은 1.6 Sm³/min이었다. 부유분진의 농도(μg/Sm³)는 얼마인가? (4점)

2007.4.22 산업기사

계산 과정

$$농도 = \frac{질량}{체적} = \frac{질량}{유량 \times 시간} = \frac{(3.4-3.1)g \times 10^6 \mu g/g}{1.6\,Sm^3/min \times 24h \times 60min/h}$$

$$= 130.208\,\mu g/Sm^3$$

답 $130.21\mu g/Sm^3$

54. 고용량 공기포집기(High Volume Air Sampler)를 사용하여 부유분진을 채취하였다. 포집 전 원통여지의 무게는 5.4023g, 1시간 포집 후의 여지의 무게는 5.4148g이었고, 유량은 60L/h(70℃, 1atm)이었다. 부유분진의 농도(mg/Sm³)는 얼마인가? (4점)

2007.11.4 산업기사

계산 과정

$$먼지농도 = \frac{질량}{체적} = \frac{(5.4148-5.4023)g/h \times 10^3 mg/g}{60L/h \times 10^{-3}m^3/L \times \frac{273K}{(273+70)K}} = 261.752mg/Sm^3$$

답 $261.75mg/Sm^3$

55. 특정발생원에서 일정한 굴뚝을 거치지 않고 외부로 비산되는 먼지를 하이볼륨에어샘플러로 측정한 결과 다음과 같은 자료를 얻었다. 이때 비산먼지의 농도는 몇 mg/m³인가? (6점)

2009.10.18 기사/2011.7.24 산업기사

- 포집먼지량이 가장 많은 위치에서의 먼지농도 : 6.83mg/m³
- 대조위치에서의 먼지농도 : 0.12mg/m³
- 전 시료 채취 기간 중 주 풍향이 45~90° 이상 변한다.
- 풍속이 0.5m/s 미만 또는 10m/s 이상 되는 시간이 전 채취시간의 50% 미만이다.

계산 과정

비산먼지 농도 $C = (C_H - C_B) \times W_D \times W_S$

$$= (6.83 - 0.12)mg/m^3 \times 1.2 \times 1.0$$

$$= 8.052mg/m^3$$

여기서, C_H : 포집먼지량이 가장 많은 위치에서의 먼지농도(mg/m³)

C_B : 대조 위치에서의 먼지농도(mg/m³)

W_D : 풍향 측정결과로부터 구한 보정계수

W_S : 풍향, 풍속 측정결과로부터 구한 보정계수

※ 전 시료 채취 기간 중 주 풍향이 45~90° 이상 변하면 W_D는 1.2이다.

※ 풍속이 0.5m/s 미만 또는 10m/s 이상 되는 시간이 전 채취 시간의 50% 미만이면 W_S는 1.0이다.

目 $8.05mg/m^3$

---

56. deposit gauge를 사용해서 27일간 포집한 강하분진이 2.34g일 때 강하 분진량을 $t/km^2/30$일로 계산하시오. (단, 분진계 포집깔때기의 반경은 10cm이다.) (6점)

2006.7.9, 2010.4.18 산업기사

계산과정 $t/km^2 \cdot$월$= \dfrac{2.34g \times 10^{-6}t/g}{\dfrac{3.14 \times 20^2}{4}cm^2 \times 10^{-10}km^2/cm^2 \times 27day \times 월/30day}$

$= 82.802t/km^2 \cdot$월

目 $82.80t/km^2/30$일

---

57. 환경기준시험을 위하여 인구밀도가 2000명/km^2이고, 총면적이 5000km^2인 곳의 측정점수를 구하시오. (단, 총면적 중 전답, 임야, 하천의 면적은 각각 1000, 700, 300km^2이며, 전국 평균 인구밀도는 3000명/km^2이다.) (6점) 2005.5.1 기사

계산과정 측정 점수$= \dfrac{\text{그 지역 가주지 면적}}{25km^2} \times \dfrac{\text{그 지역 인구밀도}}{\text{전국 평균 인구밀도}}$

$= \dfrac{5000 - (1000 + 300 + 700)}{25km^2} \times \dfrac{2000}{3000} = 80$

目 80

 memo

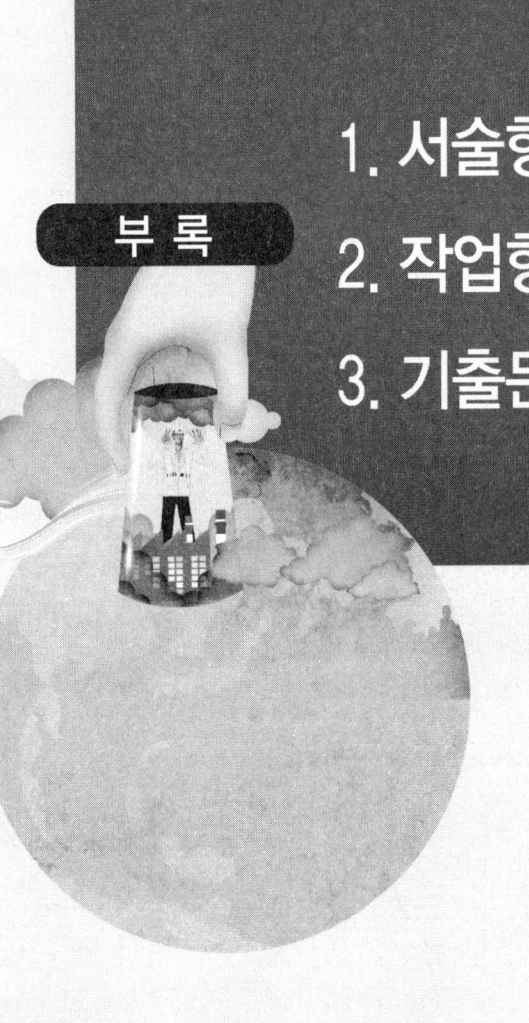

1. 자동차 배기가스 중 CO와 NOx의 농도는 아이들링 상태와 정속(또는 가속) 상태 중 어느 때 높은가를 각각 쓰고 그 이유를 설명하시오. 　　　　2001.4.22 기사

🖉 (1) CO : 아이들링(공전) 상태에서 높다.

|이유| 아이들링 상태에서는 공회전을 하기 때문에 AFR이 적어 불완전연소가 일어나 CO 발생이 많아진다.

(2) NOx : 정속 또는 가속 상태에서 높다.

|이유| 정속 또는 가속 상태에서는 실린더 내의 온도가 올라가고 운행 중이므로 AFR이 크게 되어 NOx 발생이 많아진다.

2. 대도시에서 탄화수소 화합물, NO₂, NO, O₃의 오전 4시부터 오후 6시까지 시간변화에 대해서 농도(pphm) 변화 영향이 어떻게 되는지 그림으로 표시하고 설명하시오. (6점) 　　1998.5.10, 2011.11.2 산업기사 / 2001.11.4, 2003.10, 2006.4.23 기사

🖉 러시아워인 6시에서 8시 사이에는 자동차 배기가스인 탄화수소와 NO의 농도가 높고, 광화학반응이 활발히 일어나는 12시 이후부터 14시 사이에는 2차 오염물질인 오존과 알데히드의 농도가 높음을 알 수 있다.

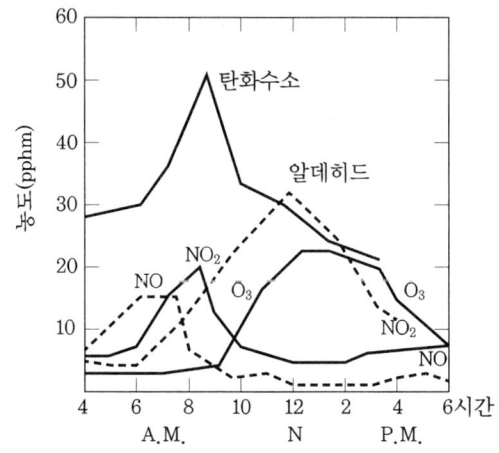

3. 광화학 스모그에서 발생하는 2차 오염물질(3가지)을 쓰시오.

　　　　2002.4.21, 2007.4.22 산업기사

답 ① 오존(O_3)　② 과산화수소(H_2O_2)　③ PAN($CH_3COOONO_2$)

---

4. 산성비의 기준을 pH 5.6으로 이용하고 있다. 이 5.6이라는 수치는 어떠한 근거로 산출하는가 설명하시오. 　　　　　　　　　　　2000.8.13, 2004.4.25 기사

답 대기중의 CO_2가 비 속에 포화상태로 녹았을 때의 pH값이 5.6이다.

---

5. 온실효과에 대해서 설명하고, 온실효과 유발물질 3가지를 쓰시오.
　　　　　　　　　　　　　　　　2000.11.12, 2002.7.7, 2008.11. 기사

답 온실효과란 태양광이 지구에 들어오면 태양광 중 $\frac{2}{3}$는 지표에 흡수되고 $\frac{1}{3}$은 방사되는데 CO_2와 H_2O 층에 의해 지구의 복사열인 장파장의 적외선을 흡수하였다가 재방사함으로써 지구의 온도가 상승되는 효과를 말한다.

　유발물질 : 이산화탄소, 메탄, 아산화질소, 수소불화탄소, 과불화탄소, 육불화황, 염화불화 탄소

---

6. 서울 지역에서 열섬효과로 인한 온도차는 맑은날 밤에 극심하다. 열섬효과에 영향을 주는 영향인자를 3가지만 쓰시오. (6점) 　　　　　　2008.7.6, 2010.10.31 기사

답 ① 도시에는 열방출량이 많다.
　② 도시에는 인구밀도가 높다.
　③ 도시에는 교통과 산업시설이 밀집되어 있다.
　④ 도시에는 풍속이 느려 열확산 능력이 작다.

---

7. 다음 보기를 보고 오존파괴지수(ODP)가 큰 것부터 나열하시오. (6점)
　　　　　　　　　　　　　　　　　　　　　　　2010.10.31 기사

[보기] $C_2F_3Cl_3$, $C_2F_4Br_2$, CF_3Br, CH_2BrCl, CF_2BrCl

답 $CF_3Br > C_2F_4Br_2 > CF_2BrCl > C_2F_3Cl_3 > CH_2BrCl$
참고 할론 1301 ODP : 10, 할론 2402 ODP : 6, 할론 1211 ODP : 3
　　CFC-113 ODP : 0.8, 브로모클로로메탄 ODP : 0.12

8. 대기 중 오존과 관련하여 다음 물음에 답하시오. (6점)   2012.7.8 산업기사

(1) 고도에 따라 오존전량을 표시할 때 사용하는 도브슨 단위(Dobson units : DU)의 정의

(2) 다음 특정물질을 오존파괴지수가 큰 것부터 작은 것으로 순서대로 나열하시오.

> CFC-115, HCFC-31, CFC-11, CCl_4

답 (1) 성층권의 오존층에 있는 오존의 양을 나타내는 단위, 1기압으로 오존을 압축했을 때의 두께를 말하며 1mm두께를 100도브슨 단위라 한다.

(2) CCl_4 > CFC-11 > CFC-115 > HCFC-31

참고 CCl_4 ODP : 1.1, CFC-11 ODP : 1.0, CFC-115 ODP : 0.6

---

9. N_2O가 대기에 머물 때 대기오염 현상을 대류권과 성층권을 나누어서 설명하시오.

2005.7.10 산업기사

답 대류권 : 온실 효과 유발
성층권 : 오존층 파괴

---

10. (1) 석면(Asbestos)의 3가지 종류를 생체에 미치는 독성이 강한 순서대로 나열하시오.

(2) 석면 분진에 폭로되었을 때 발생하는 대표적인 증상 3가지를 쓰시오. (6점)

2003.10. 기사

답 (1) 독성이 강한 순서 : 청석면> 황석면> 백석면
(2) 대표적인 증상 : ① 석면 폐증 ② 폐암 ③ 호흡기질환 ④ 피부질환

---

11. 지균풍의 원리를 힘을 이용하여 설명하시오.   2004.10, 2009.7.5 산업기사

답 마찰력이 작용하지 않는 대기층(1km 이상)에서 기압경도력과 전향력만으로 등압선과 평행하게 부는 바람을 말한다.

---

12. 산곡풍, 해륙풍, 경도풍에 대해 밤과 낮을 구분하여 정의, 발생 원인, 특성을 적으시오. (6점)

2009.7.5 기사

답 ① 산곡풍

　　정의 : 낮에 곡에서 산 정상으로 부는 바람을 곡풍이라 한다. 그리고 밤에 산 정상에서 곡으로 부는 바람을 산풍이라 한다.

　　발생 원인 : 곡풍은 낮에 산 정상에서 더 빨리 가열되어 기류는 곡에서 산 정상 쪽으로 상승하여 생기고, 산풍은 밤에 곡보다 산 정상이 빨리 식어 산 정상에서 곡 쪽으로 불게 된다.

　　특성 : 밤에 산풍이 불 때 대기 오염이 가중된다.

　② 해륙풍

　　정의 : 낮에 바다에서 육지로 부는 바람을 해풍이라 한다. 그리고 밤에 육지에서 바다로 부는 바람을 육풍이라 한다.

　　발생 원인 : 해풍은 낮에 비열이 작은 육지가 바다보다 빨리 가열되어 기류는 바다에서 육지로 불게 되고, 육풍은 밤에 바다가 육지보다 덜 식어 바다 위의 공기가 상승하게 되고, 이를 보안하기 위해 육지에서 바다 쪽으로 바람이 불게 되어 생긴다.

　　특성 : 해륙풍이 생기는 곳에서부터 위쪽으로 1km 정도 가면 해륙풍과 반대의 바람이 분다.

　③ 경도풍

　　정의 : 지상 500~700m 상층에서 등압선을 따라 부는 바람이다.

　　발생 원인 : 기압경도력, 원심력, 전향력 세 힘이 평형을 이룰 때 생기는 바람이다.

　　특성 : 풍속은 고도에 따라 기압경도력에 비례하여 커진다.

---

13. 분산모델과 수용모델의 특징 3가지씩을 서술하시오. (6점)　　　2007.4.22 기사

답 분산모델의 특징

　① 2차 오염원의 확인이 가능하다.

　② 기초적인 기상학적 원리를 적용, 미래의 대기질을 예측하여 대기오염 제어 정책 입안에 도움을 준다.

　③ 점, 선, 면 오염원의 영향을 평가할 수 있다.

　④ 지형 및 오염원의 조업 조건에 영향을 받는다.

　⑤ 오염물의 단기간 분석 시 문제가 된다.

　⑥ 분진의 영향 평가는 기상의 불확실성과 오염원이 미확인인 경우에 문제점을 가진다.

　⑦ 새로운 오염원이 지역 내에 생길 때 매번 재평가를 하여야 한다.

수용모델의 특징

　① 지형, 기상학적 정보 없이도 사용 가능하다.

　② 수용체 입장에서 영향평가가 현실적으로 이루어질 수 있다.

　③ 오염원의 조업 및 운영상태에 대한 정보 없이도 사용 가능하다.

　④ 새로운 오염원, 불확실한 오염원을 정량적으로 확인, 평가할 수 있다.

　⑤ 입자상, 가스상 물질, 가시도 문제 등 환경 전반에 응용할 수 있다.

　⑥ 현재나 과거에 일어났던 일을 추정하여 미래를 위한 계획을 세울 수 있으나 미래 예측은

어렵다.

⑦ 측정자료를 입력자료로 사용하므로 시나리오 작성이 곤란하다.

⑧ '모델링'이라는 협의의 개념보다는 대기오염물질의 물리화학적 분석과 각종 응용통계 분석까지를 포함한 광의의 개념으로 이용되고 있다.

⑨ 모델의 분류는 오염물질의 분석방법에 따라 현미경 분석법과 화학분석법으로 구분한다.

⑩ 대기오염 배출원이 주변지역에 미치는 영향 또는 기여도를 수리통계학적으로 분석하는 것이다.

---

14. 황산화물의 착지농도를 감소시키기 위한 3가지 방법을 서술하시오.

2000.4.23 산업기사

🔲 ① 황산화물의 배출량을 줄인다.

② 배출가스 속도를 빠르게 한다.

③ 배출가스 온도를 높인다.

※ C_{max} 공식을 이용하여 암기하시오.

---

15. (1) 리처드슨 수의 공식을 쓰고 각 항목을 설명하고, (2) 다음 범위의 안전도를 판단하시오.

2002.10.27, 2006.11.5 기사 / 2011.7.24 산업기사

① $-0.03 < Ri < 0$ ② $0 < Ri < 0.25$ ③ $Ri < -0.04$

🔲 (1) $Ri = \dfrac{g}{T} \times \dfrac{\dfrac{\Delta \theta}{\Delta z}}{\left(\dfrac{\Delta u}{\Delta z}\right)^2}$

여기서, g : 중력가속도(9.8m/s^2)

T : 평균 절대온도(K)

Δz : 고도차(m)

Δu : 풍속차(m/s)

$\Delta \theta$: 온도차(℃)

(2) ① $-0.03 < Ri < 0$: 리처드슨 수가 0에 근접하므로 분산은 줄어든다. (대기중립)

② $0 < Ri < 0.25$: 수직 혼합은 거의 없게 되고 수평으로만 진행된다. (대기안정)

③ $Ri < -0.04$: 리처드슨 수가 큰 음의 값을 가지므로 대류가 지배적이다. (대기 불안정)

16. **유효굴뚝높이에 대해 설명하시오.** 2002.10.27 산업기사

📖 유효굴뚝높이는 실제굴뚝높이에 연기의 상승높이를 더한 것이다.
∴ $H_e = H_s + \Delta_h$ 여기서, H_e : 유효굴뚝높이(m)
H_s : 실제굴뚝높이(m)
Δh : 연기상승높이(m)

17. **유효굴뚝높이를 증가시키는 방법 4가지를 기술하시오.** 2003.10. 산업기사

📖 ① 실제 굴뚝높이를 높인다.
② 배기가스의 토출속도를 빠르게 한다.
③ 배기가스의 온도를 증가시킨다.
④ 마찰손실을 줄여 통풍력을 크게 한다.

18. **환경체감률과 건조단열체감률을 이용한 대기안정도를(안정, 불안정) 그리시오.**
2002.7.7 산업기사

📖 환경감률 : γ, 건조단열체감률 : γ_d 라 하면
① 안정 ② 불안정

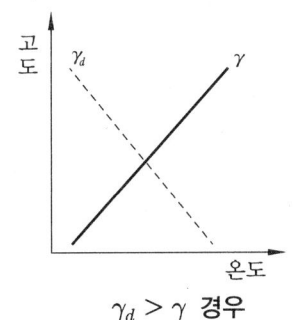

$\gamma_d > \gamma$ 경우

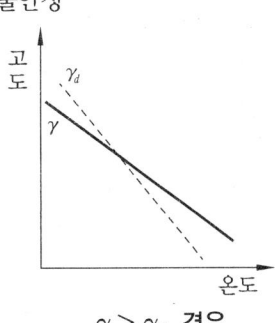

$\gamma > \gamma_d$ 경우

19. **온위와 건조단열감률에 대해 설명하시오. (3점)** 2004.7.4 산업기사

📖 ① 온위 : 어느 고도의 공기를 건조단열적으로 1000mbar까지 내려갔을 때 나타나는 온도를 말한다.
② 건조단열감률 : 공기를 건조단열적으로 고도 100m만큼 상승시키면 약 1℃만큼 하강하는 것을 말한다.

20. 고도에 따른 온도범위에 대한 과단열, 중립, 미단열, 등온 4가지의 환경감률의 형태를 건조단열감률과 비교하여 그리시오. (6점)   2003.7.13 산업기사

답

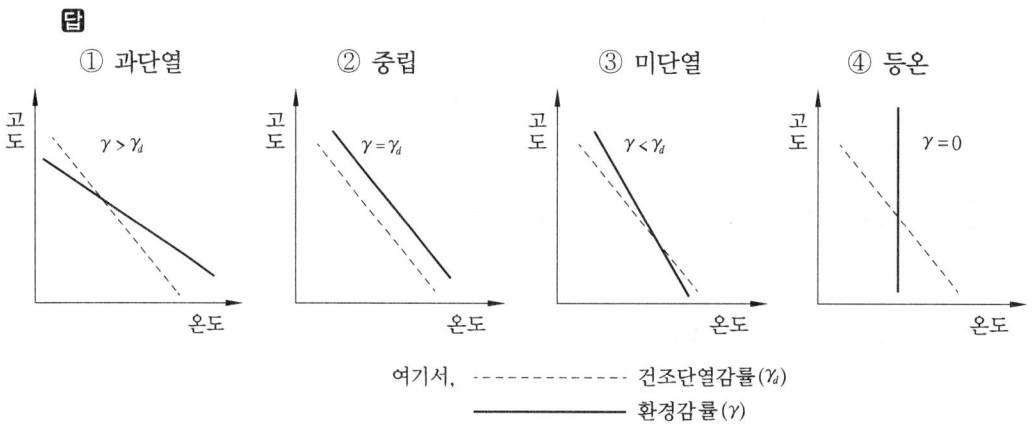

① 과단열   ② 중립   ③ 미단열   ④ 등온

여기서, - - - - - - - - - - - 건조단열감률(γ_d)
─────── 환경감률(γ)

21. 공중 역전에 대해서 3가지를 쓰고 설명하시오.   2002.4.21, 2009.4.19 산업기사

답 ① 침강성 역전 : 정체성 고기압 중심에서 기층이 서서히 침강하므로 단열압축으로 인해 가열되고 하층의 낮은 온도의 공기와 역전층이 형성된다. 이러한 역전을 침강성 역전이라 하는데 이로 인해 발생한 사건이 로스앤젤레스 스모그 사건이다.
② 전선형 역전 : 따뜻한 공기가 찬 공기 위를 타고 상승할 때 전선면 주위에 전이층이 형성되는데 이 전이층에서 역전현상이 발생한다. 이러한 역전을 전선형 역전이라 한다.
③ 난류형 역전 : 난류가 발생할 때 혼합이 이루어지고 기온 분포는 건조단열체감률에 가까워지고 이 혼합층 상단에 역전층이 발생한다. 이러한 역전을 난류형 역전이라 한다.
④ 해풍형 역전 : 해풍이 불 때 바다의 서늘한 공기가 육지의 더운 공기 사이에 전선면이 생기고 이 주위에 역전현상이 발생한다. 이러한 역전을 해풍형 역전이라 한다.

22. looping(환상형), fanning(부채형), fumigation(훈증형)을 대기 안정도와 관련지어서 설명하시오.   2002.4.21, 2008.11.2 산업기사

답 ① looping(환상형) : 대기가 불안정하여 난류가 심할 때 발생한다. 즉, 지표면이 가열되고 바람이 약한 맑은 날 낮에 주로 일어나는 연기의 형태이다.
② fanning(부채형) : 대기상태가 강한 안정(기온역전)인 상태에서 발생한다. 이 경우 연기와 수직운동이 억제되므로 위 아래로 확산이 잘 되지 않는 연기의 형태이다.
③ fumigation(훈증형) : 대기의 상태가 상층은 안정, 하층은 불안정할 때 발생한다. 이 경우 상층은 안정하여 확산되지 않고 하층으로만 확산되는 연기의 형태이다.

23. 굴뚝에서 배출되는 연기가 풍하측에서 down draught, down wash 현상을 일으키는 조건과 이 현상을 방지할 수 있는 방법을 쓰시오.　　2010.4.18 산업기사

　(1) down draught

　　조건 : 굴뚝의 높이가 주의 건물의 높이보다 낮을 경우 생긴다.

　　방지방법 : 굴뚝의 높이를 주위 건물의 높이보다 2.5배 이상 높인다.

　(2) down wash

　　조건 : 굴뚝 높이에서의 풍속(U)이 배출가스의 토출속도(V_s)보다 큰 경우에 발생한다.

　　방지방법 : 배출가스의 토출속도(V_s)를 굴뚝 높이에서의 풍속(U)보다 2배 이상 크게 한다.

24. 다운드래프트의 원인과 대책에 대해 쓰시오. (2점)　　2006.4.23 산업기사

　원인 : 굴뚝의 높이가 주위 건물의 높이보다 낮을 경우 생긴다.

　대책 : 굴뚝의 높이를 주위 건물의 높이보다 2.5배 이상 높인다.

25. 다음 각 연소의 종류에 대해 간단하게 설명하시오. (단, 연소별 해당되는 물질을 반드시 1가지 이상 언급하시오.) (5점)　　2010.7.5 기사

　(1) 증발연소

　(2) 분해연소

　(3) 표면연소

　(4) 확산연소

　(5) 내부연소(자기연소)

　(1) 증발연소 : 분해온도보다 증발온도가 낮은 경우 고체 연료 또는 액체 연료가 증발하여 연소하는 연소를 말한다. (예) 휘발유, 등유, 경유, 나프탈렌, 양초 등

　(2) 분해연소 : 증발온도보다 분해온도가 낮은 경우 고체 연료 또는 액체 연료가 분해하여 연소하는 연소를 말한다. (예) 목재, 석탄, 중유 등

　(3) 표면연소 : 휘발분이 없는 고체 연료가 불꽃 없이 연소하는 연소를 말한다. (예) 목탄, 코크스 등

　(4) 확산연소 : 기체 연료의 연소로서 가연성 가스와 공기를 따로 분출하면서 연소하는 연소를 말한다. (예) 액화천연가스(LNG), 액화석유가스(LPG)

　(5) 내부연소(자기연소) : 자신이 가연물이면서 산소를 많이 내포하고 있는 물질의 연소를 말한다. (예) TNT, 니트로글리세린

26. 기체 연료의 장점 3가지를 쓰시오. 2001.4.22 산업기사

답 ① 회분이나 황분이 없어 공해 문제가 거의 없다.
② 적은 공기비로도 완전연소가 가능하다.
③ 연소효율이 높고 연소 제어가 용이하다.
④ 저발열량의 연료로도 고온을 얻을 수 있다.

27. 노에서 고체, 액체, 기체 연료가 완전연소될 수 있는 4가지 조건을 쓰시오.
2001.4.22 산업기사

답 ① 충분한 온도   ② 충분한 시간   ③ 충분한 난류   ④ 충분한 연소공간

28. 탄화도가 증가할 때 증가하는 것 2가지와 감소하는 것 2가지를 쓰시오.

[보기] 1. 고정탄소   2. 착화온도   3. 휘발분   4. 매연발생률   5. 비열

2005.7.10 기사

답 ① 탄화도가 증가할 때 증가하는 것 : 고정탄소, 착화온도
② 탄화도가 증가할 때 감소하는 것 : 휘발분, 매연발생률, 비열

29. 최근 실내공기 오염물질인 라돈은 인체에 심각한 영향을 주고 있다. 방사성 원소의 붕괴반응이 1차 반응이라고 할 때 반응속도상수의 단위를 SI 단위로 표시하시오.
2001.11.4 기사

답 sec^{-1}

참고 1차 반응식 $C = C_o \cdot e^{-k \cdot t}$

여기서, C_o : 초기농도(ppm)　　　C : t시간 후의 농도(ppm)
k : 속도상수(h^{-1}, min^{-1}, s^{-1})　　t : 시간(h, min, s)

30. 다음을 서술하시오. (6점)　　2011.5.1 기사
(1) 반응속도의 정의
(2) 1차 반응(시간과 농도와 관계식 포함)
(3) 2차 반응

답 (1) 화학반응이 진행되는 속도, 즉 단위시간당 반응물질이 소멸되는 양이나 반응생성물이 생성된 양을 말하며 반응물질의 농도, 온도, 압력, 촉매 유무에 따라 변한다.

(2) $C = C_o \times e^{-k \cdot t}$

여기서, C : t시간 후에 남아 있는 농도(ppm)　　C_o : 초기농도(ppm)

k : 속도상수(h^{-1})　　　　　　　　　t : 시간(h)

(3) $\dfrac{1}{C} - \dfrac{1}{C_o} = k \cdot t$

---

31. 등가비(equivalence ratio)가 1인 연소장치의 등가비를 1.1로 높이면 배기가스 중 CO와 NO는 어떻게 변화하는지 쓰고 그 이유를 설명하시오.　　1998.8.30 기사

답 CO는 증가하고 NO는 감소한다.

|이유| 등가비가 1보다 크면 연료가 과잉인 상태이므로 불완전연소가 일어나 CO는 증가하고, 노 내의 온도가 낮아져 NO는 감소한다.

---

32. 등가비(equivalenct ratio)에 관하여 다음 물음에 답하시오. (4점)

(1) 등가비를 설명하시오. (식으로 표현하고 공기비와의 관계를 중심으로 설명)

(2) ( ) 안에 알맞은 말을 "증가" 또는 "감소"를 넣어 완성하시오. (부분배점 없음)

> 등가비가 1인 연소기의 등가비를 1 이하로 낮추게 되면 배출가스 중의 CO는 (①) 되고, NO는 (②) 된다.

2003.10, 2012.7.8 산업기사

답 (1) 등가비$(\phi) = \dfrac{(실제의 \ 연료량/산화제)의 \ 비}{(완전연소에 \ 이상적 \ 연료량/산화제)의 \ 비}$ 로서 공기비의 역수이다.

(2) ① 감소　② 증가

---

33. 이론연소온도에 대하여 설명하시오.　　2000.11.12 기사

답 연료를 연소시키는 데 필요한 이론공기(A_o)를 공급하여 완전연소시켰을 때 발생하는 최고 온도를 말한다.

---

34. 액체 연료의 연소장치 중 유압분무식 버너의 특징을 5가지만 쓰시오. (5점)

2010.7.4 기사

답 ① 용량 : 30~3000L/h
  ② 유량조절범위 : 1 : 1.5
  ③ 유압 : 5~30atg
  ④ 특성 : 넓은 각도의 화염으로 조절 범위가 좁음
  ⑤ 용도 : 발전용, 선박용, 대형보일러용
  ⑥ 분무각도 : 60~90도

35. 고체 연료의 연소장치 중 미분탄연소의 장점을 4개 서술하시오. (4점)
2006.4.23 기사

답 ① 적은 공기비로 완전연소할 수 있다.
  ② 사용 연료 범위가 넓고, 점결탄, 저발열량탄 등도 사용할 수 있다.
  ③ 점화, 소화가 용이하다.
  ④ 연소 제어가 용이하다.
  ⑤ 연소속도가 빠르고 연소효율도 양호하다.
  ⑥ 대용량 보일러에 적합하다.

36. 유동층 연소방식의 장단점을 2가지씩 나열하시오. (4점) 2007.4.22 기사

답 장점 : ① 연소온도가 800~1000℃로 NOx 발생이 적다.
       ② 화염층이 적으므로 장치를 소형으로 할 수 있다.
  단점 : ① 재나 미연탄소 방출이 많다.
       ② 부하 변동에 융통성이 적다.

37. 가솔린 엔진과 디젤 엔진의 특성을 상호 비교 시 디젤 엔진의 장단점을 각각 3가
지만 쓰시오. (6점) 2007.7.8, 2012.7.8 산업기사
(1) 장점
(2) 단점

답 (1) 장점
   ① 압축비가 높기 때문에 연비가 높다. (연료 소비량이 적다.)
   ② 공기비가 크므로 HC 생성량이 적다.
   ③ 공기비가 크므로 CO 생성량이 적다.
  (2) 단점
   ① 압축비가 높기 때문에 소음, 진동이 심하다.
   ② 매연이 많이 발생한다.

③ NOx가 많이 발생한다.

---

38. 옥탄가와 세탄가에 대해서 설명하시오. (4점) 2005.5.1 산업기사

옥탄가 : 휘발유의 내폭성을 나타내는 지수로 높을수록 노킹현상이 방지된다.

세탄가 : 경유의 발화성을 나타내는 지수로 높을수록 발화현상이 좋다.

---

39. 층류상태에서의 항력 $F_d = 3\pi \mu_g d V_s$ 이다. 침강속도 V_s의 전개과정을 기술하시오. (6점) 2007.4.22 기사 / 2008.11.2 산업기사

중력에 의한 침강력(F_g) = 입자에 작용하는 중력 − 유체에 작용하는 부력

$$= \frac{\pi d^3}{6} \cdot \rho_p \cdot g - \frac{\pi d^3}{6} \cdot \rho_a \cdot g$$

$$= \frac{\pi d^3}{6} \cdot (\rho_p - \rho_a) \cdot g\,[\text{kg} \cdot \text{m/s}^2]$$

가스의 저항력 : $F = 3\pi \mu d V_s$

$F_g = F$ 이므로 $\dfrac{\pi d^3}{6} \cdot (\rho_p - \rho_a) \cdot g = 3\pi \mu d V_s$

$$\therefore \ V_s = \frac{g(\rho_p - \rho_a)d^2}{18\mu}\,[\text{m/s}]$$

---

40. 스토크 직경과 공기역학적 등가직경을 비교 설명하시오. (6점) 2002.10.27, 2009.7.5, 2010.4.18 기사

① 스토크 직경 : 본래의 분진의 침강속도와 밀도가 같은 구형입자의 직경을 말한다.

② 공기역학적 직경 : 본래의 분진의 침강속도가 같고, 밀도가 1g/cm^3인 구형입자의 직경을 말한다.

---

41. 입자 크기의 정의에 자주 이용되는 3가지 입자 직경을 쓰고 설명하시오. (6점) 2004.4.25 기사

① 스토크 직경 : 본래의 분진의 침강속도와 밀도가 같은 구형입자의 직경을 말한다.

② 공기역학적 직경 : 본래 분진의 침강속도가 같고, 밀도가 1g/cm^3인 구형입자의 직경을 말한다.

③ 광학 직경 : 광학 현미경, 전자 현미경을 이용하여 측정한 직경을 말한다.

42. 입자의 입경 측정을 직접측정방법과 간접측정방법으로 구분하여 각각 2가지씩 쓰고, 각각에 대해 설명하시오.   2009.4.19, 2012.4.22 기사
(1) 직접측정방법
(2) 간접측정방법

답 (1) 직접측정방법
    ① 체거름법 : $44\mu m$ 이상의 큰 입자를 체로 직접 측정하는 방법이다.
    ② 현미경법 : 광학 현미경법과 전자 현미경법이 있는데 광학 현미경은 $0.5{\sim}100\mu m$ 의 입자를, 전자 현미경은 $0.001{\sim}1\mu m$ 입자를 직접 측정한다.
  (2) 간접측정방법
    ① 앤더슨 샘플러법 : 중력 침강속도를 구하여 간접적으로 측정하는 방법이다.
    ② 캐스케이드 임펙터법 : 관성 충돌을 이용하여 간접적으로 측정하는 방법이다.

43. 대부분 에어로졸 크기는 그림과 같이 한쪽으로 치우친 분포를 보이는데, 입자 크기의 평균을 계산하기 위해 mean(산술평균입경), medium(중위경), mode(최빈도경)를 구한다. 평균값이 큰 순서대로 쓰시오.   2001.7.15 기사

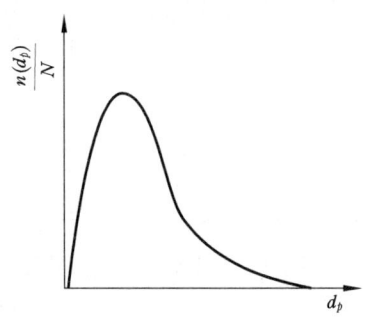

답 산술평균입경 > 중위경 > 최빈도경

44. Rosin-Rammler 공식을 쓰고, 각각에 대한 설명을 쓰시오.   2008.7.6 산업기사

답 $R(\%) = 100 \times e^{-\beta X^{n}}$
  여기서, R : 체상 분포율(%)
        β : 입경계수
        X : 기준 입경(μm)
        n : 입경지수

45. 중력집진장치의 장단점을 각각 2가지씩만 쓰시오. (4점) (단, 부분배점 없음)

(1) 장점　　　　　　　　　　　2001.4.22 기사 / 2009.7.5 산업기사 / 2012.7.8 산업기사
(2) 단점

📝 (1) 장점
　　① 설비비, 유지비가 저렴하다.
　　② 압력손실이 적다. $(10 \sim 15 mmH_2O)$
　　③ 먼지부하가 높은 가스와 고온가스 처리에 용이하다.
　(2) 단점
　　① 미세한 먼지의 포집이 곤란하고 효율이 낮다.
　　② 먼지부하 변동 및 유량 변동에 적응성이 낮다.
　　③ 시설 규모가 커진다.

46. 관성충돌계수(효과)를 크게 하기 위한 입자배출원의 특성 및 운전조건 6가지를 쓰시오. (6점)　　　　　　　　　　2011.5.1 기사

📝 입자의 특성
　① 입자의 밀도가 커야 한다.
　② 입자의 직경이 커야 한다.
　③ 액적의 직경은 적어야 한다.
　운전조건
　④ 유입 속도를 빠르게 한다.
　⑤ 처리가스 점도가 작아야 한다.
　⑥ 처리가스 온도를 낮게 한다. (기체의 점도는 온도가 낮을수록 점도가 작아진다.)

参고 $N_s = \dfrac{C_f \cdot \rho_p \cdot d^2 \cdot V}{18\mu \cdot d_w}$

　여기서, N_s : 관성충돌계수,　C_f : 커닝험 보정계수
　　　　　ρ_p : 입자의 밀도,　d : 입자의 직경
　　　　　V : 유입속도,　　　μ : 처리가스 점도
　　　　　d_w : 액적의 직경

47. 원심분리기에서 먼지입자의 진로와 제진효율을 결정하는 3가지 힘을 쓰시오.
　　　　　　　　　　2001.7.15, 2002.10.27 산업기사

📝 ① 중력　② 원심력　③ 점성력

48. 원심력 집진장치의 장단점을 각각 3가지씩 기술하시오. 1999.5.30 산업기사

답 〈장점〉
① 구조가 간단하며, 설치공간이 적게 든다.
② 고온가스 처리가 가능하다.
③ 유지비, 보수비가 적게 든다.
〈단점〉
① 미세입자의 경우에는 집진효율이 떨어진다.
② 장치가 온도, 압력 부식성 가스에 영향을 많이 받는다.
③ 점착성, 부식성, 마모성 가스에는 부적합하다.

49. 원심력 집진장치에서 임계입경과 절단입경의 차이를 설명하시오. 2002.10.27 산업기사

답 ① 임계입경 : 사이클론에서 100% 분리 포집될 수 있는 입자의 최소 입자경을 말한다.
② 절단입경 : 사이클론에서 50%의 효율로 제거되는 입자의 크기를 말한다.

50. 원심력 집진장치에서 블로다운 방법에 대해 서술하고 효과를 3가지 쓰시오.
2000.4.23 기사 / 2001.7.15, 2001.11.4, 2002.4.21, 2004.7.4, 2007.7.8, 2008.4.20, 2009.4.19
산업기사

답 (1) 정의 : 사이클론의 집진율 향상책의 하나로 사이클론의 dust box 또는 호퍼로부터 처리가스량의 5~10%를 흡입함으로써 사이클론 내의 선회기류의 흐트러짐을 방지하고 분리된 먼지가 다시 날아 빠져 나가지 않도록 하는 방법이다.
(2) 효과
① 유효 원심력이 증대된다.
② 분리된 먼지의 재비산을 방지할 수 있다.
③ 관내 먼지 부착으로 인한 폐쇄를 방지할 수 있다.
④ 집진효율이 향상된다.

51. 사이클론 운전조건을 변경하여 효율을 증대할 수 있는 방법을 3가지 기술하시오.
(단, 블로다운 방식에 대한 사항은 생략할 것) 2007.7.8 기사

답 ① 배기관경(내관)이 작을수록 집진효율이 증대한다.
② 입구유속에는 한계유속(7~15m/s)이 있지만 이 중 유속이 빠를수록 집진효율이 증대한다.
③ 사이클론을 직렬로 사용하는 경우 집진효율이 증대한다.

52. 사이클론 집진장치의 운전조건을 다음과 같이 변화시켰을 때 집진효율 변화를 증가, 감소, 불변 중 하나로 답하시오.   2000.8.13 기사

① 유속이 증가할수록 효율은 (   )한다.
② 온도가 증가할수록 효율은 (   )한다.
③ 가스의 점도가 증가할수록 효율은 (   )한다.
④ 분진의 밀도가 증가할수록 효율은 (   )한다.
⑤ 분진의 양이 증가할수록 효율은 (   )한다.

답 ① 증가   ② 감소   ③ 감소   ④ 증가   ⑤ 증가
참고 기체의 점도는 온도가 올라갈수록 증가한다.

53. 사이클론 집진장치를 다음과 같이 변화시켰을 때 증가, 감소, 불변에 해당하는 것을 찾아 쓰시오.   2011.11.2 산업기사

(1) 블로다운 시 효율은 (   )한다.
(2) 분진의 밀도가 커지면 효율은 (   )한다.
(3) 유속이 증가하면 효율은 (   )한다.
(4) 배기관경이 작을수록 효율은 (   )한다.
(5) 몸통 직경이 커지면 효율은 (   )한다.

답 (1) 증가   (2) 증가   (3) 증가   (4) 증가   (5) 감소

54. 사이클론의 ① 입구 크기 ② 출구 크기 ③ 유입속도가 효율과 어떤 관계인지 서술하시오.   2009.4.19 산업기사

답 ① 입구 크기가 작을수록 효율은 증가한다.
   ② 출구 크기가 작을수록 효율은 증가한다.
   ③ 유입속도가 빠를수록 효율은 증가한다.

55. 다음 물음에 답하시오.   2007.7.8 기사

(1) 벤투리 스크러버의 포집원리를 쓰시오.
(2) 액가스비를 증가시키는 요인 4가지를 쓰시오.

답 (1) 액적에 입자가 관성충돌하여 부착한다.

(2) ① 더스트의 입자경이 작을수록
② 농도가 높을수록
③ 친수성이 적을수록(소수성일수록)
④ 처리가스온도가 높을수록

---

56. 세정집진장치에 관해 다음 물음에 답하시오. (8점)   2012.7.8 산업기사

(1) 세정집진장치의 입자 포집원리를 4가지만 쓰시오.
(2) 다공판(plate)탑의 장점 및 단점을 각각 2가지씩 쓰시오.

🖺 (1) ① 액적 등에 입자가 충돌하여 부착된다.
② 미립자의 확산에 의하여 액적과의 접촉을 좋게 한다.
③ 가스의 증습에 의하여 액적과의 접촉을 좋게 한다.
④ 입자를 핵으로 한 증기의 응결에 의하여 응집성을 증가시킨다.
⑤ 액막, 기포에 입자가 접촉하여 부착된다.
(2) 〈장점〉
① 비교적 소량의 액량으로 조작된다.
② 단수를 증가시키면 효율이 크게 향상된다.
〈단점〉
① 가스량의 변동이 심할 경우 조업할 수 없다.
② 구조가 복잡하고 대형이므로 장치가 고가이다.

---

57. 충전탑의 장단점을 두 가지씩 서술하시오. (3점)   2004.10. 산업기사

🖺 〈장점〉: ① 가스량 변동에도 적응성이 있다.
② 액분산형이므로 압력손실($50mmH_2O$)이 적다.
〈단점〉: ① 충전물이 고가이므로 비용이 많이 든다.
② 충전물의 공극이 폐쇄될 우려가 있다.

---

58. 충전탑과 단탑을 비교하여 차이점을 3가지를 쓰시오.
2001.4.2, 2002.7.7 산업기사 / 2003.7.13 기사

🖺 ① 충전탑은 가스량 변동에 적응성이 있는 반면, 단탑은 가스량 변동이 심하면 조업이 어렵다.
② 충전탑의 압력손실($50mmH_2O$)은 단탑의 압력손실($100{\sim}200mmH_2O$)보다 적다.
③ 단탑(액가스비 : $0.3{\sim}5L/m^3$)이 충전탑(액가스비 : $1{\sim}10L/m^3$)보다 소량의 액량으로 운전할 수 있다.

59. 세정건조 흡수장치(spray drying absorption)는 가스 중 물질을 슬러지 또는 수용액으로 반응시켜 생성물을 건조하여 제거하는 장치이며 주로 여과집진기와 병용하여 사용한다. 세정건조 흡수장치의 효율을 높이기 위한 조건을 6가지를 쓰시오.

2011.7.24 기사

답 ① 세정 시 유입속도를 높인다.
② 여과 시 여과속도를 낮게 한다.
③ 세정 시 온도를 낮게 한다.
④ 제거물질의 성상을 고려하여 여과포의 재질을 선정한다.
⑤ 세정 시 가스의 밀도를 높인다.
⑥ 여과포에 내열처리를 한다.

60. 여과집진장치의 분진 포집원리를 4가지만 쓰시오. (4점) 2004.7.4, 2007.7.8 산업기사

답 ① 관성충돌 ② 직접차단 ③ 중력 ④ 확산 ⑤ 정전기적 인력

61. 입자상 물질이 여과섬유처럼 고정된 물체에 접근할 때 분진 입자의 포집기구 3가지를 각각 설명하시오. (6점) 2007.11.4 기사

답 ① 관성충돌 : 입자가 커서 충분한 관성력이 있는 것은 유선과 관계없이 관성력에 의하여 입자가 섬유에 충돌 부착되는 원리를 말한다.
② 직접차단 : 입자가 작아지면(가벼워지면) 관성력도 상대적으로 작아지기 때문에 입자가 유선을 따라 섬유에 접근하여 부착되는 원리를 말한다.
③ 확산포집 : $0.1\mu m$ 이하인 아주 작은 입자는 유선을 따라 운동하지 않고 브라운 운동(무작위 운동)을 하면서 섬유에 접촉 포집되는 원리를 말한다.

62. 여과집진장치의 장점과 단점을 각각 2가지씩 쓰시오. 2004.7.4 기사

답 〈장점〉 : ① 집진율이 우수하다.
② 압력손실이 적다.
③ 취급이 간단하다.
〈단점〉 : ① 습윤상태에서는 여과포가 폐쇄될 수 있으므로 습윤상태에서는 사용할 수 없다.
② 여과포가 높은 온도와 부식성 물질로 인해 쉽게 손상된다.
③ 여과포의 손상이 많아 보수관리비가 많이 소요된다.
④ 분진 폭발의 위험성이 있다.

63. blinding(블라인딩) 현상에 대해 쓰시오.　　　　　2010.4.18 산업기사

🔲 점착성을 가진 먼지가 여과포에 부착하여 여과기능을 영구히 저해하는 현상을 말한다.

64. 여과제진장치를 사용한 경우는 처리가스의 온도를 적정한 정도로 유지해야 한다. 배기가스의 최저, 최고 유지온도의 기준과 그 사유를 기술하시오.　　2002.10.27 기사

🔲 최저 유지온도 : 산 노점 이상의 온도를 유지해야 한다.
　사유 : 산 노점 이하에서는 여과포의 눈 막힘 현상이 발생하거나 저온부식의 우려가 있기 때문이다.
　최고 유지온도 : 250℃ 이하로 해야 한다.
　사유 : 여과포는 내열성이 약하므로

65. 다실 여과집진기의 성능 특성을 시간에 따른 압력손실의 관계 그래프로 개략적으로 도시하시오. (단, 가로축은 시간, 세로축은 압력손실로 한다.) (6점)　　2003.10. 기사

🔲
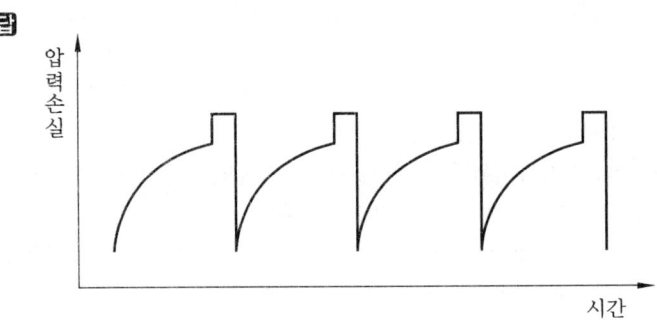

66. 여과집진장치 중 충격분출식 탈진방법은 여과포의 길이가 길면 좋지 않은데 그 이유와 방지대책을 서술하시오.　　2001.11.4 기사

🔲 이유 : 충격분출식 탈진방법을 이용할 때 공기의 충격으로 에너지가 빠른 속도로 분산되기 때문에 여과포의 길이가 너무 길 경우 자루 하단 $\frac{1}{3}$ 지점은 완전히 청소되지 못하기 때문이다.
　방지대책 : 디퓨즈 튜브(diffuser tube)를 사용한다.
(참고) 디퓨즈 튜브란 구멍이 뚫려 있는 금속관으로 여과포 내부까지 끼워져 공기의 충격으로 분산되는 장치이다.

67. 여과집진장치는 탈진방식에 따라 간헐식과 연속식으로 구분하는데 각 방식의 장점 및 단점을 상대비교하여 각각 2가지씩 쓰시오. (8점)
  (1) 간헐식 방식의 장단점 각 2가지
  (2) 연속식 방식의 장단점 각 2가지

답 (1) 〈장점〉 ① 높은 집진율을 얻을 수 있다.
            ② 탈진 시 분진이 재비산될 염려가 없다.
        〈단점〉 ① 집진실의 방을 하나씩 차단하여야 한다.
            ② 압력손실이 일정하지 못하다.
    (2) 〈장점〉 ① 포집과 탈진이 동시에 이루어진다.
            ② 압력손실이 거의 일정하므로 고농도의 함진가스 처리에 적당하다.
        〈단점〉 ① 높은 집진율을 얻을 수 없다.
            ② 탈진 시 분진의 재비산이 일어난다.

68. 전기집진기의 원리를 간단히 설명하시오.　　　　　　　　　2000.11.12 기사

답 고압 직류 전압을 방전극($-$)과 집진극($+$)에 보내어 적당한 불평등 전계를 만들고, 이 전계 안에서 코로나 방전을 이용하여 가스 중의 먼지에 전하를 주어 음($-$)으로 대전된 입자가 쿨롱력의 작용으로 집진극($+$)으로 이동되게 하여 분리, 포집하는 원리이다.

69. 전기집진장치에 적용되는 전기력 4가지를 쓰시오. 2003.7.13 기사 / 2006.7.9 산업기사

답 ① 대전입자에 의한 쿨롱력　② 전계강도에 의한 쿨롱력
    ③ 입자간 흡인력　　　　　　④ 전기풍에 의한 힘

70. 전기집진장치의 장점과 단점을 2가지씩 서술하시오.　　　　　2009.4.19 산업기사

답 〈장점〉 : ① 효율이 우수하다.
         ② 압력손실이 적다. (건식 : 10mmH$_2$O, 습식 : 20mmH$_2$O)
         ③ 고온가스 처리가 가능하다. (약 500℃ 전후)
    〈단점〉 : ① 최초에 시설비가 많이 든다.
         ② 주어진 조건에 대한 변동이 어렵다. (융통성이 적다.)
         ③ 전처리 시설이 요구될 수 있다.

71. 전기집진장치에서 배기가스를 처리할 때 집진기구(mechanism) 6단계를 순서대로 기술하시오.   2000.4.23 기사

답 1단계 : 입자를 이온화 한다.
2단계 : 집진될 분진에다 음전하를 부여한다.
3단계 : 분진입자가 집진극으로 이동한다.
4단계 : 집진극에 분진의 전하(−)를 부여한다.
5단계 : 집진극에 모인 분진이 제거된다.
6단계 : 호퍼에 모인 분진을 제거한다.

72. 전기집진장치의 집진과정을 3단계로 간략하게 쓰시오.   2001.4.22 기사

답 1단계 : 입자를 이온화한다.
2단계 : 집진될 분진에다 음전하를 부여한다.
3단계 : 분진입자가 집진극으로 이동, 제거된다.

73. 커닝험 수정인자(Cunningham correction factor)란 무엇인가?   2004.10. 기사

답 Cunningham(커닝험)의 보정계수는 가스의 점성저항을 보정하는 것으로 먼지입경, 가스 분자경과 가스 압력이 작을수록, 그리고 가스 온도가 높을수록 커진다.

74. 전기집진장치 이동 분리속도는 커닝험 보정계수 C_m에 반비례하는데 C_m이 1보다 크거나 같기 위해 입자직경이 (①)수록, 가스분자가 작을수록 가스온도가 (②)수록, 압력이 낮을수록 커진다.   2002.7.7 산업기사

답 ① 작을 ② 높을

75. 전기집진장치의 전기 비저항의 범위를 기술하고 그 때 나타나는 현상을 설명하시오.   1998.8.30 기사

답 ① $10^4\,\Omega \cdot cm$ 이하 : 재비산이 일어나 집진효율이 떨어진다.
② $10^4 \sim 10^{11}\,\Omega \cdot cm$: 이상적으로 집진이 일어나는 범위이므로 집진효율이 우수하게 된다.
③ $10^{11}\,\Omega \cdot cm$ 이상 : 역전리 현상이 일어나 집진효율이 떨어진다.

76. 다음 괄호 속에 들어갈 말을 쓰시오. (3점)   2004.10.산업기사

> 전기집진장치에서 비저항이 낮은 분진을 제거하기 위해 사용하는 물질은 (①)이며, 분진의 저항이 (②)$\Omega \cdot cm$를 넘으면 역전리 현상이 발생하고, (③)$\Omega \cdot cm$ 이하가 되면 재비산이 현저하여 집진효율이 저하된다.

답 ① NH_3 ② 10^{11} ③ 10^4

---

77. 비저항이 $10^4 \Omega \cdot cm$ 이하에서 일어날 수 있는 문제점과 해결방안을 쓰시오.

2005.7.10 산업기사

답 ① 문제점 : 재비산(점핑) 현상이 발생하여 집진효율이 감소한다.
　② 해결방안 : NH_3를 15~40ppm 정도 주입한다. 이유는 NH_3가 H_2SO_4와 반응하여 황산암모늄을 생성하며 이러한 황산암모늄[$(NH_4)_2SO_4$]은 전기저항을 증가시켜 주기 때문이다.

---

78. 전기집진장치의 장애현상 중 재비산현상의 방지책으로 5가지만 서술하시오.

2011.5.1 산업기사

답 ① NH_3를 15~40ppm 정도 주입한다.
　② 온도를 낮게 유지한다.
　③ 습도를 낮게 유지한다.
　④ 처리가스 속도를 낮춘다.
　⑤ 습식 전기집진장치를 사용한다.

---

79. 역전리 발생 시 먼지의 전기저항을 낮추는 방법을 3가지 쓰시오.

2003.4.27 기사 / 2008.7.6 산업기사

답 ① 처리가스 온도를 높게 한다. (350℃~400℃)
　② 배출가스에 물 또는 수증기를 주입한다.
　③ 배출가스에 무수황산(SO_3)을 주입한다.

80. 다음 전기집진기에서 발생하는 현상의 원인과 대책을 한 가지씩 쓰시오. (6점)

(1) 2차전류가 주기적으로 변하거나 불규칙하게 흐를 때   2011.5.1 기사

원인 :

대책 :

(2) 2차전류가 현저하게 떨어질 때

원인 :

대책 :

(3) 재비산현상이 발생할 때

원인 :

대책 :

답 (1) 원인 : 부착된 먼지에 스파크가 생길 때

대책 : 1차전압을 스파크가 안정될 때까지 낮추어 준다.

(2) 원인 : 저항이 너무 높을 때($10^{11}\Omega$ –cm 이상일 때)

대책 : 조습용 스프레이 수량을 늘린다.

(3) 원인 : 저항이 너무 낮을 때($10^{4}\Omega$ –cm 이하일 때)

대책 : 배출가스에 NH_3를 주입한다.

81. 다음 전기집진장치의 내용을 보고, 둘 중에 하나 고른 후 답하시오. (4점)

전기집진기에서 전기저항이 $10^{11}\Omega \cdot cm$ 이상에서는 집진극면에 있어서의 양단 사이의 전위차가 차체에 높게 되고 이의 부분에서 절연파괴를 일으킨다. 따라서 집진극측으로부터 ①(양, 음) 코로나가 발생하게 되고 이러한 현상을 역전리라고 한다. 이때에는 신축이 쉬워져 스파크를 자주 일으키고 스파크 전압이 떨어져 집진율의 저하를 일으킨다.
전기저항이 $10^{12}\sim10^{13}\Omega \cdot cm$일 경우 스파크 발생은 될 수 없으나 포집더스트층의 전면을 넘어서 절연파괴를 일으킨다. 인광을 일으킴과 함께 큰 ②(양, 음) 코로나 전류가 흐른다.

2008.11.2 산업기사

답 ① 양 ② 양

82. 다음 보기의 물질을 헨리상수가 작은 순서로 나열하시오. ($HF-HCl-SO_2-O_2$)
(8점)   2003.4.27 산업기사

답 HCl - HF - SO_2 - O_2

(참고) 물에 잘 녹지 않을수록 헨리의 상수가 크다.

헨리상수 HCl : 2×10^{-5}, HF : 3×10^{-3}, SO_2 : 1.6×10^2, O_2 : 4.75×10^4

---

83. 충전탑에서 흡수액의 일반적인 구비조건 5가지를 답하시오.

2001.11.4, 2007.4.22, 2007.7.8 기사 / 2002.10.27, 2006.4.23, 2006.11.5 산업기사

답 ① 용해도가 클 것
② 부식성이 없을 것
③ 휘발성이 적을 것
④ 점성이 낮고 화학적으로 안정하며 독성이 없을 것
⑤ 가격이 저렴하고 화학적 성질이 비슷할 것

---

84. 흡수법에서 (1) 용해도가 클 경우 (2) 용해도가 작을 경우 흡수장치를 2가지 선택하고 설명하시오. (6점)

2004.4.25 산업기사 / 2005.5.1 기사

답 (1) 용해도가 클 경우 흡수장치 : 충전탑, 분무탑, 벤투리 스크러버, 사이클론 스크러버, 제트 스크러버 중 2가지만 선택

|이유| 용해도가 큰 기체는 가스 측 저항이 크기 때문에 액 분산형 흡수장치를 선택해야 한다.

(2) 용해도가 작을 경우 흡수장치 : 다공판탑, 포종탑, 기포탑, 단탑 중 2가지 선택

|이유| 용해도가 작은 기체는 액 측 저항이 크기 때문에 가스 분산형 흡수장치를 선택해야 한다.

---

85. (1) 대표적인 액분산형 흡수장치를 4가지만 쓰시오.
(2) 헨리의 법칙에 대해 공식을 쓰고 설명하시오.

2007.7.8 기사 / 2008.7.6, 2009.7.5, 11.11. 산업기사

답 (1) 벤투리 스크러버, 사이클론 스크러버, 제트 스크러버, 충전탑, 분무탑 중 4가지만

(2) $P = HC$

여기서, P : 분압(atm),
H : 헨리상수(atm · m^3/kmol)
C : 액중 농도(kmol/m^3)

---

86. 충전재의 구비조건 3가지를 쓰시오. (3점)

2003.7.13 기사 / 2005.7.10, 2007.4.22, 2010.7.5 산업기사

답 ① 충전물의 공극률이 커야 한다.
② 액가스의 분포가 균일해야 한다.
③ 액의 홀드 업(hold up)이 적어야 한다.
④ 충전물의 표면적이 커야 한다.

---

87. 충전탑에서 다음 용어를 설명하고 load point와 flood point의 그래프를 그리시오. (5점)
2001.11.4, 2010.4.18 기사 / 2003.4.27 산업기사

(1) hold up
(2) loading
(3) flooding
(4) 그래프 그리기

답 (1) 홀드 업(hold up) : 충전층 내의 액보유량을 말한다.
(2) 로딩(loading) : 어느 가스 속도의 이상이 되면 액의 홀드 업 증가가 급증해지는데 이러한 상태를 말한다.
(3) 플러딩(flooding) : 더욱 가스 유속을 증가시키면 홀드 업이 급격히 증가하여 가스가 액중에 분산하여 상승하게 되는데 이러한 상태를 말한다. 이때에는 충전탑 조작이 불가능하므로 가스의 속도를 플러딩 속도의 40~70%의 범위로 해야 한다.

(4)
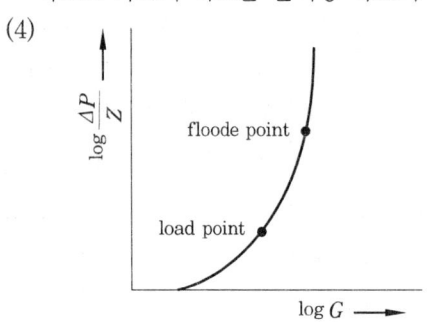

여기서, $\log\dfrac{\Delta P}{z}$: 단위높이당 압력 강하

G : 가스유량

---

88. 편류, 부히점에 대해서 설명하시오. (6점)
2002.4.21, 2008.11.2 산업기사

답 ① 편류(channeling)현상 : 충전탑에서 충전물의 표면에 흡수액이 고르게 분배되지 않고 한 쪽으로 치우쳐 흐르는 현상을 말한다.
② 부하점(load point) : 충전탑에서 압력손실이 처음에는 가스속도의 제곱에 비례하여 증가하다가 어느 점에서 갑자기 압력손실이 급증하게 되는데 이 점을 말한다.

---

89. 편류현상(channeling)에 대해 설명하고 최소화 방법에 대해 쓰시오. (6점)
2003.7.13, 2005.5.1 산업기사

📖 편류(channeling)현상 : 충전탑에서 충전물의 표면에 흡수액이 고르게 분배되지 않고 한 쪽으로 치우쳐 흐르는 현상을 말한다.

최소화 방법 : ① 구조적으로 균일하고 동일한 충전재를 사용할 것

② 높은 공극률과 낮은 저항의 충전재를 사용할 것

---

90. 다음의 등온흡착식을 쓰고 설명하시오. (6점)　　　　　2010.4.18 기사

(1) Freundlich식

(2) Langmulr식

📝 (1) Freundlich식 : $\dfrac{X}{M} = KC^{\frac{1}{n}}$

여기서, X : 흡착된 피흡착물의 농도

M : 주입된 흡착제의 농도

C : 흡착되고 남은 피흡착제의 농도

K : 실험적 상수(변할 수 있는 값)

n : 실험적 정수(일정한 값)

(2) Langmulr식 : $\dfrac{X}{M} = \dfrac{abC}{1+bC}$

여기서, X : 흡착된 피흡착물의 농도

M : 주입된 흡착제의 농도

C : 흡착되고 남은 피흡착제의 농도

a, b : 실험 상수

---

91. Freundlich 등온흡착식 $\dfrac{X}{M} = K \cdot C^{\frac{1}{n}}$ 에서 등온상수 K와 n의 의미를 설명하

시오.　　　　　2008.11 기사

📝 K값은 실험적 상수이고 변할 수 있는 값이다.

n값은 실험적 정수이고 일정한 값이다.

---

92. 물리적 흡착의 특성 4가지를 서술하시오.　　　2009.4.19 기사 / 2009.7.5 산업기사

📝 ① 반응의 방향성은 가역적이다.

② 계의 종류는 개방계이다.

③ 가스 흡착 시 발생하는 흡착열은 적다.

④ 엔탈피는 2~20kJ/mol이다.

93. 흡착은 크게 물리적 흡착과 화학적 흡착으로 나눌 수 있는데 ① 반응의 방향성 ② 계의 종류 ③ 반응의 추진력 ④ 가스 흡착 시 발생하는 흡착열을 비교하시오.

2001.11.4 기사

답

구 분	물리적 흡착	화학적 흡착
① 반응의 방향성	가역적	비가역적
② 계의 종류	개방계	폐쇄계
③ 반응의 추진력	분자간의 인력	분자간의 화학 반응력
④ 가스 흡착 시 발생하는 흡착열	적다(응축열)	크다(반응열)

94. 가스상 물질을 흡착 또는 흡수에 의해 제거하고자 할 때 활성탄 등의 흡착물질이나 세정액의 온도가 상승하게 되면 흡착이나 흡수효율은 감소하게 된다. 그 이유를 쓰시오.

2001.7.15 기사

답 흡착의 경우 : 온도가 상승하면 분자간의 인력이 약해져 흡착효율이 감소한다.
흡수의 경우 : 온도가 상승하면 기체의 용해도가 감소하게 되어 흡수효율이 감소한다.

95. 악취물질을 제거하는 방법 중 바이오 필터(bio-filter)에 대해 쓰고 장단점을 서술하시오.

2009.7.5, 2011.7.24 산업기사

답 bio-filter란 가스 속의 오염물질을 생물학적으로 처리하는 방법 중의 하나로 미생물을 다공성 물질에 살게 하고 미생물의 대사활동에 의해 오염물질을 CO_2, H_2O 또는 무해한 물질로 분해하는 환경 친화적이고 경제적인 처리공법을 말한다.
〈장점〉: ① 장치가 간단하고 운전비용이 저렴하다.
② 악취와 VOC 제거에 효과적이다.
〈단점〉: ① 미생물의 과다한 증식으로 인해 운전이 어려울 수 있다.
② 폐가스에 과다한 먼지가 있을 때 filter가 막히는 현상을 초래할 수 있다.

96. 황산화물 처리법 중 알칼리성 처리법의 장점을 2가지 쓰시오. 2003.4.27 산업기사

답 ① 반응물이 거의 용액이므로 찌꺼기나 퇴적물이 없다.
② SO_2와 알칼리가 비교적 잘 반응하여 제거율이 높다.

97. 황산화물 방지대책 중 중유탈황 방법 3가지를 쓰시오. 2005.5.1, 2006.11.5 산업기사

답 ① 접촉 수소화 탈황 ② 금속산화물에 의한 흡착 탈황
③ 미생물에 의한 탈황 ④ 방사성 화학에 의한 탈황

98. 질소산화물(NOx)의 3가지 생성기구에 대해서 쓰시오. 2000.11.12, 2007.7.8 기사

답 ① Thermal NOx(열적 NOx) : 고열에 의해서 공기 중의 질소와 산소가 결합하여 생성
② Fuel NOx(연료 NOx) : 연료 중의 질소가 산화하여 생성
③ Prompt NOx(화염 NOx) : 화염의 면에서 전기적인 이온교환에 의해 생성

99. 연소조건 조절에 의한 질소산화물 발생을 억제시키는 방법 4가지를 기술하시오.
2001.11.4, 2002.4.21, 2003.7.13, 2005.7.10, 2007.7.8, 2007.11.4, 2008.11.2, 2010.4.18 산업기사

답 ① 저 과잉 공기연소법 ② 저 온도로 연소
③ 배기가스 재순환 연소 ④ 2단 연소
⑤ 질소 성분이 적은 연료를 우선 연소
⑥ 연소기기 변형법

100. 질소산화물의 제거방법 중 촉매환원법에 대해서 설명하고, 선택적 환원법과
비선택적 환원법에 대해 서술하시오. 2002.10.27 산업기사

답 촉매환원법 : 촉매를 사용하여 CH_4, H_2, CO 등과 반응시켜 NOx를 N_2로 환원시키는 방법
이다.
① 선택적 환원법 : 환원제는 H_2, CO, NH_3, H_2S이고 첨가된 환원제에 의해 NOx만 환원
시킨다.
② 비선택적 환원법 : 환원제는 H_2, CH_4이고 첨가된 환원제에 의해 과잉의 산소가 먼저 환
원된다.

101. 배출가스 중에 배출되는 NOx를 선택적 접촉환원법(SCR)을 이용해서 처리하
려고 한다. SCR법에 대해 서술하시오. 2011.11. 산업기사

답 환원제는 H_2, CO, NH_3, H_2S이고 첨가된 환원제에 의해 NOx만 환원시키는 방법이다.

102. 질소 환원 탈질법에서 NO의 탈질반응식을 쓰시오. (단, 사용되는 환원제는 NH₃, H₂S, CH₄, CO, H₂이다.) 2001.7.15, 2009.10.18 기사

답 ① $6NO + 4NH_3 \rightarrow 5N_2 + 6H_2O$

② $NO + H_2S \rightarrow \frac{1}{2}N_2 + H_2O + S$

③ $4NO + CH_4 \rightarrow 2N_2 + CO_2 + 2H_2O$

④ $NO + CO \rightarrow \frac{1}{2}N_2 + CO_2$

⑤ $2NO + 2H_2 \rightarrow N_2 + 2H_2O$

103. 아래의 불화규소 처리공정에서 발생하는 규불화수소산(H_2SiF_6)을 NaOH로 중화할 때 발생하는 고체상 부산물은 무엇인가? (6점) 2007.4.22 산업기사

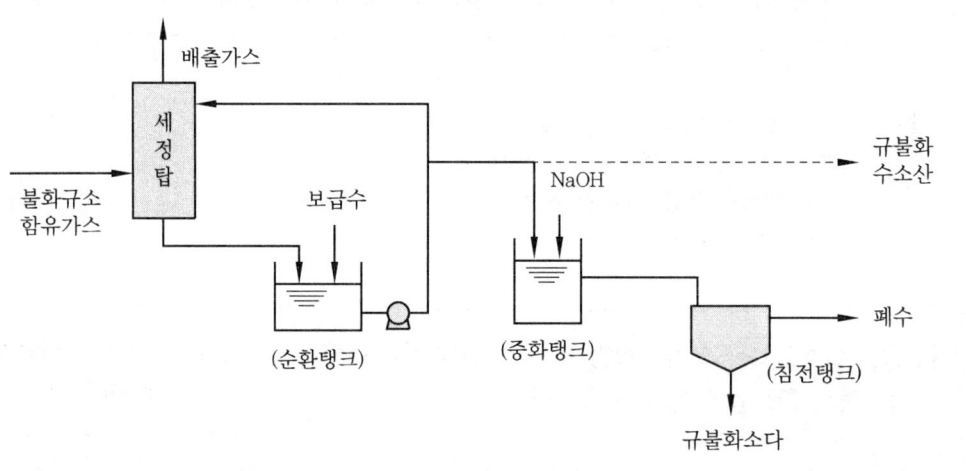

답 규불화나트륨(Na_2SiF_6)

참고 $H_2SiF_6 + 2NaOH \rightarrow Na_2SiF_6 + 2H_2O$
(규불화나트륨)

104. 다이옥신류 제어를 위한 소각 후 기술(post-incineration technology)을 3가지만 기재하고, 간단히 설명하시오. (예시, 「생물학적 분해법 : 토양 중 리그닌을 분해하는 백색 부후균 및 세균 등을 이용하여 다이옥신을 생물학적으로 분해시킨다.」 등으로 기재하되, 예시는 정답에서 제외) 2008.4.20, 12.4.22 기사

답 ① 촉매분해법 : 금속산화물, 귀금속 촉매를 사용하여 다이옥신을 분해시키는 방법
② 광분해법 : 자외선(250~340nm)을 배기가스에 조사시켜 다이옥신의 결합을 파괴하는 방법

③ 초임계 유체 분해법 : 초임계 유체(물 374℃, 218atm)의 극대 용해도를 이용하여 다이
옥신을 흡수 제거하는 방법
④ 오존 산화법 : 수중에 함유된 다이옥신을 제거하는 방법
⑤ 고온 열분해법 : 연소 배기가스의 온도를 850℃ 이상 고온을 유지하여 다이옥신을 분해
시키는 방법

---

105. 후드(hood)를 선정할 때, 발생원 근처의 공간으로 먼지가 비산되는 적정범위
가 있어서 이 범위 내의 먼지를 전부 흡인할 수 있는 크기와 방향, 형식 등이 반드시
고려되어야 한다. 이와 같이 배출원에서 발생하는 오염물질을 후드에 흡인할 때에
고려하여야 하는 요령을 5가지만 쓰시오.   2009.4.19, 2012.4.22 기사

답 ① 후드를 발생원에 근접시킨다.
② 국부적인 흡인방식을 택한다.
③ 충분한 포착속도를 유지한다.
④ 배풍기에 여유를 둔다.
⑤ 에어 커튼을 이용한다.
⑥ 후드의 개구면적을 가능한 한 작게 한다.

---

106. capture velocity(포착속도)의 정의를 간단히 기술하시오.   2004.10.산업기사

답 매연이나 오염물질을 후드(hood) 내로 흡입시키기 위한 흡인속도로 제어속도 또는 통제속
도라고도 한다.

---

107. 국소 환기시설의 설계에서 주관에 몇 개의 분지관이 있는 경우 주관과 분지관
에서 각각의 설계풍량을 확보하기 위해 (①) 또는 (②)을 사용하는데 배관에 압
력손실이 많고 복잡할 때에는 (②)을 사용하지만 분리관이 작고 먼지를 대상으로
할 때에는 (①)을 사용한다.   2000.8.13, 2002.7.7 산업기사

① (   )평형법
② (   )평형법

답 ① 부압   ② 정압

---

108. 송풍기에서 날개 회전수와 유량, 동력, 풍압의 관계를 설명하시오. (3점)
2009.10.18 기사

답 ① 송풍기 유량은 회전수에 비례한다.
② 송풍기 동력은 회전수의 3제곱에 비례한다.
③ 송풍기 풍압은 회전수의 제곱에 비례한다.

---

109. 가스크로마토그래피법에서 사용하는 검출기의 종류 4가지를 쓰시오.
2004.4.25, 2006.11.5 산업기사

답 ① ECD(전자 포획형 검출기)
② TCD(열전도도 검출기)
③ FID(수소염 이온화 검출기)
④ FPD(염광광도 검출기)

---

110. 가스크로마토그래피법에서 ① 분리도 ② 분리계수를 구하는 공식을 쓰고 설명하시오.
2009.4.19 산업기사

답 ① 분리도$(R) = \dfrac{2(t_{R2} - t_{R1})}{W_1 + W_2}$ ② 분리계수$(d) = \dfrac{t_{R2}}{t_{R1}}$

여기서, t_{R1} : 시료도입점으로부터 피크 1의 최고점까지의 길이
t_{R2} : 시료도입점으로부터 피크 2의 최고점까지의 길이
W_1 : 피크 1의 좌우 변곡점에서의 접선이 자르는 바탕선의 길이
W_2 : 피크 2의 좌우 변곡점에서의 접선이 자르는 바탕선의 길이

---

111. 가스크로마토그래피에서의 다음의 용어를 쓰시오. (9점)
2010.4.18 기사
(1) 보정넓이 백분율법
(2) 내부표준법
(3) 피검성분 추가법

답 (1) 보정넓이 백분율법
도입한 시료의 전성분이 용출하며 또한 용출 전 성분의 상대감도가 구해진 경우에는 다음 식에 의하여 정확한 함유율을 구할 수 있다.

$$X_i(\%) = \dfrac{\dfrac{A_i}{f_i}}{\sum\limits_{i=1}^{n} A_i \dfrac{A_i}{f_i}} \times 100$$

여기서, f_i : i성분의 상대감도
n : 전 피크 수

(2) 내부표준법

정량하려는 성분의 순물질(X) 일정량에 내부표준물질 (S)의 일정량을 가한 혼합시료의 크로마토그램을 기록하여 피크 넓이를 측정한다. 횡축에 정량하려는 성분량 (M_x)과 내부표준물질량(M_s)의 비$\left(\dfrac{M_x}{M_s}\right)$를 취하고 분석시료의 크로마토그램에서 측정한 정량할 성분의 피크넓이(A_x)와 표준물질 피크넓이(A_s)의 비$\left(\dfrac{A_x}{A_s}\right)$를 취하여 그림과 같은 검량선을 작성한다.

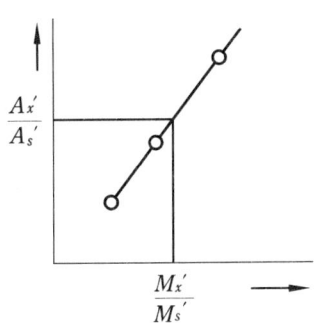

여기서, $A_x{'}$: X성분 피크 넓이
$A_s{'}$: 내부표준물질 피크 넓이
$M_x{'}$: X성분량
$M_s{'}$: 내부표준물질량

내부표준법에 의한 검량선

시료의 기지량(M)에 대하여 표준물질의 기지량(n)을 검량선의 범위 안에 들도록 적당히 가해서 균일하게 혼합한 다음 표준물질의 피크가 검량선 작성시와 거의 같은 크기가 되도록 도입량을 가감해서 동일조건하에서 크로마토그램을 기록한다.

크로마토그램으로부터 피검성분의 피크 넓이($A_x{'}$)와 표준물질의 피크 넓이($A_s{'}$) 비 ($\dfrac{A_x{'}}{A_s{'}}$)를 구하고, 검량선으로부터 피검성분량($M_x{'}$)과 표준물질량($M_s{'}$)의 비($\dfrac{M_x{'}}{M_s{'}}$)가 얻어지면, 다음 식에 따라 함유율(X)을 산출한다.

$$X(\%) = \frac{\dfrac{M_x{'}}{M_s{'}} \times n}{M} \times 100$$

또한 피크 넓이 대신에 피크 높이를 사용하여도 좋다.

이 방법을 시료 중의 각 성분에 적용하면 시료의 조성을 구할 수 있다.

(3) 피검성분 추가법

시료의 크로마토그램으로부터 피검성분 A 및 다른 임의의 성분 B의 피크 넓이 a_1 및 b_1을 구한다. 다음에 시료의 일정량 W에 성분 A의 기지량 ΔW_A을 가하여 다시 크로마토그램을 기록하여 성분 A 및 B의 피크 넓이 a_2 및 b_2를 구하면 K의 정수로 해서 다음 식이 성립한다.

$$\frac{W_A}{W_B} = K \times \frac{a_1}{b_1}$$

$$\frac{W_A + \varDelta W_A}{W_B} = K \times \frac{a_2}{b_2}$$

여기서, W_A 및 W_B : 시료 중에 존재하는 A 및 B 성분의 양

K : 비례상수

위 식으로부터 성분 A의 부피 또는 무게 함유율 $X[\%]$를 다음 식으로 구한다.

$$X[\%] = \frac{\varDelta W_A}{\left(\frac{a_2}{b_2} \cdot \frac{b_1}{a_1} - 1\right) W} \times 100$$

---

112. 흡광광도법에서 흡수셀의 재질 3가지와 각각의 사용 파장범위를 쓰시오. (4점)

2006.7.9 산업기사

답 ① 유리 : 가시부, 근적외부
② 석영 : 자외부
③ 플라스틱 : 근적외부

---

113. 원자 흡광광도법에서 사용되는 용어에 대하여 설명하시오. 2008.7.6 기사

(1) 공명선
(2) 분무실

답 (1) 공명선 : 원자가 외부로부터 빛을 흡수했다가 다시 먼저 상태로 돌아갈 때 방사하는 스펙트럼선
(2) 분무실 : 분무기와 병용하여 분무된 시료용액의 미립자를 더욱 미세하게 해주는 한편 큰 입자와 분리시키는 작용을 하는 장치

---

114. 대기오염공정시험방법상 원자 흡광광도법(원자 흡수분광광도법)에서 발생하는 화학적 간섭을 피하는 방법을 3가지만 쓰시오. ('예시 : 이온교환이나 용매추출 등에 의해 방해물질을 제거한다' 등으로 기재하되 예시는 정답에서 제외) 2008.4.20 산업기사

답 ① 과량의 간섭원소의 첨가
② 간섭을 피하는 양이온(보기 : 란타늄, 스트론튬, 알칼리 원소등), 음이온 또는 은폐제, 킬레이트제 등의 첨가
③ 목적 원소의 용매 추출
④ 표준첨가법의 이용

115. 비분산적외선분석법에서 다음의 용어를 쓰시오. (4점)

(1) 회전섹터 2010.7.5, 2011.7.24 산업기사

(2) 광학필터

📝 (1) 회전섹터 : 시료광속과 비교광속을 일정주기로 단속시켜 광학적으로 변조시키는 것으로 단속방식에는 1~20Hz의 교호단속 방식과 동시단속 방식이 있다.

(2) 광학필터 : 시료가스 중에 포함되어 있는 간섭성분가스의 흡수파장영역의 적외선을 흡수제거하기 위하여 사용하며, 가스필터와 고체필터가 있는데 이것을 단독 또는 적절히 조합하여 사용한다.

116. 대기 중 가스상 오염물질의 시료 채취 방법을 6가지 쓰고 각각을 설명하시오.

2000.4.23 산업기사

📝 ① 직접 채취법 : 시료를 측정기에 직접 도입하여 분석하는 방법으로 채취관 ─ 분석장치 ─ 흡인펌프 로 구성된다.

② 용기 포집법 : 시료를 일단 일정한 용기에 포집한 다음 분석에 이용하는 방법으로 채취관 ─ 용기 또는 채취관 ─ 유량조절 ─ 흡인펌프 ─ 용기 로 구성된다.

③ 용매 포집법 : 측정 대상 가스를 선택적으로 흡수 또는 반응하는 용매에 시료가스를 일정 유량으로 통과시켜 포집하는 방법으로 채취관 ─ 여과재 ─ 포집부 ─ 흡인펌프 ─ 유량계(가스미터) 로 구성된다.

④ 고체 흡착법 : 활성탄 실리카 겔과 같은 고체분말 표면에 가스가 흡착되는 것을 이용하는 방법으로 고체 표면에 특정 액체를 발라 흡착이 잘 되게 하는 수도 있다.

⑤ 저온 응축법 : 탄화수소와 같은 가스성분을 냉각제로 냉각 응축시켜 공기로부터 분리포집하는 방법으로 GC나 GC~MS분석계에 이용한다.
탄산가스 및 수분제거관 ─ 냉각농축관 ─ 흡인펌프 ─ 유량계

⑥ 포집여지에 의한 방법 : 여과지를 적당한 시약에 담갔다가 건조시키고 시료를 통과시켜 목적하는 가스성분을 포집하는 방법으로 주로 불소화합물, 암모니아, 트리메틸아민 등의 가스를 포집하는 데 이용한다.
여과지 홀더 ─ 흡인펌프 ─ 유량계

117. 가스상 오염물질의 시료 채취 시 채취관을 보온 및 가열을 해야 하는 경우 3가지를 쓰고, 황산화물의 시료 채취 시 채취관의 재질을 2가지로 나열하시오. (6점)

(1) 보온 및 가열을 해야 하는 경우 2003.10, 2005.7.10 산업기사

(2) 채취관 재질

답 (1) ① 배출가스 중의 수분 또는 이슬점이 높은 가스 성분이 응축해서 채취관이 부식될 염려
가 있는 경우
② 여과재가 막힐 염려가 있는 경우
③ 분석대상 가스가 응축수에 용해되어 오차가 생길 염려가 있는 경우
(2) ① 경질유리 ② 석영 ③ 스테인리스 강 ④ 세라믹 ⑤ 불소수지

118. 다음 물음에 답하시오. (6점) 2008.11.2 산업기사
(1) 시료 채취 시 채취관을 보온 또는 가열하는 이유 3가지를 쓰시오.
(2) 벤젠을 채취할 때 사용할 수 있는 여과지 3가지를 기술하시오.

답 (1) ① 배출가스 중의 수분 또는 이슬점이 높은 가스 성분이 응축해서 채취관이 부식될 염려
가 있는 경우
② 여과재가 막힐 염려가 있는 경우
③ 분석대상 가스가 응축수에 용해되어 오차가 생길 염려가 있는 경우
(2) ① 알칼리 성분이 없는 유리솜 ② 실리카 솜 ③ 소결유리

119. 다음 물음에 답하시오. 2007.7.8 기사
(1) 채취관 채택 시 구비조건 3가지를 기술하시오.
(2) 포름알데히드를 채취할 때 사용할 수 있는 여과재 2가지를 기술하시오.

답 (1) ① 화학반응이나 흡착작용 등으로 배출가스의 분석결과에 영향을 주지 않는 것
② 배출가스 중의 부착성 성분에 의하여 잘 부식되지 않는 것
③ 배출가스의 온도, 유속 등에 견딜 수 있는 충분한 기계적 강도를 갖는 것
(2) ① 알칼리 성분이 없는 유리솜 또는 실리카 솜
② 소결유리

120. 대기환경공정시험법에서 정한 암모니아, 염화수소, 질소산화물, 황화수소의 흡수액 및 측정파장을 서술하시오. (8점) 2007.11.4 산업기사

답

오염물질	흡수액	측정파장
① 암모니아	붕산용액	640nm
② 염화수소	수산화나트륨	460nm
③ 질소산화물	황산+과산화수소수+물	545nm
④ 황화수소	아연아민착염용액	670nm

121. 대기환경공정시험법에서 정한 배기가스 중의 황화수소 분석방법 2가지를 쓰시오.
2009.7.5 산업기사

답 메틸렌 블루법, 요오드 적정법

122. 대기오염공정기준상 시안화수소(HCN)의 분석법 2가지를 쓰고 간단히 설명하시오.
2011.5.1 산업기사

답 ① 질산은 적정법 : 시안화수소를 흡수액에 흡수시킨 다음 질산은 용액으로 적정하여 시안화수소를 정량하는 방법으로 시료 채취량이 50L인 경우 시료 중의 시안화수소의 정량범위는 5~100ppm이다.
② 피리딘 피라졸론법 : 시안화수소를 흡수액에 흡수시킨 다음 이것을 발색시켜 얻은 발색액에 대하여 흡광도를 620nm 부근에서 측정하여 시안화수소를 정량하는 방법으로 시료 채취량이 100~1000mL인 경우 시안화수소의 농도가 0.5~100ppm인 것의 분석에 적합하다.

123. 다음은 굴뚝 배출가스 중의 브롬 분석방법이다. ( ) 안에 알맞은 말을 써 넣으시오. (6점)
2010.7.5 기사

티오시안산 제2수은법은 배출가스 중 브롬 화합물을 수산화나트륨 용액에 흡수시킨 후 일부를 분취하여 산성으로 하여 (①)용액을 사용하여 브롬으로 산화시켜 (②)로/으로 추출한다. 흡광도는 (③)nm에서 측정한다.

답 ① 과망간산칼륨 ② 사염화탄소 ③ 460

124. 다음 ( ) 안에 알맞은 말을 넣으시오. (4점)
2009.10.18 기사

휘발성 유기화합물(VOC) 시험방법에서 안전부피(safe sample volume)는 분석대상물질의 손실 없이 안전하게 채취할 수 있는 일정농도에 대한 공기의 부피를 말하며 (   )을 적용한다.

답 돌파부피의 $\frac{2}{3}$ 값

125. 염화비닐의 분석방법 2가지를 적고 설명하시오. (4점)

2009.7.5 기사 / 2011.11. 산업기사

답 ① 고체흡착 열탈착법 및 테들라 백 열탈착법 : 열탈착에 의한 방법은 흡착제를 충진한 흡착관에 염화비닐을 흡착시킨 후 탈착을 쉽게 하기 위해 흡착시킨 방향과 반대방향으로 열탈착하여 가스크로마토그래피를 이용하여 분석하는 방법이다.
② 고체흡착 용매 추출법 : 용매 추출법은 이황화탄소를 사용하여 흡착관에 흡착된 염화비닐을 추출한 후 이 추출액 중 일정량을 가스크로마토그래피에 주입하여 분석하는 방법이다.

126. 먼지 측정방법 중 부유먼지와 강하먼지 측정방법을 각각 2가지씩 쓰시오. (4점)

2010.7.5 기사

(1) 부유먼지 측정방법
(2) 강하먼지 측정방법

답 (1) 부유먼지 측정방법 : 하이볼륨에어샘플러법, 로볼륨에어샘플러법
(2) 강하먼지 측정방법 : 데포짓 게이지법, 더스트자법

127. 대기환경기준에 의한 시료 채취 지점수(측정점수) 결정방법 3가지를 쓰고, 설명하시오.

2008.11. 기사

답 ① 인구비례에 의한 방법
측정하려고 하는 대상지역의 인구 분포 및 인구밀도를 고려하여 인구밀도가 5000명/km^2 이하일 때 그 지역의 가주지면적(그 지역 총면적에서 전답, 임야, 호수, 하천 등의 면적을 뺀 면적)으로부터 다음 식에 의하여 측정점의 수를 결정한다.

$$측정점수 = \frac{그\ 지역\ 가주지면적}{25km^2} \times \frac{그\ 지역\ 인구밀도}{전국\ 평균\ 인구밀도}$$

② TM좌표에 의한 방법(grid system)
전국 지도의 TM좌표에 따라 해당지역의 1 : 25000 이상의 지도 위에 2~3km 간격으로 바둑판 모양의 구획을 만들고, 그 구획마다에 측정점을 선정한다.
③ 중심점에 의한 동심원을 이용하는 방법
측정하려고 하는 대상지역을 대표할 수 있다고 생각되는 한 지점을 선정하고, 지도 위에 그 지점을 중심점으로 0.3~2km의 간격으로 동심원을 그린다. 또 중심점에서 각 방향(8 방향 이상)으로 직선을 그어 각각 동심원과 만나는 점을 측정점으로 한다. 이때 전체의 측정점수는 인접측정점과의 거리를 고려하여 적당히 조절할 수도 있다.
④ 대상지역의 오염정도에 따라 공식을 이용하는 방법
측정하고자 하는 대상지역의 오염정도에 따라서 다음 공식을 이용하여 결정한다.

$$N = N_x + N_y + N_z$$

$$N_x = (0.0965) \cdot \left(\frac{C_n - C_s}{C_s} \right) \cdot (x)$$

$$N_y = (0.0096) \cdot \left(\frac{C_s - C_b}{C_s} \right) \cdot (y)$$

$$N_z = (0.0004) \cdot (z)$$

여기서, N : 채취 지점수

C_n : 최대농도(ppm)

C_s : 환경기준(행정기준, ppm)

C_b : 최저농도(자연상태, ppm)

x : 환경기준보다 농도가 높은 지역(km^2)

y : 환경기준보다 농도가 낮으나 자연상태의 농도보다 높은 지역(km^2)

z : 자연상태의 농도와 같은 지역(km^2)

⑤ 기타 방법

과거의 경험이나 전례에 의한 선정 또는 이전부터 측정을 계속하고 있는 측정점에 대하여는 이미 선정되어 있는 지점을 측정점으로 할 수 있다.

128. 다음 표는 환경정책기본법의 환경기준이다. (   ) 안에 들어갈 수치는? (6점)

2010.10.31 기사

일산화탄소(CO)	1시간 평균치	(①)ppm 이하
이산화질소(NO_2)	연간 평균치	(②)ppm 이하
	24시간 평균치	(③)ppm 이하
	1시간 평균치	(④)ppm 이하
오존(O_3)	8시간 평균치	(⑤)ppm 이하
	1시간 평균치	(⑥)ppm 이하

답 ① 25   ② 0.03   ③ 0.06   ④ 0.1   ⑤ 0.06   ⑥ 0.1

참고 [별표] 환경기준

1. 대기

항 목	기 준	측정방법
아황산가스(SO_2)	연간 평균치 : 0.02ppm 이하 24시간 평균치 : 0.05ppm 이하 1시간 평균치 : 0.15ppm 이하	자외선 형광법 (Pulse U.V. Fluorescence Method)
일산화탄소(CO)	8시간 평균치 : 9ppm 이하 1시간 평균치 : 25ppm 이하	비분산적외선 분석법 (Non-Dispersive Infrared Method)

이산화질소(NO_2)	연간 평균치 : 0.03ppm 이하 24시간 평균치 : 0.06ppm 이하 1시간 평균치 : 0.10ppm 이하	화학 발광법 (Chemiluminescence Method)
미세먼지(PM-10)	연간 평균치 : 50μg/m^3 이하 24시간 평균치 : 100μg/m^3 이하	베타선 흡수법 (β-Ray Absorption Method)
미세먼지(PM-2.5)	연간 평균치 : 25μg/m^3 이하 24시간 평균치 : 50μg/m^3 이하	중량농도법 또는 이에 준하는 자동 측정법
오존(O_3)	8시간 평균치 : 0.06ppm 이하 1시간 평균치 : 0.1ppm 이하	자외선 광도법 (U.V. Photometric Method)
납(Pb)	연간 평균치 : 0.5μg/m^3 이하	원자흡광광도법 (Atomic Absorption Spectrophotometry)
벤젠	연간 평균치 : 5μg/m^3 이하	가스크로마토그래피 (Gas Chromatography)

비고

1. 1시간 평균치는 999천분위수의 값이 그 기준을 초과해서는 안 되고, 8시간 및 24시간 평균치는 99백분위수의 값이 그 기준을 초과해서는 안 된다.
2. 미세먼지(PM-10)는 입자의 크기가 10μm 이하인 먼지를 말한다.
3. 미세먼지(PM-2.5)는 입자의 크기가 2.5μm 이하인 먼지를 말한다.

129. 다중이용시설에서 실내공간 오염물질 10가지를 쓰시오.　　2009.4.19 산업기사

🔢 PM10, CO_2, HCHO, 총부유세균, CO, NO_2, Rn, VOC, 석면, 오존

참고 규칙 [별표1] 실내공간 오염물질
1. 미세먼지(PM-10)
2. 이산화탄소(CO_2 ; Carbon Dioxide)
3. 포름알데히드(Formaldehyde)
4. 총부유세균(TAB ; Total Airborne Bacteria)
5. 일산화탄소(CO ; Carbon Monoxide)
6. 이산화질소(NO_2 ; Nitrogen dioxide)
7. 라돈(Rn ; Radon)
8. 휘발성 유기화합물(VOCs ; Volatile Organic Compounds)
9. 석면(Asbestos)
10. 오존(O_3 ; Ozone)

규칙 [별표2] 실내공기질 유지기준

오염물질항목 다중이용시설	미세먼지 ($\mu g/m^3$)	이산화탄소 (ppm)	포름알데히드 ($\mu g/m^3$)	총부유세균 (CFU/m^3)	일산화탄소 (ppm)
지하역사, 지하도상가, 여객자동차 터미널의 대합실, 철도역사의 대합실, 공항시설 중 여객터미널, 항만시설 중 대합실, 도서관·박물관 및 미술관, 장례식장, 목욕장, 대규모점포, 영화상영관, 학원, 전시시설, 인터넷컴퓨터게임시설제공업 영업시설	150 이하	1000 이하	100 이하		10 이하
의료기관, 어린이집, 국공립 노인 요양시설 및 노인전문병원, 산후조리원	100 이하			800 이하	
실내주차장	200 이하				25 이하

비고 : 도서관, 영화상영관, 학원, 인터넷컴퓨터게임시설제공업 영업시설 중 자연환기가 불가능하여 자연환기설비 또는 기계환비설비를 이용하는 경우에는 이산화탄소의 기준을 1500ppm 이하로 한다.

규칙 [별표3] 실내공기질 권고기준

오염물질항목 다중이용시설	이산화질소 (ppm)	라돈 (Bq/m^3)	총휘발성유기화합물 ($\mu g/m^3$)	석면 (개/cc)	오존 (ppm)
지하역사, 지하도상가, 여객자동차 터미널의 대합실, 철도역사의 대합실, 공항시설 중 여객터미널, 항만시설 중 대합실, 도서관·박물관 및 미술관, 장례식장, 목욕장, 대규모점포, 영화상영관, 학원, 전시시설, 인터넷컴퓨터게임시설제공업 영업시설	0.05 이하	148 이하	500 이하	0.01 이하	0.06 이하
의료기관, 어린이집, 국공립 노인 요양시설 및 노인전문병원, 산후조리원			400 이하		
실내주차장	0.30 이하		1000 이하		0.08 이하

비고 : 총휘발성유기화합물의 정의는 「환경분야 시험·검사 등에 관한 법률」 제6조제1항제3호에 따른 환경오염공정시험기준에서 정한다.

규칙 [별표4의2] 신축 공동주택의 실내공기질 권고기준

1. 포름알데히드 $210\mu g/m^3$ 이하
2. 벤젠 $30\mu g/m^3$ 이하
3. 톨루엔 $1000\mu g/m^3$ 이하
4. 에틸벤젠 $360\mu g/m^3$ 이하
5. 자일렌 $700\mu g/m^3$ 이하
6. 스티렌 $300\mu g/m^3$ 이하

규칙 [별표5] 건축자재에서 방출되는 오염물질

오염물질은 포름알데히드와 휘발성 유기화합물로 하되 아래 표의 구분에 따른 방출농도 이상인 경우로 한다.

오염물질 종류 / 구분	포름알데히드 2010년까지	포름알데히드 2011년부터	총휘발성 유기화합물	톨루엔
접착제	0.5	0.12	2.0	0.080
페인트			2.5	
실란트			1.5	
퍼티			20.0	
일반자재			4.0	

비고 : 1. 위 표에서 오염물질의 종류별 단위는 $mg/m^2 \cdot h$를 적용한다. 다만, 실란트에 대한 오염물질별 단위는 $mg/m \cdot h$를 적용한다.
2. "일반자재"란 건축물 내부에 사용되는 건축자재 중 접착제, 페인트, 실란트, 퍼티를 제외한 건축자재를 말한다.
3. 총휘발성유기화합물의 범위 및 산정방법은 「환경분야 시험·검사 등에 관한 법률」 제6조제1항제3호에 따른 환경오염공정시험기준에 따른다.

130. 다중이용시설등의 실내공기질 관리법규상 다음 시설의 실내공기질 유지기준을 (   ) 안에 써 넣으시오. (5점)   2010.7.5 기사

오염물질항목 / 다중이용시설	PM-10 $(\mu g/m^3)$	CO_2 (ppm)	HCHO $(\mu g/m^3)$	총부유세균 (CFU/m^3)	CO (ppm)
국공립 노인요양시설 및 노인전문 병원	( ) 이하	( ) 이하	( ) 이하	( ) 이하	( ) 이하

답 100, 1000, 100, 800, 10

---

131. 다음 오염물질 항목의 실내공기질 권고기준을 쓰시오. (단, 다중이용시설 중
실내주차장임) (6점)   2009.10.18 기사 / 2010.7.5 산업기사

(1) NO_2 (2) Rn   (3) VOC   (4) 석면   (5) 오존

답 (1) 0.3ppm   (2) 148Bq/m^3 (3) 1000μg/m^3 (4) 0.01개/cc   (5) 0.08ppm

---

132. 2008년 1월 1일부터 시행되는 악취법에 해당하는 악취물질 5개를 쓰시오.

2008.7.6 기사

답 ① 톨루엔 ② 자일렌 ③ 메틸에틸케톤 ④ 메틸아이소부틸케톤 ⑤ 부틸아세테이트

참고 규칙 [별표1] 지정악취물질

종 류	적용시기
1. 암모니아 2. 메틸메르캅탄 3. 황화수소 4. 디메틸설파이드 5. 디메틸다이설파이드 6. 트리메틸아민 7. 아세트알데히드 8. 스타이렌 9. 프로피온알데히드 10. 부틸알데히드 11. n-발레르알데히드 12. i-발레르알데히드	2005년 2월 10일부터
13. 톨루엔 14. 자일렌 15. 메틸에틸케톤 16. 메틸아이소부틸케톤 17. 부틸아세테이트	2008년 1월 1일부터
18. 프로피온산 19. n-부틸산 20. n-발레르산 21. i-발레르산 22. i-부틸알코올	2010년 1월 1일부터

---

133. 다음 표는 지정악취물질의 배출허용기준이다. (   )를 바르게 채우시오.

	부틸알데히드	n-부틸산	i-발레르산
공업지역	(①)ppm 이하	(③)ppm 이하	(⑤)ppm 이하
기타지역	(②)ppm 이하	(④)ppm 이하	(⑥)ppm 이하

2011.5.1 산업기사

답 ① 0.1   ② 0.029   ③ 0.002
④ 0.001   ⑤ 0.004   ⑥ 0.001

참고 규칙 [별표3] 배출허용기준 및 엄격한 배출허용기준의 설정범위

1. 복합악취

구 분	배출허용기준 (희석배수)		엄격한 배출허용기준의 범위 (희석배수)	
	공업지역	기타지역	공업지역	기타지역
배출구	1000 이하	500 이하	500~1000	300~500
부지경계선	20 이하	15 이하	15~20	10~15

2. 지정악취물질

구 분	배출허용기준(ppm)		엄격한 배출허용기준의 범위(ppm)	적용시기
	공업지역	기타지역	공업지역	
암모니아	2 이하	1 이하	1~2	
메틸메르캅탄	0.004 이하	0.002 이하	0.002~0.004	
황화수소	0.06 이하	0.02 이하	0.02~0.06	
디메틸설파이드	0.05 이하	0.01 이하	0.01~0.05	
디메틸다이설파이드	0.03 이하	0.009 이하	0.009~0.03	
트리메틸아민	0.02 이하	0.005 이하	0.005~0.02	2005년 2월 10일 부터
아세트알데히드	0.1 이하	0.05 이하	0.05~0.1	
스티렌	0.8 이하	0.4 이하	0.4~0.8	
프로피온알데히드	0.1 이하	0.05 이하	0.05~0.1	
부틸알데히드	0.1 이하	0.029 이하	0.029~0.1	
n-발레르알데히드	0.02 이하	0.009 이하	0.009~0.02	
i-발레르알데히드	0.006 이하	0.003 이하	0.003~0.006	

톨루엔	30 이하	10 이하	10~30	
자일렌	2 이하	1 이하	1~2	2008년 1월 1일 부터
메틸에틸케톤	35 이하	13 이하	13~35	
메틸아이소부틸케톤	3 이하	1 이하	1~3	
부틸아세테이트	4 이하	1 이하	1~4	
프로피온산	0.07 이하	0.03 이하	0.03~0.07	
n-부틸산	0.002 이하	0.001 이하	0.001~0.002	2010년 1월 1일 부터
n-발레르산	0.002 이하	0.0009 이하	0.0009~0.002	
i-발레르산	0.004 이하	0.001 이하	0.001~0.004	
i-부틸알코올	4.0 이하	0.9 이하	0.9~4.0	

비고

1. 배출허용기준의 측정은 복합악취를 측정하는 것을 원칙으로 한다. 다만, 사업자의 악취물질 배출여부를 확인할 필요가 있는 경우에는 지정악취물질을 측정할 수 있다. 이 경우 어느 하나의 측정방법에 따라 측정한 결과 기준을 초과하였을 때에는 배출허용기준을 초과한 것으로 본다.

2. 복합악취는 「환경분야 시험·검사 등에 관한 법률」 제6조제1항제4호에 따른 환경오염공정시험기준의 공기희석관능법을 적용하여 측정하고, 지정악취물질은 기기분석법을 적용하여 측정한다.

3. 복합악취의 시료는 다음과 같이 구분하여 채취한다.

   가. 사업장 안에 지면으로부터 높이 5m 이상의 일정한 악취배출구와 다른 악취발생원이 섞여 있는 경우에는 부지경계선 및 배출구에서 각각 채취한다.

   나. 사업장 안에 지면으로부터 높이 5m 이상의 일정한 악취배출구 외에 다른 악취발생원이 없는 경우에는 일정한 배출구에서 채취한다.

   다. 가목 및 나목 외의 경우에는 부지경계선에서 채취한다.

4. 지정악취물질의 시료는 부지경계선에서 채취한다.

5. "희석배수"란 채취한 시료를 냄새가 없는 공기로 단계적으로 희석시켜 냄새를 느낄 수 없을 때까지 최대로 희석한 배수를 말한다.

6. "배출구"란 악취를 송풍기 등 기계장치 등을 통하여 강제로 배출하는 통로(자연 환기가 되는 창문·통기관 등은 제외한다.)를 말한다.

7. "공업지역"이란 다음 각 호의 어느 하나에 해당하는 지역을 말한다.

   가. 「산업입지 및 개발에 관한 법률」 제6조·제7조·제7조의2 및 제8조에 따른 국가산업단지·일반산업단지·도시첨단산업단지 및 농공단지

   나. 「국토의 계획 및 이용에 관한 법률 시행령」 제30조제3호가목에 따른 전용공업지역

   다. 「국토의 계획 및 이용에 관한 법률 시행령」 제30조제3호나목에 따른 일반공업지역(「자유무역지역의 지정 및 운영에 관한 법률」 제4조에 따른 자유무역지역만 해당한다.)

국가기술자격검정 실기시험 문제

자격종목 및 등급	대기환경(산업)기사	작 품 명	황산화물(중화적정법) 측정
시험시간 : 4시간			

[문제풀이 과정 및 유의사항]
• 문제의 답은 답안지에 흑색 볼펜으로 기재하고 수정 시에는 시험감독의 날인을 받아야 함
• 계산문제는 풀이과정을 반드시 기재하고 소수점 셋째자리에서 반올림하는 것을 원칙으로 한다.
• 문제는 표시된 중요결과치는 시험위원 입회하에 실험을 수행하고 그 결과치는 확인 날인을 받도록 한다.
• 채취시료(미지시료)는 실험계획서의 시료 제조방법에 따라 제조하고 제시된 실험방법을 기준으로 분석한다.
• 시약은 수검자가 직접 제조하는 것을 원칙으로 하며 문제의 요구에 따라 제조방법을 서술할 수도 있다.

1 요구사항

대기환경기사가 당해사업장의 보일러에서 배출되는 배출가스 중의 황산화물(중화적정법)을 대기오염공정시험방법에 의하여 측정하고 있다. 기 측정된 조건 및 결과치가 [표 1]과 같을 때 다음 물음에 답하고 또한 주어진 제조방법에 따라 미지시료를 제조, 분석한 결과를 이용하여 실험계획서를 완성하시오. (단, 계산문제인 경우 필요로 하는 공식을 기재하시오.)

[표 1] 시료 채취 시 조건

배출가스온도(℃)	180	피토관 계수	0.85
대기온도(℃)	20	중력가속도(m/s^2)	9.81
20℃에서 물의 포화수증기압(mmHg)	17.53	배출가스 중 수분량(%)	8
측정공에서의 굴뚝직경(원형, m)	0.9	대기압(mmHg)	758
측정공 높이(m)	20	γ_0(kg/m^3)	1.3
습식 가스미터로 측정한 흡인가스량(L)	22.3	습식 가스미터 흡인가스 온도(℃)	27
습식 가스미터 게이지압(mmHg)	10	27℃에서의 포화수증기압(mmHg)	26.74

실·험·계·획·서 ⟜

◐ 시료의 흡수 및 분석용 시료용액의 조제

ㄱ. 흡수과정은 생략하며 흡수완료된 분석용 시료용액량은 250mL로 가정한다.

ㄴ. 분석용 시료의 조제는 시약제조 방법에 기술된 내용을 기준으로 하여 아래와 같은 방법으로 분석을 수행한다.

◐ 실험방법에 따라 분석을 수행하시오.

ㄱ. 조제된 분석용 시료용액 50mL를 200mL 삼각플라스크에 분취한다. (분석용 시료 용액의 조제(실험수행은 생략한다) : 흡수병 2개에 각각 50mL씩을 넣어 흡수 시킨 후 용액을 비커에 옮기고 다시 흡수병을 씻어 합한 후 250mL 메스플라스크에 옮겨 넣고 물로 표선까지 채우고 분석용 시료용액으로 한다.)

ㄴ. 메틸레드-메틸렌 블루 혼합지시약 3~5방울을 가하여 N/10 수산화나트륨 용액으로 적정한다.

ㄷ. 0.1N 수산화나트륨 역가를 구한다.

ㄹ. 흡수액을 이용하여 상기 언급된 실험방법을 바탕실험을 행한다.

◐ 시약 제조방법

ㄱ. 과산화수소수(1+9) (시약 제조를 생략하고 증류수로 대체)

ㄴ. N/10 수산화나트륨 용액을 제조 및 표정(500mL 제조기준)

> 표정 : – 설파민산 2g을 정확히 달아 물에 녹여 250mL 메스플라스크에 옮겨 넣고 표선까지 채운다.
> – 이 용액 25mL를 삼각플라스크에 분취하고 메틸레드-메틸렌블루 혼합지시약 3~4방울을 가한다.
> – 조제된 N/10 수산화나트륨 용액을 적정한다.
> $$f = \frac{w \times (25/250)}{v \times 0.00971}$$
> 0.00971 : N/10 수산화나트륨 용액 1mL의 설파민산 상당량(g)

ㄷ. 메틸레드-메틸렌블루 혼합지시약

> 메틸레드 0.05g을 메틸알코올(95v/v%) 50mL에 녹인 것과 메틸렌블루 0.05g을 메틸알코올(95v/v%) 50mL에 녹인 것을 사용 직전에 필요한 만큼 같은 부피로 섞어 사용한다.

ㄹ. 분석용 시료(미지시료)

> – 미지시료 1 : 0.1N 황산 25배 희석하여 100mL 제조
> – 미지시료 2 : 0.1N 황산 50배 희석하여 100mL 제조

작업형 문제

1. 측정원리를 서술하시오.

2. N/10 수산화나트륨의 역가를 기술하시오. (단, 계산식 항목에 대하여 설명하시오.)

3. 실험 분석 결과치를 이용하여 미지시료 ①, ②(채취시료)의 농도를 계산하고 계산식과 과정을 기술하시오.

> 가. 계산식 : 계산식을 기술할 때 계산식의 구성항목에 대하여 자세히 설명하고 계산되는 항목은 그 결과치까지 계산하시오. (단, 1.12는 N/10 수산화나트륨 용액 1mL에 해당하는 황산화물가스의 부피(mL)(표준상태)
> 나. 계산결과 : 반드시 역가(문제 2)를 구한 후 그 결과를 사용하여 결과치를 도출하시오.

4. 시료 채취를 위한 장치를 알맞게 구성하시오. (직접 장착해야 합니다.)

> • 분석실험 중 또는 분석실험이 종료된 후 시험감독의 지시에 따라 시료 채취에 관한 검정에 임하도록 한다.
> • 시료 채취에 관한 검정이 끝난 수검자는 타 수검자에게 방해가 되지 않도록 주의하여야 하며 계속 분석실험을 수행한다.

```
┌─────────────────────────────────────────────────────────────────┐
│  🔍  작업형(실험 실습) 답안지                                      │
└─────────────────────────────────────────────────────────────────┘
```

황산화물-SOx(중화적정법)

1. 측정원리를 서술하시오.

📋 시료를 과산화수소에 흡수시켜 황산화물을 황산으로 만든 후 수산화나트륨 용액으로 적정한다. 이 방법은 시료 20L를 흡수액에 통과시키고 이 용액을 250mL로 묽게 하여 분석용 시료용액으로 할 때 황산화물의 농도가 250ppm 이상이고 다른 산성가스의 영향을 무시할 때 적용한다. 단, 이산화탄소의 공존은 무방하다.

2. N/10 수산화나트륨의 역가를 기술하시오. (단, 계산식 항목에 대하여 설명하시오.)

$$f = \frac{w \times 25/250}{v \times 0.00971} \qquad \therefore f = \frac{2.00 \times 25/250}{20.0 \times 0.00971} = 1.029$$

여기서, w : 설파민산의 양(g)

v : 적정에 사용한 N/10 수산화나트륨 용액의 양(mL)

📋 1.03

표정액	적정소모량(mL)	감독위원회
N/10 수산화나트륨 용액	20.0mL	(인)
표정 결과치(역가) : [1.03]		(인)

3. 실험 분석 결과치를 이용하여 미지시료 ①, ② (채취시료)의 농도를 계산하고 계산식과 과정을 기술하시오.

가. 계산식

$$C = \frac{1.12 \times (a-b) \times f \times \dfrac{250}{V}}{V_s} \times 1000$$

$$V_s = V \times \frac{273}{273+t} \times \frac{P_a + P_m - P_v}{760}$$

$$= 22.4 \times \frac{273}{273+27} \times \frac{758+10-26.74}{760}$$

$$= 19.793\text{L}$$

여기서, C : 황산화물 농도(ppm)

a : 적정에 사용한 N/10 수산화나트륨 용액의 양(mL)

b : 바탕실험에 사용한 N/10 수산화나트륨 용액의 양(mL)

f : N/10 수산화나트륨 용액의 역가

V : 분석용 시료용액의 분취량(mL)

V_s : 건조시료 가스량(L)

V : 가스미터로 측정한 흡인가스량(L)

t : 가스미터의 온도(℃)

P_a : 대기압(mmHg)

P_m : 가스미터 게이지압(mmHg)

P_v : t℃에서의 포화수증기압(mmHg)

나. 계산결과

시료 ①

$$C = \frac{1.12 \times (2.0 - 0) \times 1.03 \times \frac{250}{50}}{19.793} \times 1000 = 582.832\,\text{ppm}$$

시료 ②

$$C = \frac{1.12 \times (1.0 - 0) \times 1.03 \times \frac{250}{50}}{19.793} \times 1000 = 291.416\,\text{ppm}$$

적정대상시료	적정량(mL)	감독위원회
미지시료 1	2.0mL	(인)
미지시료 2	1.0mL	(인)
바탕실험액	0.0mL	(인)

답 ① 582.83ppm ② 291.42ppm

4. 시료 채취를 위한 장치를 알맞게 구성하시오. (직접 장착해야 합니다.)

황산화물 시료 채취 장치

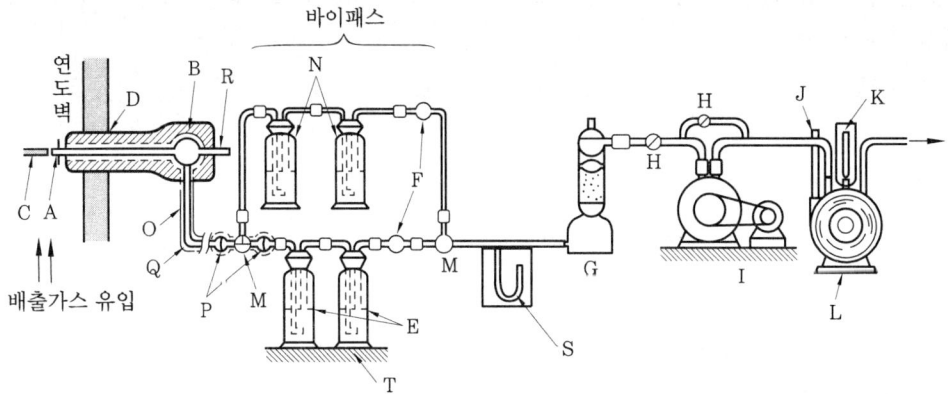

A : 시료 채취관
B : 연결관
C : 여과재
D : 보온재
E : 흡수병(위로 향한 여과판 G_2가 붙은 용량 150~250mL인 것)
F : 유리 필터(G_4)
G : 가스 건조탑(실리카 겔 입자)

H : 유량 조절 콕
I : 밀폐식 흡인펌프(0.05~5L/분)
J : 온도계
K : 압력계
L : 습식 가스미터(1회전 1L)
M : 3방 콕
N : 바이패스용 세척병(E와 같은 것)
O : 실리콘 고무관

P : 구면 갈아맞춤 이음관
Q : 히터
R : 온도계
S : 수은 마노미터
T : 얼음조

국가기술자격 검정실기 시험문제

자격종목 및 등급	대기환경(산업)기사	작 품 명	황산화물(침전적정법) 측정
시험시간 : 4시간			

[문제풀이 과정 및 유의사항]
- 문제의 답은 답안지에 흑색 볼펜으로 기재하고 수정 시에는 시험감독의 날인을 받아야 함
- 계산문제는 풀이과정을 반드시 기재하고 소수점 셋째자리에서 반올림하는 것을 원칙으로 한다.
- 문제는 표시된 중요결과치는 시험위원 입회하에 실험을 수행하고 그 결과치는 확인 날인을 받도록 한다.
- 채취시료(미지시료)는 실험계획서의 시료 제조방법에 따라 제조하고 제시된 실험방법을 기준으로 분석한다.
- 시약은 수검자가 직접 제조하는 것을 원칙으로 하며 문제의 요구에 따라 제조방법을 서술할 수도 있다.

1 요구사항

대기환경기사가 당해사업장의 보일러에서 배출되는 배출가스 중의 황산화물(침전적정법)을 대기오염공정시험방법에 의하여 측정하고 있다. 기 측정된 조건 및 결과치가 [표1]과 같을 때 다음 물음에 답하고 또한 주어진 제조방법에 따라 미지시료를 제조, 분석한 결과를 이용하여 실험계획서를 완성하시오.

[표 1] 시료 채취 시 조건

배출가스온도(℃)	180	피토관 계수	0.85
대기온도(℃)	20	중력가속도(m/s^2)	9.81
20℃에서 물의 포화수증기압(mmHg)	17.53	배출가스 중 수분량(%)	8
측정공에서의 굴뚝직경(원형, m)	0.9	대기압(mmHg)	758
측정공 높이(m)	20	γ_0(kg/m^3)	1.3
습식 가스미터로 측정한 흡인가스량(L)	22.5	습식 가스미터 흡인가스 온도(℃)	27
습식 가스미터 게이지압(mmHg)	10	27℃에서의 포화수증기압(mmHg)	26.74

실·험·계·획·서

◎ 시료의 흡수 및 분석용 시료용액의 조제

ㄱ. 흡수과정은 생략하며 흡수완료된 분석용 시료용액량은 250mL로 가정한다.

ㄴ. 분석용 시료의 조제는 시약제조 방법에 기술된 내용을 기준으로 하여 아래와 같은 방법으로 분석을 수행한다.

◎ 실험방법에 따라 분석을 수행하시오.

ㄱ. N/100 초산바륨의 역가를 구한다.

ㄴ. 조제된 분석용 시료용액 10mL를 200mL 삼각플라스크에 분취한다. (분석용 시료용액의 조제(실험수행은 생략한다) : 흡수병 2개에 각각 50mL씩을 넣어 흡수시킨 후 용액을 비커에 옮기고 다시 흡수병을 씻어 합한 후 250mL 메스플라스크에 옮겨 넣고 물로 표선까지 채우고 분석용 시료용액으로 한다.)

ㄷ. 이소프로필 알코올 40mL, 초산 1mL 및 아르세나조Ⅲ 지시약 4~6방울을 가하고 N/100 초산바륨용액으로 적정한다.

ㄹ. 흡수액을 이용하여 상기 언급된 실험방법을 행한다.

◎ 시약 제조방법

ㄱ. 과산화수소수(1 + 9) (시약 제조를 생략하고 증류수로 대체)

ㄴ. N/250 황산 --- 250mL 제조기준

ㄷ. N/100 초산바륨 용액

> 초산바륨 0.275g 및 초산납 0.1g을 물 50mL 및 초산 1mL에 녹이고 이소프로필 알코올을 가하여 250mL로 한다.

ㄹ. N/100 초산바륨 용액 표정

> N/250 황산 10mL를 200mL 삼각플라스크에 정확히 분취하고 이소프로필 알코올 40mL, 초산 1mL 및 아르세나조Ⅲ 지시약 4~6방울을 가하여 N/100 초산바륨 용액으로 적정하여 액의 청색이 1분간 계속되는 점을 종말점으로 한다.
>
> $$f = \left(10 \times \frac{f'}{V}\right) \times \frac{③}{④}$$
>
> f : N/100 초산바륨 용액의 역가
> f' : ①
> V : ② (단위 포함)

ㅁ. 아르세나조Ⅲ 지시약

> 아르세나조Ⅲ 0.02g을 물 10mL에 녹인다.

ㅂ. 분석용 시료(미지시료) - 1, 2

> - 미지시료 1 : 0.1N 황산 25배 희석하여 100mL 제조
> - 미지시료 2 : 0.1N 황산 50배 희석하여 100mL 제조

 작업형 문제

1. 측정원리를 서술하시오.

2. N/100 초산바륨 용액의 역가를 기술하시오. (단, 계산식의 ①, ②, ③, ④에 대한 알맞은 내용을 쓰고 설명하시오.)

3. 실험 분석 결과치를 이용하여 미지시료 ①, ② (채취시료)의 농도를 계산하고 계산식과 과정을 기술하시오.

> 가. 계산식 : 계산식을 기술할 때 계산식의 구성항목에 대하여 자세히 설명하고 계산되는 항목은 그 결과치까지 계산하시오. (단, 0.112는 N/100 초산바륨 용액 1mL에 해당하는 황산화물 가스의 부피(mL)(표준상태)
> 나. 계산 결과 : 반드시 역가(문제 2)를 구한 후 그 결과를 사용하여 결과치를 도출하시오.

4. 시료 채취를 위한 장치를 알맞게 구성하시오. (직접 장착해야 합니다.)

> • 분석실험 중 또는 분석실험이 종료된 후 시험감독의 지시에 따라 시료 채취에 관한 검정에 임하도록 한다.
> • 시료 채취에 관한 검정이 끝난 수검자는 타 수검자에게 방해가 되지 않도록 주의하여야 하며 계속 분석실험을 수행한다.

작업형(실험 실습) 답안지

황산화물-SOx(침전적정법)

1. 측정원리를 서술하시오.

📋 시료를 과산화수소에 흡수시켜 황산화물을 황산으로 만든 후 이소프로필 알코올과 초산을 가하고 아르세나조 Ⅲ을 지시약으로 하여 초산바륨 용액으로 적정하여 황산화물을 정량한다. 이 방법은 시료 20L를 흡수액에 통과시키고 이 용액을 250mL로 묽게 하여 분석용 시료용액으로 할 때 황산화물의 농도가 약 50~700ppm일 때 적용된다.

2. N/100 초산바륨의 역가를 기술하시오.(단, 계산식의 ①, ②, ③, ④에 대한 알맞은 내용을 쓰고 설명하시오.)

$$f = \frac{10 \times f'}{V} \times \frac{③}{④} \qquad \therefore f = \frac{10 \times 1.00}{4.0} \times \frac{100}{250} = 1.00$$

① f' : N/250 황산의 역가(N/10 황산의 역가와 같다.)
② V : 적정에 사용한 N/100 초산바륨 용액의 양(mL)
③ : 100
④ : 250

📋 1.00

표정액	적정소모량(mL)	감독위원회
N/10 초산바륨 용액	4.0mL	(인)
표정 결과치(역가) : [1.00] (인)		

3. 실험 분석 결과치를 이용하여 미지시료 ①, ②(채취시료)의 농도를 계산하고 계산식과 과정을 기술하시오.

가. 계산식

$$C = \frac{0.112 \times (a-b) \times f \times \frac{250}{10}}{V_s} \times 1000$$

$$V_s = V \times \frac{273}{273+t} \times \frac{P_a + P_m - P_v}{760} = 22.5 \times \frac{273}{273+27} \times \frac{758+10-26.74}{760}$$
$$= 19.970L$$

여기서, C : 황산화물 농도(ppm), a : 적정에 사용한 N/100 초산바륨 용액의 양(mL), b : 바탕실험에 사용한 N/100 초산바륨 용액의 양(mL), f : N/100 초산바륨 용액의 역가, V_s : 건조시료 가스량(L), V : 가스미터로 측정한 흡인가스량(L), t : 가스미터의 온도(℃), P_a : 대기압(mmHg), P_m : 가스미터 게이지압(mmHg), P_v : t℃에서의 포화수증기압(mmHg)

나. 계산 결과

시료 ①

$$C = \frac{0.112 \times (4.0 - 0) \times 1.00 \times \dfrac{250}{10}}{19.970} \times 1000 = 560.841\,ppm$$

시료 ②

$$C = \frac{0.112 \times (2.0 - 0) \times 1.00 \times \dfrac{250}{10}}{19.970} \times 1000 = 280.420\,ppm$$

적정대상시료	적정량(mL)	감독위원회
미지시료 1	4.0mL	(인)
미지시료 2	2.0mL	(인)
바탕실험액	0.0mL	(인)

답 ① 560.84ppm ② 280.42ppm

4. 시료 채취를 위한 장치를 알맞게 구성하시오. (직접 장착해야 합니다.)

황산화물 시료 채취 장치

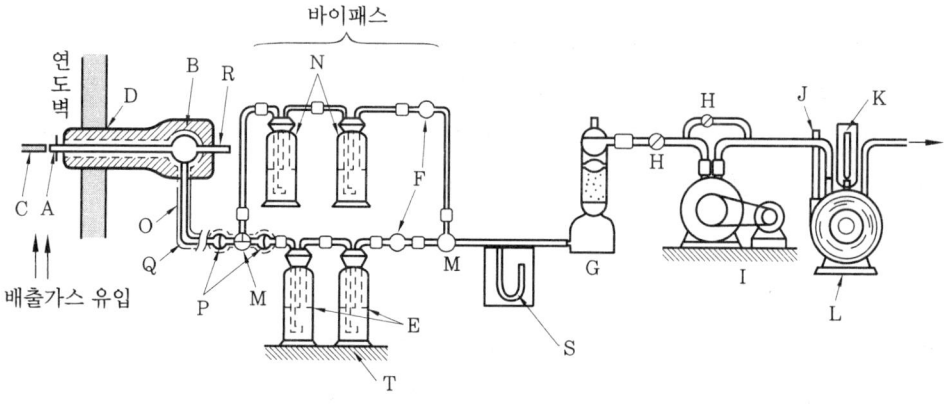

A : 시료 채취관
B : 연결관
C : 여과재
D : 보온재
E : 흡수병(위로 향한 여과판 G_2가 붙은 용량 150~250mL인 것)
F : 유리 필터(G_4)
G : 가스 건조탑(실리카 겔 입자)

H : 유량 조절 콕
I : 밀폐식 흡인펌프(0.05~5L/분)
J : 온도계
K : 압력계
L : 습식 가스미터(1회전 1L)
M : 3방 콕
N : 바이패스용 세척병(E와 같은 것)
O : 실리콘 고무관

P : 구면 갈아맞춤 이음관
Q : 히터
R : 온도계
S : 수은 마노미터
T : 얼음조

국가기술자격검정 실기시험 문제

자격종목 및 등급	대기환경(산업)기사	작 품 명	암모니아 측정

시험시간 : 4시간

[문제풀이 과정 및 유의사항]
- 문제의 답은 답안지에 흑색 볼펜으로 기재하고 수정 시에는 시험감독의 날인을 받아야 함
- 계산문제는 풀이과정을 반드시 기재하고 소수점 셋째자리에서 반올림하는 것을 원칙으로 한다.
- 문제는 표시된 중요결과치는 시험위원 입회하에 실험을 수행하고 그 결과치는 확인 날인을 받도록 한다.
- 채취시료(미지시료)는 실험계획서의 시료 제조방법에 따라 제조하고 제시된 실험방법을 기준으로 분석한다.
- 시약은 수검자가 직접 제조하는 것을 원칙으로 하며 문제의 요구에 따라 제조방법을 서술할 수도 있다.

---

1 요구사항

대기환경기사가 당해 사업장의 화학비료공정에서 배출되는 배출가스 중의 암모니아(인도페놀법)를 대기오염공정시험법에 의하여 측정하고 있다. 기 측정된 조건 및 결과치가 [표 1]과 같을 때 다음 물음에 답하고 또한 주어진 제조방법에 따라 미지시료를 제조, 분석한 결과를 이용하여 실험계획서를 완성하시오.

[표 1] 시료 채취 시 조건

배출가스온도(℃)	150	피토관 계수	0.85
평균동압(mmHg)	2.1	중력가속도(m/s^2)	9.81
평균정압(mmHg)	−9	배출가스 중 수분량(%)	15
측정공에서의 굴뚝직경(원형, m)	0.9	대기압(mmHg)	770
측정공 높이(m)	20	γ_0(kg/m^3)	1.3
건식 가스미터로 측정한 흡인가스량(L)	20	건식 가스미터 온도(℃)	26.5
건식 진공게이지압(mmHg)	3		

실·험·계·획·서

● 시료의 흡수 및 분석용 시료용액의 조제

ㄱ. 흡수과정은 생략하며 흡수완료된 분석용 시료용액량은 250mL로 가정한다.

ㄴ. 분석용 시료의 조제는 시약제조 방법에 기술된 내용을 기준으로 하여 아래와 같은 방법으로 분석을 수행한다.

● 실험방법에 따라 분석을 수행하시오.

ㄱ. 분석용 시료용액과 암모니아 표준액 10mL씩을 유리마개가 있는 시험관에 취하고 여기에 페놀-니트로푸루시드나트륨 용액 5mL씩을 가하고 잘 흔들어 저은 다음 차아염소산나트륨 용액 5mL씩을 가한 다음 마개를 하고 조용히 흔들어 섞는다.

ㄴ. 액온을 25~30℃에서 1시간 방치한 다음 10mm의 셀에 옮기고 광전분광광도계 또는 분광광도계로 640nm 부근의 파장에서 흡광도를 측정한다.

ㄷ. 대조액으로 흡수액 10mL를 본문과 같이 조작한 것을 쓴다.

● 시약 제조방법

ㄱ. 암모니아 표준액을 제조하시오. (NH_3 0.001mL/표준액 mL, 500mL 제조기준)

황산암모늄($(NH_4)_2SO_4$) 1.4749g을 물에 녹여 정확히 500mL로 하고 이 용액을 흡수액으로 1000배 묽게 희석하여 표준액으로 한다.

ㄴ. 페놀-니트로푸루시드나트륨 용액을 제조하시오.

페놀 2.5g + 니트로푸루시드나트륨 12.5mg + 증류수를 넣어 --- 250mL로 한다.

ㄷ. 차아염소산나트륨 용액을 제조하시오.

차아염소산나트륨 용액(3~10%) 50/C(C : 유효염소%)mL와 수산화나트륨 7.5g을 물에 녹여 500mL로 한다.

ㄹ. 붕산 용액(0.5%)을 제조하시오. 1000mL, 250mL 두 가지 제조(총 1250mL 제조기준)

ㅁ. 분석용 시료(미지시료) : ①, ②

(암모니아 표준액 : 흡수액)=① 부피로 5 : 5, ② 부피로 7 : 3으로 각각 혼합하여 2시료에 대하여 암모니아가스를 흡수한 분석용 시료용액으로 가정하여 분석한다.

작업형 문제

1. 측정원리를 서술하시오.

2. 시약 제조방법에 기술된 암모니아 표준액 제조에 사용되는 황산암모늄의 양(1.4749g) 산정과정을 기술하시오.

3. 실험분석 결과치를 이용하여 미지시료 ①, ②(채취시료)의 농도를 계산하고 계산식과 과정을 기술하시오.

4. 시료 채취를 위한 장치를 알맞게 구성하시오. (직접 장착해야 합니다.)

• 분석실험 중 또는 분석실험이 종료된 후 시험감독의 지시에 따라 시료 채취에 관한 검정에 임하도록 한다.
• 시료 채취에 관한 검정이 끝난 수검자는 타 수검자에게 방해가 되지 않도록 주의하여야 하며 계속 분석실험을 수행한다.

작업형(실험 실습) 답안지

암모니아(NH₃)

1. 측정원리를 서술하시오.

> 📖 분석용 시료용액에 페놀-니트로푸루시드나트륨 용액과 차아염소산나트륨 용액을 가하고 암모늄이온과 반응하여 생성하는 인도페놀류의 흡광도(640nm)를 측정하여 암모니아를 정량한다.

2. 시약 제조방법에 기술된 암모니아 표준액제조에 사용되는 황산암모늄의 양(1.4749g) 산정과정을 기술하시오. (단, 소수점 둘째 자리까지만 산정함)

|이해| ① 황산암모늄 : $(NH_4)_2SO_4$ M.W=132

② 암모니아 표준액 1mL는 0.001mL의 암모니아에 상당(표준상태)

③ 황산암모늄 1mole로부터 2mole의 암모니아 생성

계산식

$$\therefore x = \frac{0.001 \times 500 \times 132 \times 1000}{2 \times 22.4 \times 10^3} = 1.473g$$

NH₃ 0.001mL/표준액 mL=

$x\,g(NH_4)_2SO_4$	1mole	2×22.4L		10^3mL
500mL	132g	1mole	1000배	1L

📖 1.47g

3. 실험 분석 결과치를 이용하여 미지시료 ①, ②(채취시료)의 농도를 계산하고 계산식과 과정을 기술하시오.

가. 계산식

$$C = \frac{0.001 \times (A/A_s) \times 250}{V_s} \times 1000$$

$$V_s = V \times \frac{273}{273+t} \times \frac{P_a + P_m}{760} = 20 \times \frac{273}{273+26.5} \times \frac{770-3}{760} = 18.398L$$

여기서, C : 암모니아 농도(ppm), A : 분석용 시료용액 측정 흡광도, A_s : 표준액 측정 흡광도, V_s : 건조시료 가스량(L, 표준상태), 0.001 : 암모니아 표준액 1mL에 해당하는 암모니아가스의 부피(mL, 표준 상태), V : 가스미터로 측정한 흡인가스량(L), t : 가스미터의 온도(℃), P_a : 대기압(mmHg), P_m : 가스미터 게이지압(mmHg)

나. 계산 결과

시료 ①

$$C = \frac{0.001 \times \left(\frac{③ - ①}{② - ①}\right) \times 250}{18.398} \times 1000 = 6.581 \, ppm$$

시료 ②

$$C = \frac{0.001 \times \left(\frac{④ - ①}{② - ①}\right) \times 250}{18.398} \times 1000 = 9.553 \, ppm$$

답 ① 6.85ppm ② 9.55ppm

[흡광도 측정치]

구 분	흡광도
대조액(흡수액)	①
암모니아 표준액	②
분석용 시료용액 1	③
분석용 시료용액 2	④

4. 시료 채취를 위한 장치를 알맞게 구성하시오. (직접 장착해야 합니다.)

암모니아 시료 채취 장치

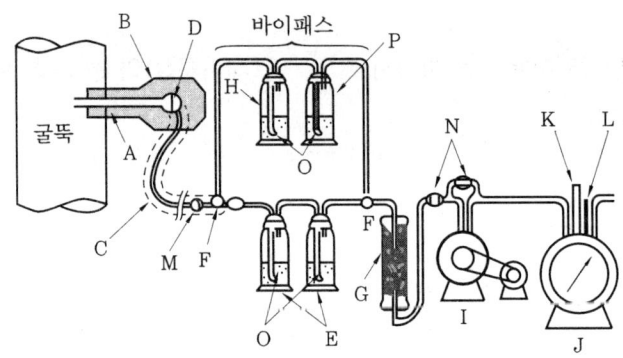

A : 시료 채취관   G : 건조재(입상 실리카 겔 또는 염화칼슘)   M : 구면 갈아맞춤
B : 보온재   H : 바이패스용 세척병   N : 콕
C : 히터   I : 흡인펌프   O : 여과판 또는 여과구
D : 여과재   J : 습식 가스미터(1회전 1~5L)   P : 트랩
E : 흡수병(용량 약 250mL)   K : 온도계
F : 3방콕   L : 압력계

국가기술자격검정 실기시험 문제

자격종목 및 등급	대기환경(산업)기사	작 품 명	염화수소 측정
시험시간 : 4시간			

[문제풀이 과정 및 유의사항]
- 문제의 답은 답안지에 흑색 볼펜으로 기재하고 수정 시에는 시험감독의 날인을 받아야 함
- 계산문제는 풀이과정을 반드시 기재하고 소수점 셋째자리에서 반올림하는 것을 원칙으로 한다.
- 문제는 표시된 중요결과치는 시험위원 입회하에 실험을 수행하고 그 결과치는 확인 날인을 받도록 한다.
- 채취시료(미지시료)는 실험계획서의 시료 제조방법에 따라 제조하고 제시된 실험방법을 기준으로 분석한다.
- 시약은 수검자가 직접 제조하는 것을 원칙으로 하며 문제의 요구에 따라 제조방법을 서술할 수도 있다.

1 요구사항

대기환경기사가 1일 평균 100톤의 일반 폐기물을 소각시키는 소각로의 배출구에서 배출되는 염화수소를 측정하고자 한다. 기 측정된 조건 및 측정결과가 다음 [표 1]과 같을 때 물음에 답하고 또한 실험계획서에 따라 미지시료를 제조, 분석하시오.(단, 계산문제인 경우 필요로 하는 공식을 기재하시오.)

[표 1] 시료 채취 시 조건

배출가스온도(℃)	120	피토관 계수	0.85
평균동압(mmHg)	10	중력가속도(m/s^2)	9.81
평균정압(mmHg)	−5	배출가스 중 수분량(%)	18
측정공에서의 굴뚝직경(원형, m)	2	대기압(mmHg)	758
측정공 높이(m)	25	γ_0(kg/m^3)	1.3
습식 가스미터로 측정한 흡인가스량(L)	36	습식 가스미터 온도(℃)	26
습식 가스미터 게이지압(mmHg)	10	26℃에서의 포화수증기압(mmHg)	25.21

실·험·계·획·서

◯ 시료의 흡수 및 분석용 시료용액의 조제

ㄱ. 흡수과정은 생략하며 흡수완료된 분석용 시료용액량은 100mL로 가정한다.

ㄴ. 분석용 시료의 조제는 시약제조 방법에 기술된 내용을 기준으로 하여 아래와 같은 방법으로 분석을 수행한다.

◯ 실험방법에 따라 분석을 수행하시오.

ㄱ. 분석용 시료용액 5mL 및 염소이온 표준액 5mL를 각각 유리마개가 있는 시험관에 취하여 각각에 황산제이철 암모늄용액 2mL와 티오시안산 제이수은용액 1mL 및 메틸알코올 10mL씩을 가한 다음 마개를 하고 흔들어 잘 섞는다.

ㄴ. 20℃에서 5~30분 사이에 10mm셀에 옮겨 광전광도계 또는 광전분광도계에서 파장 460nm 부근에서 흡광도를 측정한다.

ㄷ. 대조액으로는 흡수액으로 위와 같은 방법으로 처리하여 사용한다.

◯ 시약 제조방법

ㄱ. 염소이온 표준액을 제조하시오. (500mL 제조기준)

> 염화나트륨 0.1305g을 물에 녹여 정확히 500mL로 하고 이 용액을 10배 희석하여 염소이온 표준액으로 한다.

ㄴ. 티오시안산 제이수은 용액을 제조하시오.

> 티오시안산 제이수은 0.4g + 메틸알코올 --- 100mL로 한다. (갈색병에 보관)

ㄷ. 황산제이철암모늄 용액을 제조하시오.

> 황산제이철암모늄 6g + 과염소산(70%) (1+2) 100mL에 녹이고 갈색병에 보관한다.
> ※ 과염소산이 60%일 경우는 과염소산(2+3) 100mL에 녹이도록 함.

ㄹ. 과염소산 용액을 제조하시오. : 150mL 제조기준

ㅁ. 흡수액(수산화나트륨 0.1N) 250mL를 제조하시오.

ㅂ. 분석용 시료(미지시료)

> 염화수소 표준액 : 물=① 부피로 2 : 3, ② 부피로 3 : 2로 각각 혼합하여 2시료에 대하여 염화수소가스를 흡수한 분석용 시료용액으로 가정하여 사용한다.

작업형 문제

1. 측정원리를 서술하시오.

2. 실험분석 결과치를 이용하여 미지시료 ①, ②(채취시료)의 농도를 계산하고 계산식과 과정을 기술하시오.

3. 시료 채취를 위한 장치를 알맞게 구성하시오. (직접 장착해야 합니다.)

• 분석실험 중 또는 분석실험이 종료된 후 시험감독의 지시에 따라 시료 채취에 관한 검정에 임하도록 한다.
• 시료 채취에 관한 검정이 끝난 수검자는 타 수검자에게 방해가 되지 않도록 주의하여야 하며 계속 분석실험을 수행한다.

> ### 🔍 작업형(실험 실습) 답안지

염화수소(HCl)

1. 측정원리를 서술하시오.

📑 시료가스 중의 염화수소를 수산화나트륨 용액에 흡수시킨 후, 티오시안산 제이수은 용액과 황산제이철암모늄 용액을 가하여 발색시켜, 흡광도(460nm)를 측정한다. 이 방법은 이산화황, 기타 할로겐화물, 시안화물 및 황화물의 영향이 무시되는 경우에 적합하다.

2. 실험분석 결과치를 이용하여 미지시료 ①, ②(채취시료)의 농도를 계산하고 계산식과 과정을 기술하시오.

가. 계산식

$$C = \frac{0.01 \times (A/A_s) \times 100}{V_s} \times 1000$$

$$V_s = V \times \frac{273}{273+t} \times \frac{P_a + P_m - P_v}{760} = 36 \times \frac{273}{273+26} \times \frac{758+10-25.21}{760}$$

$$= 35.125 \text{L}$$

여기서, C : 염화수소 농도(ppm)

A : 분석용 시료용액 측정 흡광도

A_s : 표준액 측정 흡광도

V_s : 건조시료 가스량(L)

0.01 : 염소이온 표준액 1mL에 해당하는 염화수소가스의 부피(mL, 표준상태)

V : 가스미터로 측정한 흡인가스량(L)

t : 가스미터의 온도(℃)

P_a : 대기압(mmHg)

P_m : 가스미터 게이지압(mmHg)

P_v : t℃에서의 포화수증기압(mmHg)

나. 계산 결과

시료 ①

$$C = \frac{0.01 \times \left(\frac{③-①}{②-①}\right) \times 100}{32.125} \times 1000 = 12.582 \text{ppm}$$

시료 ②

$$C = \frac{0.01 \times \left(\frac{④-①}{②-①}\right) \times 100}{32.125} \times 1000 = 18.761 \text{ppm}$$

📑 ① 12.58ppm ② 18.76ppm

[흡광도 측정치]

구 분	흡 광 도
분석용 시료용액 1	③
분석용 시료용액 2	④
염화수소 표준액	②
대조액(흡수액)	①

4. 시료 채취를 위한 장치를 알맞게 구성하시오. (직접 장착해야 합니다.)

염화수소 시료 채취 장치

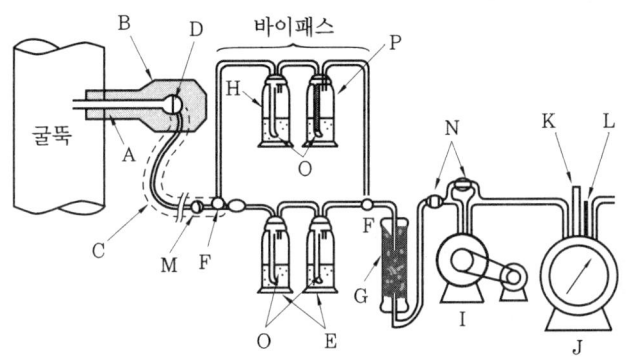

A : 시료 채취관
B : 보온재
C : 히터
D : 여과재
E : 흡수병(용량 약 250 mL)
F : 3방콕

G : 건조재(입상 실리카 겔 또는 염화칼슘)
H : 바이패스용 세척병
I : 흡인펌프
J : 습식 가스미터(1회전 1~5L)
K : 온도계
L : 압력계

M : 구면 갈아맞춤
N : 콕
O : 여과판 또는 여과구
P : 트랩

─■─(2012년도 시행문제)─■─

┌───┐
│ **대기환경기사 기출문제**   2012년 11월 3일 시행 │
└───┘

1. 기상총괄이동단위 높이가 0.8m, 충전탑의 높이가 5m인 충전탑이 있다. 이 충전탑을 이용하여 염화수소를 제거하려고 할 때 유입되는 염화수소의 농도가 30ppm이라면 유출되는 염화수소의 농도(mg/m^3)를 계산하시오.

계산과정

$H = NOG \times HOG$

$\quad = \ln\left(\dfrac{C_i}{C_o}\right) \times HOG$

$5 = \ln\left(\dfrac{30}{C_o}\right) \times 0.8 \qquad \dfrac{5}{0.8} = \ln\left(\dfrac{30}{C_o}\right) \qquad \dfrac{30}{C_o} = e^{\frac{5}{0.8}}$

$\therefore C_o = \dfrac{30}{e^{\frac{5}{0.8}}} = 0.0579\,ppm$

단위 환산하면 $0.0579\,mL/Sm^3 \times \dfrac{36.5\,mg}{22.4\,mL} = 0.094\,mg/Sm^3$

답 $0.09\,mg/m^3$

2. 다음 조건을 이용하여 중력집진장치를 이용하여 배기가스 중 분진을 제거하려고 한다. 다음 물음에 답하시오.

┌───┐
│ 조건 : 유량 : $70m^3/min$, 침강실의 폭 : 4m, 길이 : 6m, 입자의 밀도 : $1.2g/cm^3$ │
│ 입자의 직경 : $70\mu m$, 높이 : 3m, 점성도 : $0.3 \times 10^{-3} g/cm \cdot s$ │
└───┘

(1) 침강속도(m/s)를 계산하시오.

(2) 집진효율(%)을 계산하시오.

계산과정 (1) $U_g = \dfrac{g(\rho_p - \rho_a)d_p^2}{18\mu} = \dfrac{9.8 \times (1200 - 1.3) \times (70 \times 10^{-6})^2}{18 \times 0.3 \times 10^{-4}} = 0.106\,m/s$

(2) $Re = \dfrac{2Q}{\dfrac{\mu}{\rho_a} \times (nW + H)} = \dfrac{2 \times 70/60}{\dfrac{0.3 \times 10^{-4}}{1.3} \times (1 \times 4 + 3)} = 14444$(난류, 단단)

$\eta = 1 - e^{-\frac{U_g \times L \times W}{Q}} = 1 - e^{-\frac{0.106 \times 6 \times 4}{70/60}} = 0.88702$

답 (1) 0.11m/s (2) 88.70%

---

3. 지표면 근처의 이산화탄소(CO_2)의 평균농도는 330ppm이다. 지구의 반지름을 6400km로 가정할 때 지표면과 지상 150m 사이에 존재하는 이산화탄소의 무게를 톤(t)으로 계산하시오.

계산과정 전체의 체적 $V_1 = \dfrac{\pi D_1^3}{6} = \dfrac{3.14 \times (6400000 \times 2 + 150 \times 2)^3}{6}$

지구의 체적 $V_2 = \dfrac{\pi D_2^3}{6} = \dfrac{3.14 \times (6400000 \times 2)^3}{6}$

공기의 체적 $= V_1 - V_2$

$= \dfrac{3.14 \times (6400000 \times 2 + 150 \times 2)^3}{6} - \dfrac{3.14 \times (6400000 \times 2)^3}{6}$

$= 7.7170 \times 10^{16}\,\text{m}^3$

CO_2 무게 $= 7.7170 \times 10^{16}\text{m}^3 \times 330\,\text{mL/m}^3 \times \dfrac{44\text{mg}}{22.4\text{mL}} \times 10^{-9}\text{t/mg}$

$= 5.002 \times 10^{10}\,\text{t}$

답 5.00×10^{10}t

---

4. 굴뚝에서 배출되는 가스량이 5000Sm³/h이며 불화수소(HF)의 농도는 30ppm이다. 이것을 수산화칼슘 용액으로 침전제거하고자 할 때 5일간에 사용되는 수산화칼슘의 양(kg)을 구하시오. (단, 하루 10시간 운전하고, HF는 85% 물에 흡수되며 수산화칼슘의 화학식은 $Ca(OH)_2$이다.)

계산과정

2HF　　　　:　$Ca(OH)_2$

2kmol　　　:　1kmol

$2 \times 22.4\text{Sm}^3$:　74kg

5000Sm³/h $\times 30 \times 10^{-6} \times$ 10h/day $\times$ 5day $\times 0.85$:　x[kg]

$\therefore x = \dfrac{5000 \times 30 \times 10^{-6} \times 10 \times 5 \times 0.85 \times 74}{2 \times 22.4} = 10.530\,\text{kg}$

답 10.53kg

5. 산곡풍, 해륙풍, 경도풍에 대해 밤과 낮을 구분하여 정의, 발생원인, 특성을 적으시오.

답 ① 산곡풍

정의 : 낮에 곡에서 산 정상으로 부는 바람을 곡풍이라 한다. 그리고 밤에 산 정상에서 곡으로 부는 바람을 산풍이라 한다.

발생원인 : 곡풍은 낮에 산 정상에서 더 빨리 가열되어 기류는 곡에서 산 정상 쪽으로 상승하여 생기고, 산풍은 밤에 곡보다 산 정상이 빨리 식어 산 정상에서 곡 쪽으로 불게 된다.

특성 : 밤에 산풍이 불 때 대기오염이 가중된다.

② 해륙풍

정의 : 낮에 바다에서 육지로 부는 바람을 해풍이라 한다. 그리고 밤에 육지에서 바다로 부는 바람을 육풍이라 한다.

발생원인 : 해풍은 낮에 비열이 작은 육지가 바다보다 빨리 가열되어 기류는 바다에서 육지로 불게 되고, 육풍은 밤에 바다가 육지보다 덜 식어 바다 위의 공기가 상승하게 되고 이를 보안하기 위해 육지에서 바다 쪽으로 바람이 불게 되어 생긴다.

특성 : 해륙풍이 생기는 곳에서부터 위쪽으로 1km 정도 가면 해륙풍과 반대의 바람이 분다.

③ 경도풍

정의 : 지상 500~700m 상층에서 등압선을 따라 부는 바람이다.

발생원인 : 기압경도력, 원심력, 전향력 세 힘이 평형을 이룰 때 생기는 바람이다.

특성 : 풍속은 고도에 따라 기압경도력에 비례하여 커진다.

6. 다음 표는 환경정책기본법의 환경기준이다. (   ) 안에 들어갈 수치는?

구 분	이산화질소(NO_2)	미세먼지(PM-10)	벤젠
연간 평균치	(①)ppm 이하	(②)$\mu g/m^3$ 이하	(③)$\mu g/m^3$ 이하

답 ① 0.03   ② 50   ③ 5

7. 다중이용시설 등의 실내공기질관리법에 의한 신축공동주택의 실내공기질 권고기준을 쓰시오.
① 포름알데히드   ② 벤젠   ③ 에틸벤젠

답 ① 포름알데히드 : 210$\mu g/m^3$ 이하
② 벤젠 : 30$\mu g/m^3$ 이하
③ 에틸벤젠 : 360$\mu g/m^3$ 이하

8. 다음 물음에 답하시오.

(1) 채취관 채택 시 구비조건 3가지를 기술하시오.

(2) 포름알데히드를 채취할 때 사용할 수 있는 여과재 2가지를 기술하시오.

답 (1) ① 화학반응이나 흡착작용 등으로 배출가스의 분석결과에 영향을 주지 않는 것

② 배출가스 중의 부착성 성분에 의하여 잘 부식되지 않는 것

③ 배출가스의 온도, 유속 등에 견딜 수 있는 충분한 기계적 강도를 갖는 것

(2) ① 알칼리 성분이 없는 유리솜 또는 실리카 솜

② 소결 유리

9. 반경 50cm인 사이클론에 300K, 1atm으로 $2m^3/s$를 처리한다. 입자 밀도는 $1.8g/cm^3$일 때 다음 조건에 따라 답하시오.(점도 $\mu = 1.85 \times 10^{-5} kg/m \cdot s$) (6점)

diameter(d_v)	100cm
height of enterance	$\dfrac{d_o}{2}$
width of enterance	$\dfrac{d_o}{4}$

(1) 유입가스의 속도(m/s)는?

(2) 유효회전수가 5일 때 집진효율이 50%가 되는 입자의 직경(μm)은?

계산과정 (1) $Q = A \cdot V$ $V = \dfrac{Q}{A} = \dfrac{2m^3/s}{\dfrac{1}{2} \times \dfrac{1}{4} m^2} = 16m/s$

(2) $D_{p50} = \sqrt{\dfrac{9 \mu w_i}{2 \pi N_e V(\rho_p - \rho_a)}}$

$= \sqrt{\dfrac{9 \times 1.85 \times 10^{-5} \times \dfrac{1}{4}}{2 \times 3.14 \times 5 \times 16 \times (1800 - 1.183)}}$

$= 6.786 \times 10^{-6} m = 6.786 \mu m$

여기서, $\rho_a = 1.3 \dfrac{kg}{Nm^3} \times \dfrac{1}{\dfrac{300}{273}} = 1.183 kg/m^3$

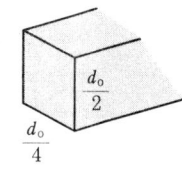

답 (1) 16m/s (2) 6.79μm

10. 유속이 2m/s이고 길이가 8m일 때, 20μm 이상의 먼지를 포집하려 할 때 입자의 완전제거 높이(m)를 계산하시오. (단, 동종의 분진으로 직경이 40μm의 입자를 제거할 때 침강속도는 1.5m/s이고 길이는 변동이 없으며, 스토크스식 적용)

계산과정 20μm일 때 침강속도를 구하면

$$U_g = \frac{g(\rho_p - \rho_a)d_p^2}{18\mu} \text{이므로}$$

$$U_g \propto d_p^2$$

$$1.5\text{m/s} : 40^2$$

$$x[\text{m/s}] : 20^2$$

$$\therefore x = \frac{1.5 \times 20^2}{40^2} = 0.375\text{m/s}$$

$$\therefore 1 = \frac{U_g \times L}{U_0 \times H} \text{에서}$$

$$H = \frac{U_g \times L}{U_o} = \frac{0.375\text{m/s} \times 8\text{m}}{2\text{m/s}} = 1.5\text{m}$$

답 1.5m

11. 전기집진장치의 집진효율을 증가시키는 방법 6가지를 서술하시오.

답 ① 전기집진기의 집진면적이 넓을수록
② 처리 가스량이 적을수록
③ 입자의 분리속도(W_e)가 클수록
④ 전압이 높을수록
⑤ 가스의 점성계수가 작을수록
⑥ 처리가스의 흐름이 균일할수록
⑦ 집진판의 길이가 길수록
⑧ 집신판과 방전극과의 거리가 짧을수록
중 6가지

1. 여포의 먼지부하가 $950g/m^2$에 달하면 청소를 하게 되는데 여과집진장치의 이론적인 겉보기 여과속도는 4cm/s이고 이때 입구농도는 $0.5g/m^3$이다. 전체 유량이 시간당 $120m^3$이고 여과포의 직경이 0.40cm이며 길이가 12m, 여과포 개수가 450개이다. 집진율 85%로 운전할 때 청소를 요하는 시간(h)을 계산하시오.

계산과정
$$L_d = (C_i - C_o) \times V_f \times t = C_i \times \eta \times V_f \times t$$
$$\therefore t = \frac{L_d}{C_i \times \eta \times V_f} = \frac{950g/m^2}{0.5g/m^3 \times 0.85 \times 0.04m/s \times 3600s/h}$$
$$= 15.522h$$

답 15.52h

2. 입구폭이 12.0cm이고 유효회전수(와류수)가 4인 사이클론에서 분진의 밀도가 $1.5g/cm^3$인 배기가스가 15.0m/s의 속도로 유입되고 있다. 이때 절단입경(cut size)(μm)을 계산하시오. (단, 점성계수는 $0.0748kg/m \cdot h$이다.)

계산과정
$$d_{p50} = \sqrt{\frac{9\mu w_i}{2\pi N_e V_i (\rho_p - \rho_a)}}$$
$$= \sqrt{\frac{9 \times 0.0748/3600 \times 0.12}{2 \times 3.14 \times 4 \times 15 \times (1500 - 1.3)}}$$
$$= 6.303 \times 10^{-6}m = 6.30\mu m$$

답 $6.30\mu m$

3. 배기 가스량이 $4000Sm^3/min$, 압력손실이 $250mmH_2O$, 송풍기의 효율이 70%이며 1일 2시간 가동할 경우 월 전력요금(원)을 계산하시오. (단, 1달은 30일 기준이며 $20원/kW \cdot h$이다.)

계산과정
동력을 구하면
$$kW = \frac{Q \cdot \Delta P}{102 \times \eta} = \frac{4000/60 \times 250}{102 \times 0.7} = 233.4267kW$$
$$\therefore 월\ 요금 = 233.4267kW \times 20원/kW \cdot h \times 2h/day \times 30day/월$$
$$= 280112.04\ 원$$

답 280112원

4. 표준상태에서 한 배기가스 내에 존재하는 SO_2의 농도가 0.015%라면 mg/Sm^3 농도로 계산하시오.

계산과정 0.015% = 150ppm = $150mL/Sm^3$이므로

$$150mL/Sm^3 \times \frac{64mg}{22.4mL} = 428.571\,mg/Sm^3$$

답 $428.57mg/Sm^3$

5. 석탄을 분석한 결과 수분 4%, 휘발분 7%, 회분 5%일 때 석탄의 연료비를 계산하시오.

계산과정 고정탄소를 구하면

고정탄소(%) = 100 - (수분(%) + 휘발분(%) + 회분(%))

　　　　　 = 100 - (4 + 7 + 5)

　　　　　 = 84%

$$\therefore 연료비 = \frac{고정탄소}{휘발분} = \frac{84}{7} = 12$$

답 12

6. 사이클론(cyclone) 집진장치의 집진율 향상조건 3가지를 서술하시오.

답 ① 배기관경(내관)이 작을수록 집진효율이 증대한다.
② 입구 유속에는 한계유속(7~15m/s)이 있지만 이 중 유속이 빠를수록 집진효율이 증대한다.
③ 사이클론을 직렬로 사용하는 경우 집진효율이 증대한다.

7. 이온크로마토그래피법의 원리와 적용범위를 서술하시오.

답 ① 원리
　이 방법은 이동상으로는 액체를, 그리고 고정상으로는 이온교환수지를 사용하여 이동상에 녹는 혼합물을 고분리능 고정상이 충전된 분리관 내로 통과시켜 시료성분의 용출상태를 전도도 검출기 또는 광학 검출기로 검출하여 그 농도를 정량하는 방법
② 적용범위
　강수(비, 눈, 우박 등), 대기먼지, 하천수 중의 이온성분을 정성, 정량 분석하는 데 이용한다.

8. NO 224ppm, NO₂ 22.4ppm을 함유한 배기가스 10000Nm³/h를 이용한 선택적 접촉환원법으로 처리할 경우 NOx를 제거하기 위해 필요한 NH₃(kg/h)의 양은 얼마인가?

계산과정

$$6NO + 4NH_3 \rightarrow 5N_2 + 6H_2O, \qquad\qquad 6NO_2 + 8NH_3 \rightarrow 7N_2 + 12H_2O$$

$6 \times 22.4 \text{Nm}^3 : 4 \times 17 \text{kg} \qquad\qquad\qquad\quad 6 \times 22.4 \text{Nm}^3 : 8 \times 17 \text{kg}$

$10000 \text{Nm}^3/\text{h} \times 224 \times 10^{-6} : x_1 [\text{kg/h}] \qquad 10000 \text{Nm}^3/\text{h} \times 22.4 \times 10^{-6} : x_2 [\text{kg/h}]$

$$\therefore x_1 = \frac{10000 \times 224 \times 10^{-6} \times 4 \times 17}{6 \times 22.4} = 1.1333 \text{kg/h}$$

$$\therefore x_2 = \frac{10000 \times 22.4 \times 10^{-6} \times 8 \times 17}{6 \times 22.4} = 0.2266 \text{kg/h}$$

$$\therefore NH_3량 = x_1 + x_2 = 1.1333 + 0.2266 = 1.359 \text{kg/h}$$

답 1.36kg/h

9. 대기오염공정시험기준상 원자흡수분광광도법에서 검량선의 작성법 3가지를 쓰고 설명하시오.

답 ① 검량선법 : 검량선은 적어도 3종류 이상의 농도의 표준시료용액에 대하여 흡광도를 측정하여 표준물질의 농도를 가로대에, 흡광도를 세로대에 취하여 그래프를 그려서 작성한다.
② 표준첨가법 : 같은 양의 분석시료를 여러 개 취하고 여기에 표준물질이 각각 다른 농도로 함유되도록 표준용액을 첨가하여 용액열을 만든다. 이어 각각의 용액에 대한 흡광도를 측정하여 가로대에 용액영역 중의 표준물질농도를, 세로대에 흡광도를 취하여 그래프 용지에 그려 검량선을 작성한다.
③ 내부표준법 : 이 방법은 분석시료 중에 다량으로 함유된 공존원소 또는 새로 분석시료 중에 가한 내부표준원소(목적원소와 물리적 화학적 성질이 아주 유사한 것이어야 한다)와 목적원소와의 흡광도 비를 구하는 동시 측정을 행한다.
목적원소에 의한 흡광도 A_S와 표준원소에 의한 흡광도 A_R과의 비를 구하고 A_S/A_R값과 표준물질농도와의 관계를 그래프로 작성하여 검량선을 만든다.

10. 개구면에 플랜지(flange)를 부착하는 이유를 간단히 서술하시오.

답 오염물질의 제어에 필요하지 않은 후드 뒤쪽의 공기의 흡입을 방지할 수 있고, 그 결과 포착속도를 크게 할 수 있다.

---

11. A먼지 배출공장에 집진율이 80%인 사이클론과 집진율이 96%인 전기집진장치를 직렬로 연결하여 설치하였다. 이때 총 집진율(%)을 계산하시오.

계산 과정

$$\eta_t = 1 - (1 - \eta_1) \times (1 - \eta_2)$$
$$= 1 - (1 - 0.8) \times (1 - 0.96)$$
$$= 0.992 = 99.2\%$$

답 99.2%

━━━■■━━《 **2013년도 시행문제** 》━━■■━━

1. 배출가스가 시간당 $1000Nm^3$ 방출되는 굴뚝에서 염화수소농도를 측정한 결과 $170mL/Nm^3$이었다. 이 배기가스를 $8m^3$ 순환수를 사용, 충전탑에서 흡수제거할 때 10h 후 순환수 pH를 계산하시오. (단, 충전탑 제거효율은 95%이고 순환수는 완전 전리한다.)

계산과정 HCl 농도

$$= \dfrac{170mL/Nm^3 \times 1000Nm^3/h \times 10h \times 10^{-3}L/mL \times \dfrac{36.5g}{22.4L} \times \dfrac{1mol}{36.5g} \times 0.95}{8m^3 \times 10^3 L/m^3}$$

$= 0.0090122 mol/L$ $HCl = 0.0090122 mol/L$ $[H^+]$ (100% 전리한다면)

$\therefore PH = -\log[H^+] = -\log 0.0090122 = 2.045$

답 2.05

2. 평판형 전기집진장치에서 집진판 사이의 거리가 30cm이고 여기에 60kV의 전압을 가하였다. 집진장치 내의 가스유속이 0.5m/s이고, 가스온도는 553K이다. $0.5\mu m$ 입자의 표류속도(m/s)를 구하시오. (단, 이 온도에서 가스점도 $\mu = 0.0863kg/m \cdot h$, $P = 2$, 집진장의 세기는 충전장의 세기와 같다.)

계산과정

$$W_e = \dfrac{1.1 \times 10^{-14} \times P \times E_o \times E_p \times d}{\mu}$$

$$= \dfrac{1.1 \times 10^{-14} \times 2 \times \left(\dfrac{60 \times 10^3}{0.3/2}\right)^2 \times 0.5}{0.0863} = 0.020m/s$$

답 0.02m/s

3. 송풍기 입구 정압이 $50mmH_2O$, 출구 정압이 $10mmH_2O$이며 입구측 평균 유속이 1000m/min일 때 이때 필요한 송풍기 정압을 계산하시오.

계산과정 송풍기 정압 $= |P_i| + |P_o| - \left(\dfrac{V}{242.2}\right)^2$ 여기서, V의 단위 : m/min

$$= |\ 50\ | + |\ 10\ | - \left(\frac{1000}{242.2}\right)^2 = 42.952\,\mathrm{mmH_2O}$$

답 $42.95\,\mathrm{mmH_2O}$

---

4. 발생원으로부터 집진장치를 포함한 송풍기까지의 전 압력손실이 $150\,\mathrm{mmH_2O}$일 때 처리가스량이 $250\,\mathrm{m^3/min}$였다면 송풍기의 공칭동력(kW)은? (단, 송풍기효율은 70%, 여유율은 1.2)

계산과정 $\mathrm{kW} = \dfrac{Q \cdot \Delta P}{102 \times \eta} \times \alpha = \dfrac{250\,\mathrm{m^3}/60\mathrm{s} \times 150\,\mathrm{kg/m^2}}{102\,\dfrac{\mathrm{kg \cdot m/s}}{\mathrm{kW}} \times 0.7} \times 1.2 = 10.504\,\mathrm{kW}$

답 $10.50\,\mathrm{kW}$

---

5. 용량비로 CO 45%, H_2 55%인 기체 혼합물이 있다. 다음 물음에 답하시오.

(1) CO와 H_2의 중량비(%)를 각각 계산하시오.

(2) 기체 혼합물의 평균분자량(kg)을 계산하시오.

계산과정 (1) CO의 중량 $= 0.45 \times \dfrac{28}{22.4} = 0.5625$

H_2의 중량 $= 0.55 \times \dfrac{2}{22.4} = 0.0491$

CO의 중량비(%) $= \dfrac{0.5625}{0.5625 + 0.0491} \times 100 = 91.971\%$

H_2의 중량비(%) $= \dfrac{0.0491}{0.5625 + 0.0491} \times 100 = 8.028\%$

(2) 평균 분자량 $= \dfrac{45 \times 28 + 55 \times 2}{45 + 55} = 13.7\,\mathrm{kg}$

답 (1) 91.97%, 8.03% (2) 13.7kg

---

6. 입구의 먼지농도가 $2500\,\mathrm{mg/Sm^3}$이고 집진효율이 60%, 75%, 85%인 3개의 집진장치를 직렬로 연결하여 처리할 때, 배출되는 먼지의 농도($\mathrm{mg/Sm^3}$)를 계산하시오.

계산과정 $C_o = C_i \times (1 - \eta_1) \times (1 - \eta_2) \times (1 - \eta_3)$

$= 2500 \times (1 - 0.6) \times (1 - 0.75) \times (1 - 0.85) = 37.5\,\mathrm{mg/Sm^3}$

답 $37.5\,\mathrm{mg/Sm^3}$

7. 소각시설에서 배출되는 다이옥신을 측정한 결과 O_2농도가 15%였다. 아래의 조건을 이용하여 배출가스 중 다이옥신류의 환산농도(ng/Sm^3)(O_2 12% 환산치)를 계산하시오. (단, 소수점 넷째자리까지 계산)

구 분	독성등가 환산계수	배출가스 중의 다이옥신류 농도(ng/Sm^3)
F_4CDD	1	0.3
F_5CDD	0.5	0.4
O_8CDD	0.001	2
T_4CDF	0.1	3
O_8CDF	0.001	10

|이해| $C = C_S \times \dfrac{21-12}{21-O_S}$

여기서, C : 다이옥신류 환산농도(ng/Sm^3 at $O_2=12\%$)

C_S : 배출가스 중의 다이옥신류 농도(ng/Sm^3)

O_S : 잔존산소농도(%)

|계산과정| $C_S = 1 \times 0.3 + 0.5 \times 0.4 + 0.001 \times 2 + 0.1 \times 3 + 0.001 \times 10$

$= 0.812 ng/Sm^3$

$\therefore C = 0.812 \times \dfrac{21-12}{21-15} = 1.218 ng/Sm^3$

|답| $1.22 ng/Sm^3$

---

8. 대기오염물질 배출업소에서 입자상 물질의 농도를 측정하고자 흡습관법, 경사 마노미터, 피토관, 건식 가스미터를 이용하여 다음의 값을 얻었다. 다음 물음에 답하시오.

시료 채취 시 조건

- 흡습 수분의 질량 : 2g, 포집 먼지의 질량 : 2.4mg
- 배출가스의 밀도 : 1.3kg/m^3, 시료 채취 흡인 가스량 : 20L
- 가스미터 흡인가스 온도 : 17℃, 가스미터 게이지압 : 13.6mmH2O
- 대기압 : 762mmHg, 배출가스 온도 : 150℃
- 피토관 계수 : 0.8614, 경사 마노미터 내의 액 : 물
- 경사 마노미터 액주 이동거리 : 6mm, 경사 마노미터 경사각 : 30°

(1) 배출가스 중 수분의 농도(%)를 계산하시오.

(2) 피토관에서 배출가스의 유속(m/s)을 계산하시오.

(3) 배출가스 중 먼지의 농도(mg/Sm^3)를 계산하시오.

계산과정 (1) $V_S = \dfrac{273}{273+t} \times \dfrac{P_a + P_m}{760}$

$20\text{L} \times \dfrac{273}{273+17} \times \dfrac{760+13.6/13.6}{760} = 18.9019\text{L}$

수분(%) $= \dfrac{2\text{g} \times \dfrac{22.4\,\text{L}}{18g}}{18.9019\text{L} + 2\text{g} \times \dfrac{22.4\,\text{L}}{18g}} \times 100 = 11.635\%$

(2) $V = C \times \sqrt{2g \dfrac{\Delta P}{\gamma}} = 0.8614 \times \sqrt{2 \times 9.8 \times \dfrac{3}{1.3}} = 5.793\text{m/s}$

여기서, $\Delta P = \gamma \cdot L \cdot \sin\theta$

$= 1000\text{kg/m}^3 \times 0.006\text{m} \times \sin 30°$

$= 3\text{kg/m}^2$

(3) 먼지농도 $= \dfrac{m_d}{V_S + 수증기} = \dfrac{2.4\text{mg}}{\left(18.9019\text{L} + 2\text{g} \times \dfrac{22.4\,\text{L}}{18g}\right) \times 10^{-3}\text{Sm}^3/\text{L}}$

$= 112.197\text{m/Sm}^3$

답 (1) 11.64% (2) 5.79m/s (3) 112.20mg/Sm^3

---

9. 다음 물음에 답하시오.

(1) COH의 정의를 쓰시오.

(2) m당 COH를 구하는 공식을 쓰시오.

답 (1) COH 정의 : 광학적 밀도가 0.01이 되도록 하는 여과지 상의 빛을 분산시키는 고형물질의 양

(2) m당 COH $= \dfrac{100 \times \log\left(\dfrac{1}{t}\right) \times 거리(\text{m})}{속도(\text{m/s}) \times 시간(\text{s})}$

여기서, $\log\left(\dfrac{1}{t}\right)$: 광학적 밀도, t : 빛 투과율

---

10. 다중이용시설 등의 실내공기질 관리법규상 실내공기질 유지기준을 쓰시오. (단, 전시시설 기준)

전시시설	미세먼지	이산화탄소	포름알데히드	일산화탄소
	①	②	③	④

답 ① 150μg/m^3 이하 ② 1000ppm 이하 ③ 100μg/m^3 이하 ④ 10ppm 이하

11. 아래의 빈칸에 알맞은 말을 채우시오.

- 방울수라 함은 (①)℃에서 정제수 (②)방울을 떨어뜨릴 때 그 부피가 약 1mL가 되는 것을 뜻한다.
- (③)라 함은 물질을 취급 또는 보관하는 동안 기체 또는 미생물이 침입하지 않도록 내용물을 보호하는 용기를 뜻한다.
- 상온은 (④)℃, 실온은 1~35℃, 찬곳은 따로 규정이 없는 한 (⑤)의 곳을 말한다.

답 ① 20 ② 20 ③ 밀봉용기 ④ 15~25 ⑤ 0~15℃

┌───┐
│ **대기환경산업기사 기출문제**　　　　　　　　2013년 4월 21일 시행 │
└───┘

1. 비분산 적외선 분석법에 대하여 다음 물음에 답하시오.

(1) 원리 및 적용범위를 쓰시오.

(2) 용어의 정의를 쓰시오.

　① 스팬가스

　② 비교가스

(3) 분석계의 구성을 차례로 나열하시오. (증폭기, 지시계, 광원, 검출기, 회전섹터, 시료셀)

📝 (1) 원리 및 적용범위 : 선택성 검출기를 이용하여 시료 중의 특정 성분에 의한 적외선 흡수량의 변화를 측정하여 시료 중에 들어 있는 특정 성분의 농도를 구하는 방법으로 대기 및 연도 배출가스 중의 오염물질을 연속적으로 측정하는 비분산 정필터형 적외선 가스분석계에 대하여 적용한다.

(2) 용어의 정의

　① 스팬가스 : 분석계의 최고 눈금값을 교정하기 위하여 사용하는 가스

　② 비교가스 : 시료셀에서 적외선 흡수를 측정하는 경우 대조가스로 사용하는 것으로 적외선을 흡수하지 않는 가스

(3) 광원 → 회전섹터 → 시료셀 → 검출기 → 증폭기 → 지시계

2. 다음 물음에 답하시오.

(1) 헨리의 법칙을 설명하시오.

(2) 배기가스 중의 HF를 수산화칼슘 수용액으로 처리하는 흡수탑이 있다. HF 농도가 112ppm인 배기가스를 흡수탑에서 처리하여 배출되는 가스의 HF 농도를 측정하니 $5mg/Sm^3$이었다면 이 흡수탑의 이동 단위수(NOG)를 계산하시오.

📝 (1) 헨리의 법칙 : 특정 유해가스 압력은 용해가스의 액 중 농도에 비례한다는 법칙

$$NOG = \ln\left(\frac{C_i}{C_o}\right) = \ln\left(\frac{112mL/Sm^3 \times \dfrac{20mg}{22.4\,mL}}{5mg/Sm^3}\right) = 2.995$$

(2) 3.00

3. 다음 물음에 답하시오.

(1) 등유($C_{10}H_{20}$)를 1시간당 1kg을 연소시킬 때 필요한 하루당 실제공기량 (Sm^3/day)을 구하시오. (단, 하루는 24시간, 공기비는 1.1)

(2) 등유($C_{10}H_{20}$)를 1시간당 1kg을 연소시킬 때 발생하는 실제 습연소가스량 (Sm^3/day)을 구하시오. (단, 하루는 24시간, 공기비는 1.1)

계산과정

(1) $C_{10}H_{20} + 15O_2 \rightarrow 10CO_2 + 10H_2O$

$140kg : 15 \times 22.4 Sm^3$

$1kg/h \times 24h/day : x [Sm^3/day]$

$x = \dfrac{1 \times 24 \times 15 \times 22.4}{140} = 57.6 Sm^3/day$

$A_o = \dfrac{1}{0.21} \times 57.6 = 274.2857 Sm^3/day$

$\therefore A = mA_o = 1.1 \times 274.2857 = 301.714 Sm^3/day$

(2) $C_{10}H_{20} + 15O_2 \rightarrow 10CO_2 + 10H_2O$

$140kg \qquad\qquad 10 \times 22.4 Sm^3 \quad 10 \times 22.4 Sm^3$

$1kg/h \times 24h/day \qquad x_1 \qquad\qquad x_2$

$G_{ow} = x_1 + x_2 + 0.79 A_o$

$\quad = \dfrac{1 \times 24 \times 10 \times 22.4}{140} + \dfrac{1 \times 24 \times 10 \times 22.4}{140} + 0.79 \times 274.2857$

$\quad = 293.4857 Sm^3/day$

$G_w = G_{ow} + (m-1)A_o = 293.4857 + (1.1-1) \times 274.2857$

$\quad = 320.914 Sm^3/day$

답 (1) $301.71 Sm^3/day$ (2) $320.91 Sm^3/day$

4. 다음의 기기분석법의 원리 및 적용범위를 쓰시오.

(1) 가스크로마토그래피법

(2) 이온크로마토그래피법

답 (1) 가스크로마토그래피법

이 방법은 기체시료 또는 기화한 액체나 고체 시료를 운반가스에 의하여 분리, 관내에 전개시켜 기체상태에서 분리되는 각 성분을 크로마토그래피 적으로 분석하는 방법으로 일반적으로 무기물 또는 유기물의 대기오염 물질에 대한 정성, 정량 분석에 이용한다.

(2) 이온크로마토그래피법

이 방법은 이동상으로는 액체를, 고정상으로는 이온 교환 수지를 사용하여 이동상에 녹는 혼합물을 고분리능 고정상이 충전된 분리관 내로 통과시켜 시료성분의 용출상태를 전도도 검출기 또는 광학검출기로 검출하여 그 농도를 정량하는 방법으로 일반적으로 강수

(비, 눈, 우박 등), 대기먼지, 하천수 중의 이온성분의 정성, 정량 분석에 이용한다.

---

5. 어떤 송풍기의 정압이 72mmH₂O, 유속이 350m/s, 송풍량이 280m³/min이 되도록 이동시킬 때 필요한 동력이 5.5Hp(마력) 이었다고 한다. 이 송풍기의 모터가 400rpm일 때 이 모터의 회전수를 550rpm으로 증가시켰을 때 다음 요구사항을 구하시오.

(1) 송풍량(m³/min)
(2) 동력(Hp)
(3) 정압(mmH₂O)

계산 과정 (1) $Q_2 = Q_1 \times \left(\dfrac{n_2}{n_1}\right) = 280 \times \left(\dfrac{550}{400}\right) = 385 \, \text{m}^3/\text{min}$

(2) $Hp_2 = Hp_1 \times \left(\dfrac{n_2}{n_1}\right)^3 = 5.5 \times \left(\dfrac{550}{400}\right)^3 = 14.297 \, \text{Hp}$

(3) $Ps_2 = Ps_1 \times \left(\dfrac{n_2}{n_1}\right)^2 = 72 \times \left(\dfrac{550}{400}\right)^2 = 136.125 \, \text{mmH}_2\text{O}$

답 (1) 385m³/min (2) 14.30HP (3) 136.13mmH₂O

---

6. 굴뚝 내의 배출가스 평균온도가 200℃이고, 대기의 온도가 15℃일 때 통풍력이 40mmH₂O가 되는 굴뚝의 높이는? (단, 연소가스 비중량은 1.3kg/Sm³이다.)

계산 과정 $Z = 355H \times \left\{ \dfrac{1}{273 + t_a} - \dfrac{1}{273 + t_g} \right\}$

$\therefore H = \dfrac{Z}{355 \times \left\{ \dfrac{1}{273 + t_a} - \dfrac{1}{273 + t_g} \right\}} = \dfrac{40}{355 \times \left\{ \dfrac{1}{273 + 15} - \dfrac{1}{273 + 200} \right\}}$

$= 82.968 \, \text{m}$

답 82.97m

---

7. 탄소 85%, 수소 10%, 황 5%인 중유를 공기비 1.25로 완전 연소시켰을 때 습연소가스 중의 SO₂ 함량(%)을 구하시오.

계산 과정 $A_o = \dfrac{1}{0.21} \times \left\{ \dfrac{22.4}{12} \times 0.85 + \dfrac{11.2}{2}\left(0.1 - \dfrac{0}{8}\right) + \dfrac{22.4}{32} \times 0.05 \right\}$

$= 10.3888 \, \text{Sm}^3/\text{kg}$

$$G_{od} = \frac{22.4}{12} \times 0.85 + \frac{22.4}{32} \times 0.05 + 0 + 0.79 \times 10.3888 = 9.8288 \, \text{Sm}^3/\text{kg}$$

$$G_d = G_{od} + (m-1)A_o = 9.8288 + (1.25-1) \times 10.3888 = 12.426 \, \text{Sm}^3/\text{kg}$$

$$G_w = G_d + \frac{22.4}{18} \times (9H + W) = 12.426 + \frac{22.4}{18} \times (9 \times 0.1 + 0) = 13.546 \, \text{Sm}^3/\text{kg}$$

$$\therefore \text{SO}_2(\%) = \frac{\frac{22.4}{32}S}{G_w} \times 100 = \frac{\frac{22.4}{32} \times 0.05}{13.546} \times 100 = 0.258\%$$

답 0.26%

---

8. 입구폭이 11cm이고 처리가스의 와류수가 5인 사이클론이 있다. 이 사이클론에 밀도가 1.6g/cm³인 분진 입자를 함유하는 처리가스가 10m/s의 유입속도로 처리되고 있다. 절단입경(cut size)은 얼마인가? (단, 처리 기체의 점도는 0.0748kg/m·h 이다.)

계산과정

$$d_{p50} = \sqrt{\frac{9\mu w_i}{2\pi N_e V_i(\rho_p - \rho_a)}}$$

$$= \sqrt{\frac{9 \times 0.0748/3600 \times 0.11}{2 \times 3.14 \times 5 \times 10 \times (1600 - 1.3)}}$$

$$= 6.401 \times 10^{-6} \, \text{m} = 6.401 \, \mu\text{m}$$

답 6.40μm

---

9. 처리가스량 $Q = 300 \text{m}^3/\text{min}$ 속에 입자 직경 $d_p = 60\mu\text{m}$을 처리하려고 한다. 입자 밀도 1.6g/cm³, 가스 점성도 0.2×10^{-3}g/cm·s, 폭 $W = 2\text{m}$, 침강실 길이 $L = 6\text{m}$, 침강실 높이 $H = 2.5\text{m}$에서 물음에 답하시오.

(1) 침강속도(U_g : cm/s)는?

(2) 70μm 입자 제진효율은?

계산과정

(1) $U_g = \dfrac{g(\rho_p - \rho_a)d_p^2}{18\mu}$

$$= \frac{9.8 \times (1600 - 1.3) \times (60 \times 10^{-6})^2}{18 \times 0.2 \times 10^{-4}}$$

$$= 0.15667 \text{m/s} = 15.667 \text{cm/s}$$

※ $\mu = \dfrac{0.2 \times 10^{-3}\text{g}}{\text{cm} \cdot \text{s}} \left| \dfrac{1\text{kg}}{1000\text{g}} \right| \dfrac{100\text{cm}}{1\text{m}}$

$$= 0.2 \times 10^{-4} \text{kg/m} \cdot \text{s}$$

(2) Re를 구하면

$$Re = \frac{2Q}{\frac{\mu}{\rho_a} \times (nW+H)} = \frac{2 \times \frac{300}{60}}{\frac{0.2 \times 10^{-4}}{1.3} \times (1 \times 2 + 2.5)} = 144444(\text{난류})$$

입경 70ηm에서 U_g를 구하면

$$U_g = \frac{9.8 \times (1600 - 1.3) \times (70 \times 10^{-6})^2}{18 \times 0.2 \times 10^{-4}} = 0.2132 \text{m/s}$$

$$\eta = 1 - e^{-\frac{U_g \times L}{U_o \times H}} = 1 - e^{-\frac{U_g \times L \times W}{Q}} = 1 - e^{-\frac{0.2132 \times 6 \times 2}{\frac{300}{60}}} = 0.40051 = 40.051\%$$

🔒 (1) 15.67cm/s   (2) 40.05%

---

10. 다음 물음에 답하시오.

(1) 분리계수의 정의를 쓰시오.

(2) 반경이 10cm인 원심력 제진장치에서 가스 접선 속도가 10m/s일 때 분리계수를 구하시오.

🔒 (1) 분리계수 : 사이클론에서 원심력을 중력으로 나누어 준 값

(2) 분리계수$(S) = \dfrac{V^2}{gR} = \dfrac{10^2}{9.8 \times 0.1} = 102.040$

1. 원통형 전기집진장치에서 처리가스량이 $300m^3/min$, 반경이 $0.12m$, 길이가 $10m$인 집진극의 수는 20개이다. 유입구의 먼지 농도가 $10g/m^3$, 유출구의 먼지 농도는 $0.1g/m^3$일 때 먼지 입자의 겉보기 이동속도(m/s)를 구하시오.

계산과정 효율을 구하면

$$\eta = \frac{C_i - C_o}{C_i} \times 100 = \frac{10 - 0.1}{10} \times 100 = 99\%$$

집진판 총면적을 구하면

$$A = \pi DL \times 개수 = 3.14 \times 0.24 \times 10 \times 20 = 150.72m^2$$

$$\eta = 1 - e^{-\frac{AW_t}{Q}} 에서$$

$$e^{-\frac{AW_t}{Q}} = \ln(1 - \eta)$$

$$\therefore W_e = \frac{-\ln(1-\eta) \times Q}{A} = \frac{-\ln(1-0.99) \times 300/60}{150.72} = 0.152m/s$$

답 $0.15m/s$

2. 어떤 유해가스와 물이 일정온도에서 평형상태에 있다. 가상의 유해가스 분압이 $45.6mmHg$일 때, 수중 유해가스의 농도가 $2kmol/m^3$이다. 이때 헨리정수$[atm \cdot m^3/kmol]$를 구하시오. (단, 전압은 atm으로 한다.)

계산과정 $P = H \cdot C$

$$H = \frac{P}{C} = \frac{\frac{45.6}{760}atm}{2kmol/m^3} = 0.03\,atm \cdot m^3/kmol$$

답 $0.03atm \cdot m^3/kmol$

3. 면적 $1m^2$인 여과집진기로 분진농도가 $1g/m^3$인 배기가스가 $100m/min$로 통과하고 있다. 분진이 모두 여과포에 제거되었고 집진된 분진층의 밀도가 $1g/cm^3$라면 1시간 후의 여과된 분진층의 두께는?

계산과정 분진층의 두께$= \frac{L_d[kg/m^2]}{\rho[kg/m^3]} = \frac{(C_i - C_o) \times V_f \times t}{\rho}$

$$\therefore 두께 = \frac{(10^{-3} - 0)kg/m^3 \times 100m/min \times 1h \times 60min/h}{1000kg/m^3} = 0.006m = 6mm$$

답 6mm

---

4. 가솔린에 미량으로 함유된 방향족 화합물 벤젠에 대하여 이론 반응식을 쓰고 AFR_m을 구하시오.

(1) 이론 반응식

(2) AFR_m을 구하시오.

계산과정 (1) $C_6H_6 + 7.5O_2 \rightarrow 6CO_2 + 3H_2O$

(2) $AFR_m = \dfrac{공기(kg)}{연료(kg)} = \dfrac{\dfrac{17.5 \times 32}{0.232}}{78kg} = 13.262$

답 (2) 13.26

---

5. 입구폭이 12.0cm이고 처리가스의 와류수가 4인 사이클론이 있다. 이 사이클론에 밀도가 $1.70g/cm^3$인 분진 입자를 함유하는 처리가스가 15.0m/s의 유입속도로 처리되고 있다. 절단입경(cut size)은 얼마인가? (단, 처리 기체의 점도는 $0.0748kg/m \cdot h$임)

계산과정 $d_{p50} = \left\{ \dfrac{9\mu w_i}{2\pi NV(\rho_p - \rho_a)} \right\}^{\frac{1}{2}} \times 10^6 \mu m$

$$= \left\{ \dfrac{9 \times 0.0748kg/m \cdot 3600s \times 0.12m}{2 \times 3.14 \times 4 \times 15m/s \times (1700 - 1.3)kg/m^3} \right\}^{\frac{1}{2}} m \times 10^6 \mu m/m$$

$$= 5.921 \mu m$$

답 $5.92 \mu m$

---

6. 파장 5200Å인 빛 속에서 밀도가 $1.2g/cm^3$이고, 직경 $0.2\mu m$인 분진의 분산면적비가 3일 때 분진농도가 $0.3 \times 10^{-3}g/m^3$이라면 가시거리(V)는 몇 m인가?

계산과정 $V[m] = \dfrac{5.2\rho r}{KC} = \dfrac{5.2 \times 1.2 \times 0.1}{3 \times 0.3 \times 10^{-3}} = 693.333$

답 693.33m

7. 다음 용어의 정의를 쓰시오.

  (1) 알베도   (2) 빈의 변위법칙

> 🔲 (1) 알베도란 지표의 반사율을 나타내는 지표를 말한다.
>   (2) 빈의 변위법칙이란 최대에너지 파장과 흑체 표면의 절대온도는 반비례한다는 법칙이다.
>
>   즉, $\lambda_m = \dfrac{2897}{T}$
>
>   여기서, λ_m : 최대에너지 파장(μm), T : 표면의 절대온도(K)

8. 대류 및 난류 확산에 의한 모델 중 상자모델의 가정을 4가지만 서술하시오.

> 🔲 ① 상자 안에서의 오염물질이 방출되는 즉시 균일하게 혼합된다고 가정한다.
>   ② 오염물 배출원(굴뚝)이 지면 전역에 균등히 분포되어 있다고 가정한다.
>   ③ 오염물의 분해는 일차반응에 의한다고 가정한다.
>   ④ 바람은 이 상자의 측면에서 불며, 그 속도는 일정하다고 가정한다.
>   ⑤ 대기오염물질의 농도가 시간에 따라서만 변하는 0차원 모델이다.

9. 온실가스 감출을 위한 교토메커니즘의 도입이 있다. 주요 제도 3가지를 쓰시오.

> 🔲 ① 배출권 거래제도 ② 공동 이행제도 ③ 청정 개발 체제

10. 배출가스 중 다이옥신을 가스크로마토그래프/질량분석계(GC/MS)로 분석할 때 가스크로마토그래프/질량분석계에 주입하기 전에 첨가하는 실린지 첨가용 내부표준물질 2가지를 쓰시오.

> 🔲 ① $^{13}C_{12}$ - 1, 2, 3, 4, - T_4CDD ② $^{13}C_{12}$ - 1, 2, 3, 7, 8, 9 - H_6CDD

11. 어떤 액체 연료를 완전연소시킬 때 소요되는 이론공기량(A_o)이 11.8Sm³/kg이고 이때 발생하는 실제 습연소가스량이 17.2Sm³/kg이다. 이 연료의 공기비(m)를 구하시오. (단, 이론 습연소가스량은 13.1Sm³/kg이다.)

> **계산과정** $G_w = G_{ow} + (m-1)A_o$
>
> $m = \dfrac{G_w - G_{ow}}{A_o} + 1 = \dfrac{17.2 - 13.1}{11.8} + 1 = 1.347$
>
> 🔲 1.35

1. 반경 7cm, 높이 1.5m, 처리가스 유속 1.5m/s일 때 관형 집진장치효율은? (단, $W_e = 10cm/s$)

 $$\eta = 1 - e^{-\frac{2W_r \times L}{U_o \times S}} = 1 - e^{-\frac{2 \times 0.1 \times 1.5}{1.5 \times 0.07}} = 0.94256$$

🔖 94.26%

2. 화력 발전소에서 열효율 50%로 연료 발열량이 2200kcal/kg인 석탄을 사용하여 100MW의 전력을 생산한다. 석탄 연료량의 10%가 회분이라면 회분량($kg \cdot year^{-1}$)을 산출하시오. (단, $1W = \frac{1}{4.2} cal/s$)

|이해| 회분량을 알기 위해서는 연료량을 알아야 한다. 연료량을 구하기 위해 효율공식을 이용한다.

계산과정   효율 $= \dfrac{유효열}{입열}$ $\eta = \dfrac{W \times \frac{1}{4.2} cal/s}{G_f \times H_l}$

※ 100MW$= 100 \times 10^6$ W$= 10^8$W

$$G_f = \frac{W \times \frac{1}{4.2} cal/s}{\eta \times H_l} = \frac{10^8 \times \frac{1}{4.2} cal/s}{0.5 \times 2200kcal/kg \times 10^3 cal/kcal} = 21.645kg/s$$

회분량 = 연료 $\times \dfrac{회분\%}{100}$

     $= 21.645kg연료/s \times 0.1회분/연료 \times 86400s/day \times 365day/year$

     $= 68259672kg/year$

🔖 68259672kg/year

3. 물리적 흡착의 특성 4가지를 서술하시오.

🔖 ① 반응의 방향성은 가역적이다.
   ② 계의 종류는 개방계이다.
   ③ 가스 흡착 시 발생하는 흡착열은 적다.
   ④ 엔탈피는 2~20kJ/mol이다.

4. 배출가스 중 수은화합물을 흡광광도법(디티존법)으로 분석할 때 다음 ( ) 안에 적당한 말을 쓰시오.

> 시료를 질산과 과망간산칼륨으로 산화시킨 다음 (①)을 (②)으로 환원하고 암모니아수로 중화하여 일정량의 (③)을 넣고 (④)로 수은을 추출한다.

답 ① 과망간산칼륨   ② 염산히드록실아민   ③ 황산   ④ 디티존사염화탄소

5. 휘발성 유기화합물질(VOC) 누출확인방법에 사용하는 측정기기의 성능 기준이다. ( ) 안에 적당한 내용을 쓰시오.

> ① 측정될 개별 화합물에 대한 기기의 반응인자(response factor)는 (   )보다 작아야 한다.
> ② 기기의 응답시간은 (   )초보다 작거나 같아야 한다.
> ③ 교정 정밀도는 교정용 가스값의 (   )%보다 작거나 같아야 한다.

답 ① 10   ② 30   ③ 10

6. 높이 10m인 중력침전실에서 배기수평유속이 1.5m/s이고 침강속도가 20cm/s인 입자를 처리할 때 필요한 중력침전실의 길이는 얼마인가?

계산과정 $\eta = \dfrac{U_g \times L}{U_o \times H}$ 에서 효율이 100%라 간주하고

$$1 = \frac{U_g \times L}{U_o \times H} \qquad L = \frac{U_o \times H}{U_g} = \frac{1.5\text{m/s} \times 10\text{m}}{0.2\text{m/s}} = 75\text{m}$$

답 75m

7. 여과 집진장치에서 지름 220mm, 유효높이 2.5m인 원통형 백필터를 사용하여 먼지농도 6g/m^3이고 유량이 $360\text{m}^3/\text{min}$인 배기가스를 처리하고자 한다. 겉보기 여과속도가 1.5cm/s일 때 필요한 백의 수를 구하시오.

계산과정 $n = \dfrac{Q}{\pi D L V_f} = \dfrac{360\text{m}^3/60\text{s}}{3.14 \times 0.22 \times 2.5 \times 0.015\text{m}^3/\text{s} \cdot \text{개}} = 231.6\text{개}$

답 232개

8. 입구폭이 12.0cm이고 처리가스의 와류수가 4인 사이클론이 있다. 이 사이클론에 밀도가 1.70g/cm³인 분진 입자를 함유하는 처리가스가 15.0m/s의 유입속도로 처리되고 있다. 절단입경(cut size)은 얼마인가? (단, 처리 기체의 점도는 0.0748kg/m·h이다.) 그리고 35μm의 부분집진율을 계산하시오.

계산과정 ① $d_{p50} = \left\{ \dfrac{9\mu w_i}{2\pi NV(\rho_p - \rho_a)} \right\}^{\frac{1}{2}} \times 10^6 \mu m$

$$= \left\{ \dfrac{9 \times 0.0748\,kg/m \cdot 3600s \times 0.12m}{2 \times 3.14 \times 4 \times 15m/s \times (1700 - 1.3)kg/m^3} \right\}^{\frac{1}{2}} m \times 10^6 \mu m/m$$

$$= 5.921 \mu m$$

② $\eta = \dfrac{1}{1 + \left(\dfrac{d_{p50}}{d_p}\right)^2} \times 100$

$$= \dfrac{1}{1 + \left(\dfrac{5.92}{35}\right)^2} \times 100 = 97.218\%$$

답 ① 5.92μm ② 97.22%

9. 황함유량이 2.5%인 중유를 10t/h로 연소하는 보일러의 배출가스를 NaOH 용액으로 세정 탈황하여 Na_2SO_3로 회수하고자 한다. 이때 필요한 NaOH의 소요량(t/달)을 계산하시오. (단, S의 전량은 SO_2로 산화되며, 1달은 30일로 기준한다.)

계산과정 S : 2NaOH

32kg : 2×40kg

10t/h×0.025×24h/day×30day/달 : x[t/달]

$$\therefore x = \dfrac{10 \times 0.025 \times 24 \times 30 \times 2 \times 40}{32} = 450[t/달]$$

답 450t/달

10. 다음 기체 연료($H_2 : 50\%$, $CH_4 : 40\%$, $C_2H_4 : 10\%$) $1Sm^3$을 완전연소시킬 때 발생하는 습연소가스량과 건연소가스량의 차를 계산하시오.

계산과정 $H_2 + \dfrac{1}{2}O_2 \rightarrow H_2O$, $CH_4 + 2O_2 \rightarrow CO_2 + 2H_2O$

1	0.5	1	1	2	1	2
0.5	x_1	x_2	0.4	x_3	x_4	x_5

$$C_2H_4 + 3O_2 \rightarrow 2CO_2 + 2H_2O$$

1	3	2	2
0.1	x_6	x_7	x_8

습연소가스량과 건연소가스량의 차는 수증기량이므로

$H_2O = x_2 + x_5 + x_8$

$\qquad = 1 \times 0.5 + 2 \times 0.4 + 2 \times 0.1 = 1.5 Sm^3/Sm^3$

🗒 $1.5 Sm^3/Sm^3$

---

11. 다음은 촉매 연소법에 대한 내용이다. 각 물음에 답하시오.

(1) 촉매의 종류 2가지를 나열하고 온도에 따라 어떤 변화가 나타나는지를 설명하시오.

(2) 장점 2가지를 나열하시오.

(3) 단점 2가지를 나열하시오.

🗒 (1) ① 파라듐, 코발트

② 변화 : 800~900℃에서 촉매 역할을 활발하게 한다.

(2) ① 연소법보다 반응속도가 빠르다.

② 연소실 온도를 낮출 수 있어 NO_x 발생을 적게 할 수 있다.

(3) ① 구리, 금, 은, 아연, 카드뮴 등은 촉매의 수명을 단축시킨다.

② 900℃ 이상에서는 촉매의 활성이 저하된다.

1. 어느 중유(조성 : C 86%, H 12%, O 2%) 보일러에서 중유를 공기비 1.2로 연소시키고 있다. 다음을 계산하시오.

(1) 이론공기량(Sm^3/kg)

(2) 습연소가스량(Sm^3/kg)

계산과정 (1) $A_o = \dfrac{1}{0.21} \times \left\{ \dfrac{22.4}{12} \times 0.86 + \dfrac{11.2}{2} \times \left(0.12 - \dfrac{0.02}{8} \right) + \dfrac{22.4}{32} \times 0 \right\}$

$= 10.777\,Sm^3/kg$

(2) $G_w = G_d + \dfrac{22.4}{18}(9H + W)$

$G_{od} = \dfrac{22.4}{12} \times 0.86 + \dfrac{22.4}{32} \times 0 + \dfrac{22.4}{28} \times 0 + 0.79 \times 10.777 = 10.1191\,Sm^3/kg$

$G_d = G_{od} + (m-1)A_o = 10.1191 + (1.2-1) \times 10.777 = 12.2745\,Sm^3/kg$

$\therefore G_w = 12.2745 + \dfrac{22.4}{18} \times (9 \times 0.12 + 0) = 13.618\,Sm^3/kg$

답 (1) $10.78\,Sm^3/kg$ (2) $13.62\,Sm^3/kg$

2. 여포의 먼지부하가 $800g/m^2$에 달하면 청소를 하게 되는데 여과집진장치의 입구농도는 $0.5g/m^3$이고 겉보기 유속은 2cm/s, 집진율 90%로 운전할 때 청소를 요하는 시간간격은 몇 시간 간격이겠는가?

계산과정 $t = \dfrac{L_d}{(C_i - C_o)V_f} = \dfrac{L_d}{C_i \times \eta \times V_f} = \dfrac{800g/m^2}{0.5g/m^3 \times 0.9 \times 0.02m/s \times 3600s/h}$

$= 24.691h$

답 24.69h

3. 다음 물음에 답하시오.

(1) 밀도 $1500kg/m^3$, 직경 $3\mu m$일 때 질량당 비표면적을 구하시오.

(2) 질량이 1kg일 때 입자개수를 구하시오.

계산과정 (1) 비표면적 $= \dfrac{6}{d \times 밀도} = \dfrac{6}{3 \times 10^{-6}m \times 1500kg/m^3} = 1333.333m^2/kg$

(2) 질량 = 밀도 × 1개의 체적 × 개수

$$\therefore \text{개수} = \frac{\text{질량}}{\text{밀도} \times 1\text{개의 체적}} = \frac{1\text{kg}}{1500\text{kg/m}^3 \times \dfrac{3.14 \times (3 \times 10^{-6})^3}{6}\text{m}^3/\text{개}}$$

$$= 4.718 \times 10^{13}\ \text{개}$$

답 (1) $1333.33\text{m}^2/\text{kg}$ (2) 4.72×10^{13}개

---

4. 다음 도표의 두 물질을 혼합할 때 TLV(유해농도)를 구하시오.

	농도(%)	TLV(ppm)
헵탄	40	400
톨루엔	60	100

계산과정 TLV(Threshold Limit Value) $= \dfrac{1}{\dfrac{f_1}{\text{TLV}_1} + \dfrac{f_2}{\text{TLV}_2}} = \dfrac{1}{\dfrac{0.4}{400} + \dfrac{0.6}{100}} = 142\,\text{ppm}$

답 142ppm

---

5. 전기집진장치에서 처리가스량이 $3\text{m}^3/\text{s}$이고, 입자의 이동속도(W_e)가 $1.2 \times 10^5 d_p$ 라면 입경(d_p)이 $0.5\mu\text{m}$인 입자를 99% 제거하는 데 필요한 집진판 면적(m^2)을 구하시오. (단, W_e의 단위는 m/s이고, d_p의 단위는 m이다.)

계산과정 W_e를 구하면

$$W_e = 1.2 \times 10^5 d_p = 1.2 \times 10^5 \times 0.5 \times 10^{-6} = 0.06\text{m/s}$$

$$\eta = 1 - e^{-\frac{A W_e}{Q}}$$

$$A = \frac{-\ln(1-\eta) \times Q}{W_e} = \frac{-\ln(1-0.99) \times 3}{0.06} = 230.258\text{m}^2$$

답 230.26m^2

---

6. 배출가스가 시간당 1000Nm^3 방출되는 굴뚝에서 염화수소농도를 측정한 결과 170mL/Nm^3이었다. 이 배기가스를 8m^3 순환수를 사용, 충전탑에서 흡수제거할 때 10h 후 순환수 pH를 계산하시오. (단, 충전탑 제거효율은 95%이고 순환수는 완전 전리한다.)

계산 과정 HCl 농도

$$= \frac{180\mathrm{mL/Nm^3} \times 1000\mathrm{Nm^3/h} \times 10\mathrm{h} \times 10^{-3}\mathrm{L/mL} \times \dfrac{36.5\mathrm{g}}{22.4\mathrm{l}} \times \dfrac{1\mathrm{mol}}{36.5\mathrm{g}} \times 0.95}{8\mathrm{m^3} \times 10^3\mathrm{L/m^3}}$$

$= 0.0090122\,\mathrm{mol/L}\,\mathrm{HCl} = 0.0090122\,\mathrm{mol/L}\,[\mathrm{H^+}]$ (100% 전리한다면)

$\therefore \mathrm{pH} = -\log[\mathrm{H^+}] = -\log 0.0090122 = 2.045$

답 2.05

---

7. 다음 물음에 답하시오.

(1) 대표적인 액분산형 흡수장치를 4가지만 쓰시오.

(2) 홀드업(hold up), 로딩(loading), 플러딩(flooding)에 대하여 쓰시오.

답 (1) 충전탑, 분무탑, 벤투리 스크러버, 사이클론 스크레버, 제트 스크러버

(2) ① 홀드 업(hold up) : 충전층 내의 액보유량을 말한다.

② 로딩(loading) : 어느 가스 속도의 이상이 되면 액의 홀드 업 증가가 급증해지는데 이러한 상태를 말한다.

③ 플러딩(flooding) : 더욱 가스 유속을 증가시키면 홀드 업이 급격히 증가하여 가스가 액 중에 분산하여 상승하게 되는데 이러한 상태를 말한다. 이때에는 충전탑 조작이 불가능하므로 가스의 속도를 플러딩 속도의 40~70%의 범위로 해야 한다.

---

8. 전기집진장치의 전기 비저항의 범위를 기술하고 그 때 나타나는 현상을 설명하시오.

답 ① $10^4\,\Omega \cdot \mathrm{cm}$ 이하 : 재비산이 일어나 집진효율이 떨어진다.

② $10^4 \sim 10^{11}\,\Omega \cdot \mathrm{cm}$: 이상적으로 집진이 일어나는 범위이므로 집진효율이 우수하게 된다.

③ $10^{11}\,\Omega \cdot \mathrm{cm}$ 이상 : 역전리 현상이 일어나 집진효율이 떨어진다.

---

9. 전기집진장치에 적용되는 전기력 4가지를 쓰시오.

답 ① 대전입자에 의한 쿨롱력

② 전계강도에 의한 쿨롱력

③ 입자간의 흡인력

④ 전기풍에 의한 힘

10. 다음은 환경정책기본법상 대기환경기준이다. (   ) 안에 알맞은 말을 채우시오.

(1) SO_2의 연간 평균치 (   )ppm 이하

(2) CO의 1시간 평균치 (   )ppm 이하

(3) NO_2의 24시간 평균치 (   )ppm 이하

(4) O_3의 8시간 평균치 (   )ppm 이하

(5) 납(pb)의 연간평균치 (   )$\mu g/m^3$ 이하

(6) 벤젠의 연간평균치 (   )$\mu g/m^3$ 이하

답 (1) 0.02   (2) 25   (3) 0.06   (4) 0.06   (5) 0.5   (6) 5

---

11. 다음과 같은 조건의 후드에서 물음에 답하시오. (6점)

> 조건 : 후드의 면적 : $0.6m^2$, 후드와 배출원 사이의 거리 : 0.7m
> 통제속도 : 0.3m/s, 반송속도 : 12m/s
> 유입가스의 밀도 : $1.3kg/m^3$, 유입계수 : 0.82

후드의 포집량(m^3/s)을 구하시오.

계산과정 $Q_h = V_c \times (10X^2 + A_h)$

$= 0.3 \times (10 \times 0.7^2 + 0.6) = 1.65m^3/s$

답 $1.65m^3/s$

1. 배기가스 20000Sm³/h를 100kg/h의 수산화칼슘 현탁액으로 세정처리하여 염소가스를 처리할 때, 처리되는 염소가스의 농도(ppm)를 계산하시오. (단, 수산화칼슘의 농도는 70%이고, 반응률은 100%이다.)

계산과정 Cl_2 : $Ca(OH)_2$

$22.4Sm^3$: 74kg

$20000Sm^3/h \times x \times 10^{-6}$: $100kg/h \times 0.7$

$\therefore x = \dfrac{22.4 \times 100 \times 0.7}{20000 \times 10^{-6} \times 74} = 1059.459\,ppm$

답 1059.46ppm

2. 외부식 후드의 특징을 간단히 설명하시오.

답 작업 또는 공정상 발생원을 전부 포위할 수 없는 경우에 선택한다. 외부의 난기류에 의하여 후드의 효과가 감소하는 단점이 있다.

3. 분진의 입도분포 특성 중 Rosin-Rammler 분포식은 체상 분포율 $R(\%) = 100 \times e^{-\beta x^n}$ 로 나타낸다. 다음 물음에 답하시오.

(1) 입경지수(n)와 입경분포와의 관계를 설명하시오.

(2) 입경계수(β)와 입경크기와의 관계를 설명하시오.

(3) 먼지입경 측정방법 중 간접측정방법 3가지를 쓰시오.

답 (1) 입경지수(n)가 클수록 직선이 직립되어 입경분포가 좁아진다.

(2) 입경계수(β)가 클수록 입경 크기는 작아진다.

(3) ① 앤더슨 샘플러법 ② 캐스케이드 임펙터법 ③ 액상침강법 ④ 광산란법

4. 사이클론의 지름이 140cm, 유입가스의 속도가 12m/s일 때 분리계수를 구하시오.

계산과정 분리계수(S) $= \dfrac{V^2}{g \cdot R} = \dfrac{12^2}{9.8 \times \left(\dfrac{1.4}{2}\right)} = 20.991$

답 20.99

5. 백필터의 분진 부하가 $400g/m^2$에 달할 때 탈락시킨다면 탈락시간(min) 간격을 계산하시오. (단, 가동상태에서 백필터 유입가스 함진농도는 $10g/m^3$이고 여과속도는 2.5cm/s이다.)

계산과정

$$L_d = (C_i - C_o) \times V_f \times t$$

$$\therefore t = \frac{L_d}{(C_i - C_o) \times V_f} = \frac{400g/m^2}{(10-0)g/m^3 \times 0.025\,m/s \times 60s/min}$$

$$= 26.666min$$

답 26.67min

6. 입자의 직경이 $70\mu m$이고, 처리가스의 점성도가 $1.85 \times 10^{-5} kg/m \cdot s$, 입자의 밀도가 $1.7g/cm^3$인 입자를 중력집진장치로 제거하고자 한다. 집진장치의 높이가 1m이고 가스의 유속이 3m/s일 때 (단, 층류로 간주) 다음 물음에 답하시오.

(1) 최종 침전 속도(m/s)를 구하시오.
(2) 입자를 완전히 제거하기 위한 중력 침전실의 길이(m)를 구하시오.

계산과정

(1) $U_g = \dfrac{g(\rho_p - \rho_a)d_p^2}{18\mu} = \dfrac{9.8 \times (1700 - 1.3) \times (70 \times 10^{-6})^2}{18 \times 1.85 \times 10^{-5}} = 0.244m/s$

(2) $1 = \dfrac{U_g \times L}{U_o \times H}$ $\therefore L = \dfrac{U_o \times H}{U_g} = \dfrac{3 \times 1}{0.24} = 12.5m$

답 (1) 0.24m/s (2) 12.5m

7. NO 700ppm을 함유한 배기가스 $40000Sm^3/h$를 NH_3를 이용한 선택적 접촉환원법으로 처리할 경우 NO를 제거하기 위해 필요한 NH_3(kg/h)의 양은 얼마인가?

계산과정

$6NO + 4NH_3 \rightarrow 5N_2 + 6H_2O$

$6 \times 22.4Sm^3 : 4 \times 17kg$

$40000Sm^3/h \times 700 \times 10^{-6} : x[kg/h]$

$$\therefore x = \frac{40000 \times 700 \times 10^{-6} \times 4 \times 17}{6 \times 22.4} = 14.166kg/h$$

답 14.17kg/h

8. 배기가스 온도가 180℃이고 피토관 계수는 0.86, 표준상태의 공기의 밀도는 1.3kg/Sm³이다. 피토관으로 측정한 동압이 0.75mmHg일 때 배기가스의 평균 유속(m/s)을 구하시오.

계산과정

$$v = C \times \sqrt{2g \frac{\Delta P}{\gamma}} = C \times \sqrt{2g \frac{\Delta P}{\gamma_o \times \frac{1}{\frac{T'}{T}}}}$$

$$= 0.86 \times \sqrt{2 \times 9.8 \times \frac{0.75 \times 13.6}{1.3 \times \frac{1}{\frac{(273+180)}{273}}}}$$

$$= 13.737 \text{m/s}$$

답 13.74m/s

9. 옥탄 2kg을 완전연소시킬 때 소요되는 이론공기량(kg)을 계산하시오.

계산과정

$C_8H_{18} + 12.5O_2 \rightarrow 8CO_2 + 9H_2O$
114kg 12.5×32kg
2kg x [kg]

$$A_o = \frac{x}{0.232} = \frac{\frac{2 \times 12.5 \times 32}{114}}{0.232} = 30.248 \text{kg}$$

답 30.25kg

10. 한 공장에서 배출되는 가스 내의 오염물이 가스처리시설에 의해서 99% 제거되었다가 처리시설의 효율 저하로 97%만 제거되었다면 방출되는 가스 내의 오염물 농도는 처음의 몇 배로 되는지 계산하시오.

계산과정

$C_o = C_i \times (1 - \eta)$ 에서 C_i를 1로 간주하면

$$\frac{C_{o2}}{C_{o1}} = \frac{C_i \times (1 - \eta_1)}{C_i \times (1 - \eta_2)} = \frac{1 \times (1 - 0.97)}{1 \times (1 - 0.99)} = 3$$

답 3배

11. 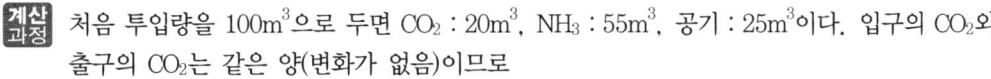 CO_2 20%, NH_3 55%, 공기 25%로 혼합된 기체를 처리하여 CO_2 40%, NH_3＋ 공기 60%가 되도록 하려면 NH_3의 제거율은 몇 %가 되어야 하는가? (단, CO_2와 공기량에는 변화가 없다고 가정함)

계산 과정 처음 투입량을 $100m^3$으로 두면 CO_2 : $20m^3$, NH_3 : $55m^3$, 공기 : $25m^3$이다. 입구의 CO_2와 출구의 CO_2는 같은 양(변화가 없음)이므로

CO_2 $20m^3$＝출구 전체 가스량×0.4

$\therefore$ 출구 전체 가스량＝$\dfrac{20}{0.4}=50m^3$

출구 전체 가스량 $50m^3$ 중 CO_2가 $20m^3$, 공기가 $25m^3$, 나머지가 $NH_3(5m^3)$이다.

$\therefore$ 제거율$(\eta)=\dfrac{Q_i-Q_o}{Q_i}\times 100=\dfrac{55-5}{55}\times 100=90.909\%$

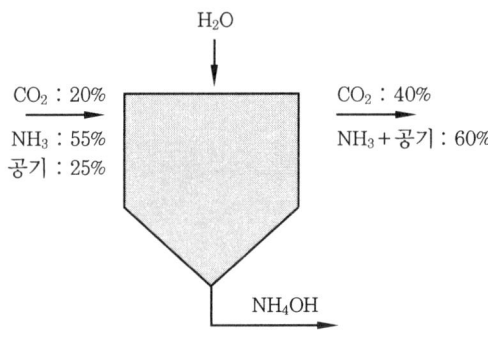

답 90.91%

2014년도 시행문제

---

1. 벤젠(C_6H_6)을 20%의 과잉공기를 이용하여 연소하고 있다. 연소가스 중 CO_2, O_2, H_2O, N_2의 조성을 무게(Wt)%의 부피(Vol)%로 각각 구하시오. (단, 완전연소로 가정하고 반응식은 다음과 같다. $C_6H_6 + \dfrac{15}{2}O_2 \rightarrow 6CO_2 + 3H_2O$)

계산과정 ① 무게(Wt)% $C_6H_6 + \dfrac{15}{2}O_2 \quad \rightarrow \quad 6CO_2 + 3H_2O$

$78kg : 7.5 \times 32kg : 6 \times 44kg : 3 \times 18kg$

$1kg : \quad x_1[kg] \quad : \quad x_2[kg] \quad : \quad x_3[kg]$

$$x_1 = \frac{1 \times 7.5 \times 32}{78} = 3.0769\,kg$$

$$x_2 = \frac{1 \times 6 \times 44}{78} = 3.3846\,kg$$

$$x_3 = \frac{1 \times 3 \times 18}{78} = 0.6923\,kg$$

$$G_{ow} = x_2 + x_3 + 0.768 \times \frac{1}{0.232} \times x_1$$

$$= 3.3846 + 0.6923 + 0.768 \times \frac{1}{0.232} \times 3.0769$$

$$= 14.2625\,kg$$

$$G_w = G_{ow} + (m-1)A_o$$

$$= 14.2625 + (1.2-1) \times \frac{1}{0.232} \times 3.0769 = 16.915\,kg$$

$$\therefore\ CO_2(\%) = \frac{3.3846}{16.915} \times 100 = 20.009\%$$

$$\therefore\ O_2(\%) = \frac{0.232 \times (m-1)A_o}{G_w} \times 100$$

$$= \frac{0.232 \times (1.2-1) \times \dfrac{1}{0.232} \times 3.0769}{16.915} \times 100 = 3.638\%$$

$$\therefore\ H_2O(\%) = \frac{0.6923}{16.915} \times 100 = 4.092\%$$

$$\therefore\ N_2(\%) = 100 - (20.009 + 3.638 + 4.092) = 72.261\%$$

답 20.01%, 3.64%, 4.09%, 72.26%

② 부피(Vol)% $\quad C_6H_6 + \dfrac{15}{2}O_2 \quad \rightarrow \quad 6CO_2 + 3H_2O$

$$\qquad\qquad\qquad 1 \qquad 7.5 \qquad\qquad 6 \qquad 3$$

$$\qquad\qquad 1[Sm^3] \ x_1[Sm^3] \qquad x_2[Sm^3] \ x_3[Sm^3]$$

$x_1 = 7.5Sm^3, \ x_2 = 6Sm^3, \ x_3 = 3Sm^3$

$A_o = \dfrac{1}{0.21} \times x_1 = \dfrac{1}{0.21} \times 7.5 = 35.7142\,Sm^3$

$G_{ow} = x_2 + x_3 + 0.79A_o = 6 + 3 + 0.79 \times 35.7142 = 37.2142\,Sm^3$

$G_w = G_{ow} + (m-1)A_o = 37.2142 + (1.2-1) \times 35.7142 = 44.3570\,Sm^3$

$\therefore \ CO_2(\%) = \dfrac{6}{44.3570} \times 100 = 13.526\%$

$\therefore \ O_2(\%) = \dfrac{0.21 \times (m-1)A_o}{G_w} \times 100 = \dfrac{0.21 \times (1.2-1) \times 35.7142}{44.3570} \times 100$

$\qquad\qquad = 3.381\%$

$\therefore \ H_2O(\%) = \dfrac{3}{44.3570} \times 100 = 6.763\%$

$\therefore \ N_2(\%) = 100 - (CO_2 + O_2 + H_2O) = 100 - (13.526 + 3.381 + 6.763) = 76.33\%$

답 13.53%, 3.38%, 6.76%, 76.33%

---

2. 충전탑 설계를 위해 pitot plant를 건설하여 특수가스를 흡수 실험한 결과 다음과 같았다. 동일 조건하에서 처리효율 98%의 충전탑 설계 시 충전높이는 얼마로 해야 하는가? (6점)

[실험조건 및 결과] 액가스비 $= 3L/m^3$, $V = 1.2m/s$, 처리효율 $= 75\%$, $H = 0.7m$

계산과정 $H = NOG \times HOG$ 이므로 $H \propto NOG = \ln\left(\dfrac{1}{1-E}\right)$

$0.7m : \ln\left(\dfrac{1}{1-0.75}\right)$

$x[m] : \ln\left(\dfrac{1}{1-0.98}\right) \qquad \therefore \ x = \dfrac{0.7 \times \ln\left(\dfrac{1}{1-0.98}\right)}{\ln\left(\dfrac{1}{1-0.75}\right)} = 1.975\,m$

답 1.98m

---

3. 가로 125mm, 세로 200mm의 곧은 각관 내를 속도압 $14mmH_2O$의 표준공기가 흐른다면, 길이 14m당의 압력손실(mmH_2O)을 구하시오. (단 마찰계수(f)는 0.004로 한다)

$$\Delta P = f \times \frac{l}{D_h} \times \frac{v^2}{2g} \times \gamma = f \times \frac{l}{4R_h \times V_p} \times V_p$$

$$= f \times \frac{l}{4 \times \frac{a \times b}{2(a+b)}} \times V_p = 0.004 \times \frac{14}{4 \times \frac{0.125 \times 0.2}{2 \times (0.125 + 0.2)}} \times 14 = 5.096 \, mmH_2O$$

답 5.10mmH₂O

---

4. 레이놀즈 수 $Re = 30000$, 연도 내의 정압 760mmH₂O, 배기가스 온도 20℃, 배기가스 동점성계수 $1.5 \times 10^{-5}(m^2/s, \, 20℃)$일 때 연도 내 배기가스 유속은? (단, 연도 내경 50mm) (4점)

계산과정 $Re = \frac{v \cdot d}{\nu}$ $v = \frac{Re \times \nu}{d} = \frac{30000 \times 1.5 \times 10^{-5}}{0.05} = 9 \, m/s$

답 9m/s

---

5. 대기온도가 27℃일 때 어떤 굴뚝 내 배기가스 평균온도가 227℃에서 127℃로 된다면 통풍력은 처음의 몇 %로 감소하는가? (단, 공기의 밀도와 가스의 밀도는 1.3kg/Sm³임) (6점)

계산과정 $\dfrac{Z_{나중}}{Z_{처음}} \times 100 = \dfrac{355H \times \left(\dfrac{1}{273+27} - \dfrac{1}{273+127}\right)}{355H \times \left(\dfrac{1}{273+27} - \dfrac{1}{273+227}\right)} \times 100 = 62.5\%$

답 62.5%

---

6. 특정 발생원에서 일정한 굴뚝을 거치지 않고 외부로 바산되는 먼지를 하이볼륨에어 샘플러로 측정한 결과 다음과 같은 자료를 얻었다. 이때 비산먼지의 농도는 몇 mg/m³인가? (6점)

- 포집먼지량이 가장 많은 위치에서의 먼지농도 : 6.83mg/m³
- 대조위치에서의 먼지농도 : 0.12mg/m³
- 전 시료 채취 기간 중 주 풍향이 45~90° 변한다.
- 풍속이 0.5m/s 미만 또는 10m/s 이상 되는 시간이 전 채취시간의 50% 미만이다.

계산 과정 비산먼지 농도

$$C = (C_H - C_B) \times W_D \times W_S$$
$$= (6.83 - 0.12)\,\mathrm{mg/m^3} \times 1.2 \times 1.0$$
$$= 8.052\,\mathrm{mg/m^3}$$

여기서, C_H : 표집먼지량이 가장 많은 위치에서의 먼지농도$(\mathrm{mg/m^3})$

C_B : 대조 위치에서의 먼지농도$(\mathrm{mg/m^3})$

W_D : 풍향 측정결과로부터 구한 보정계수(1.2)

W_S : 풍속 측정결과로부터 구한 보정계수(1.0)

답 $8.05\mathrm{mg/m^3}$

---

7. 유입농도가 $30\mathrm{mg/m^3}$인 배기가스가 있다. 이를 집진하여 $0.3\mathrm{mg/m^3}$으로 유출할 때 다음 물음에 답하시오.

(1) 집진장치가 1개라면 집진효율(%)을 계산하시오.

(2) 동일한 집진효율을 가진 2개의 집진장치를 직렬로 연결했을 때 1개의 집진효율(%)을 계산하시오.

(3) 2개의 집진장치를 직렬로 연결했을 때 두 번째 집진장치의 집진효율이 80%일 때, 첫 번째 집진장치의 집진효율(%)을 계산하시오.

계산 과정

(1) $\eta_t = \dfrac{C_i - C_o}{C_i} \times 100 = \dfrac{30 - 0.3}{30} \times 100 = 99\%$

(2) $\eta_t = 1 - (1-\eta_1) \times (1-\eta_2) = 1 - (1-\eta_1)^2$ ($\because \eta_1 = \eta_2$이므로)

$0.99 = 1 - (1-\eta_1)^2$

$(1-\eta_1)^2 = 1 - 0.99$

$1-\eta_1 = \sqrt{1-0.99}$

$\eta_1 = 1 - \sqrt{1-0.99} = 0.9 = 90\%$

(3) $\eta_t = 1 - (1-\eta_1) \times (1-\eta_2)$

$0.99 = 1 - (1-\eta_1) \times (1-0.8)$, $(1-\eta_1) \times (1-0.8) = 1 - 0.99$

$\therefore \eta_1 = 1 - \dfrac{(1-0.99)}{(1-0.8)} = 0.95 = 95\%$

답 (1) 99% (2) 90% (3) 95%

---

8. 중력집진장치의 높이가 6m이고, 폭이 4m, 입자의 직경은 $50\mu\mathrm{m}$인 입자를 100% 집진효율로 집진한다면 침전실의 길이(m)는 얼마인가? (단, 배기가스 유량은 $100\mathrm{m^3/s}$이고, 입자의 침강속도는 3m/s이다.)

계산 과정

$$1 = \frac{U_g \times L}{U_o \times H} \quad \cdots\cdots\cdots ①$$

$$U_o = \frac{Q}{W \times H} \quad \cdots\cdots ②$$

②식에서 $U_o = \dfrac{100\text{m}^3/\text{s}}{4 \times 6\text{m}^2} = 4.1666\,\text{m/s}$

①식에서 $L = \dfrac{U_o \times H}{U_g} = \dfrac{4.1666\,\text{m/s} \times 6\text{m}}{3\text{m/s}} = 8.333\,\text{m}$

답 8.33m

---

9. 다중이용시설 등의 실내공기질 관리법규상 다음 시설의 실내공기질 유지기준을 ( ) 안에 써 넣으시오. (5점)

오염물질항목 / 다중이용시설	PM10 ($\mu g/m^3$)	CO_2 (ppm)	HCHO ($\mu g/m^3$)	총부유세균 (CFU/m^3)	CO (ppm)
국공립 노인요양시설 및 노인전문 병원	(　) 이하	(　) 이하	(　) 이하	(　) 이하	(　) 이하

답 100, 1000, 100, 800, 10

---

10. 스토크 직경과 공기역학적 등가직경을 비교 설명하시오. (6점)

답 ① 스토크 직경 : 본래의 분진의 침강속도와 밀도가 같은 구형입자의 직경
② 공기역학적 직경 : 본래의 분진의 침강속도가 같고, 밀도가 $1g/cm^3$인 구형입자의 직경

---

11. 분산모델과 수용모델의 특징 3가지씩을 서술하시오. (6점)

답 〈분산모델의 특징〉
① 2차 오염원의 확인이 가능하다.
② 기초적인 기상학적 원리를 적용, 미래의 대기질을 예측하여 대기오염제어 정책 입안에 도움을 준다.
③ 점, 선, 면 오염원의 영향을 평가할 수 있다.
④ 지형 및 오염원의 조업 조건에 영향을 받는다.
⑤ 오염물의 단기간 분석 시 문제가 된다.
⑥ 분진의 영향 평가는 기상의 불확실성과 오염원이 미확인된 경우에 문제가 있다.
⑦ 새로운 오염원이 지역 내에 생길 때 매번 재평가를 하여야 한다. 중 3가지

〈수용모델의 특징〉

① 지형, 기상학적 정보 없이도 사용 가능하다.

② 수용체 입장에서 영향평가가 현실적으로 이루어질 수 있다.

③ 오염원의 조업 및 운영상태에 대한 정보 없이도 사용 가능하다.

④ 새로운 오염원, 불확실한 오염원을 정량적으로 확인 평가할 수 있다.

⑤ 입자상, 가스상 물질, 가시도 문제 등 환경 전반에 응용할 수 있다.

⑥ 현재나 과거에 일어났던 일을 추정하여 미래를 위한 계획을 세울 수 있으나 미래 예측은 어렵다.

⑦ 측정자료를 입력자료로 사용하므로 시나리오 작성이 곤란하다.

⑧ '모델링'이라는 협의의 개념보다는 대기오염물질의 물리화학적 분석과 각종 응용통계분석까지를 포함한 광의의 개념으로 이용되고 있다.

⑨ 모델의 분류는 오염물질의 분석방법에 따라 현미경 분석법과 화학분석법으로 구분한다.

⑩ 대기오염 배출원이 주변지역에 미치는 영향 또는 기여도를 수리통계학적으로 분석하는 것이다. 중 3가지

1. 프로판 (C_3H_8) $1Sm^3$을 공기비 1.2로 완전연소시킬 때 습연소가스량/건연소가스량의 비를 구하시오.

계산과정

$C_3H_8 + 5O_2 \rightarrow 3CO_2 + 4H_2O$

$A_o = \dfrac{1}{0.21} \times O_o = \dfrac{1}{0.21} \times 5 = 23.8095\,Sm^3/Sm^3$

$G_{od} = 3 + 0.79 A_o = 3 + 0.79 \times 23.8095 = 21.8095\,Sm^3/Sm^3$

$G_d = G_{od} + (m-1)A_o = 21.8095 + (1.2 - 1) \times 23.8095$
$\qquad\qquad = 26.5714\,Sm^3/Sm^3$

$G_{ow} = 3 + 4 + 0.79 A_o = 3 + 4 + 0.79 \times 23.8095 = 25.8095\,Sm^3/Sm^3$

$G_w = G_{ow} + (m-1)A_o = 25.8095 + (1.2 - 1) \times 23.8095$
$\qquad\qquad = 30.5714\,Sm^3/Sm^3$

$\therefore \dfrac{G_w}{G_d} = \dfrac{30.5714}{26.5714} = 1.150$

답 1.15

2. 어떤 배출시설에서 온도가 250℃인 굴뚝에서 HCl 농도가 $400mg/m^3$인 가스가 배출되고 있다. 실측산소농도가 11%일 때 HCl 농도(mg/Sm^3)을 구하시오. (단, 표준산소농도는 9%이다.)

계산과정

$C = C_a \times \dfrac{21 - O_s}{21 - O_a} = 400 \times \dfrac{21 - 9}{21 - 11} = 480\,mg/m^3$

배기가스 체적을 표준상태로 고치면

$\therefore\ C' = C \times \dfrac{1}{\dfrac{T}{T'}} = 480\,mg/m^3 \times \dfrac{1}{\dfrac{273}{(273 + 250)}} = 919.560\,mg/Sm^3$

답 $919.56mg/Sm^3$

3. A라는 물질이 99.9% 반응하는 데 소요되는 시간(s)를 구하시오. (단, 1차 반응식을 이용하며, 상수(k) = 0.02/s 이다.)

계산과정

$C = C_o \times e^{-k \cdot t}$

$$0.1 = 100 \times e^{-0.02 \times t}$$

$$\ln\left(\frac{0.1}{100}\right) = \ln e^{-0.02 \times t}$$

$$\ln\left(\frac{0.1}{100}\right) = -0.02 \times t$$

$$\therefore \ t = \frac{-\ln\left(\dfrac{0.1}{100}\right)}{0.02} = 345.387\,\text{s}$$

답 345.39s

---

4. 황성분이 1%인 중유를 20t/h로 연소할 때 배출되는 가스를 $CaCO_3$로 탈황하고 황을 석고($CaSO_4$)로 회수하고자 한다. 이때 필요한 $CaCO_3$의 양(t/h)을 계산 하시오. (단, 탈황률은 100%, Ca : 40이다.)

계산과정

$$
\begin{array}{ccc}
\text{S} & : & CaCO_3 \\
32\text{kg} & : & 100\text{kg} \\
20\text{t/h} \times 0.01 & : & x\,[\text{t/h}]
\end{array}
$$

$$\therefore \ x = \frac{20 \times 0.01 \times 100}{32} = 0.625\,\text{t/h}$$

답 0.63t/h

---

5. 구형 입자의 밀도가 1.5g/cm^3이고 직경이 2μm인 입자의 공기역학적 직경(μm)을 구하시오. (단, 스토크스 침강속도 공식을 이용)

계산과정

$$U_{g1} = U_{g2}$$

$$\frac{g(\rho_{P1} - \rho_a)d_{p1}^2}{18\mu} = \frac{g(\rho_{P2} - \rho_a)d_{p2}^2}{18\mu}$$

$$(\rho_{P1} - \rho_a)d_{p1}^2 = (\rho_{P2} - \rho_a)d_{p2}^2$$

$$(1500 - 1.3) \times 2^2 = (1000 - 1.3) \times d_{p2}^2$$

$$\therefore \ d_{p2} = \left\{\frac{(1500 - 1.3) \times 2^2}{(1000 - 1.3)}\right\}^{\frac{1}{2}} = 2.450\,\mu\text{m}$$

답 2.45μm

6. 3% 황분이 들어 있는 중유를 10t/h로 연소하는 보일러의 배출가스를 탄산칼슘으로 탈황하여 석고($CaSO_4 \cdot 2H_2O$)로 회수하려 한다. 탈황률을 95%라 할 때 이론적으로 회수할 수 있는 석고의 양(t/h)을 계산하시오. (단, 연료 중의 황성분은 모두 SO_2로 된다.)

계산과정

$$
\begin{array}{ccc}
S & : & CaSO_4 \cdot 2H_2O \\
32kg & : & 172kg \\
10t/h \times 0.03 \times 0.95 & : & x[t/h]
\end{array}
$$

$$\therefore x = \frac{10 \times 0.03 \times 0.95 \times 172}{32} = 1.531 t/h$$

답 1.53t/h

7. 3개의 집진실로 구성된 여과집진장치가 있다. 총 여과시간이 55분이고, 단위 집진실의 탈진시간이 5분이라면, 단위 집진실의 운전시간은 몇 분인지 구하시오.

계산과정 총여과시간＝(운전시간＋탈진시간)×집진실 수－탈진시간

$$55 = (x+5) \times 3 - 5$$
$$55 + 5 = (x+5) \times 3$$
$$\therefore x = \frac{55+5}{3} - 5 = 15분$$

답 15분

8. 굴뚝 배출가스량이 $10m^3/h$이고 HCl의 농도가 500ppm일 때 $2m^3$의 물에 5시간 흡수시켰다. 이때 순환수 중의 HCl의 농도(N)와 POH를 구하시오. (단, 흡수효율은 60%이다.)

계산과정 ① N농도(eq/L)

$$= \frac{\text{불순물의 농도} \times \text{배기가스유량} \times \text{시간} \times 10^{-3} \times \frac{\text{분자량}}{22.4} \times \frac{1eq}{1당량} \times \frac{\text{흡수효율}}{100}}{\text{물의 체적}}$$

$$= \frac{500mL/m^3 \times 10m^3/h \times 5h \times 10^{-3}L/mL \times \frac{36.5g}{22.4L} \times \frac{1eq}{36.5g} \times 0.6}{2m^3 \times 10^3 L/m^3}$$

$$= 3.348 \times 10^{-4}N$$

② $PH = -\log[H^+] = -\log(3.348 \times 10^{-4}) = 3.4752$

$POH = 14 - PH = 14 - 3.4752 = 10.524$

답 ① $3.35 \times 10^{-4}N$ ② 10.52

9. 가스크로마토그래피법에서 ① 분리도, ② 분리계수를 구하는 공식을 쓰고 설명하시오.

🔑 ① 분리도$(R) = \dfrac{2(t_{R2} - t_{R1})}{W_1 + W_2}$ ② 분리계수$(d) = \dfrac{t_{R2}}{t_{R1}}$

여기서, t_{R1} : 시료도입점으로부터 피크 1의 최고점까지의 길이

t_{R2} : 시료도입점으로부터 피크 2의 최고점까지의 길이

W_1 : 피크 1의 좌우 변곡점에서의 접선이 자르는 바탕선의 길이

W_2 : 피크 2의 좌우 변곡점에서의 접선이 자르는 바탕선의 길이

10. 다음 물음에 답하시오

(1) 벤투리 스크러버의 포집원리를 쓰시오.

(2) 액가스비를 증가시키는 요인 4가지를 쓰시오.

🔑 (1) 액적에 입자가 관성충돌하여 부착한다.

(2) ① 더스트의 입자경이 작을수록

② 농도가 높을수록

③ 친수성이 작을수록(소수성일수록)

④ 처리가스 온도가 높을수록

11. blinding(블라인딩) 현상에 대해 쓰시오.

🔑 점착성을 가진 먼지가 여과포에 부착하여 여과기능을 영구히 저해하는 현상을 말한다.

12. 다음 내용 중 (   ) 안의 용어 및 수치를 쓰시오.

(1) (   )는 시료셀에서 적외선 흡수를 측정하는 경우 대조가스로 사용하는 것으로 적외선을 흡수하지 않는 가스를 말한다.

(2) 응답시간은 제로 조정용 가스를 도입하여 안정된 후 유로를 스팬가스로 바꾸어 기준 유량으로 분석계에 도입하여 그 농도를 눈금 범위 내의 어느 일정한 값으로부터 다른 일정한 값으로 갑자기 변화시켰을 때 스텝(step) 응답에 대한 소비시간이 (①) 이내이어야 한다. 또 이때 최종 지시치에 대한 90%의 응답을 나타내는 시간은 (②) 이내이어야 한다.

🔑 (1) 비교가스

(2) ① 1초 ② 40초

1. 중력집진기의 조건이 아래와 같다. 다음 물음에 답하시오. (8점)

(1) 집진효율을 구하시오.

> [조건] 폭 : 3m, 높이 : 3m, 길이 : 5m, 수평유속 : 0.5m/s
> 가스점도 : 0.067kg/m·h, 구형입자의 밀도 : 0.75g/cm³
> 가스의 밀도 : 1.3kg/m³, 먼지 입경 : 20μm

층류	천이류	난류
$V_g = \dfrac{g(\rho_p - \rho_a)d^2}{18\mu}$	$V_g = \dfrac{0.2\rho_p^{\frac{2}{3}} \cdot g^{\frac{2}{3}} \cdot d}{\rho_a^{\frac{1}{3}} \cdot \mu^{\frac{1}{3}}}$	$V_g = 1.74\left(g \cdot d \cdot \dfrac{\rho_p}{\rho_a}\right)^{\frac{1}{2}}$

(2) 집진효율이 90%가 될 때 침강실의 길이가 추가적으로 늘려야 하는 길이(m)를 구하시오.

계산 과정 Re 를 구하면

$$Re = \frac{2Q}{\dfrac{\mu}{\rho_a} \times (nW + H)} = \frac{2A \cdot U_o}{\dfrac{\mu}{\rho_a} \times (nW + H)} = \frac{2 \times 3 \times 3 \times 0.5}{\dfrac{0.067/3600}{1.3} \times (1 \times 3 + 3)}$$

$$= 104776\,(난류)$$

(1) 난류이면서 단단이므로

$$\eta = 1 - e^{-\frac{U_g \times L}{U_o \times H}}$$

$$= 1 - e^{-\frac{0.5851 \times 5}{0.5 \times 3}}$$

$$= 0.85777$$

여기서, $U_g = 1.74 \times \left(g \cdot d \cdot \dfrac{\rho_p}{\rho_a}\right)^{\frac{1}{2}}$

$$= 1.74 \times \left(9.8 \times 20 \times 10^{-6} \times \frac{750}{1.3}\right)^{\frac{1}{2}} = 0.5851\,\text{m/s}$$

답 85.78%

(2) $0.9 = 1 - e^{-\frac{0.5851 \times x}{0.5 \times 3}}$ $-\dfrac{0.5851 \times x}{0.5 \times 3} = \ln(1 - 0.9)$

$$\therefore \; x = \frac{-\ln(1 - 0.9) \times 0.5 \times 3}{0.5851} = 5.903\,\text{m}$$

늘려야 하는 길이 $= 5.903 - 5 = 0.903\,\text{m}$

답 0.90m

2. 어느 배출시설의 배기가스 양이 $200 Sm^3/h$이다. 5000ppm의 NO_2가 발생되고, 이 질소산화물을 NH_3로 선택적 접촉환원법으로 처리할 경우 소요되는 NH_3의 이론량은 몇 Sm^3/day인가? (단, 산소가 존재하지 않는 기준)

계산과정

$$6NO_2 \quad + \quad 8NH_3 \quad \rightarrow \quad 7N_2 \quad + \quad 12H_2O$$

$6 \times 22.4 Sm^3 \ : \ 8 \times 22.4 Sm^3$

$200 Sm^3/h \times 24 h/day \times 5000 \times 10^{-6} \ : \ x [Sm^3/day]$

$$\therefore \ x = \frac{200 \times 24 \times 5000 \times 10^{-6} \times 8 \times 22.4}{6 \times 22.4} = 32 Sm^3/day$$

답 $32 Sm^3/day$

3. 함진가스 $2000 m^3/min$를 전기집진장치로 집진하려고 한다. 높이 5m, 폭이 3m인 집진판을 사용하여 99%의 집진율을 얻으려면 필요한 집진판의 개수가 몇 개인지 구하시오. (단, Deutsch Anderson식을 이용하고, 모든 내부 집진판은 양면, 두 개의 외부집진판은 각 하나의 집진면을 가지며, 유효분리속도는 4m/min이다.)

계산과정 집진판 면적(A)을 구하면

$$\eta = 1 - e^{-\frac{A W_e}{Q}} \qquad e^{-\frac{A W_e}{Q}} = 1 - \eta \qquad -\frac{A W_e}{Q} = \ln(1 - \eta)$$

$$\therefore \ A = \frac{-\ln(1 - \eta) \times Q}{W_e} = \frac{-\ln(1 - 0.99) \times 2000 m^3/min}{4 m/min} = 2302.5850 m^2$$

집진판 개수 $= \dfrac{A}{\text{양면} \times \text{높이} \times \text{폭}} + 1 = \dfrac{2302.5850 m^2}{2 \times 5 \times 3 m^2} + 1 = 77.7$개

답 78개

4. 10개의 여과백을 사용한 여과집진장치에서 입구분진농도가 $10 g/Sm^3$, 집진율은 90%였다. 가동 중 백 2개에 구멍이 생겨 처리가스량의 $\dfrac{1}{10}$이 그대로 통과한다면 출구의 분진농도는 몇 g/Sm^3인가? (4점)

계산과정 출구의 분진농도 $= 10 g/Sm^3 \times \dfrac{1}{10} + 10 g/sm^3 \times \dfrac{9}{10} + (1 - 0.9)$

$$= 1.9 g/Sm^3$$

답 $1.9 g/Sm^3$

5. 빛의 소멸계수(σ_{ext})가 0.8km^{-1}이고, 빛의 강도가 초기 강도의 95% 만큼 감소되었다면 이때 시정거리(km)는 얼마인지를 구하시오. (단, Lambert-Beer 법칙에 따르며, 자연대수 적용)

계산 과정

$$I = I_o \times e^{-\sigma_{\text{ext}} \cdot X}$$

$$\frac{I}{I_o} = e^{-\sigma_{\text{ext}} \cdot X}$$

$$\ln\left(\frac{I}{I_o}\right) = -\sigma_{\text{ext}} \cdot X$$

$$\therefore X = \frac{-\ln\left(\dfrac{I}{I_o}\right)}{\sigma_{\text{ext}}} = \frac{-\ln 0.05}{0.8\text{km}^{-1}} = 3.744\,\text{km}$$

여기서, I : 남아 있는 빛의 강도

I_o : 초기 빛의 강도

σ_{ext} : 빛의 소멸계수(km^{-1})

X : 시정거리((km)

답 3.74km

6. 후드(hood)를 선정할 때, 발생원 근처의 공간으로 먼지가 비산되는 적정범위가 있어서 이 범위 내의 먼지를 전부 흡인할 수 있는 크기와 방향, 형식 등이 반드시 고려되어야 한다. 이와 같이 배출원에서 발생하는 오염물질을 후드에 흡인할 때에 고려하여야 하는 요령을 5가지만 쓰시오.

답 ① 후드를 발생원에 근접시킨다.

② 국부적인 흡인방식을 택한다.

③ 충분한 포착속도를 유지한다.

④ 배풍기에 여유를 둔다.

⑤ 에어 커튼을 이용한다.

⑥ 후드의 개구면적을 가능한 한 작게 한다. 중 5가지

7. 다음은 환경 대기 중의 먼지 측정법이다.

대기 중 부유하고 있는 입자상 물질을 일정시간(1시간 이상) 여과지 위에 포집한 후 빛(파장 : A[nm] 정도)을 조사해서 빛의 두 파장을 측정하고 그 값으로부터 입자상 물질의 농도를 구하는 방법이다.

(1) 위 내용의 측정방법을 쓰시오.

(2) 위 내용 중 A의 값을 쓰시오.

답 (1) 광투과법 (2) 400nm

---

8. 다음 표는 환경정책기본법의 환경기준이다. (   ) 안에 들어갈 수치는?

이산화질소(NO_2)	연간 평균치	(①)ppm 이하
	24시간 평균치	(②)ppm 이하
	1시간 평균치	(③)ppm 이하
오존(O_3)	8시간 평균치	(④)ppm 이하
	1시간 평균치	(⑤)ppm 이하
벤젠(C_6H_6)	연간 평균치	(⑥)$\mu g/m^3$ 이하

답 ① 0.03 ② 0.06 ③ 0.1 ④ 0.06 ⑤ 0.1 ⑥ 5

---

9. 전기집진장치에서 발생하는 장애현상 중 2차 전류가 현저하게 떨어질 때의 원인과 대책 3가지를 쓰시오.

답 원인 : 저항이 너무 높을 때($10^{11}\Omega$-cm 이상일 때)

대책 : ① 조습용 스프레이 수량을 늘린다.

② 스파크 횟수를 늘린다.

③ 입구 분진 농도를 적절히 조절한다.

---

10. 폭굉에 대한 다음 물음에 답하시오.

(1) 폭굉유도거리의 정의를 쓰시오.

(2) 폭굉유도거리가 짧아지는 경우를 3가지만 쓰시오.

(3) 아래의 조성을 가진 혼합기체의 폭발하한치를 구하시오.

성분	조성(%)	연소범위의 하한(%)
메탄	60%	5.0
에탄	20%	3.0
프로판	15%	2.1
부탄	5%	1.5

답 (1) 정의 : 최초의 완만한 연소속도가 격렬한 폭굉으로 변할 때의 거리를 말한다.

(2) ① 정상연소속도가 큰 혼합가스일 경우

② 점화원의 에너지가 클 경우

③ 고압일 경우

④ 관경이 작을 경우

⑤ 관속에 방해물이 있을 경우 중 3가지

계산과정 (3) $L_m = \dfrac{100}{\left\{ \dfrac{V_1}{L_1} + \dfrac{V_2}{L_2} + \dfrac{V_3}{L_3} + \dfrac{V_4}{L_4} \right\}} = \dfrac{100}{\left\{ \dfrac{60}{5} + \dfrac{20}{3} + \dfrac{15}{2.1} + \dfrac{5}{1.5} \right\}} = 3.431\%$

답 3.43%

---

11. 어느 유해가스의 흡착과정을 실험했다. 여기서 흡착제의 단위 질량당 흡착된 용질의 양 $\left(\dfrac{X}{M} \right)$과 출구가스농도($C_o$)를 얻었다. 이 실험 데이터로부터 다음과 같은 직선을 얻었다면 등온상수 n과 k값을 구하시오. (단, Freundlich 등온흡착식 $\dfrac{X}{M} = k\,C_o^{\frac{1}{n}}$ 을 만족한다.)

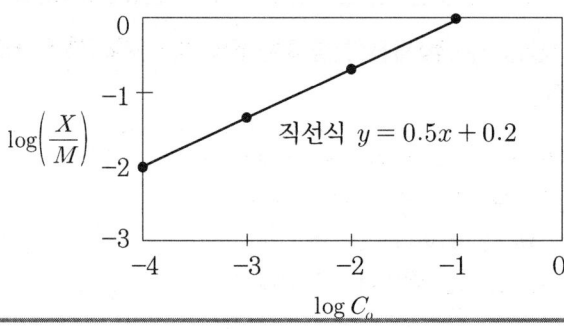

계산과정 $\dfrac{X}{M} = k\,C_o^{\frac{1}{n}}$

양변에 $\log$를 취하면

$\log\left(\dfrac{X}{M} \right) = \log k\,C_o^{\frac{1}{n}}$

$\log\left(\dfrac{X}{M} \right) = \dfrac{1}{n}\log C_o + \log k$이고 $y = 0.5x + 0.2$이므로

$\dfrac{1}{n} = 0.5,\ \log k = 0.2$이다.

$\therefore n = \dfrac{1}{0.5} = 2,\ k = 10^{0.2} = 1.584$

답 $n = 2,\ k = 1.58$

1. 비중이 1.84이고, 농도가 95%인 황산(H_2SO_4)의 (1) M 농도(mel/L), (2) N 농도(eq/L)를 구하시오.

계산과정 (1) M 농도 $= \dfrac{비중 \times 10 \times \%}{분자량} = \dfrac{1.84 \times 10 \times 95}{98} = 17.836\,M$ 농도

(2) N 농도 $= \dfrac{비중 \times 10 \times \%}{당량} = \dfrac{1.84 \times 10 \times 95}{49} = 35.673\,N$ 농도

답 (1) $17.84\,M$ 농도   (2) $35.67\,N$ 농도

2. 굴뚝높이가 50m인 굴뚝으로부터 10m/s로 배출가스를 배출하고 있다. 배기가스의 온도는 145℃, 대기압은 760mmHg, 대기의 온도는 20℃, 풍속이 5m/s, 굴뚝의 내경은 4m일 때 주어진 Holland 식은 다음과 같다. 식을 이용하여 유효연돌높이(m)를 구하시오.

$$\Delta H = \frac{V_s d}{u}\left[1.5 + 2.68 \times 10^{-3} Pd\left(\frac{T_s - T_a}{T_s}\right)\right]$$

계산과정 $\Delta H = \dfrac{10 \times 4}{5}\left[1.5 + 2.68 \times 10^{-3} \times 1013.25 \times 4 \times \left(\dfrac{(273+145)-(273+20)}{(273+145)}\right)\right]$

$= 37.9857\,\text{m}$

$\therefore\ H_e = H_s + \Delta H = 50 + 37.9857 = 87.9857\,\text{m}$

답 87.99m

3. 속도압이 $10\,\text{mmH}_2\text{O}$이고, 유입계수가 0.82일 때 후드의 압력손실(mmH_2O)을 구하시오.

계산과정 $\Delta P = F \times V_P$ ——— ①

$F = \dfrac{1 - C_c^2}{C_c^2}$ ——— ②

② 식에서 $F = \dfrac{1 - 0.82^2}{0.82^2} = 0.4872$

① 식에서 $\Delta P = 0.4872 \times 10 = 4.872\,\text{mmH}_2\text{O}$

답 $4.87\,\text{mmH}_2\text{O}$

---

4. $0.5\mu m$ 직경을 가진 구형 물 입자(Water droplet) 하나에 포함되어 있는 물 분자 수는 몇 개인지 구하시오.

계산과정 물의 질량을 구하면,

물의 질량= 물의 밀도×물의 체적

$$= 1000 kg/m^3 \times \frac{3.14 \times (0.5 \times 10^{-6})^3}{6} m^3 = 6.5416 \times 10^{-17} kg$$

$$= 6.5416 \times 10^{-14} g$$

아보가드로 법칙을 이용하면

$$18g \quad : \quad 6.02 \times 10^{23} 개$$

$$6.5416 \times 10^{-14} g \quad : \quad x 개$$

$$\therefore x = \frac{6.5416 \times 10^{-14} \times 6.02 \times 10^{23}}{18} = 2.187 \times 10^9 개$$

답 2.19×10^9 개

---

5. $5000 Sm^3/h$로 배출되는 배기가스 중의 불화수소(HF)의 농도가 $30mL/Sm^3$이다. 이 불화수소(HF)를 순환수로 세정 흡수시킨 후 수산화칼슘으로 침전시켜 제거한다면 하루 10시간 운전할 때 6일간에 필요한 수산화칼슘의 양은 몇 kg인가? (단, HF 흡수율은 90%이고, 수산화칼슘과의 반응률은 100%이다.)

계산과정

$$2HF \qquad\qquad : \quad Ca(OH)_2$$

$$2 \times 22.4 Sm^3 \qquad : \quad 74kg$$

$$5000 Sm^3/h \times 30 \times 10^{-6} \times 10h/day \times 6day \times 0.9 \quad : \quad x[kg]$$

$$\therefore x = \frac{5000 \times 30 \times 10^{-6} \times 10 \times 6 \times 0.9 \times 74}{2 \times 22.4} = 13.379 kg$$

답 13.38kg

---

6. 입구폭이 12.0cm이고 처리가스의 유효회전수가 4인 사이클론이 있다. 이 사이클론에 밀도가 $1.70 g/cm^3$인 분진 입자를 함유하는 처리가스가 15.0m/s의 유입속도로 처리되고 있다. 50% 효율로 집진 가능한 분진의 입경(μm)을 구하시오. (단, 처리 기체의 점도는 $0.0748 kg/m \cdot h$이다.)

계산과정 $d_{p50} = \left\{ \dfrac{9\mu w_i}{2\pi N V(\rho_p - \rho_a)} \right\}^{\frac{1}{2}} \times 10^6$

$$= \left\{ \frac{9 \times 0.0748 \text{kg/m} \cdot 3600\text{s} \times 0.12\text{m}}{2 \times 3.14 \times 4 \times 15\text{m/s} \times (1700 - 1.3)\text{kg/m}^3} \right\}^{\frac{1}{2}} \text{m} \times 10^6 \mu\text{m/m}$$

$$= 5.921 \, \mu\text{m}$$

답 5.92μm

---

7. **지균풍의 원리를 힘을 이용하여 설명하시오.**

답 마찰력이 작용하지 않는 대기층(1km 이상)에서 기압경도력과 전향력만으로 등압선과 평행하게 부는 바람을 말한다.

---

8. **배기가스를 활성탄 흡착법으로 제거하는 방법에서 유해가스를 흡착한 활성탄을 다시 재생하는 방법 5가지를 쓰시오.**

답 ① 감압 재생법
② 가열 탈착법
③ 화학 재생법
④ 용매 재생법
⑤ 치환 재생법
⑥ 산화 분해 재생법 중 5가지

---

9. **분산모델과 수용모델의 특징 3가지씩을 서술하시오. (6점)**

답 〈분산모델의 특징〉
① 2차 오염원의 확인이 가능하다.
② 기초적인 기상학적 원리를 적용, 미래의 대기질을 예측하여 대기오염제어 정책 입안에 도움을 준다.
③ 점, 선, 면 오염원의 영향을 평가할 수 있다.
④ 지형 및 오염원의 조업 조건에 영향을 받는다.
⑤ 오염물의 단기간 분석 시 문제가 된다.
⑥ 분진의 영향 평가는 기상의 불확실성과 오염원이 미확인된 경우에 문제가 있다.
⑦ 새로운 오염원이 지역내에 생길 때 매번 재평가를 하여야 한다. 중 3가지
〈수용모델의 특징〉
① 지형, 기상학적 정보 없이도 사용 가능하다.
② 수용체 입장에서 영향평가가 현실적으로 이루어질 수 있다.
③ 오염원의 조업 및 운영상태에 대한 정보 없이도 사용 가능하다.
④ 새로운 오염원, 불확실한 오염원을 정량적으로 확인 평가할 수 있다.
⑤ 입자상, 가스상 물질, 가시도 문제 등 환경 전반에 응용할 수 있다.

⑥ 현재나 과거에 일어났던 일을 추정하여 미래를 위한 계획을 세울 수 있으나 미래 예측은 어렵다.

⑦ 측정자료를 입력자료로 사용하므로 시나리오 작성이 곤란하다.

⑧ '모델링'이라는 협의의 개념보다는 대기오염물질의 물리화학적 분석과 각종 응용통계분석까지를 포함한 광의의 개념으로 이용되고 있다.

⑨ 모델의 분류로는 오염물질의 분석방법에 따라 현미경 분석법과 화학분석법으로 구분한다.

⑩ 대기오염 배출원이 주변지역에 미치는 영향 또는 기여도를 수리통계학적으로 분석하는 것이다. 중 3가지

---

10. COH(Coefficient of Haze)에 대하여 간단히 설명하시오.

🖼 COH는 광학적 밀도(optical density)가 0.01이 되도록 하는 여과지상에 빛을 분산시켜 준 고형물의 양을 뜻한다.

COH값이 크면 대기오염 정도는 심하다고 볼 수 있다.

---

11. 다음은 대기 중 오염물질 측정(환경기준 시험방법 중 시료 채취방법)에서 시료 채취 위치 선정에 관한 내용이다. (   ) 안에 알맞은 말을 쓰시오.

(1) 주위에 건물이나 수목 등의 장애물이 있을 경우에는 채취 위치로부터 장애물까지의 거리가 그 장애물 높이의 (①) 이상 또는 채취점과 장애물 상단을 연결하는 직선이 수평선과 이루는 각도가 (②) 이하 되는 곳을 선정한다.

(2) 주위에 건물 등이 밀집되거나 접근되어 있을 경우에는 건물 바깥벽으로부터 적어도 (③) 이상 떨어진 곳에 채취점을 선정한다.

🖼 ① 2배 ② 30°   ③ 1.5m

---

12. (1) 세정식 집진장치 중에서 대표적인 액분산형 흡수장치 4가지를 쓰시오.
(2) 부하점(load point)에 대하여 설명하시오.

🖼 (1) ① 벤투리 스크러버 ② 사이클론 스크러버 ③ 제트 스크러버 ④ 충전탑
⑤ 분무탑 중 4가지

(2) 부하점 : 충전탑에서 압력손실이 처음에는 가스속도의 제곱에 비례하여 증가하다가 어느 점에서 갑자기 압력손실이 급증하게 되는 점을 말한다.

1. 통풍력이 20mmH$_2$O이다. 같은 조건 하에서 대기의 온도가 27℃이고, 배출가스 온도가 227℃일 경우 굴뚝의 높이를 구하시오. (단, 배출가스와 공기의 표준상태에서의 밀도는 1.3kg/Sm^{3}이고, 연돌 내의 압력손실은 무시한다.)

계산과정 $Z = 355 \times H \times \left\{ \dfrac{1}{T_a} - \dfrac{1}{T_g} \right\}$

$$\therefore H = \dfrac{Z}{355 \times \left\{ \dfrac{1}{T_a} - \dfrac{1}{T_g} \right\}} = \dfrac{20}{355 \times \left\{ \dfrac{1}{273+27} - \dfrac{1}{273+227} \right\}} = 42.253\,\mathrm{m}$$

답 42.25m

2. 저위발열량이 10000kcal/kg인 중유를 완전연소시키면 발생하는 이론연소가스량(Sm^3/kg)과 이때 필요한 이론공기량(Sm^3/kg)을 계산하시오. (단, Rosin 식을 적용할 것)

계산과정 $G_{ow} = 1.11 \times \dfrac{H_l}{1000} = 1.11 \times \dfrac{10000}{1000} = 11.1\,\mathrm{Sm^3/kg}$

$$A_o = 0.85 \times \dfrac{H_l}{1000} + 2 = 0.85 \times \dfrac{10000}{1000} + 2 = 10.5\,\mathrm{Sm^3/kg}$$

답 G_{ow} : 11.1Sm^3/kg, A_o : 10.5Sm^3/kg

3. 1단식 전기집진장치에서 양호한 집진작용이 일어날 수 있도록 하기 위하여 전기밀도를 2.5×10^{-8}A/cm^{2}로 하고, 먼지층의 절연 파괴 전계강도를 5.5×10^3V/cm로 한다면 이 경우 먼지층의 겉보기 전기 저항(Ω · cm)이 얼마 이상일 때 역전리가 일어나겠는지 구하시오.

계산과정 전기저항 $= \dfrac{5.5 \times 10^3\,\mathrm{V/cm}}{2.5 \times 10^{-8}\,\mathrm{A/cm^2}} = 2.2 \times 10^{11}\,\dfrac{\mathrm{V}}{\mathrm{A}} \cdot \mathrm{cm} = 2.2 \times 10^{11}\,\Omega \cdot \mathrm{cm}$

답 $2.2 \times 10^{11}\,\Omega \cdot \mathrm{cm}$, $10^{11}\,\Omega \cdot \mathrm{cm}$ 이상이면 역전리가 일어남.

4. $500m^3$의 용적을 가지는 방안에 10명이 있고, 그 중 5명이 담배를 피우고 있는데, 1시간 동안 총 20개비를 피운다고 한다. 담배 1개비당 1.5mg의 포름알데히드가 발생한다면 1시간 후 방안의 포름알데히드의 농도(ppm)를 계산하시오. (단, 포름알데히드는 완전히 혼합되고, 담배를 피우기 전의 농도는 0이며, 방안의 온도는 20℃로 가정하며, 소수점 셋째 자리까지 구할 것)

계산과정 ※ HCHO의 분자량 : 30

$$HCHO\ 농도 = \frac{1.5mg/개비 \times 20개비 \times \dfrac{22.4mL \times \dfrac{(273+20)}{273}}{30mg}}{500m^3}$$

$$= 0.0480mL/m^3 = 0.0480ppm$$

답 0.048ppm

---

5. NO 224ppm, NO_2 22.4ppm을 함유한 배기가스 $10000Nm^3/h$를 선택적 접촉환원법으로 처리할 경우 NO_x를 제거하기 위해 필요한 NH_3(kg/h)의 양은 얼마인가?

계산과정

$6NO + 4NH_3 \rightarrow 5N_2 + 6H_2O$, $6NO_2 + 8NH_3 \rightarrow 7N_2 + 12H_2O$

$6 \times 22.4Sm^3 : 4 \times 17kg$ $6 \times 22.4Sm^3 : 8 \times 17kg$

$10000Nm^3/h \times 224 \times 10^{-6} : x_1[kg/h]$ $10000Nm^3/h \times 22.4 \times 10^{-6} : x_2[kg/h]$

$$x_1 = \frac{10000 \times 224 \times 10^{-6} \times 4 \times 17}{6 \times 22.4} = 1.1333kg/h$$

$$x_2 = \frac{10000 \times 22.4 \times 10^{-6} \times 8 \times 17}{6 \times 22.4} = 0.2266kg/h$$

∴ NH_3 양 $= x_1 + x_2 = 1.1333 + 0.2266 = 1.359kg/h$

답 1.36kg/h

---

6. 다음은 굴뚝 배출가스 중의 브롬 분석방법이다. (   ) 안에 알맞은 말을 써 넣으시오. (6점)

티오시안산 제2수은법은 배출가스 중 브롬 화합물을 수산화나트륨 용액에 흡수시킨 후 일부를 분취하여 산성으로 하여 (①) 용액을 사용하여 브롬으로 산화시켜 (②)로/으로 추출한다. 흡광도는 (③)nm에서 측정한다.

답 ① 과망간산칼륨   ② 사염화탄소   ③ 460

7. 액체연료의 연소장치 중 유압분무식 버너의 특징을 5가지만 쓰시오. (5점)

🔲 ① 용량 : 30~3000L/h
② 유량조절범위 : 1:1.5
③ 유압 : 5~30atg
④ 특성 : 넓은 각도의 화염으로 조절 범위가 좁음
⑤ 용도 : 발전용, 선박용, 대형보일러용
⑥ 분무각도 : 60~90도 중 5가지

8. 여과 집진장치는 탈진방식에 따라 간헐식과 연속식으로 구분하는데 각 방식의 장점 및 단점을 상대비교하여 각각 2가지씩 쓰시오. (8점)

(1) 간헐식 방식의 장단점 각 2가지
(2) 연속식 방식의 장단점 각 2가지

🔲 (1) 장점 ① 높은 집진율을 얻을 수 있다.
② 탈진 시 분진이 재비산될 염려가 없다.
단점 ① 집진실의 방을 하나씩 차단하여야 한다.
② 압력손실이 일정하지 않다.
(2) 장점 ① 포집과 탈진이 동시에 이루어진다.
② 압력손실이 거의 일정하므로 고농도의 함진가스 처리에 적당하다.
단점 ① 높은 집진율을 얻을 수 없다.
② 탈진 시 분진의 재비산이 일어난다.

9. 다음 각 연소의 종류에 대해 간단하게 설명하시오. (단, 연소별 해당되는 물질을 반드시 1가지 이상 언급하시오. (5점)

(1) 증발연소
(2) 분해연소
(3) 표면연소
(4) 확산연소
(5) 내부연소(자기연소)

🔲 (1) 증발연소 : 분해온도보다 증발온도가 낮은 경우 고체 연료 또는 액체 연료가 증발하여 연소하는 연소를 말한다. (예) 휘발유, 등유, 경유, 나프탈렌, 양초 등
(2) 분해연소 : 증발온도보다 분해온도가 낮은 경우 고체 연료 또는 액체 연료가 분해하여 연소하는 연소를 말한다. (예) 목재, 석탄, 증유 등
(3) 표면연소 : 휘발분이 없는 고체 연료가 불꽃 없이 연소하는 연소를 말한다. (예) 목탄,

코크스 등

(4) 확산연소 : 기체연료의 연소로서 가연성 가스와 공기를 따로 분출하면서 연소하는 연소를 말한다. (예) 액화천연가스(LNG), 액화석유가스(LPG)

(5) 내부연소(자기연소) : 자신이 가연물이면서 산소를 많이 내포하고 있는 물질의 연소를 말한다. (예) TNT, 니트로글리세린

---

10. 물리적 흡착의 특성 4가지를 서술하시오.

① 반응의 방향성은 가역적이다.
② 계의 종류는 개방계이다.
③ 가스의 흡착 시 발생하는 흡착열은 적다.
④ 엔탈피는 2~20kJ/mol이다.

---

11. 다음은 비분산 적외선 분석법에서 성능에 관한 내용이다. ( ) 안에 알맞은 말을 써 넣으시오.

(1) 스팬 드리프트(Span drift) : 동일 조건에서 제로가스를 흘려보내면서 때때로 스팬가스를 도입할 때 제로 드리프트를 뺀 드리프트가 고정형은 24시간, 이동형은 (①) 시간 동안에 전체 눈금의 (②)% 이상이 되어서는 안된다.

(2) 응답시간(response time) : 제로 조정용 가스를 도입하여 안정된 후 유로를 스팬가스로 바꾸어 기준 유량으로 분석계에 도입하여 그 농도를 눈금범위 내의 어느 일정한 값으로부터 다른 일정한 값으로 갑자기 변화시켰을 때 스텝(step) 응답에 대한 소비시간이 (③) 이내이어야 한다. 또 이때 최종 지시치에 대한 90%의 응답을 나타내는 시간은 40초 이내이어야 한다.

① 4 ② ±2 ③ 1초

1. propane과 ethane의 혼합가스 $1Nm^3$을 완전연소시킨 결과 배기가스 중 CO_2 생성량은 $2.6Nm^3$이었다. 이 혼합가스 중 ethane : propane의 몰비(mole ratio)를 계산하시오.

> **계산 과정**
>
> $C_3H_8 + 5O_2 \rightarrow 3CO_2 + 4H_2O,$ $C_2H_6 + 3.5O_2 \rightarrow 2CO_2 + 3H_2O$
>
>   1   3   1   2
>
> x y $(1-x)$ z
>
> CO_2의 양 $= y + z = 2.6\,Nm^3/Nm^3$
>
> $= 3x + 2 \times (1-x) = 2.6$
>
> $= 3x + 2 - 2x = 2.6$
>
> $\therefore x = 2.6 - 2 = 0.6\,Nm^3$ (프로판), $1 - x = 1 - 0.6 = 0.4\,Nm^3$ (에탄)
>
> **답** 에탄 : 프로판 = 2 : 3

2. C=88%, H=12%인 고체 연료가 완전연소하여 배출가스 중 산소농도가 6%일 때 실제 공급된 공기량(Sm^3/kg)은?

> **계산 과정**
>
> $m = \dfrac{21}{21 - O_2} = \dfrac{21}{21 - 6} = 1.4$
>
> $A_o = \dfrac{1}{0.21} \times \left\{ \dfrac{22.4}{12} \times 0.88 + \dfrac{11.2}{2}\left(0.12 - \dfrac{0}{8}\right) + \dfrac{22.4}{32} \times 0 \right\} = 11.0222\,Sm^3/kg$
>
> $\therefore A = mA_o = 1.4 \times 11.0222 = 15.431\,Sm^3/kg$
>
> **답** $15.43\,Sm^3/kg$

3. 원심력 집진장치인 사이클론(cyclone)에서 가스유입속도를 2배 증가시키고, 입구 폭을 3배로 늘리면 50% 효율로 집진되는 입자의 직경, 즉 Lapple의 절단입경(cut diameter)인 d_{p50}은 처음의 몇배가 되는지 계산하시오.

> **계산 과정**
>
> $d_{p50} = \left\{ \dfrac{9\mu w_i}{2\pi NV(\rho_p - \rho_a)} \right\}^{\frac{1}{2}} \propto \left(\dfrac{3}{2}\right)^{\frac{1}{2}} = 1.224$
>
> **답** 1.22배

4. CO $0.02Sm^3$, CO_2 $0.05Sm^3$, O_2 $0.01Sm^3$, C_2H_6 $0.92Sm^3$로 혼합된 도시가스 $1Sm^3$을 연소할 때 필요한 이론 공기량(Sm^3)은?

계산과정 $CO + \dfrac{1}{2}O_2 \rightarrow CO_2$, $C_2H_6 + 3.5O_2 \rightarrow 2CO_2 + 3H_2O$

$\quad\quad\quad$ 1 $\quad$ 0.5 $\quad\quad\quad\quad\quad$ 1 $\quad\quad$ 3.5

$\quad\quad\quad$ 0.02 $\quad$ x_1 $\quad\quad\quad\quad\quad$ 0.92 $\quad\quad$ x_2

$\quad A_o = \dfrac{1}{0.21} \times (x_1 + x_2 - O_2)$

$\quad\quad = \dfrac{1}{0.21} \times (0.5 \times 0.02 + 3.5 \times 0.92 - 0.01) = 15.333 Sm^3/Sm^3$

답 $15.33 Sm^3/Sm^3$

5. deposit gauge를 사용해서 27일간 포집한 강하분진이 2.34g일 때 강하분진량을 $t/km^2/30$일로 계산하시오.(단, 분진계 포집깔때기의 반경은 10cm이다.)

계산과정 $t/km^2 \cdot 월 = \dfrac{2.34g \times 10^{-6}t/g}{\dfrac{3.14 \times 20^2}{4}cm^2 \times 10^{-10}km^2/cm^2 \times 27day \times 월/30day}$

$\quad\quad\quad\quad\quad = 82.802 t/km^2 \cdot 월$

답 $82.80 t/km^2/30day$

6. 여과집진장치에서 지름 220mm, 유효높이 2.5m인 원통형 백필터를 사용하여 먼지농도 $6g/m^3$이고 유량이 $360m^3/min$인 배기가스를 처리하고자 한다. 겉보기 여과속도가 1.5m/s일 때 필요한 백의 수를 구하시오.

계산과정 $n = \dfrac{Q}{\pi D L V_f} = \dfrac{360m^3/60s}{3.14 \times 0.22 \times 2.5 \times 0.015 m^3/s \cdot 개} = 231.6$ 개

답 232개

7. 원심력 집진장치에서 블로다운 방법에 대해 서술하고 효과를 3가지 쓰시오.

답 (1) 정의 : 사이클론의 집진율 향상책의 하나로 사이클론의 dust box 또는 호퍼로부터 처리가스량의 5~10%를 흡입함으로써 사이클론 내의 선회기류의 흐트러짐을 방지하고 분리된 먼지가 다시 날아 빠져 나가지 않도록 하는 방법이다.

$\quad$ (2) 효과 :

$\quad\quad$ ① 유효 원심력이 증대된다.

② 분리된 먼지의 재비산을 방지할 수 있다.

③ 관내 먼지 부착으로 인한 폐쇄를 방지할 수 있다.

④ 집진효율이 향상된다. 중 3가지

---

8. 악취물질을 제거하는 방법 중 바이오 필터(bio-filter)에 대해 쓰고 장단점을 2가지씩 서술하시오.

📋 bio-filter란 가스 속의 오염물질을 생물학적으로 처리하는 방법 중의 하나로 미생물을 다공성 물질에 살게 하고 미생물의 대사활동에 의해 오염물질을 CO_2, H_2O 또는 무해한 물질로 분해하는 환경 친화적이고 경제적인 처리공법을 말한다.

장점 : ① 장치가 간단하고 운전비용이 저렴하다.

② 악취와 VOC 제거에 효과적이다.

단점 : ① 미생물의 과다한 증식으로 인한 운전이 어려울 수 있다.

② 폐가스에 과다한 먼지가 있을 때 filter가 막히는 현상을 초래할 수 있다.

---

9. 흡착시설(흡착제)이 갖추어야 할 조건을 3가지 서술하시오.

📋 ① 기체 흐름에 대한 저항이 적어야 한다.

② 흡착제의 사용기간이 길수록 좋다.

③ 가스와 흡착제의 접촉시간이 긴 것이 요구된다.

④ 흡착제의 재생능력이 클수록 좋다.

⑤ 흡착제의 비표면적과 친화력이 크면 클수록 흡착효과는 커진다.

---

10. 어느 공정의 배기가스 유량은 $1000Sm^3/h$이며 SO_2와 NO의 농도는 각각 2000ppm, 1000ppm이다. H_2S를 이용하여 SO_2와 NO를 동시에 제거하고자 한다. H_2S 1시간당 소요되는 양은 몇 Sm^3이며, 이때 생기는 S의 양(kg)을 구하시오.

계산과정 $SO_2 + 2H_2S \rightarrow 3S + 2H_2O$(반응식 암기), $NO + H_2S \rightarrow S + \frac{1}{2}N_2 + H_2O$(반응식 암기)

1kmol 2kmol 3kmol 1kmol 1kmol 1kmol

$22.4Sm^3$: $2 \times 22.4m^3$: $3 \times 32kg$ $22.4Sm^3$: $22.4Sm^3$: $32kg$

$1000Sm^3/h \times 2000 \times 10^{-6}$: $x_1[Sm^3/h]$: $x_2[kg/h]$

$1000Sm^3/h \times 1000 \times 10^{-6}$: $x_3[Sm^3/h]$: $x_4[kg/h]$

$$x_1 = \frac{1000 \times 2000 \times 10^{-6} \times 2 \times 22.4}{22.4} = 4\,\mathrm{Sm^3/h}$$

$$x_2 = \frac{1000 \times 2000 \times 10^{-6} \times 3 \times 32}{22.4} = 8.5714\,\mathrm{kg/h}$$

$$x_3 = \frac{1000 \times 1000 \times 10^{-6} \times 22.4}{22.4} = 1\,\mathrm{Sm^3/h}$$

$$x_4 = \frac{1000 \times 1000 \times 10^{-6} \times 32}{22.4} = 1.4285\,\mathrm{kg/h}$$

$\therefore\ \mathrm{H_2S}$량$= x_1 + x_3 = 4 + 1 = 5\,\mathrm{Sm^3/h}$

$\therefore\ \mathrm{S}$량$= x_2 + x_4 = 8.5714 + 1.4285 = 9.999\,\mathrm{kg/h}$

답 $\mathrm{H_2S}$량$= 5\,\mathrm{Sm^3/h}$, S량$= 10\,\mathrm{kg/h}$

〉〉〉〉〉〉〉 ◀━━ ❰ 2015년도 시행문제 ❱ ━━▶ 〈〈〈〈〈〈〈

대기환경기사 기출문제   2015년 4월 19일 시행

---

1. 다중이용시설 등의 실내공기질 관리법규상 다음 시설의 실내공기질 권고기준을 ( ) 안에 써 넣으시오. (5점)

오염물질항목 다중이용시설	NO_2 (ppm)	R_n (Bq/m^3)	VOC ($\mu g/m^3$)	석면 (개/cc)	오존 (ppm)
실내주차장	( ) 이하	( ) 이하	( ) 이하	( ) 이하	( ) 이하

📋 (1) 0.3 (2) 148 (3) 1000 (4) 0.01 (5) 0.08

---

2. NO 250ppm, NO_2 22.4ppm을 함유한 배기가스 $10000Sm^3/h$를 NH_3로 선택적 접촉환원법에 의해 처리할 경우 NO_x를 제거하기 위한 NH_3의 이론량(kg/h)을 계산하시오. (단, 산소가 존재하지 않는 기준)

📝 계산과정

$$6NO+4NH_3 \rightarrow 5N_2+6H_2O, \qquad 6NO_2+8NH_3 \rightarrow 7N_2+12H_2O$$
$$6 \times 22.4Sm^3 : 4 \times 17kg \qquad\qquad 6 \times 22.4Sm^3 : 8 \times 17kg$$
$$10000Sm^3/h \times 250 \times 10^{-6} : x_1[kg/h] \qquad 10000Sm^3/h \times 22.4 \times 10^{-6} : x_2[kg/h]$$

$$x_1 = \frac{10000 \times 250 \times 10^{-6} \times 4 \times 17}{6 \times 22.4} = 1.2648\,kg/h$$

$$x_2 = \frac{10000 \times 22.4 \times 10^{-6} \times 8 \times 17}{6 \times 22.4} = 0.2266\,kg/h$$

$$\therefore NH_3 \ \text{양} = x_1 + x_2 = 1.2648 + 0.2266 = 1.491\,kg/h$$

📋 1.49kg/h

---

3. 경사마노미터(확대율 10)의 차압이 $32mmH_2O$이다. 이때 속도가 1.4배 증가하면 동압(mmH_2O)은 얼마가 되는가?

📝 계산과정

$$V = c\sqrt{2g\frac{\Delta P}{\gamma}}$$

$$V \propto \sqrt{\Delta P}$$

$$1 : \sqrt{\frac{32}{10}}$$

$$1.4 : \sqrt{x}$$

$$\therefore x = \left(1.4 \times \sqrt{\frac{32}{10}}\right)^2 = 6.272 \, \text{mmH}_2\text{O}$$

답 6.27mmH₂O

---

4. 송풍기 회전판 회전에 의하여 집진장치에 공급되는 세정액이 미립자로 만들어져 집진하는 원리를 가진 회전식 세정집진장치에서 직경이 12cm인 회전판이 4400rpm으로 회전할 때 형성되는 물방울의 직경은 몇 μm인가? (4점)

계산과정

$$2r = \frac{200}{N\sqrt{R}} = \frac{200}{4400 \times \sqrt{6}} = 0.0185567 \, \text{cm} = 185.567 \, \mu\text{m}$$

여기서, r : 물방울 반지름(cm)
$2r$: 물방울 지름(cm)
R : 회전원판 반지름(cm)
N : 회전속도(rpm)

답 185.57μm

---

5. 가스크로마토그래피법에서 ① 분리도, ② 분리계수를 구하는 공식을 쓰고 설명하시오.

답 ① 분리도$(R) = \dfrac{2(t_{R2} - t_{R1})}{W_1 + W_2}$

② 분리계수$(d) = \dfrac{t_{R2}}{t_{R1}}$

여기서, t_{R1} : 시료도입점으로부터 피크 1의 최고점까지의 길이
t_{R2} : 시료도입점으로부터 피크 2의 최고점까지의 길이
W_1 : 피크 1의 좌우 변곡점에서의 접선이 자르는 바탕선의 길이
W_2 : 피크 2의 좌우 변곡점에서의 접선이 자르는 바탕선의 길이

---

6. 충전탑과 단탑을 비교하여 차이점을 3가지 쓰시오.

답 ① 충전탑은 가스량 변동에 적응성이 있는 반면, 단탑은 가스량 변동이 심하면 조업이 어렵다.
② 충전탑의 압력손실(50mmH₂O)은 단탑의 압력손실(100~200mmH₂O)보다 적다.
③ 단탑(액가스비 : 0.3~5L/m³)이 충전탑(액가스비 : 1~10L/m³) 보다 소량의 액량으로 운전할 수 있다.

7. 유효굴뚝높이를 높이기 위해 굴뚝의 직경을 $\dfrac{1}{3}$로 줄이면 마찰손실압력(mmH₂O)은 몇 배 증가하는지 구하시오. (단, 유량이나 관의 마찰손실은 변하지 않는다고 한다.)

계산과정 다르시-웨버 공식을 이용하면,

$$\Delta P = \lambda \times \frac{l}{D} \times \frac{v^2}{2g} \times \gamma = \lambda \times \frac{l}{D} \times \frac{\left(\dfrac{Q}{A}\right)^2}{2g} \times \gamma = \lambda \times \frac{l}{D} \times \frac{\left(\dfrac{Q}{\dfrac{3.14 \times D^2}{4}}\right)^2}{2g} \times \gamma$$

$$\therefore \Delta P \propto \times \frac{1}{D^5}\text{ 이므로}\quad \therefore \Delta P = \frac{1}{\left(\dfrac{1}{3}\right)^5} = 3^5 = 243\,\text{배}$$

답 243배

8. 국소배출장치가 전체배출장치보다 장점인 것을 3가지 쓰시오.

답 ① 국소배출장치는 후드를 발생원에 근접시키므로 전체배출장치보다 효율이 좋다.
② 국소배출장치는 국부적인 흡인방식을 택하므로 전체배출장치보다 동력비가 적게 든다.
③ 국소배출장치는 후드의 개구면적을 적게 할 수 있으므로 전체배출장치보다 포착속도를 크게 할 수 있다.

9. H₂ 75%, CO₂ 25%인 기체 연료가 있다. 공기비를 1.1로 했을 때 습배출가스 중 CO₂%는 얼마인가?

계산과정

$$\text{H}_2 + \frac{1}{2}\text{O}_2 \rightarrow \text{H}_2\text{O}$$

$$\begin{array}{ccc} 1 & 0.5 & 1 \\ 0.75 & x_1 & x_2 \end{array}$$

$$A_o = \frac{1}{0.21} \times O_o = \frac{1}{0.21} \times x_1 = \frac{1}{0.21} \times 0.5 \times 0.75 = 1.7857\,\text{Sm}^3/\text{Sm}^3$$

$$G_{ow} = x_2 + 0.79A_o + \text{CO}_2$$
$$= 0.75 + 0.79 \times 1.7857 + 0.25$$
$$= 2.4107\,\text{Sm}^3/\text{Sm}^3$$

$$G_w = G_{ow} + (m-1)A_o = 2.4107 + (1.1-1) \times 1.7857$$
$$= 2.5892\,\text{Sm}^3/\text{Sm}^3$$

$$\therefore \text{CO}_2\% = \frac{0.25}{2.5892} \times 100 = 9.655\%$$

답 9.66%

10. 오염된 공기를 활성탄 흡착층에 의해 처리하고자 한다. 오염공기는 $25m^3/min$, 25℃, 1atm으로 흡착층에 유입되며 이 중 benzene(C_6H_6) 600ppm이 포함되어 있다. 흡착층의 깊이는 0.7m, 공탑속도는 0.5m/s, 활성탄의 겉보기 밀도는 $320kg/m^3$, 활성탄 흡착층의 운전흡착용량(working adsorption capacity)은 Yaws의 식에 의해 나타난 흡착용량의 40%라 할 때, 활성탄 흡착층의 운전흡착용량(kg/kg)을 구하시오. (단, X : 흡착용량(오염물 g/탄소 g) C_e : 오염농도(ppm)) (6점)

2010.7.4 기사

Yaws의 식 : $\log_{10}X = -1.189 + 0.288 \cdot \log_{10}C_e - 0.023[\log_{10}C_e]^2$

계산과정

$$\log_{10}X = -1.189 + 0.288 \times \log_{10}C_e - 0.0238(\log_{10}C_e)^2$$
$$= -1.189 + 0.288 \times \log_{10}600 - 0.0238(\log_{10}600)^2$$
$$= -0.5725$$

$\therefore \log_{10}X = -0.5725$

$\therefore X = 10^{-05725} = 0.2676\,kg/kg$

$\therefore$ 운전흡착용량은 Yaws식의 흡착용량의 40%이므로

$0.2676 \times 0.4 = 0.107\,kg/kg$

답 0.11kg/kg

11. 입구폭이 12.0cm이고 처리가스의 회전수가 5인 사이클론이 있다. 이 사이클론에 밀도가 $1.70g/cm^3$인 분진 입자를 함유하는 처리가스가 5.8m/s의 유입속도로 처리되고 있다. 아래의 표를 이용하여 집진효율을 구하시오. (단, 처리 기체의 점도는 0.0748kg/m·h)

입경분포(μm)	40	50	60	70
먼지질량분포(%)	15	30	40	15
$\dfrac{d_p}{d_{p50}}$	4.5	5.5	6.5	7.5
집진효율	92%	95%	97%	99%

**계산
과정** 평균입경(d_p)을 구하면,

$$d_p = \frac{15 \times 40 + 30 \times 50 + 40 \times 60 + 15 \times 70}{15 + 30 + 40 + 15} = 55.5\,\mu\mathrm{m}$$

d_{p50}을 구하면,

$$d_{p50} = \left\{ \frac{9\mu w_i}{2\pi N V(\rho_p - \rho_a)} \right\}^{\frac{1}{2}} \times 10^6$$

$$= \left\{ \frac{9 \times \dfrac{0.0748}{3600} \times 0.12}{2 \times 3.14 \times 5 \times 5.8 \times (1700 - 1.3)} \right\}^{\frac{1}{2}} \times 10^6 = 8.5167\,\mu\mathrm{m}$$

$$\therefore \frac{d_p}{d_{p50}} = \frac{55.5}{8.5167} = 6.516$$

표에서 구하면 집진효율은 97%이다.

답 97%

1. 환경정책기본법에서 정한 대기환경기준 중 아황산가스(SO_2)의 기준이다. ① 연간 평균치 ② 24시간 평균치 ③ 1시간 평균치를 쓰시오. (3점)

📖 ① 0.02ppm 이하 ② 0.05ppm 이하 ③ 0.15ppm 이하

2. 배출가스 중 휘발성 유기화합물질(VOCs) 중 사염화탄소 및 클로로포름 시험방법 3가지를 쓰시오. (6점)

📖 ① 고체 흡착 열탈착법
   ② 테들라 백 열탁작법
   ③ 고체 흡착 용매 추출법

3. 10개의 여과백을 사용한 여과집진장치에서 입구 분진농도가 $25g/Sm^3$, 집진율은 98%였다. 가동 중 백 1개에 구멍이 생겨 처리가스량의 10%가 그대로 통과한다면 출구의 먼지농도는 몇 g/Sm^3인가? (5점)

계산과정 출구의 먼지농도 $= 25g/Sm^3 \times 0.1 + 25g/Sm^3 \times 0.9 \times (1-0.98)$
$$= 2.95g/Sm^3$$

📖 $2.95g/Sm^3$

4. 유해가스 처리장치에서 어떤 유해가스와 물이 평형상태에 있다고 한다. 기상 유해가스의 분압이 $258.3mmH_2O$일 때 수중의 유해가스 농도가 $2kg \cdot mol/m^3$이다. 기상 유해가스의 분압이 38mmHg로 변했다면 수중의 유해가스농도는 몇 $kg \cdot mol/m^3$인가? (단, 전압은 1기압이다.) (4점)

계산과정 $P = H \cdot C$
$P \propto C$
$258.3mmH_2O : 2kg \cdot mol/m^3$
$38mmHg \times \dfrac{10332mmH_2O}{760mmHg} : x[kg \cdot mol/m^3]$

$$\therefore x = \frac{38 \times \frac{10332}{760} \times 2}{258.3} = 4\,\mathrm{kg\cdot mol/m^3}$$

답 $4\,\mathrm{kg\cdot mol/m^3}$

---

5. 질소산화물(NO_x)의 생성기구 2가지를 쓰고 설명하시오. (6점)

답 ① thermal NO_x(열적 NO_x) : 고열에 의해서 공기중의 질소와 산소가 결합하여 생성
② fuel NO_x(연료 NO_x) : 연료 중의 질소가 산화되어 생성

---

6. 암모니아 냄새를 제거하기 위하여 흡착제로 활성탄(A. C)을 사용하였는데 NH_3 농도가 56ppm인 배기가스에 A. C를 20ppm 주입시켰더니 NH_3 농도가 16ppm으로 되었고, 52ppm을 주입시켰더니 NH_3 농도가 4ppm으로 되었다. NH_3 농도를 10ppm으로 하기 위해서는 활성탄 농도(ppm)를 얼마로 해야 되는지 계산하시오. (6점)

계산과정

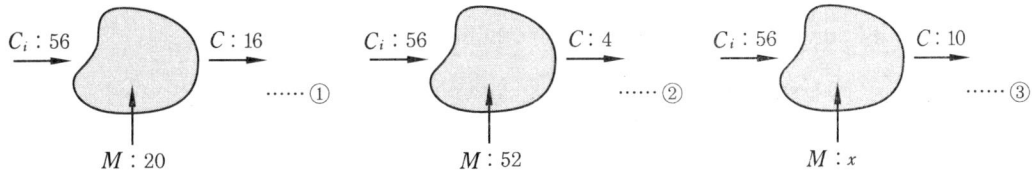

①식과 ②식에서 K와 n값을 구하면,

$$\frac{56-16}{20} = K \cdot 16^{\frac{1}{n}} \quad \cdots ①$$

$$\frac{56-4}{52} = K \cdot 4^{\frac{1}{n}} \quad \cdots ②$$

①÷② 하면 $\dfrac{2 = K \times 16^{\frac{1}{n}}}{1 = K \cdot 4^{\frac{1}{n}}}$, $\quad 2 = \left(\dfrac{16}{4}\right)^{\frac{1}{n}}$

$2 = 4^{\frac{1}{n}}$ $\qquad \therefore n = 2$ 이 n값을 다시 ①식에 대입하면

$2 = K \cdot 16^{\frac{1}{2}}$ $\qquad \therefore K = \dfrac{2}{16^{\frac{1}{2}}} = 0.5$

여기서 K값과 n값을 세 번째 조건에 대입하면

$$\frac{56-10}{M} = 0.5 \times 10^{\frac{1}{2}} \qquad \therefore M = \frac{56-10}{0.5 \times 10^{\frac{1}{2}}} = 29.092 \, \text{ppm}$$

답 29.09ppm

---

7. 탄소 86%, 수소 12%, 황 2%의 조성을 가진 중유 1kg을 연소하여 배기가스를 분석하였더니 다음과 같은 결과를 얻었다. (6점)

$CO_2 + SO_2 = 13\%$
$O_2 = 3\%$

(1) 실제 공기량을 계산하시오. (Sm^3)
(2) 건조연소가스량을 기준으로 SO_2의 농도(ppm)를 계산하시오.

계산과정 (1) $N_2 = 100 - (CO_2 + SO_2 + O_2) = 100 - (13 + 3) = 84\%$

$$m = \frac{N_2}{N_2 - 3.76 O_2} = \frac{84}{84 - 3.76 \times 3} = 1.1551$$

$$A_o = \frac{1}{0.21} \times \left\{ \frac{22.4}{12} \times 0.86 + \frac{11.2}{2} \left(0.12 - \frac{0}{8} \right) + \frac{22.4}{32} \times 0.02 \right\}$$

$$= 10.9111 \, Sm^3/kg$$

$$A = m A_o = 1.1551 \times 10.9111 = 12.603 \, Sm^3/kg$$

(2) $G_{od} = \frac{22.4}{12} \times 0.86 + \frac{22.4}{32} \times 0.02 + \frac{22.4}{28} \times 0 + 0.79 \times 10.9111$

$$= 10.2391 \, Sm^3/kg$$

$$G_d = 10.2391 + (1.1551 - 1) \times 10.9111 = 11.9314 \, Sm^3/kg$$

$$\therefore SO_2[\text{ppm}] = \frac{\frac{22.4}{32} \times 0.02}{11.9314} \times 10^6 = 1173.374 \, \text{ppm}$$

답 (1) 12.60Sm³ (2) 1173.37ppm

---

8. 탄소 연소 시 30000kcal/kg, 수소 연소 시 34100kal/kg의 열량이 발생한다. C_3H_8 연소 시 발생열량(kcal/kg)은? (3점)

계산과정 C_3H_8의 발열량 :

$$C의 발열량 \times \frac{C가 차지하는 질량}{C_3H_8의 분자량} + H의 발열량 \times \frac{H가 차지하는 질량}{C_3H_8의 분자량}$$

$$= 30000 \text{kcal/kg} \times \frac{12 \times 3}{44 \text{kg}} + 34100 \text{kal/kg} \times \frac{1 \times 8}{44}$$

$$= 30745.454 \text{kcal/kg}$$

답 30745.45kal/kg

---

9. 중력집진기의 조건이 아래와 같을 때 다음 물음에 답하시오.

[조건] 폭 : 3m, 높이 : 3m, 길이 : 5m, 수평유속 : 0.5m/s, 가스점도 : 0.067kg/m·h, 구형입자의 밀도 : 0.75g/cm³, 가스의 밀도 : 1.3kg/m³, 먼지입경 $20\mu m$

층류	천이류	난류
$V_g = \dfrac{(\rho_p - \rho_a)d^2 g}{18\mu}$	$V_g = \dfrac{0.2\rho_p^{\frac{2}{3}} \cdot g^{\frac{2}{3}} d}{\rho_a^{\frac{1}{3}} \cdot \mu^{\frac{1}{3}}}$	$V_g = 1.74\left(g \cdot d \dfrac{\rho_p}{\rho_a}\right)^{\frac{1}{2}}$

여기서 층류, 천이류, 난류를 구별하여 침강속도(V_g)(m/s)를 구하시오. (6점)

계산과정
$$Re = \frac{2Q}{\dfrac{\mu}{\rho_a} \times (nW + H)} = \frac{2 \times W \times H \cdot U_o}{\dfrac{\mu}{\rho_a} \times (nW + H)}$$

$$= \frac{2 \times 3 \times 3 \times 0.5}{\dfrac{0.067/3600}{1.3} \times (1 \times 3 + 3)} = 104776$$

난류이므로
$$V_g = 1.74 \times \left(g \cdot d \cdot \frac{\rho_p}{\rho_a}\right)^{\frac{1}{2}} = 1.74 \times \left\{9.8 \times (20 \times 10^{-6}) \times \frac{750}{1.3}\right\}^{\frac{1}{2}} = 0.585 \text{m/s}$$

답 0.59m/s

---

10. 체적이 $6 \times 5 \times 4 \text{m}^3$인 복사실의 공간에서 오존($O_3$)의 배출량이 분당 0.2mg인 복사기를 연속 사용하고 있다. 복사기 사용 전의 실내 오존의 농도가 20ppb라고 할 때, 1시간 사용 후 복사실의 오존농도(ppb)는? (단, 25℃, 1기압 기준, 환기 없음) (5점)

계산과정 사용 후 농도＝사용 전 농도＋사용 중 농도

$$= 20 \text{ppb} + \frac{0.2 \text{mg/min} \times \dfrac{22.4 \text{mL}}{48 \text{mg}} \times \dfrac{(273+25)}{273} \times 10^3 \mu\text{L/mL} \times 1\text{h} \times 60 \text{min/h}}{6 \times 5 \times 4 \text{m}^3}$$

$$= 70.940 \text{ppb}$$

답 70.94ppb

11. 밀폐된 $500m^3$ 공간의 회의실에서 15명이 모여 회의를 하고 있다. 이 중 5명이 흡연가인데 1시간 동안 5명이 총 20개비의 담배를 피운다. 담배 한 개비에서 생성되어 공기 중으로 배출된 포름알데히드(HCHO)의 양은 1.4mg/개비이다. 1시간 후의 회의실 내의 포름알데히드 농도는 몇 ppm이 되겠는가? (단, 비흡연자나 흡연자의 체내로 흡수된 포름알데히드는 없고 회의실 온도는 25℃라고 가정) (6점)

계산과정 $HCHO$ 농도(ppm) $= \dfrac{HCHO 체적}{실내체적} \times 10^6$

$$= \dfrac{1.4mg/개비 \times 10^{-6}kg/mg \times 20개비 \times \dfrac{22.4m^3}{30kg} \times \dfrac{(273+25)}{273}}{500m^3} \times 10^6$$

$= 0.045ppm$

답 0.05ppm

12. 직경 10cm인 원형관에 밀도 $0.85g/cm^3$인 기체가 10cm/s의 속도로 흐른다면, 이 기체가 층류인지 난류인지 흐름상태를 판별하시오. (단, 기체의 점도는 5CP이며 판단근거를 설명할 것) (4점)

계산과정 $Re = \dfrac{\rho \cdot v \cdot d}{\mu} = \dfrac{850kg/m^3 \times 0.1m/s \times 0.1m}{5 \times 10^{-3}kg/m \cdot s} = 1700$

답 층류이다. 판단근거 : 레이놀즈 수가 2100 이하이므로

대기환경 실기

2015년 6월 10일 인쇄
2015년 6월 15일 발행

저   자 : 손금두
펴낸이 : 이정일

펴낸곳 : 도서출판 **일진사**
www.iljinsa.com
140-896 서울시 용산구 효창원로 64길 6
전화 : 704-1616 / 팩스 : 715-3536
등록 : 제1979-000009호 (1979.4.2)

값 **18,000** 원

ISBN : 978-89-429-1456-2